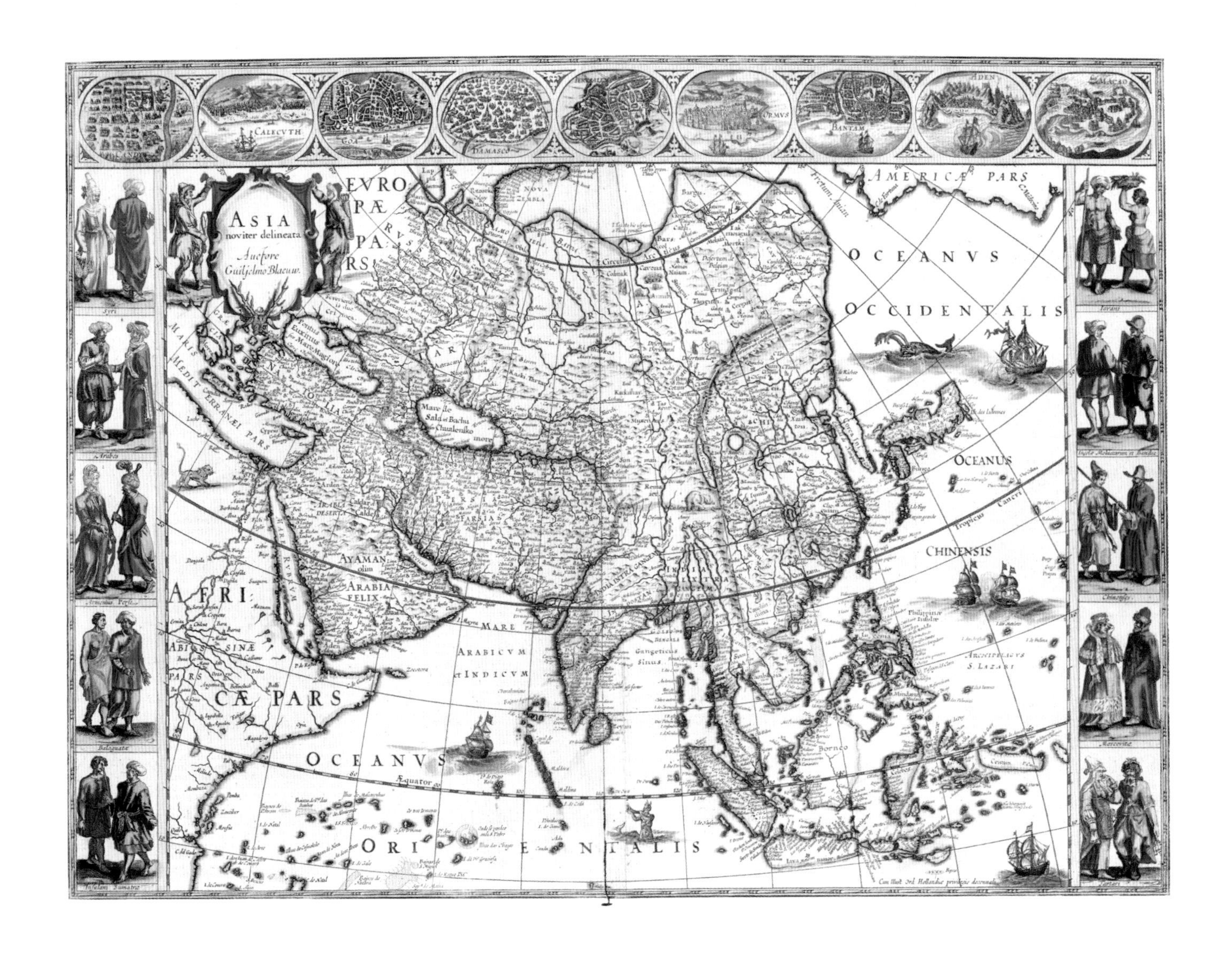

지구 끝까지

세상을 바꾼 100장의 지도

TO THE ENDS OF THE EARTH

100 MAPS THAT CHANGED THE WORLD

지은이 **제러미 하우드** • 자문 편집 **세라 벤달** • 옮긴이 **이상일**

푸른길

Original title:
To the Ends of the Earth:
100 Maps that Changed the World
Copyright © 2006 Marshall Editions
Marshall Editions
The Old Brewery
6 Blundell Street
London N7 9BH

Printed and bound in Hong Kong
The Korean language edition published by arrangement with
Marshall Editions through Agency-One, Seoul.

초판 1쇄 발행 2014년 1월 20일

지은이 제러미 하우드
옮긴이 이상일

펴낸이 김선기
펴낸곳 (주)푸른길
출판등록 1996년 4월 12일 제16-1292호
주소 (152-847) 서울시 구로구 디지털로 33길 48 대륭포스트타워 7차 1008호
전화 02-523-2907, 6942-9570~2
팩스 02-523-2951
이메일 purungilbook@naver.com
홈페이지 www.purungil.co.kr

ISBN 978-89-6291-246-3 03980

*이 도서의 국립중앙도서관 출판시도서목록(CIP)은 서지정보유통지원시스템 홈페이지(http://seoji.nl.go.kr)와 국가자료공동목록시스템(http://www.nl.go.kr/kolisnet)에서 이용하실 수 있습니다.(CIP제어번호: CIP2013021516)

앞 표지 헤르하르뒤스 메르카토르의『아틀라스』(1619년), 영국국립박물관 / 브리지맨아트박물관
뒤 표지 프랑스국립도서관, 파리(위) ; 아트아카이브 / 보들리도서관, 옥스포드 / 해군 대령 존 콜롬브 기증, N.12288b after p 88(아래)

발행인과 저자는 다음 분들의 자문에 깊이 감사 드린다.

세라 벤달(Sarah Bendall)은 케임브리지대학교 이마누엘칼리지의 선임 연구원이다.『영국과 아일랜드의 토지 측량사 및 지도 제작자 사전』을 편집했고,『농촌 이미지 : 구세계와 신세계의 토지도』의 편찬에 참여했으며,『지도, 토지 그리고 사회 : 역사적 접근』을 저술했다.

크리스토퍼 보드(Christopher Board)는 대영제국 4등 훈장 수훈자로, 런던정치경제대학교에서 지리학을 가르치다 은퇴했다. 육지측량국의 지도 연구를 위한 찰스 클로스 학회의 학회지『시트라인(Sheetlines)』의 기고자이다.

캐서린 델라노-스미스(Catherine Delano-Smith)는 지도사 저널인『이마고 문디(Imago Mundi)』의 편집장이며,『영국 지도사』의 공저자이다. 런던대학교 역사연구소의 시니어 연구위원이다.

하비(P. D. A. Harvey)는 영국학술원 회원으로 더럼대학교 중세사 명예교수이다. 최근 저술로는『중세 지도와 마파 문디 : 헤리퍼드 세계 지도』가 있다.

로저 케인(Roger Kain)은 대영제국의 훈작사이자 영국학술원 회원으로, 엑서터대학교 지리학과의 몬티피오리 교수이다.『영국과 웨일스의 인클로저 지도와 영국 지도의 역사』를 저술했다.

옮긴이 **이상일**
현재 서울대학교 지리교육과 교수로 재직하고 있으며, 사단법인 한국지도학회 부회장을 맡고 있다. 서울대학교 지리교육과에서 학사와 석사학위를 받았으며, 미국 오하이오주립대학교 지리학과에서 박사학위를 받았다. 지도학 분야에서 특히 투영법과 지리적 시각화에 깊은 관심을 가지고 있으며, 관련 논문 다수를 발표하였다. 대표적인 것에 "GIS-기반 대시메트릭 매핑 기법을 이용한 서울시 인구밀도 분포의 재현"(2007년), "태평양 중심의 세계지도 제작을 위한 최적의 지도 투영법 선정"(2012년), "Web GIS 기반 유선도 작성을 통한 인구이동통계의 지리적 시각화"(2012년), "Developing a Flow Mapping Module in a GIS Environment"(2012년), "고지도의 왜곡 양상에 대한 GIS적 분석"(2013년) 등이 있다.

차례

서문

이 책은 지도가 세상을 바꿀 수 있다는 전제에 기반하는데, 실로 대담한 주장이다. 지도가 어떻게 변화를 야기하며, 누구의 세상이 변한다는 것인가? 지도는 세상을 재현하는 특정한 방식이다. 브라이언 할리(Brian Harley)와 데이비드 우드워드(David Woodward)는 『지도학사(History of Cartography)』에서 지도를 "인간 세상의 사물, 개념, 조건, 과정, 사건들을 공간적으로 이해할 수 있게 해주는 그래픽 재현물"이라고 정의한 바 있다. 지도는 특정한 사회 집단의 행동의 산물이고, 역사적 맥락 속에서 존재한다. 그러나 지도는 단순히 역사적 상황을 반영하기만 하는 것이 아니라 사회의 권력 구조, 조직, 행정의 부분으로서 사회와 상호작용한다. 지도는 예측적이면서 동시에 서술적이며, 선재적이면서 반응적이다. 지도는 물리적 경계뿐만 아니라 지적인 영토의 경계를 바꿀 수도 있고, 연구와 논쟁을 진작시킬 수도 있다. 이것은 현재 만들어지고 있는 지도뿐만 아니라 선사 시대에 만들어진 지도에 대해서도 동일하게 진실이다. 예를 들어, 지도는 당대의 믿음 체계를 강화할 수도 있고, 그것에 영향을 미칠 수도 있고, 그것을 수정할 수도 있다. 이 책의 첫 번째 지도인 바빌론 세계 지도(지도 1)는 기원전 600년경 바빌론 사람들이 믿었던 세상(세상의 중심에 바빌론이 있다)과 그것을 둘러싼 대양을 보여준다. 3장 "중세 시대"의 마파 문디(지도 16)는 세상에 대한 중세적인 개념을 보여주며, 지도는 신학적, 윤리적, 역사적, 동물학적 정보를 공간적 프레임으로 표현하기 위해 사용되었다. 페터스 도법(지도 96)은 대륙의 형태나 상대적인 크기에 대한 새로운 상을 제시함으로써 20세기의 지도 이용자들에게 많은 시사점을 던져주었다.

위: 16세기의 목판화에 당시의 측량 기술이 묘사되어 있다.

반대편: 이집트의 왕 투트모세 4세의 필경사였던 메나의 무덤에서 발굴된 벽화로 기원전 1413~1403년경에 제작된 것으로 추정되고 있다. 주인이 지켜보는 가운데 옥수수밭을 측량하고 있는 사람이 묘사되어 있다.

그러면 지도가 어떻게 세상을 바꾼다는 것인지 살펴보자. 전 지구적인 차원에서 지도는 새로운 땅, 무역로, 식민지에 대한 정보를 전달하기 위해 사용되어 왔다. 칸티노 세계 지도(지도 31)와 쿡의 뉴질랜드 지도(지도 64)가 그 예가 될 수 있다. 세상은 새로운 땅이 발견되면 지도 속에서 팽창하기도 하고, 멀리 있는 땅이 더 가깝고 통치하기 쉬워 보인다는 점에서 수축하기도 한다. 지도가 해외의 제국을 건설한 것은 아니지만, 자국민들에게 제국주의적 영유권 주장의 정당성과 새로운 식민지에 대한 통치 가능성을 설득하고 식민지 건설에 중요한 역할을 담당했다. 예를 들면 16세기 칸티노 세계 지도에는 포르투갈인들이 영유권을 주장한 뉴펀들랜드와 그린란드가 부각되어 있다. 이후 17세기 네덜란드와 잉글랜드가 북아메리카 점유권을 두고 쟁탈전을 벌이면서 양쪽 모두 자신들의 이데올로기적 어젠다를 표현하기 위해 지도를 사용했으며, 자신들의 지도에서 상대방의 지명은 쓰지 않으려고 노력했다. 존 스미스의 뉴잉글랜드 지도(지도 42)는 그 지역에 대한 영국 사람들의 관점을 잘 보여준다. 이러한 과정에서 토착 원주민들이 겪었던 것들은 결코 잊혀져서는 안 된다. 지도는 유럽인들의 식민지 확장을 도와주었고, 이를 통해 원주민들의 세상은 물론 식민지에 정착하기 위해 이주한 유럽인들의 세상도 변화시켰다.

르네상스 시대 이후, 책자 형태의 지도 모음집들은 당대의 지식을 반영함과 동시에 영향을 끼쳤다. 대표적인 예로 프톨레마이오스의 지도(지도 8), 메르카토르의 『아틀라스』(지도 29), 오르텔리우스의 『세계의 무대』(지도 43), 바게나르의 해양 지도첩(지도 46) 등이 있다. 이러한 지도첩은 오랜 기간에 걸쳐 형성되고 공고화된 국가들에 대한 오해를 영속화하는 데 기여했다. 세상에 대한 프톨레마이오스의 관점은 수 세기 동안 지도학적, 지리학적 사고를 지배했다. 롤리의 전설적인 도시 엘도라도(지도 38)는 원주민의 정보를 오해해 기아나에 있는 것으로 알려졌고, 1840년대까지 지도상에도 그렇게 표현되었다.

19세기 황동 육분의(六分儀, sextant)에는 삼각대와 망원 조준기가 장착되어 있다. 이 장비는 한낮의 태양 고도 혹은 야간의 적당한 별의 고도를 측정함으로써 위도를 찾아내는 데 사용되었다.

지도는 항해의 길잡이로서 신세계 발견에 혁혁한 기여를 했을 뿐만 아니라 단순히 세상을 여행하는 것도 훨씬 쉽게 만들었다. 중세에 제작된 피사 해도(지도 21)는 항해사들이 사용한 포르톨라노 해도의 초기 예이며, 메르카토르 도법은 16세기 이래로 항해사들이 나침반을 따라 항해하는 것을 훨씬 쉽게 만들었다(지도 29). 탐험가 외에도 포이팅거 지도(지도 6)는 로마 제국의 여행 정보를 보여주며, 수도사 매튜 패리스는 성지 순례의 경로를 표현하였고(지도 23), 1675년 존 오글비는 잉글랜드 도로 아틀라스를 제작하였다. 오글비는 이 지도에서 도로를 줄무늬로 표현하였는데(지도 51), 이 방식은 오늘날까지도 사용되고 있다. 20세기, 벡이 제작한 런던 지하철망도(지도 94)는 복잡한 네트워크상에서도 길을 찾을 수 있게 해주는 도식도(圖式圖, schematic map)의 예를 제공한다. 런던의 『A-Z 도로 지도첩』의 지도(지도 93)는 도시 내에서 길을 찾는 여행자들의 세상을 변화시켰다. 지도는 미 지역을 여행하는 사람들의 세상도 변화시켰다. 영국의 자전거 여행자 지도(지도 82), 미국의 운전자 지도(지도 84), 로마의 방문자 지도(지도 83)가 그 예이다.

측량가들은 새로운 땅을 설계할 때 지도를 사용했다. 지도는 18세기 후반 영국 인클로저 과정(지도 62)에서 핵심적인 부분이었다. 인클로저 지도에는 토지의 재분배 계획이 잘 나타나 있다. 크리스토퍼 렌이 그린 1666년 대화재 이후의 런던 지도(지도 55)는 지도가 어떻게 계획 이슈에 사용되고 새로운 도시 레이아웃으로 가능한 대안들을 제시하는지를 보여준다. 그러나 그의 기획은 실행되지 못했다. 지도는 운하, 철도, 도로 등의 건설에 도움을 준다. 지도는 어디를 통과해야 하는지, 극복해야 할 장애물에 어떤 것이 있는지를 보여주며, 나아가 최종적인 경로 네트워크를 홍보해준다(지도 75). 따라서 지도는 자연 경관을 변화시키는 동인이면서, 동시에 자연 경관 속 인간의 삶을 변화시키는 동인이기도 하다.

지도를 사용하여 국경 분쟁이 해소되기도 했다. 1768년 찰스 메이슨과 제러마이어 딕슨은 펜실베이니아 주와 메릴랜드 주의 경계를 설정했다. 이렇게 만들어진 "메이슨-딕슨 라인"은 노예제를 찬성하는 남쪽의 주들과 노예를 해방한 북쪽의 주들을 가르는 경계선이 되었다(지도 60). 존 미첼의 북아메리카 지도(지도 59)는 미국의 국경을 결정하기 위해 1782~1783년에 파리에 모인 미국과 영국의 협상가들이 사용한 것인데, 20세기 후반까지도 동일한 용도로 사용되었다.

지도는 권력, 권위, 통치의 표현물이다. 16세기 바티칸의 성벽 위에 걸려 있던 지도에는 교황의 권위와 야망이 표현되어 있고(지도 48), 방문객들에게 의도된 감명과 영향을 주었다. 크리스토퍼 색스턴이 제작한 잉글랜드와 웨일스 지도첩(지도 50)은 영국 왕실의 권력과 권위를 보여주었다. 동시에 엘리자베스 여왕 시대 지주 계급들이 지도의 유용성을 더 많이 자각할 수 있게 해주었다. 장식물로서, 즉 전시를 위한 매력적인 물건으로서의 지도는 부와 특권을 드러내는 데 쓰였다. 예를 들어, 호화 기증본의 형태인 17세기 블라외의『대지도첩』(지도 47)은 당시 연합주가 왕실 인물에게 선물로 바쳤던 품목이었다고 한다.

지도는 정치 선전을 위해 사용되어 왔고, 여전히 그렇다. 지도는 특정한 인상을 심어주기 위해 정보를 과장, 은폐, 위조할 수 있다. 예를 들어, 16세기 후반 "그리스도 기사 지도"(지도 45)는 스페인으로부터 독립 투쟁 중이었던 네덜란드를 선전하는 데 사용되었다. 20세기 제1차 세계대전 중에 제작된 인도의 선전 지도도 그 예이다(지도 89). 카메룬의 은조야 왕국 지도(지도 73)는 국가의 안정적 이미지를 보여주고 1916년에 발생한 권력 투쟁은 감추는 데 사용되었다. 전쟁 중 지도는 병력의 배치를 도해하기 위해 사용되는데, 1862년의 제2차 불런 전투 지도(지도 77)가 좋은 예이다. 이 지도를 통해 지상에서 실질적으로 발생한 일을 되짚어 볼 수 있다(지도 76). 지도는 적지 침투 노선 결정에 활용될 수 있는데, 제2차 세계대전에 사용된 실크 지도들(지도 87)이 그 예가 될 수 있다. 지도는 적대 행위가 끝난 후 영토를 분할할 때도 사용되는데, 베를린 분할 지도(지도 91)에 잘 나타나 있다.

위에서 살펴본 많은 지도들은 지도가 어떻게 전체 세상을 바꿀 수 있는지, 그리고 그 전체 세상 속에 살고 있는 개개인의 개별 세상을 바꿀 수 있는지를 보여주고 있다. 지도가 국지적 세상을 바꾸는 예 역시 존재한다. 19세기 후반 런던 빈민들의 삶은 찰스 부스의 연구와 그가 그린 빈곤 지도(지도 80)의 결과보다 향상되어 갔다. 한편 존 스노는 콜레라 창궐을 지도화하고 오염원인 양수 펌프를 추적함으로써 콜레라가 수인성 전염병이라는 사실을 보여주었는데(지도 79), 이후 콜레라가 박멸되었다.

지도 제작 기술의 변화는 기본적으로 당대의 발전과 이해의 수준을 반영하지만, 거꾸로 지도 제작자와 지도 사용자에게 영향을 미치기도 한다. 그러므로 서구에서 가동 활자 인쇄의 발명과 최초의 인쇄 지도(지도 13) 제작은 지도의 가치를 확산시키는 데 도움을 주었을 뿐만 아니라 지도가 전달하고자 하는 메시지의 영향력을 확산시키는 데도 도움을 주었다. 르네상스 시대에 접어들면서, 지구의는 세상에 육지가 어떻게 분포하고 있는지를 보여주는 효과적인 도구가 되었다. 카시니의 프랑스 지도(지도 57)는 한 국가 전체를 삼각측량에 기초해 제작한 최초의 지도였다. 이후 영국의 육지측량국(지도 61)이 국가적 차원의 지도 제작을 위한 새로운 국제 표준을 제시하였고, 그 결과 만들어진 지도들은 다른 지도 제작의 토대가 되었다.

지도는 세상을 변화시키는가? 대답은 그렇다이다. 지도는 제국, 왕국, 국지적 사회, 개개인(어느 시대에, 어디에 있었건 간에)의 세상을 변화시킨다. 그 이유는 지도를 제작할 때 지도 상에 나타낼 정보가 선택(제외하거나 수정할 아이템 선택)되고 제작 목적에 따라 정보 전달 방식이 달라지기 때문이다.『지구 끝까지』는 세상을 바꾼 지도들 중 단 100장의 지도에 대한 이야기이다.

세라 벤달
케임브리지대학교 이마누엘칼리지

13세기의 아스트롤라베(astrolabe, 천문 관측의)로서 위도를 찾아내기 위해 태양 혹은 특정 별의 고도를 측정하는 데 사용되었다. 이 기구는 천 년 이상 존재했던 것으로, 특히 15~18세기에 널리 사용되었다. 그 이후에는 망원경과 같은 천문 기구의 새로운 세대에게 자리를 넘겨주었다.

82
7-14
509
92687

고대:
경관의 재현

정확히 어떻게, 언제, 왜, 어디서, 세계 최초의 지도가 만들어졌는지 알아내기란 지극히 어렵다. 선사 시대 혹은 초기 유사 시대에 만들어진 지도의 대부분은 현재 전해지지 않는다. 그러므로 오늘날 우리가 발견하는 것이 존재했던 모든 것을 대변하는 것은 결코 아니다. 현대의 관찰자에게는 이 외에도 또 다른 문제가 있다. 선사 시대의 지도에는 문자가 없거나 오늘날 원시 토착 사회의 지도처럼 의미나 내용을 설명하는 제목이 없다. 그러나 옛날에도 지도는 오늘날과 마찬가지로 다양한 목적과 형태로 만들어졌다는 점은 분명하다. 또한 일반적인 믿음과는 달리, 다양한 목적 가운데 모든 시대에서 가장 덜 중요한 목적은 바로 길 찾기라는 점도 확실한 것 같다. 유럽의 중세가 되어서야 해도가 만들어졌으며, 18세기에 이르러서야 여행자들이 지도를 소지하게 되었다.

인간은 항상 공간적으로 사유하는 능력(이것은 여기에 있고, 그것은 저기에 있다)을 지니고 있었다. 물론 이러한 능력과 별개의 방식으로 지도를 만들 수도 있다. 심상 지도(mental map)가 인간이 소통하는 형태 중 가장 오래된 것은 분명한 사실이다. 예를 들어, 원시 수렵인들은 동물들의 이동 경로와 사냥을 위한 최적의 장소를 목록화하고 있었다. 유목민들은 적절히 해갈을 하면서 안전하게 사막을 횡단할 방법을 숙지하고 있어야 했다. 모든 사람들의 머릿속에는 그들의 영역에 대한 지도가 들어 있었던 것이다.

현대의 고고학적 연구에 따르면, 지도를 만든다는 개념은 문자 발명 훨씬 전에 세계 곳곳에서 독립적으로 생겨났다고 한다. 현존하는 초기 지도들을 통해 당시에 지도를 그렸던 사람들의 문화, 관심사, 믿음 등을 엿볼 수 있다. 이는 오늘날 만들어진 지도들에도 현대인들의 사고 구조가 반영되어 있는 것과 같은 것이다. 오늘날과 마찬가지로 어떤 지도들은 개인적 경험과 친숙성에 기반해 만들어졌고, 천지도 같은 지도들은 상상력에 기반해 만들어졌다. 현대의 독자들이 잘 이해하지 못하는 것은 아마도 선사 시대나 비문자 사회, 특정 종교적 맥락이 강한 상황에서 지도가 어떤 역할을 맡고 있었느냐에 대한 것일 것이다.

1 세계 지도, 바빌론, 기원전 600년경

이 지도에는 세상과 그것을 둘러싸고 있는 지상의 바다가 표현되어 있는데, 지도를 그린 사람들의 믿음이 그대로 반영되어 있다. 현존하는 가장 오래된 세계 지도 중 하나로 점토판에 새겨져 있는 이 지도에는 설형문자로 된 설명문도 함께 붙어 있다. 바빌론은 매우 도식적으로 표현되어 있는데, 8개의 삼각형(그중 4개만 남아 있다)은 바빌론 사람들이 천상의 바다로 연결된 다리라고 믿는 섬들을 상징적으로 표현하고 있다.

최초의 지도들

오늘날 남아 있는 가장 오래된 지도들 중 하나는 기원전 6200년경까지 거슬러 올라간다(13쪽 참조). 1963년 고고학자 제임스 멜라트(James Mellaart) 팀이 발굴한 아나톨리아의 차탈휘위크(Çatal Hüyük) 선사 유적지에서 발견된 이 지도는 현존하는 가장 오래된 시가도(town plan)이다. 측량에 의한 것이 아니라 그림 지도인데, 일부는 평면도이며(상공에서 취락을 수직으로 내려다본 것처럼 표현되어 있다), 일부는 입면도이다. 이러한 혼합은 현대 지도의 특징이기도 하다. 현대의 지형도에서 지형지물의 입면 형태를 본뜬 기호로 경관 요소들을 표현한 것을 볼 수 있다(예, 풍차 표시, 전쟁터의 교차 검 표시). 현대에도 차탈휘위크의 지도처럼 축척을 무시한 지도가 만들어지기도 한다(예, 현대 관광 지도). 차탈휘위크의 벽화를 단순한 그림이 아니라 지도로 간주하는 것은 지도의 중요한 요건 중 하나를 갖추었기 때문이다. 그 요건은 지형지물의 분포를 제대로 제시했느냐이다. 즉, 지표 상에서 어떤 것이 어떤 것 옆에 있다면, 지도 상에서도 그래야 한다. 표현의 방식과 축척의 정확성이 지도의 정의에서 중요한 것은 아니다.

2

시가도, 차탈휘위크, 터키, 기원전 6200년경

이 벽화는 신석기 시대 한 취락의 거리와 가옥들을 보여주고 있는데, 현존하는 가장 오래된 시가도로 간주된다. 고고학자들은 이 지도가 의례를 목적으로 제작되어 실질적인 기능은 없었던 것으로 본다. 이 선사 유적지가 최근세의 가장 중요한 고고학적 발굴 중 하나로 인정받고 있는 이유 중 하나가 바로 지도 때문이다.

차탈휘위크, 터키

이 취락은 신석기 시대의 것으로 수많은 겹 혹은 층으로 이루어져 있다. 각 층마다 흙벽돌로 지어진 가옥들과 다른 건물들이 벽을 공유하면서 다닥다닥 붙어 있다.

차탈휘위크 시가도

차탈휘위크에서 발견된 275cm 정도 길이(원래는 더 컸을 것으로 보이지만 일부분만 남아 있다)의 이 지도는 발굴지의 레벨 7에 있던 성지의 벽을 장식하고 있었다. 약 80개의 건물이 테라스 상에 배열되어 있는데, 벌집 모양의 취락 디자인이 지도에 정확하게 묘사되어 있다. 이 건물군에서 좀 떨어진 곳에 쌍원추형 화산이 분출하고 있는데, 평면도가 아닌 입면도 형태로 그려져 있다. 화산의 능선에 백열성의 화산탄이 덮여 있다. 분출하는 원추에서는 무언가가 쏟아져 나오고, 화산 상공에 연기 구름과 화산재가 있다. 그림의 화산에 원추가 두 개라는 것은 이 화산이 하산다(Hasan Dag)일 가능성을 암시하는데, 고냐 평원의 동쪽 끝에 위치해 차탈휘위크에서 육안으로도 볼 수 있다. 이 화산과 이 지역의 다른 화산들은 도시의 거주민들에게 매우 중요하다. 도구, 무기, 보석, 거울 등을 만드는 데 사용되는 흑요석의 원천이기 때문이다.

차탈휘위크 지도는 이 신석기 취락에 대한 정교한 재현이다. 이 지도를 보다 더 위대하게 만드는 것은 방사성탄소 연대측정의 결과로 확인된 것처럼, 기원전 4000년경 티그리스 강과 유프라테스 강 사이의 비옥한 초승달 지대에 살던 수메르인들이 설형문자를 만들기 2700년 전에 이 지도가 그려졌다는 사실이다.

암면미술과 암면 조각

차탈휘위크의 주민들이 지도를 제작한 유일한 비문자인들인 것은 아니다. 이탈리아 북부 브레시아 근처의 발카모니카에서 발견된 암각화에는 농지와 길이 평면도로 나타나 있다. 이 암각화는 청동기 시대 중기(기원전 1200년경)까지 거슬러 올라가는데, 철기 시대(기원전 800년경)에 그 위를 다른 것들이 덮었다. 4.1×2.3m 크기의 암석 표면에 조각된 이 암각화를 해석할 만한 단초는 별로 없다. 불규칙한 선들은 경로 혹은 하천을, 다양한 점과 원들은 샘을, 점묘법으로 나타낸 직사각형들은 과수원을, 가운데가 빈 직사각형들은 경작지를 나타낸 것으로 해석된다. 또한 특정 장소보다는 '장소' 일반을 나타낸 것으로 보는 견해가 많은데, 농장과 곡물 보호를 기원하기 위해 만든 것으로 해석되고 있다. 따라서 이러한 암각화는 원시 사회에서 지도의 역할이 중요했다는 점과 지도가 그려진 당시의 종교적 신념을 반영하고 있다는 점을 암시한다.

암각화는 고고학자들에 의해 암면미술(rock art)로 인정된 것에서는 어디에서건 발견되는데, 아이다호

(Idaho)나 서부 오스트레일리아 등에서도 발견된다. 기원전 13000~11000년에 만들어진 오스트레일리아의 윤타(Yunta) 암각화는 지리적 중요성보다는 영적인 중요성을 가졌던 것으로 이해된다. 암각화에 표현된 것들은 경관 요소를 재현한 것뿐만 아니라 꿈의 시대, 즉 천지창조에 대한 오스트레일리아 원주민의 신화와 연결된 것으로 보인다. 암각화에는 새와 동물의 발자국뿐만 아니라 추상적인 동그라미 표시도 그려져 있다.

초기 백인 정착자들이 지도암(Map Rock)이라고 부른 아이다호 유적지에는 제작 시기가 기원전 10000년까지 거슬러 올라가는, 북미에서 가장 오래된 암각 지도가 있다. 스네이크 강 북안에서 발견되었고 스네이크 강 유역 지도로 추측된다. 어떤 전문가는 암석 가운데 있는 선은 스네이크 강의 유로이고, 그 선을 벗어난 선들은 지류를 나타내며, 동그라미 형상은 심을 나타낸다고 주장한다. 그러나 암각화에 대한 해석은 주관적일 수밖에 없다. 암석 위 표시들이 각기 다른 시기에 만들어졌을 가능성도 있다.

메소포타미아의 지도들

약 6000년 전 최초의 중앙집권적 계층 사회는 국가 형태를 향한 발전을 시작했다. 그중 몇몇은 세계 최초의 제국이 되었다. 이집트, 중국, 인더스 계곡, 중앙 안데스, 중앙아메리카, 남서 나이지리아와 같은 지역에서

3 지도암, 아이다호, 미국, 기원전 10000년경
초기 아메리카 원주민들이 스네이크 강 북안의 현무암 위에 수백 년에 걸쳐 이 표식들을 만들어 놓았다. 어떤 사람들은 이 조각이 스네이크 강 유역의 하도를 표현한 것이라고 주장한다. 이 표식은 종교적인 봉헌 역할을 하였던 것으로 생각되고 있다.

초기 도시 사회가 생겨났고, 그와 함께 상세한 대축척의 시가도가 만들어졌다. 메소포타미아에서는 기원전 4000~3000년에 도시 사회가 나타나기 시작했는데, 체계적인 농경 시스템의 개발과 그 궤를 같이한다. 경작지 패턴, 관개 시스템, 당시 경제의 가장 중요한 요소였던 토지 소유권 등이 메소포타미아인들이 만든 것으로 알려진 초기 지도들 대부분의 주제가 되었다. 그러한 지도들은 원시적인 형태의 지적도인데, 일종의 부동산 권리증서로 사용된 것으로 보인다. 지도 상의 시각적 기록이 토지 경계에 대한 어떤 문서보다 더 유용하고 명확한 것으로 여겨졌다. 메소포타미아처럼 건조한 지역에서는 관개 수로의 위치와 유지 관리 역시 중요한 사안이었다. 왜냐하면 관개 없는 농경은 위험천만한 일이고 작물의 선택에 훨씬 많은 제약이 있었기 때문이다.

점토판 지도

메소포타미아의 지도 제작자들은 점토판을 사용했다. 수천 개의 점토판 지도가 발견되었는데, 이 중 어떤 것들은 사르곤 1세가 기원전 2350년경 아카드 왕국을 세운 시점으로부터 바빌론의 최전성기였던 시기까지 거슬러 올라간다. 이 같은 유형의 지도들 가운데 오래된 것 중 하나가 1930년 바빌론으로부터 북쪽으로 320km 떨어진 키르쿠크 근처 요르간 테페(Yorghan Tepe)에서 발견되었다. 그 점토판은 기원전 2300년경에 만들어진 것으로 추정되었다. 손아귀에 쥐어질 만큼 작은 점토판 위에 가주르(후에 누지) 지역에 대한 지도가 새겨져 있다. 그 지역은 두 개의 능선으로 둘러싸여 있는데, 이것은 아마도 이란과 이라크 접경 지대에 있는 자그로스 산맥의 일부일 가능성이 크다. 또한 가운데 있는 수로는 유프라테스 강이거나 관개 수로일 것으로 추측된다. 설형문자로 된 문장은 특정한 지형지물과 장소를 강조하고 있다. 예를 들어, 중앙부에 위치한 토지에 대해서는 면적과 함께 토지 소유자의 이름(아잘라)이 나타나 있다. 동그라미들은 각각 점토판의 북쪽, 동쪽, 서쪽, 위쪽, 아래쪽을 나타내고 있는데, 현존하는 최초의 방위 표시로 간주된다. 문화적, 자연적 지형지물을 표현하는 기호들이 잘 사용되고 있는데, 예를 들어 세 개의 취락은 동그라미로 표시하였고, 산은 종을 닮은 이미지를 겹줄로 표현했다.

기원전 1500년경에 만들어진 후기 점토판 지도는 토지 소유권을 획정하고자 제작한 것으로 보인다. 바빌론의 남쪽에 위치한, 수메르의 수도이자 종교적 중심지였던 니푸르의 시가도는 당시의 종교적, 정치적 엘리트들이 소유한 토지의 소유 관계를 기록하고 있다. 유프라테스 강 주변의 농경지는 관개 수로로 토지 소유권의 경계를 구분했다.

비슷한 시기의 또 다른 점토판 지도는 니푸르의 대략 1/4에 해당하는 지역을 훨씬 더 상세하게 나타냈다. 유프라테스 강, 두 개의 운하, 엔릴 신전을 포함한 도시의 주요 건물들, 유프라테스 강의 커다란 창고 두 개, 이름을 가진 7개의 문이 포함된 도시 성곽 등이 나타나 있다. 이 지도의 두드러진 특징은 몇몇 건물에 큐빗 단위의 측정치가 부여되어 있다는 것인데, 이는 그 시가도 전체가 측량에 기반하여 축척에 맞게 제작되었고, 새로운 요새의 건설을 돕는다는 목적하에 제작되었을 것이라는 점을 암시하고 있다. 만약 이러한 추정이 옳다면, 메소포타미아인들이 지도에 축척을 도입했다는 것을 증명하는 것이 된다. 현재 축척을 사용한 최초의 지도로 알려진 대축척의 시가도 제작 시기는 이것보다 약간 빠르다. 기원전 2100년경에 만들어진 시가도는 수메르의 라가시(Lagash)를 통치했던 구데아 왕의 동상에(왕의 무릎을 덮은 예복 위) 새겨져 있다. 깨진 한 쪽 구석에 축척 막대의 흔적이 선명하게 남아 있다.

기원전 2500~2200년에 제작된 수많은 메소포타미아 점토판에는 장소 지명, 강, 산의 목록이 설형문자로 새겨져 있다. 비록 이러한 점토판의 존재와 지도 제작을 연결할 만한 확고한 증거가 있는 것은 아니지만 둘 사이에는 특별한 관련성이 있었을 것으로 보인다. 교육용이나 군사적인 목적으로 점토판을 사용했을 수 있다. 사르곤 1세 휘하의 아카드 왕국은 기원전 2330년경부터 서쪽으로 원정군을 보냈기 때문에 지명 목록에 멀리 있는 지중해의 장소도 포함되어 있다.

바빌로니아 세계 지도

메소포타미아의 지도 제작은 바빌론이 정치적, 군사적 그리고 종국에 가서는 제국적 측면에서 지배적인 위치에 올랐을 때 정점에 도달했다. 위대한 고대 도시 중 하나가 된 바빌론은 기원전 600년경 네부카드네자르 왕이 이룩한 거대 제국의 수도로서 그 권력의 정점에 도달했다. 바빌론은 당시 세계에서 가장 큰 도시였는데, 10km^{2}에 달하는 시역 내에, 나중에 고대 7대 불가사의 중 하나로 유명해진 공중정원뿐만 아니라 수많은 사원, 신전(지구라트), 왕궁들이 위치해 있었다. 기원전 500년경에 제작된 것으로 보이는 한 점토판에는 바빌론의 시가도가 나타나 있는데, 마르두크 신전과 이슈타르 문을 지나 도시 성곽 밖의 작은 사원에 이르는 행렬 경로를 볼 수 있다.

바빌로니아 사람들은 "원은 360도로 나뉜다."와 같은 현재 우리가 사용하는 단순한 수학적 개념을 가장 먼저 정식화했던 사람들이다. 이러한 사실은 완벽한 원이 뚜렷하게 새겨진 유명한 점토판 지도를 보면 알 수 있다(10쪽 참조). 이 점토판 지도는 기원전 600년경에 만들어졌는데, 지도 내용은 2~3세기 이전에 만들어진 어떤 지도의 복제품일 가능성이 높은 것으로 알려져 있다.

이 지도는 125×75mm를 넘지 않는 점토판의 약 2/3만을 차지할 정도로 매우 작다. 점토판의 나머지 부분에는 전 세계를 보여주려고 했다는 지도 제작자의 의도를 설명하는 글이 나타나 있다. 세상은 바다로 둘러싸인 혹은 바다 위에 떠 있는 평평한 원반으로 묘사된다. 바다 너머에는 외부 지역 혹은 섬이 존재하는데, 지도에서는 (원래는 8개의) 삼각형으로 표시되어 있다. 각 삼각형에는 삼각형 간의 거리를 알려주는 듯한 형상이 붙어 있다. 설형문자로 된 설명문은 섬 하나하나를 세세하게 묘사하고 있다. 인간들이 "전이(transition) 섬"에 도달할 수 있는 방법은 없다. 어떤 섬은 "일몰이나 별보다 더 밝은" 빛을 발산하고, 북쪽에 있는 어떤 별은 영구적인 암흑 속에 덮여 있다. 여섯 번째 별에 살고 있는 "뿔 달린 황소"는 침입자를 공격한다.

지도의 위쪽이 북쪽을 가리킨다. 중심부의 직사각형은 바빌론을 나타낸다. 그 주변에 다른 도시를 의미하는 8개의 동그라미가 그려져 있다. 아시리아는 그 위의 우라투(동부 터키와 아르메니아)와 함께 지도의 동쪽에 있다. 유프라테스 강을 표현한 것으로 보이는 수직 방향의 평행선들은 위쪽에 위치한 산들로부터 메소포타미아 저지의 늪지(원의 아래쪽에 위치한 수평 방향의 평행선)를 지나 결국 우주의 끝으로 뻗어 있다. 이 지도를 통해 바빌로니아 사람들이 우주를 어떻게 그리고 있었는지 엿볼 수 있다. 다른 자료에서는 메소포타미아의 무역상들이 서쪽으로는 지중해, 동쪽으로는 인도양까지 진출했다고 하는데, 그들이 본 그 어느 것도 이 지도에는 없다. 이는 바빌론 중심주의적 우주관을 명백히 보여주는 것이다.

천지도

바빌로니아 세계 지도는 지도를 만든 사람들의 영적인 믿음을 반영하고 있는데, 가장 특징적인 것은 세상이 둥글고 물에 둘러싸여 있다는 것이다. 바빌로니아의 우주론을 우리의 지식으로 해석해 보면, 8개의 섬들이 지상의 바다(earthly ocean), 천상의 바다(heavenly ocean) 그리고 그 바다에 살고 있는 동물 성좌들을 연결하고 있다. 그러나 바빌로니아 사람들이 지도를 우주론과 연결해서 제작한 최초의 혹은 유일한 사람들인 것은 아니다. 천지도(天地圖)는 이집트와 인도에서 북아메리카와 남아메리카에 이르는 세상의 전역에서 만들어졌고, 중세의 그리스도교 세상과 이슬람 세상에서도 특징적으로 나타났던 것이다.

천지도 제작의 목적은 믿음의 표현이다. 천지도는 제작자가 속한 문화권의 세계관을 상징적으로 보여주며, 당시의 종교적 믿음을 반영한다. 예를 들어, 북아프리카에서 발견된 미로 모양의 암면화에는 삶에서 죽

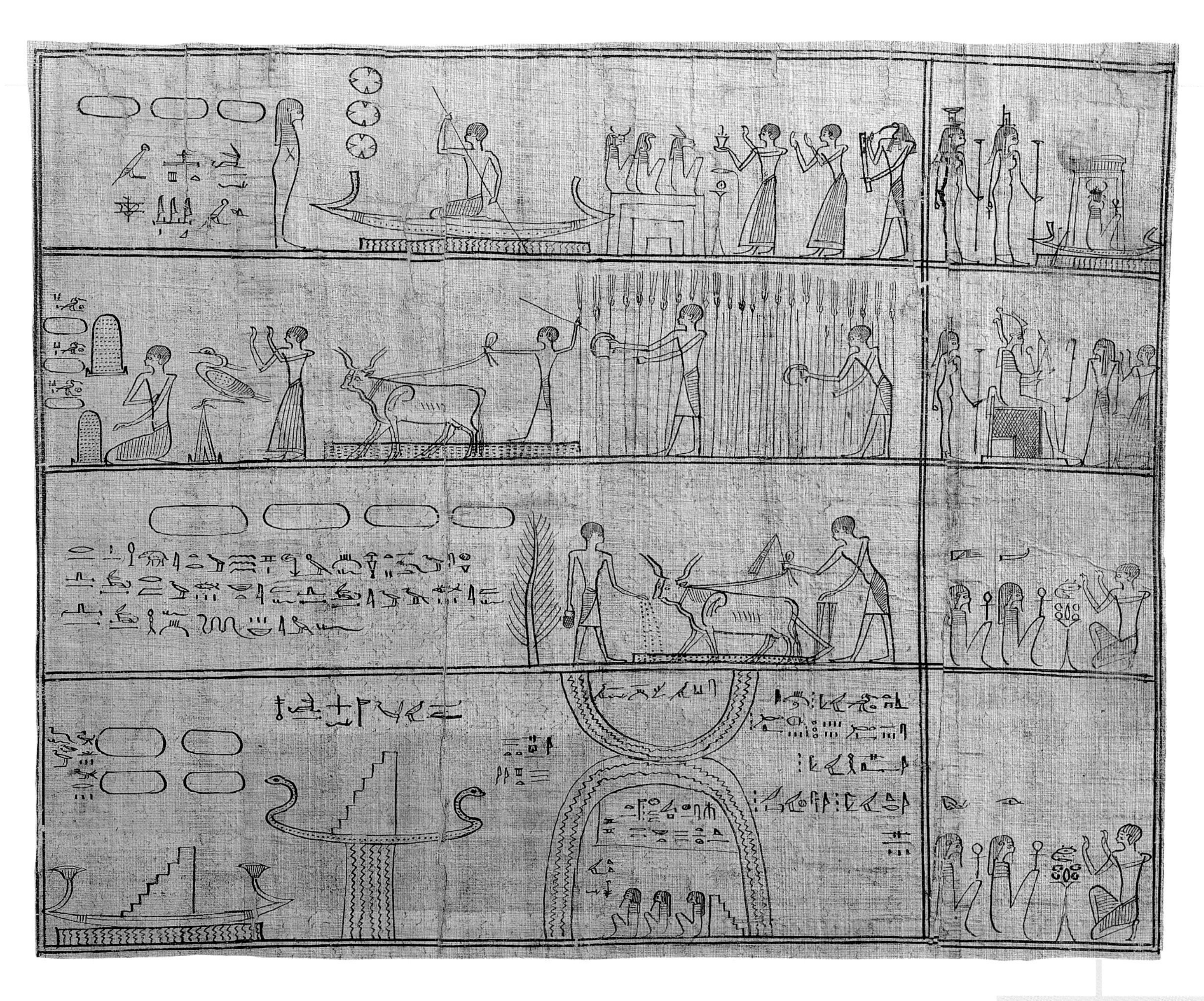

음, 이어서 사후 세계로 이어지는 경로가 묘사되어 있다. 그런데 이탈리아의 브레시아에서 출토된 선사 시대 유물 트리오라 스텔라(Triora Stela)에는 위쪽에 천상, 중앙에 현생, 아래쪽에 사후 세계가 위치해 있다.

고대 이집트에서는 천지도가 흔했는데, 특히 18~20번째 왕조(기원전 1550년경~1070년)의 왕릉에서 많이 발굴되었다. 관 뚜껑 안쪽을 주로 장식했던 그림 지도들은 사후 세계로 떠나는 망자의 여정을 보조한다.

지도와 이집트인

고대 이집트의 문화 수준이 고대 메소포타미아에 버금갔던 것으로 알려져 있지만, 지도와 지도 제작술은 두 사회에서 같은 역할을 한 것 같지는 않다. 바빌로니아 사람들은 자신들의 지도 제작술을 실질적이고 조직적인 목적으로 사용한 반면, 이집트인들은 지구와 천상에 대한 천지도 제작, 신화 속 땅에 대한 묘사, 관과 무덤의 장식 등을 통해 죽음의 땅을 통과해 사후 세계에 이르는 길을 묘사하는 것에 초점을 맞추었다. 예를 들어, 기원전 2000년경 엘버샤의 관에는 지하 세계의 관문에 이르는 서로 다른 길을 묘사한 그림이 있다.

메소포타미아인들과 마찬가지로 고대 이집트인들은 토지를 정확하게 측정하는 것을 매우 중시했는데, 여

4 **사후 세계로의 여정, 이집트, 기원전 1400년경** 『사자의 서(Book of the Dead)』에 있는 이 그림은 고대 이집트인들이 가지고 있던 종교 지리의 전형적인 모습을 보여주고 있다. 파피루스는 죽은 영혼이 오시리스 신의 왕국에 이르는 길을 보여주고 있다. 이 왕국에는 막 경작이 이루어지려고 하는 비옥한 토지가 존재한다. 다른 이집트 무덤의 부장물들에는 지하 세계의 관문에 이르는 두 가지 길(수로를 통한 길과, 육로를 통한 길)이 묘사되어 있다.

기에는 충분한 이유가 있었다. 나일 강의 범람으로 대부분의 토지가 침수되었다가 물이 물러가고 나면 농장, 대농장, 다른 사유지들 간의 경계를 재확립하기 위해 토지를 재측량할 필요가 있었던 것이다. 이를 위해 전문 측량가들이 고용되었다. 이집트의 통치자 파라오들은 이러한 측량으로 누가 어떤 토지를 얼마나 보유하고 있는지 속속들이 알 수 있었는데, 이는 과세를 위한 귀중한 정보가 되었다. 당시의 측량 지도는 한 장도 남지 않은 것으로 보인다. 현존하는 가장 오래된 지도는 프톨레마이오스가 살았던 시기(기원전 304~30년)에 만들어진 것이다. 그러나 기원전 196년 알렉산드리아 도서관이 사서가 된 로도스의 아폴로니오스(Apollonius of Rhodes)는 그의 『아르고나우티카(Argonautica)』에서 라메세스 2세(기원전 1290년경~1224년) 이래로 이집트의 식민지였던 콜키스의 거주민들이 보유한 지도 제작 기술을 다음과 같이 서술하고 있다.

"그들은 기둥에 새겨진 선조들의 글을 보존하고 있는데, 그것에는 사방팔방으로의 여행을 통해 알게 된 바다와 육지의 모든 길과 그것들의 한계가 표시되어 있다."

현존하는 대부분의 지형도들은 평면도와 입면도가 결합된 형태이다. 가장 흔한 주제는 정원인데, 플라타너스와 대추야자가 길을 둘러싸고, 과수원이나 포도밭이 정원의 경계 밖에 있으며, 사람과 가축은 입면도 형태로 표현되어 있다.

5 토리노 파피루스, 이집트, 기원전 1300년경
일부분만 남아 있는 이 파피루스 그림은 나일 강과 홍해 사이의 구릉 지역을 나타낸 지도이다. 금광과 은광의 위치가 표시되어 있다. 색깔 별로 나뉜 지역들은 서로 다른 지질 광상의 노두를 보여주는 것으로 추측된다. 이런 이유로 세계 최초의 지질도로 간주되기도 한다.

파라오 무덤 지도

기원전 1500~1000년경에 만들어진 건물 지도를 살펴보면 평면뿐만 아니라 높이가 함께 고려되어 있는 것을 알 수 있지만, 대부분의 거대 피라미드와 사원은 도면 없이 세워진 것으로 보인다. 그러나 몇몇의 중요한 예외가 있다. 그중 하나가 라메세스 4세의 무덤이다(그의 사망 당시인 기원전 1160년에는 미완성이었다). 두 개의 도면 지도가 남아 있는데, 하나는 파피루스에 그려진 것이고 다른 하나는 깨진 항아리 조각에 그려진 것이다. 파피루스는 나일 삼각주에서 자라는 갈대와 유사한 식물로 만든 종이로, 고대 이집트인들이 독자적으로 사용한 것이다. 파피루스는 지도 제작용으로 비슷한 시기의 중동과 근동에서 널리 사용된 점토판보다 훨씬 더 실용성이 높은 것이었다.

비록 불완전하고 바닥이 다소 손상되긴 했지만, 파피루스에 그려진 도면은 라메세스 4세의 갑작스러운 죽음으로 내부 레이아웃에 긴급한 재조정이 필요했음을 반영한 무덤의 내부 배열을 보여준다. 주된 변화는 보통 묘실 앞에 위치하는 커다란 홀을 석관을 안치할 수 있는 정도의 장소로 탈바꿈한 것이었다. 이 도면은 전체적인 지리적 맥락 속에서 무덤을 설계했다. 주위의 사막은 붉은색의 경계로 표현했고, 검은색 배경 위에 점선으로 음영을 넣었다. 무덤 내부에서 연결된 방이 실질적인 건물의 연결과 일치했지만, 축척을 맞추거나 형태를 정확히 표현하려는 시도는 없었다. 도면은 완성품이기보다는 작업 가이드 성격이 강했던 것으로 보이는데, 무덤을 개조하는 데 가담한 일꾼들을 위해 만든 것으로 추측된다. 이러한 해석을 지지하는 증거를 도면의 주석에서 볼 수 있는데, 방의 크기에 대한 정보와 개조 공사의 진척 상황에 대한 기록이 있다.

토리노 파피루스

파피루스는 굽지 않은 점토판처럼 손상되기 쉬운 재료이다. 고대 이집트의 도면이나 지도가 거의 전해지지 않는 것이 바로 이 때문이다. 그러나 토리노 파피루스(Turin papyrus)는 예외이다. 이것은 기원전 1300년경에 제작된 누비아의 한 지역 지도인데, 광산 취락, 금광과 은광의 위치, 나일 강과 홍해의 해안을 연결하는 도로들이 나타나 있다. 1824년에 조각난 형태로 발견되었는데, 이탈리아의 외교관이자 골동품 수집가였던 베르나르디노 드로베티(Bernardino Drovetti)의 손에 넘어갔다. 당시 이집트에서 프랑스 영사직을 수행하던 그는 나중에 다른 많은 골동품과 함께 이 파피루스를 기증하여 토리노의 이집트 박물관 설립을 이끌었다. 이런 연유로 토리노 파피루스라는 이름을 얻었고 현재에도 그곳에 소장되어 있다.

라메세스 4세의 무덤, 기원전 1160년경, 왕의 계곡, 룩소르, 이집트

석관(사진의 중앙에 있음)의 묘실은 라메세스의 갑작스러운 사망 이후 개조되었는데, 파피루스에 그려진 도면이 작업 가이드 구실을 하였다.

이 지도는 라메세스 4세 무덤의 필경사였던 아멘나크테(Amennakhte)가 만들었다. 라메세스 4세가 자신의 거대한 동상 제작에 쓰일 사암을 획득할 목적으로 동쪽 사막에 있는 와디 함마마트로 채석 원정 계획을 세울 때, 이 지도가 가이드 역할을 하였다. 이 지도에서 눈에 띄는 것은 꾸불꾸불한 와디와 아탈라와 엘시드 주변에 있던 와디들과의 합류, 주변 산지들(금광이 위치해 있었음), 채석장, 비르움파와키르에 있는 금광과 취락이었다. 주석을 통해 지도에 나타나 있는 지형지물을 확인할 수 있으며, 와디의 나아간 흔적들이 어디를 향했는지와 채석장과 광산 간의 거리, 채굴된 석괴의 크기 등을 알 수 있다. 이 지도의 위쪽은 나일 강의 수원이 있는 남쪽이다.

어떤 학자들은 이 파피루스가 실질적인 지질도라고 주장한다. 그러한 주장이 옳다면, 이 파피루스는 현존하는 최초의 지질도일 것이다. 이 지도가 암석 유형별로 검은색(편암)과 분홍색(화강암)의 서로 다른 채색을 했다는 주장이 제기되어 왔다. 또한 핵심 와디 속의 갈색, 연두색, 흰색 점들 역시 어떠한 지질학적 중요성을 가지고 있다는 주장도 존재한다. 다른 학자들은 이 지도가 이러한 방식으로 만들어졌다는 구체적인 증거는 없다고 말한다. 그들은 또한 색상이 지질학적 의미를 갖기 보다는 랜드마크의 위치를 표시하기 위한 수단으로 사용된 것이라고 주장한다.

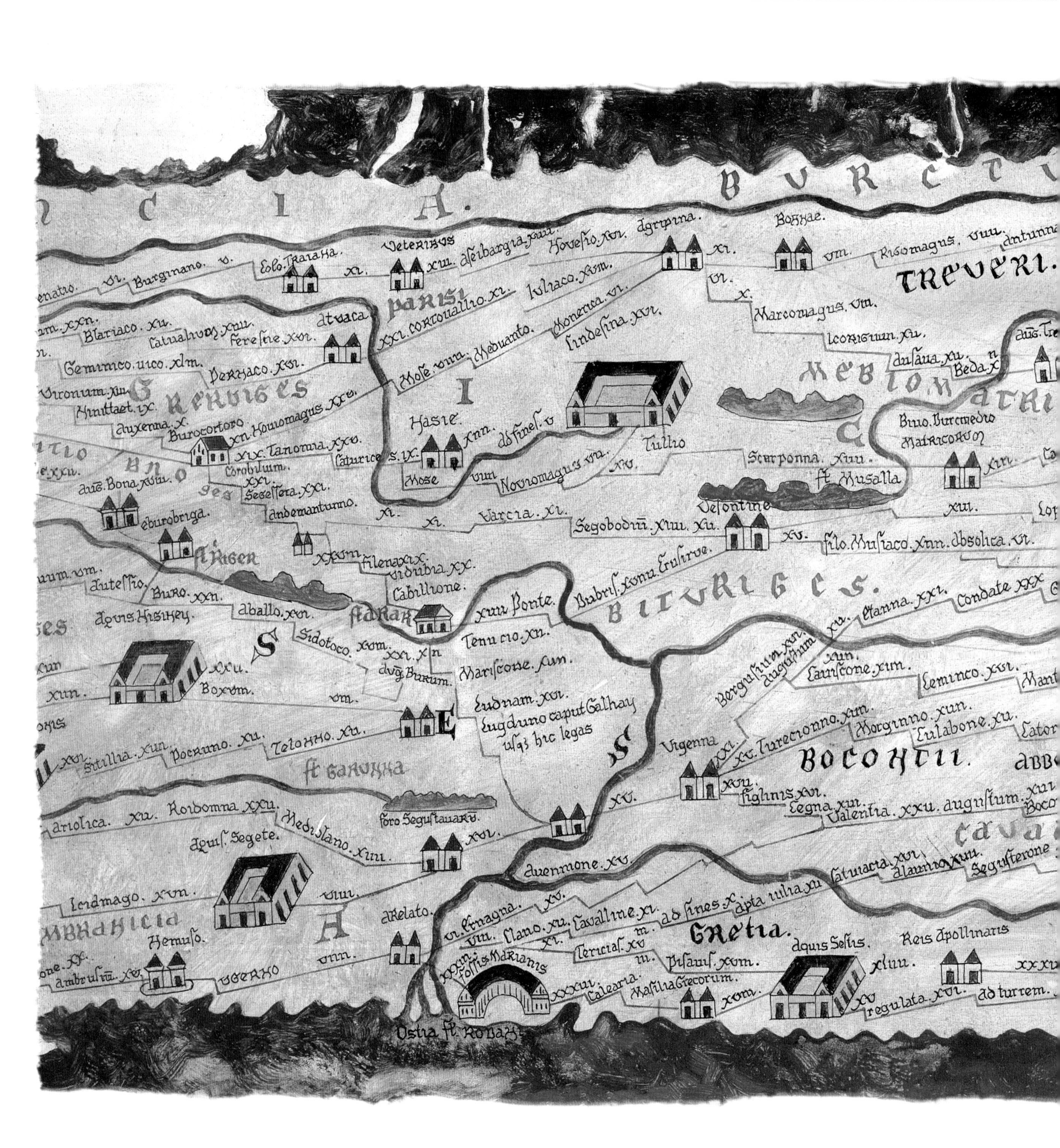
TREVERI.
BITVRIGES.
BOCONTII.
Gretia.
Burgmnano
Veteribus
agripina
Bonnae.
Rigomagus
Marcomagus
Iuliaco
Mediuanto
Hasie
Tullio
Scarponna
fl. Musalla
Vesontine
Segobodiu
Varcia
Andemantunno
eburobriga
fl. Riger
Cabillione
Ponte
Tenuicio
Mariscone
Condate
Lemnico
Eudnam
Lugduno caput Galliar usq hic legas
Vigenna
Turecionno
Morginno
Cularone
Valentia
augustum
fl. Garunna
foro Segustauarû
Mediolano
Aquis Segete
Auennone
Arelato
Ernagna
Glano
Cavalline
ad fines
apta iulia
Catuiacia
Alaunio
Segusterone
Tericias
Pisauis
Calcaria
Masilia Grecorum
Aquis Sestis
Reis Apollinaris
regulata
ad turrem
fossis Marianis
Ostia fl. Rodani
Hemuso
Ugerno
ambrussu
Aballo
Sidoloco
Aug. Bona
Burocortoro
Durocortoro
Nouiomagus
Noviomagus
Caturices
Corobilium
Segessera
Aug. Treu

고전 시대:
지도학의 태동

지도학은 고대 그리스인들에게 큰 빚을 지고 있다. 기원전 600~200년 사이의 위대한 고전 그리스 시대 동안, 대부분의 이오니아 철학자들과 수학자들은 지도 제작의 실제보다는 이론적 측면에 더 많은 관심을 가졌고, 그것은 후대 서구 지도학자들이 이룬 성과의 초석이 되었다. 그리스인들의 공헌은 실로 대단한 것이었다. 예를 들어, 그리스인들은 지구가 구체라는 사고를 처음으로 발전시킨 사람들이었다.

지구의 형태는 천 년 이상 단지 추측의 대상일 뿐이었다. 바빌론 사람들은 지구가 평평하고 둥근 모양이며, 바다 위에 떠 있거나 바다에 둘러싸여 있다고 믿었다. 반면 고대 이집트인들은 세상이 달걀 모양이라고 믿었다. 후대 그리스인들이 최초의 지도 제작자로 칭송했던 탈레스(Anaximander of Thales, 기원전 611년경~546년)는 세계가 둥글다고 믿은 것으로 보이는데, 현재 그가 그린 세계 지도에 대한 상세한 묘사는 전하지 않는다. 수학자 피타고라스(기원전 588~500년경)는 지구를 완전한 구체라고 생각했고, 엘레아의 파르메니데스(Parmenides of Elea, 기원전 515년경 출생)는 그 구체를 다섯 개의 지대(하나의 열대 지대, 두 개의 온대 지대, 두 개의 한대 지대)로 구분했다.

이집트 왕 프톨레마이오스 3세 유에르게테스의 아들의 멘토로 지명되었고, 나중에 알렉산드리아 도서관의 관장이 된 그리스인 에라토스테네스(Eratosthenes, 기원전 276~194년)는 당시의 지도학 발전에 큰 공헌을 하였다. 그는 아마도 지구의 둘레를 측정한 최초의 인물일 것이다. 그가 산출한 결과는 놀라울 정도로 정확했으며, 오차도 세상을 완전한 구체로 본 피타고라스의 생각을 그대로 수용하여 생긴 것이다. 실질적으로 지구의 한 쪽 방향은 미세하게 평평하다.

지도학에서 그리스의 공헌을 완벽히 평가하는 데 원천 자료가 부족하다는 문제가 있다. 고대 그리스 시대의 지도 중 현존하는 것은 거의 없다. 지도가 주로 나무, 종이, 파피루스, 천과 같은 쉽게 상하거나 재사용 가능한 재질에 그려졌기 때문이다. 어떤 경우에는 동에 새겨졌다. 현존하는 지도들은 대부분 중세 시대에 복제된 것들이다.

지도만 사라진 것이 아니었다. 예를 들어, 에라토스테네스는 두 권의 책(『지구의 측정(Measurement of the Earth)』과 『지리학(Geographica)』)을 저술했는데, 이 책에는 지구 둘레 측정을 위해 그가 개발한 방법과 세계 지도 제작 방법이 서술되었다고 한다. 운이 좋게도, 지리학에 관심이 깊었던 역사학자 헤로도토스(Herodotus, 기원전 495~425년경)나 스트라보(Strabo, 기원전 64년~기원후 21년경) 같은 인물들의 저작이 남아 있어, 초기 그리스 지도 제

6 포이팅거 지도, 로마, 4세기

포이팅거 지도의 원본은 4세기에 만들어졌다. 현재 남아 있는 지도는 1275년경 독불의(Franco-German) 수도사가 복제한 것이다. 이 지도는 로마 제국 전체의 도로 지도이다. 그림에서 보이는 부분은 갈리아(Gaul, 현재의 프랑스)에 대한 것이다. 현재 이 필사본 하나만 남아 있으며, 로마 시대의 지도학적 성취를 평가하는 데 없어서는 안 될 귀중한 자료이다.

작자들과 그들의 업적을 파악하는 데 많은 도움을 주고 있다. 헤로도토스는 서구 문헌에서 지도를 명시적으로 언급한 최초의 인물로 그의 저작 『역사(Histories)』에 "세상의 모든 강과 바다를 새겨 넣은 동판"을 언급했다. 스트라보는 17권으로 된 그의 저서 『지리학』에서, 이전 시기의 지리 저술가들과 지도 제작자들에 대한 유용한 평가를 제공했을 뿐만 아니라 당대에 사람들이 믿었던 세상의 모습을 생생히 묘사했다.

에라토스테네스의 지도 제작에 대해서는 오로지 스트라보와 당대의 또 다른 그리스 학자 클레오메데스(Cleomedes)의 저작을 통해서 알 수 있다. 이러한 저작을 바탕으로 에라토스테네스가 이집트 법정에서 세계 지도를 제시했고, 그 지도에 축척이 적용되어 있었다는 사실을 우리가 아는 것이다. 그 지도는 정사 도법(orthogonal projection)으로 그려졌는데, 지구 상에서 경선과 위선이 서로 직각으로 만난다. 이 지도가 그리스와 로마 지도학자들에게 끼친 영향은 심대했다. 물론 시간이 지난 뒤 그리스와 로마의 지도 제작자들이 에라토스테네스가 사용한 임의적인 경위선망보다 더 과학적인 지구 분할 방식이 있다는 사실을 터득하게 된다.

프톨레마이오스의 『지리학』, 라틴어 본, 1406년경
프톨레마이오스의 위대한 저작들은 1406년에 라틴어로 번역되었다. 이 페이지에는 크레타 섬의 지도와 함께 섬의 여러 지점들에 대한 경위도 좌표값 목록이 나타나 있다.

프톨레마이오스와 그의 유산

오늘날 톨레미(Ptolemy)로 잘 알려진 클라우디우스 프톨레마이오스(Claudius Ptolemaeus)는 90~168년경의 인물이다. 클라우디우스는 로마식 이름이지만, 프톨레마이오스는 알렉산더 대왕 시대부터 로마 정벌 이전까지 이집트를 통치했던 마케도니아 왕조의 이름이다. 프톨레마이오스의 생애에 대해서는 알려진 바가 거의 없다. 이집트 북부 지방에서 태어나서 자랐고 성년 이후 대부분의 인생은 알렉산드리아에서 보냈다. 알렉산드리아 도서관이 유명한 알렉산드리아는 헬레니즘 시대의 지적 수도였던 곳이다.

프톨레마이오스는 그의 저작 『알마게스트(Almagest)』에서 지구를 묘사할 수학적 토대를 확립한 이후, 그의 최고 업적으로 간주되는 8권 구성의 『지리학 입문(Geographike Hyphegesis)』(『지리학(Geography)』으로 더 잘 알려져 있다)을 저술하기 시작했다. 그의 두 가지 작업 중 하나는 지도를 수학적으로 구축(구체를 평면으로 전환하는 문제의 해법)하는 방법을 다룬 논문이고, 또 다른 하나는 약 8,000개에 이르는 지명과 지리적 지형지물에 대한 지명 사전(경위도 좌표값 포함)을 편찬한 것이었다. 좌표값을 이용하면 천문 관찰로 측정한 지표 상의 실제 위치에 의거해 장소들을 지도 상에 표시할 수 있게 된다. 논문은 1권에 수록되어 있고, 나머지 2~7권은 좌표값으로 가득 채워져 있다. 결국 수학 기반의 지도 편찬 가이드라인을 제시한 것이다.

프톨레마이오스는 지도학자의 가장 중요한 과업이 축척에 의거해 세상을 조사하는 것이라고 했다.

"지리학의 과제는 다른 사람이 전부를 조사할 때, 단지 일부만을 조사하여 전체를 알아내는 것이다."

프톨레마이오스는 두 가지 투영법을 사용했다. 하나는 원추 도법으로 위선이 동심원의 호로 나타나며, 또 하나는 가상원추 도법으로 경선이 직선이 아닌 곡선으로 나타난다. 그의 지도에서 위쪽은 북쪽이다. 『지리학』 제8권에는 유럽 10장, 아프리카 2장, 아시아 12장 등의 개별 지역도가 있었다고 한다. 이 중 현존하는 것은 없으며, 프톨레마이오스가 실제로 그 지도들을 그렸는지에 대해서 학자들 사이에 의견이 분분하다. 그는 단순히 지도를 언급했거나 지도의 편집 방법을 설명한 것뿐일 수도 있다. 현존하는 것은 9세기에 아랍어로 번역된 것인데 여기에도 지도는 없다. 그의 업적은 비잔티움으로 계승되어 실질적으로 지도가 제작되었지만, 1406년에야 라틴어로 번역되어 세상에 알려지게 되었다. 그 후 지도 제작과 관련된 프톨레마이오스의 개념틀은 지도학을 지배해 왔고, 특히 지형도와 세계 지도 제작에서는 현재도 이어지고 있다(24쪽 참조).

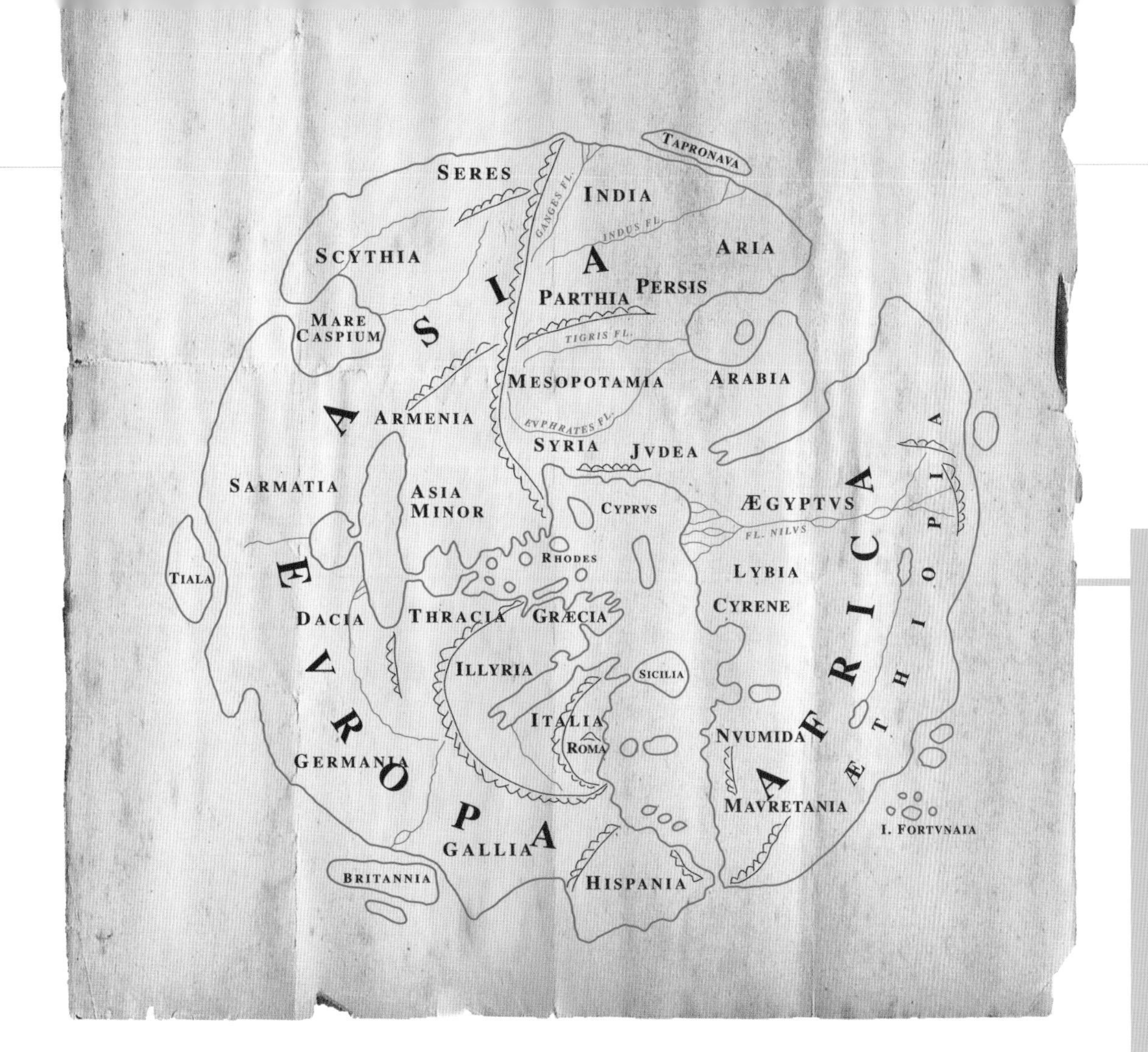

7 **아그리파 세계 지도의 복원도, 로마, 기원전 7년경** 로마인이 그린 최초의 세계 지도로 제국 전역을 보여주고 있다. 아우구스투스 황제의 사위였던 마르쿠스 비프사니우스 아그리파가 지도 제작을 주도했다. 그 정도의 광대한 영토에 대해, 그 정도의 정확성을 가진 지도를 만들려고 했다는 측면에서 이것은 엄청나게 야심 찬 기획이 아닐 수 없다. 아그리파 지도의 필사본이 로마 제국의 모든 대도시들로 보내졌을 텐데 현재는 단 한 장도 남아 있지 않다. 그러나 아그리파 지도에 무엇이 나타나 있었는지에 대해서는 플리니우스의 『자연사』에 자세히 묘사되어 있다. 이 책 내용 중 가장 많이 언급되는 것은 각 지방의 면적 혹은 몇 개의 지방을 합한 면적에 대한 정보이고, 육지와 바다의 측정치들도 자주 인용된다. 이 복원도에서 위쪽은 동쪽이다.

지도와 로마인들

그리스 지도 제작자들이 서구 지도학의 이론적 기초를 제공한 데 반해, 로마 지도 제작자들은 보다 실용주의적이었다. 그들은 정교한 수학적 계산보다는 정치적, 군사적, 행정적 목적에 맞게 정보를 전달하는 데 집중했다. 율리우스 카이사르(Julius Caesar, 기원전 100~44년)는 아마도 로마 최초의 세계 지도 제작을 지휘한 인물이었다. 그러나 카이사르는 그 지도가 완성되는 것을 보지 못한 채 죽었다. 그는 기원전 44년, 그가 암살된 해에 로마의 네 명의 지도학자에게 세상의 4대륙과 4대강(four quarters)을 측량하게 했다. 카이사르 사망 후, 이 과업의 완수는 군사령관 마르쿠스 비프사니우스 아그리파(Marcus Vipsanius Agrippa, 기원전 64~12년)의 손에 맡겨지게 되었다(30년 이상이 소요되었다). 당시 카이사르의 후계자가 된 인물은 아우구스투스(Augustus, 기원전 63~기원후 14년, 후에 옥타비아누스가 됨)였는데, 옥타비아누스가 계승자로서의 입지를 다지기 위해 분투하는 과정에서 그를 옹호한 최초의 인물들 중 한 명이 바로 아그리파였다. 아그리파 역시 측량이 완수되는 것을 보지 못하고 눈을 감았지만(아우구스투스가 마지막 단계를 마무리했다), 그가 아우구스투스와 제국에 헌신한 공로를 기리는 의미에서 그 지도에 아그리파라는 이름이 들어가게 되었다.

아우구스투스가 세계 지도를 갈망한 이유는 지리나 제국의 새로운 영토에 대한 관심이라기보다는 정치적 계산 때문이었다. 그는 남부 유럽과 북부 아프리카에 새로운 식민지를 건설하여 내전에 참여했던 노병들에게 하사할 토지를 확보하고자 했다. 새로운 식민지들의 위치가 즉각적으로 눈에 들어오는 지도를 로마의 대중들에게 보여주고 싶었던 것이다. 또한 아우구스투스는 그가 새로 통치하게 된 수많은 백성들에게 로마 제국의 자애로움을 보여주고 싶어 했다. 아그리파의 지도가 이러한 이미지를 고양시킬 강력한 도구라고 생각한 것은 당연한 것이었다. 지도가 대중들에게 전시되었을 때(대리석 위에 새기거나 그린 그 지도는 비아 라

8

프톨레마이오스의 세계 지도, 이집트, 150년경

우리는 이 지도나 다른 프톨레마이오스의 지도가 실질적으로 당시에 그가 그린 지도와 얼마나 일치하는지를 알지 못한다. 르네상스 초기의 지도학자들은 아랍인들에 의해 재발견되었다가 나중에 비잔틴 사람들에 의해 라틴어로 번역된 저작에 기초하여 여기에 보이는 세계 지도와 같은 업적을 복원하였다. 서유럽의 일부분인 지중해 지역과 근동(Near East) 지역은 현재 지도에서의 모습과 거의 동일해 보인다. 그러나 많은 누락과 오류 역시 발견되는데, 고대 그리스의 세계관을 짐작해 볼 수 있는 좋은 자료 구실도 한다. 프톨레마이오스는 아메리카 대륙에 대해 아무 것도 알지 못했다. 그는 인도양을 사방이 가로막힌 바다로 묘사했는데, 그 내부의 타프로바나(Taprobana, 스리랑카)가 인도 대륙 전체를 압도할 만큼 엄청나게 크게 표현되어 있다. 르네상스 시대의 지도학자들은 프톨레마이오스가 지구의 둘레를 1/4 정도 과소 추정했다는 것을 알지 못했다. 이 지도에 나타나 있는 것처럼 프톨레마이오스의 수학적 개념들은 1400년경에서 현재까지의 전 인류의 지리적, 지도학적 사고를 지배했다.

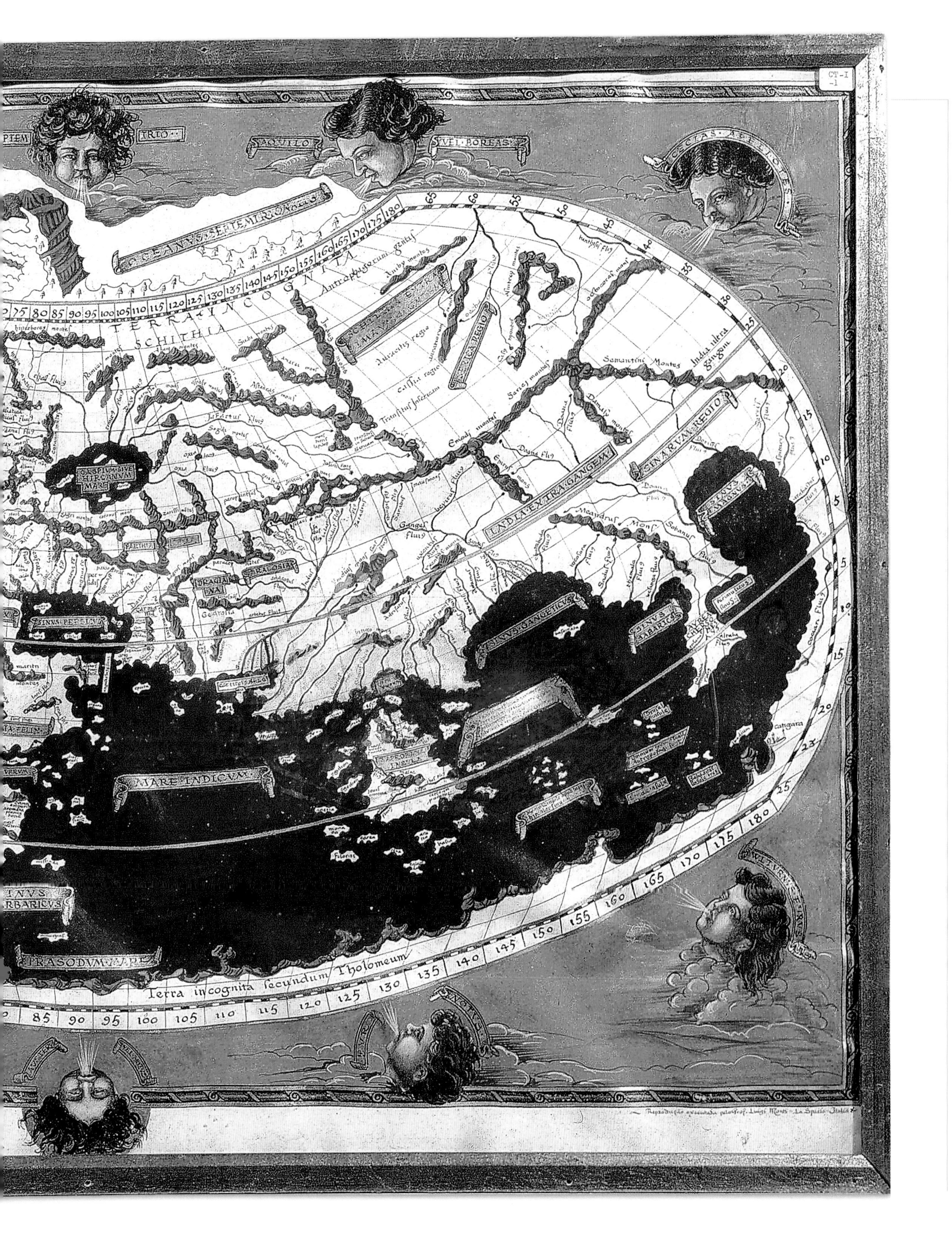
CT-I -1
TRIO
AQVILO
VEL BOREAS
TERRA INCOGNITA
SCHITHIA
Samantini Montes
India ultra Gangem
SINARVM REGIO
INDIA EXTRA GANGEM
CASPIVM SIVE HIRCANVM MARE
PARTHIA
ARACOSIA
Gangem fluv
SINVS GANGETICVS
SINVS SABARICVS
MARE INDICVM
Terra incognita secundum Tholomeum
PRASODVM MARE
Cattigara

9 **포르마 우르비스 로마이, 로마, 203~208년**
대리석에 새겨져 있는, 로마 제국에 대한 이 기념비적인 지도는 비록 조각조각으로 깨져 있지만 현존하는 로마 시가도를 대표하는 것이다. 사진에 보이는 조각에는 수부라 지구의 일부분이 나타나 있는데, 주거 환경이 가장 열악한 곳이었다. 클리부스 수부르누스로 알려진 주요 도로 외에, 리비아의 포르티쿠스, 상점들, 아파트 블록, 목욕탕, 심지어 사창가까지 표시되어 있다. 로마가 대축척으로 상세하게 표현되어 있다는 점이 이 지도의 독보적인 특징이다.

타(Via Lata)에 서 있던 한 전랑의 벽에 부착되어 있었다), 사람들은 제국의 지리적 범위를 한눈에 볼 수 있었다. 그 지도는 위쪽이 북쪽인 직사각형 형태였던 것으로 보이는데, 이 지도는 물론 다른 도시에서 전시하기 위해 복제된 지도도 남아 있지 않다. 그러나 지도에 무엇이 나타나 있었는지는 플리니우스의 유명한 저작 『자연사(Natural History)』에 자세히 묘사되어 있다. 그러나 플리니우스가 그 지도를 본 것인지, 그 지도에 첨부되어 있던 아그리파의 해설을 읽기만 한 것인지는 불확실하다.

토지 측량

비록 초기 로마 시대의 지도 기록은 별로 없지만, 지도 제작은 그 시작에서부터 정확하고 자세한 토지 측량 요구에 의해 추동되었다는 점은 확실해 보인다. 통상적으로 두 벌의 지도를 만들어 한 벌은 로마의 국가 기록보관소에, 다른 한 벌은 지방 커뮤니티에 보관했다. 로마가 당시 알려진 세상의 전부를 포괄할 만큼 팽창되자, 측량의 중요성 또한 커져갔다. 정복 토지를 노병들에게 나누어주고, 그 지역의 통제를 용이하게 하고자 했다. 도시에서는 토지를 직사각형으로 분할했는데, 다양한 크기의 집단 인슐라이(insulae, 집단 주택)로 구획되었으며, 농촌에서는 한 변이 2,400 로마피트인 정사각형의 캔투리아이(centuriae)로 구획되었다. 이것은 결국 효과적인 행정 체계 구축의 초석이 되었다.

측량 방법에 관한 문헌은 기원전 1세기경에 처음 나타난다. 현존하는 최초의 로마 측량 지도는 기원전 167~164년으로 거슬러 올라간다. 기원후 350년경 가장 중요한 측량 모음집이 『코퍼스 아그리멘사룸(Corpus Agrimensarum)』(토지 측량집 혹은 토지 측량에 관한 자료집)이라는 이름으로 등장했다. 원본은 파피루스에 쓰여 이미 사라진 지 오래지만, 800년경에 제작된 신뢰할 만한 복제본 하나가 남아 있다. 토지 측량은 5세기경 로마 제국의 서부가 붕괴되던 시점까지 로마의 지도 제작에서 핵심적인 역할을 담당했다.

시가도

로마의 지도학자들은 도시를 지도화하는 데도 많은 힘을 기울였다. 그중 포르마 우르비스 로마이(Forma Urbis Romae)는 로마를 매우 상세하게 측량해 보여준다. 이것은 셉티미우스 세베루스가 황제였던 203~208년 사이에 만들어져 150개의 대리석판에 새겨졌다. 이것이 최초의 로마 대축척 지도인지는 확실치 않다. 베스파시아누스 황제와 그의 아들 티투스가 74년에 로마 측량을 명령했다는 점을 암시하는 기록이 있기 때문이다. 그러나 현재 남아 있는 약 1,200개의 조각을 살펴보면 포르마 우르비스 로마이가 얼마나 대축척으로 제작된 것인지 쉽게 알 수 있는데, 당시에는 실물보다 더 크게 그려진 것처럼 인식되었을지도 모른다. 완성된 지도는 18×13m 크기로 베스파시아누스 평화의 신전 부속 도서관 외벽에 걸려 있었다. 이 신전은 191년 대화재 이후 셉티미우스 세베루스가 재건을 명령했던 건물이다. 이 지도의 목적은 간명했다. 바로 구경꾼들이 수도의 장대한 크기에 경외심을 갖게 만드는 것이었다. 이 지도는 로마의 모든 공공 및 민간 건물 하나하나를 기록할 수 있을 만큼 세밀했다. 지도의 위쪽은 대략 남동 방향이었으며, 카피톨리노 언덕이 지도의 중앙에 위치했다. 중요성을 강조하기 위해 공공건물을 훨씬 더 크게 그렸지만, 축척은 1:300 정도였다. 어떤 사원들은 무슨 이유 때문인지 붉은색으로 채색되어 있다.

경로 지도

"모든 길은 로마로 통한다."라는 격언이 완전히 참은 아니다. 그러나 로마인들이 고전 시대의 탁월한 도로 건설자였다는 사실은 분명하다. 로마의 도로 시스템이 복잡했음에도 불구하고, 여행자들은 구전과 국지적 가이드에 의존해 길을 찾았다. 어떤 사람들은 여행지들을 출발지부터 순서대로 정리한 여정표를 만들었다.

포이팅거 지도는 4세기경에 제작된 것으로 추정되는 로마 경로 지도의 13세기판 복제본이다(20쪽 참조). 이 지도는 여행자들의 여정을 수집하여 도출된 정보에 의거해 지도화된 도로들을 보여준다. 지도 상의 대부분의 도시 이름들은 탈격형이거나 대격형('로마로부터' 혹은 '로마로')인데, 이것은 도시 이름들이 한 장소에서 다른 장소로 이동하는 경로를 묘사한 데에서 왔다는 것을 보여준다. 아마도 포이팅거 지도는 그 모든 여정표(모든 시대에 걸쳐)를 수집했던 어떤 사람이 허영심에 순전히 전시 목적으로 만들어졌을 것이다.

이 지도의 이름은 아우크스부르크의 골동품 수집가 콘라트 포이팅거(Konrad Peutinger, 1465~1547년)의 이름에서 따온 것으로, 그는 1508년 도서관 사서 콘라트 빅켈(Konrad Bickel)에게 그 지도를 받았다. 빅켈은 그 지도의 유래를 몰랐지만, 포이팅거는 로마 시대의 독특한 기록물로서 그것이 갖는 진가를 알아보았다.

포이팅거 지도는 크기와 형태가 이상하다. 11장의 양피지로 된 이 지도는 원래 스페인, 포르투갈, 영국 서부를 그린 12번째 양피지가 있었지만, 소실되었다. 지도의 폭은 높이의 약 20배에 달하는데 일정한 형태나 축척도 없다. 남북 방향의 거리는 극단적으로 짧고, 동서 방향의 거리는 너무 길다. 이러한 모양은 4세기 원본의 근원이 더 이전의 파피루스 두루마리였음을 암시한다. 두루마리는 길이는 길지만 폭은 제한이 따른다.

포이팅거 지도는 로마 제국, 근동, 인도, 멀리 갠지스 강과 스리랑카, 심지어 중국도 언급했다. 555개 이상의 도시와 3,500개 이상의 지명이 표시되어 있다. 도로는 연속적인 라인으로 표현되어 있는데, 라인 상에서의 장소 간 거리를 나타내는 숫자가 지도 위에 적혀 있다. 지도 제작자가 사용하는 지도 표현 시스템은 매우 정교하다. 촌락뿐 아니라 주요 주택, 사원, 온천, 곡물 저장고, 등대에 이르는 모든 것을 기호로 나타냈다.

10 **모자이크 지도, 마다바, 요르단, 550년경** 비록 일부만 남아 있지만, 요르단의 암만 근처에 있는 작은 교회의 바닥에 그려진 모자이크 지도는 성지를 표현한 현존하는 가장 오래된 지도이다. 이 지도는 비잔틴 사람이 디자인했다. 사진에 나타나 있는 부분은 예루살렘이다. 공중에서 내려다 본 모습의 도시가 묘사되어 있으며, 매우 세밀하게 표현되어 있다. 빨간색 박공(朴工) 지붕을 가진 건물들은 종교 건물이거나 공공건물이다.

비잔틴의 지도들

지도학사에서 비잔틴 사람들의 역할이 체계적으로 연구되지는 않았지만, 지식 보존에 그들이 중요한 역할을 한 것은 확실하다. 예로, 프톨레마이오스의 업적이 후기 서양 중세로 이어진 것은 비잔틴을 통해서였다.

또한 지금까지 우리에게 전승된 지구의 구조에 대한 가장 괴이한 해석들 중 하나도 비잔틴에서 기원한 것이다. 코스마스 인디코플레우스테스(Cosmas Indicopleustes, 540년에 주로 활동)는 장거리 무역을 하던 알렉산드리아의 상인이었다. 인도까지 무역을 했던 것으로 추정되는 단서가 성(姓)에 남아 있다. 나중에는 무역을 그만두고 정착하여 12권짜리 『그리스도교 지형(Christian Topography)』과 현재 전하지 않는 다른 두 권의 책을 저술했다. 그는 사각형의 평평한 지구가 돔 혹은 박스로 덮여 있다고 생각했는데, 이는 온전히 본인만의 생각으로 당대의 사람들로부터 아무런 호응도 얻지 못했다. 비잔틴 시대에 『그리스도교 지형』의 필사본이 만들어졌는데, 이는 내용에 동조해서가 아니라 호기심 때문이었다. 서유럽이 그의 저작에 관심을 가진 것은 17세기 무렵뿐이었는데, 중세 잘못된 믿음의 예를 들면서 그의 저작을 본보기로 든 것이다.

마다바 모자이크

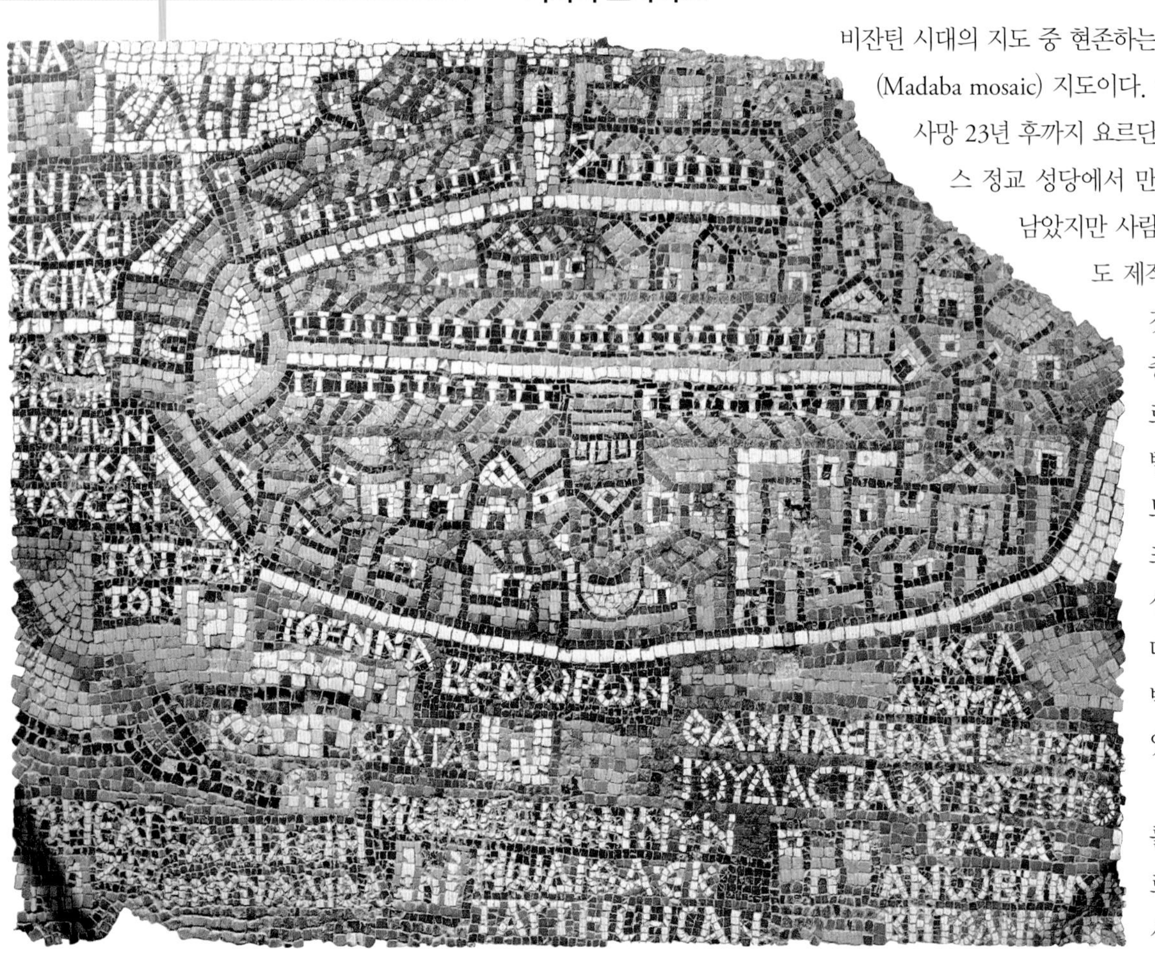

비잔틴 시대의 지도 중 현존하는 가장 크고 세밀한 지도는 마다바 모자이크(Madaba mosaic) 지도이다. 이 지도는 542년부터 유스티니아누스 황제 사망 23년 후까지 요르단의 마다바에 있는 성 조지(St. George) 그리스 정교 성당에서 만들어졌다. 1884년에 재발견되어 일부만이 남았지만 사람의 눈을 휘둥글게 할 만큼 경이롭다. 이 지도 제작자의 의도는 성지 전체를 한 지도에 담는 것이었다. 이것은 지도의 지리적 범위가 지중해에서 동쪽으로는 요르단 강까지, 북쪽으로는 시리아에서 이집트의 나일 삼각주까지 뻗어 있다는 점을 암시한다. 결론적으로 이 모자이크 지도는 광대하다. 원본 모자이크의 크기는 24×6m 정도일 것으로 추측되는데, 성당 신도석의 폭 전체에 해당하는 길이이다. 또한 이 모자이크 지도를 완성하는 데 2백만 개 이상의 테세라(모자이크 타일)가 들었을 것으로 추정된다.

이 지도에는 색상이 많이 사용되었다. 주를 이루는 두 가지 색상 중 하나는 녹청색으로 산을 표현했고, 또 하나는 빨강색으로 도시의 건물들을 표현했다. 이 지도의 전체적인 구조는 평면도이지만, 강, 호수, 사막, 오아시스, 도시, 촌락 등은 모두 회화적으로 아름답게 표현되어 있다. 심지어 요르단 강을 횡단하는 연락선도 있다. 예루살렘을 다룬 방식은 특히 흥미롭다. 예루살렘의 크기가 의도적으로 과장된 점은 예루살렘이 그리스도교인들에게 영적 세계의 중심이라는 점을 분명히 표현한 것

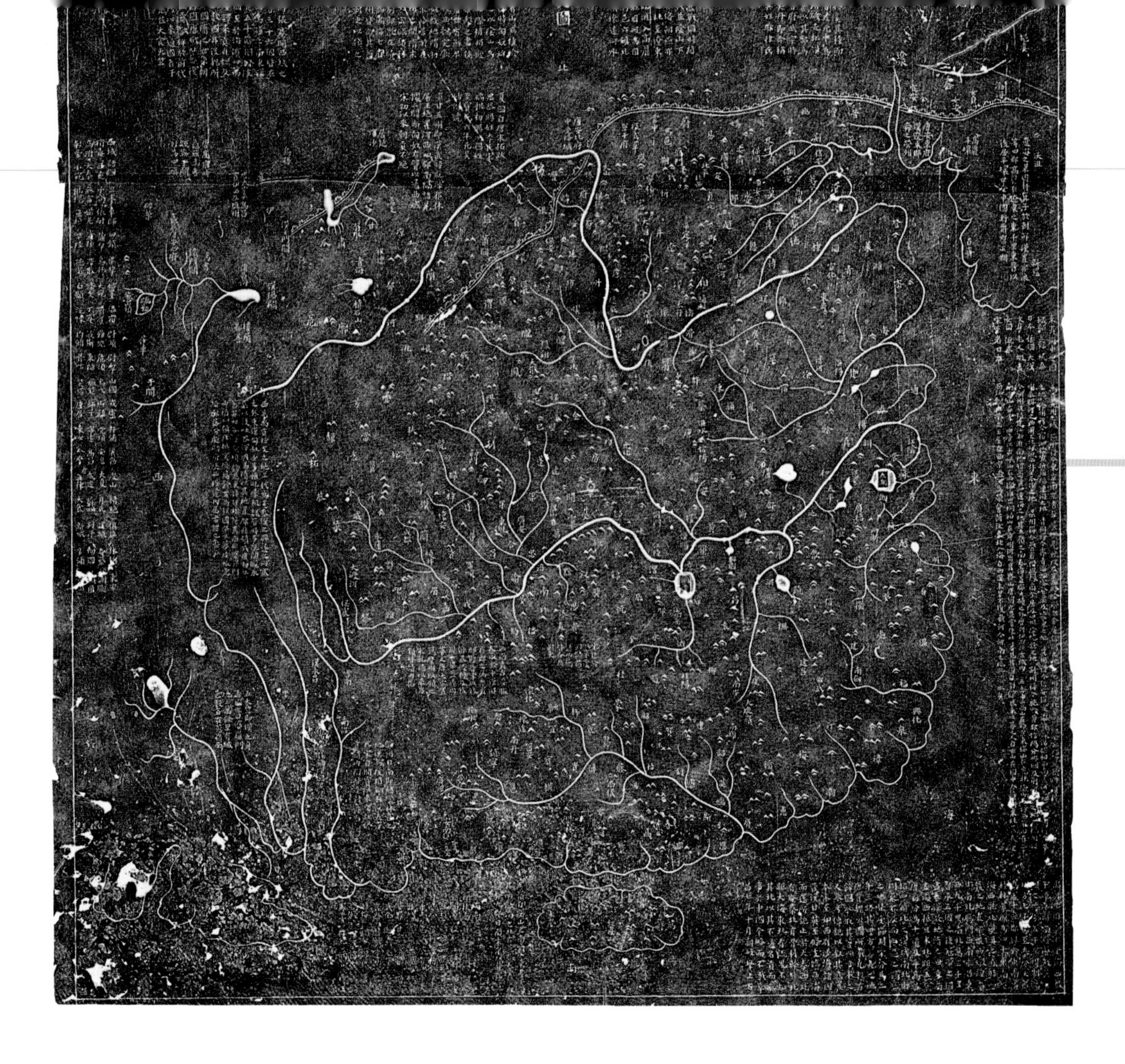

11 **석각 지도, 중국, 1136년**

우적도(禹跡圖, Yu Ji Tu, 유의 경로 지도)로 알려진 중국 제국의 이 석각 지도(Stone Map)는 엄청나게 상세하다. 특히 지도를 덮고 있는 격자망에 주목할 필요가 있는데, 이는 축척을 나타내는 것이다. 지도 속에는 도시, 촌락, 강, 호수, 산의 지명이 표기되어 있다. 이러한 종류의 지도들은 거대한 제국 통치를 위한 매우 효과적인 도구였다.

이다. 예루살렘은 타원 모양의 성곽 도시로 그려졌고, 확인되는 지물로 성묘(聖墓) 교회, 신성모(新聖母) 교회, 다마스쿠스 문, 공공 목욕탕이 있다.

중국의 지도학

최초의 중국 지도는 기원전 2100년경 제작되었고, 최초의 측량은 기원전 6세기경에 이루어진으로 알려져 있다. 기원전 206~기원후 220년 한나라 시대에, 중국인들은 축척의 중요성에 대한 이해를 바탕으로 수학적 지도 제작의 전통을 확립하였다.

초기 지도들은 군사적 목적으로 만들어졌고, 토지 측량, 지형도 등 다른 지도들은 왕조와 행정 공무원들을 위해 만들어졌다. 후난 성의 창사 시 교외의 마왕두이(馬王堆)에서 1972~1974년 한나라 시대 무덤의 발굴 작업이 이루어졌는데, 세 장의 지도가 출토되었다. 이들 중 군사적 기능을 한 것으로 보이는 지도는 창사(현재의 후난 성)의 통치자를 위해 기원전 168년경에 만들어진 것으로, 나머지 두 지도와 함께 현존하는 세계 최초의 현장 측량에 기반한 지도이다.

3세기부터 거리, 방향과 같은 정보의 명세서를 작성하는 것이 표준 관행이 되었다. 더불어 지도 위나 부속 소책자에 자연 지형물에 대한 설명을 적는 관행도 생겼다. 이 같은 실용적인 "해설 지도"는 중국의 관리들에게 배포되어 그들의 파견지 적응에 큰 도움을 주었다. 이는 지도가 중요한 행정적 도구가 되었음을 뜻한다.

중국 지도 제작의 근간이 된 원칙들을 확립한 페이슈(裴秀, 224~271년)는 당대 최고의 학자로 267년에 사공(司空)에 올랐다. 페이슈는 『제도육체(製圖六體)』에서 분율(分率), 준망(準望), 도리(道里), 고하(高下), 방사(方邪), 우직(迂直)을 지도 제작의 6대 원칙으로 제시했다.

granada
cordova
segura
almadina
rabat
fes
marroch
tacorom
sigilmessa
tebelbelt
tagaza
sudam
tenbuch
ciutat de melli

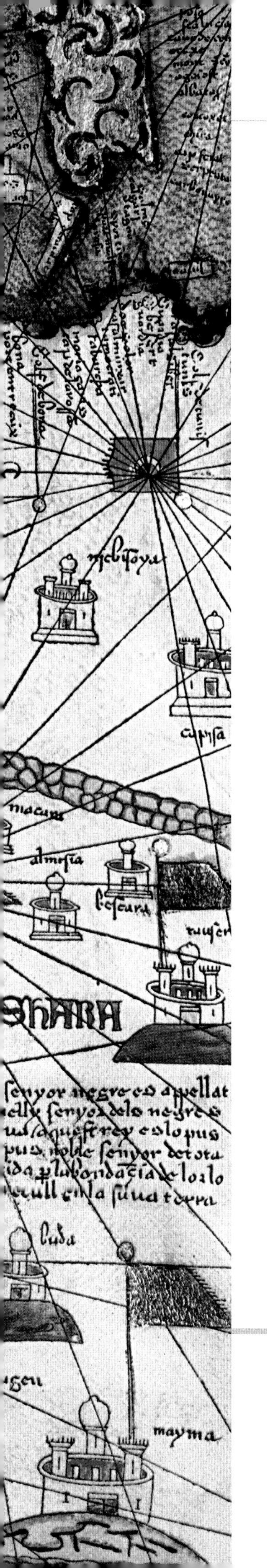

중세 시대: 괴물이 사는 땅?

중세 사회는 전체적으로 보면 지도를 중시한 사회는 아니었다. 중세의 여명이 밝아오면서 새로운 문화적 세상이 열리기 시작했다. 새로운 세상의 도래와 함께 고전 시대의 지도 제작 관련 개념들이 차츰 사라져 갔다. 예컨대, 로마 시대에 제작된 세계 지도가 초기 중세 시대에도 이어졌지만, 이것을 가능하게 한 지도학적 기술은 서서히 망각되었다. 전승되어 온 전통과 지식은 점차 변질되고 퇴색되어 갔다. 그러한 지식과 기술은 15~16세기가 되어서야 회복될 수 있었다.

820년경 로마의 측량 준칙에 의거해 마지막으로 제작된 대축척 지도는 스위스의 생갈 수도원에 소장되어 있다. 지도는 수도원의 이상적인 모델을 나타내는데, 축척이 적용되어 있고, 수도원촌 전체 구조를 표현하고 있다. 성벽은 홑선으로 표현했고 개별 방이나 건물은 용도에 따라 세심하게 라벨을 붙여 놓았다. 이러한 정교한 지도 제작 솜씨가 중세 시대에 점차적으로 사라져 간 것이다.

중세 유럽에서 지도는 희귀한 것이었다. 사람들이 지도에 관해 거의 몰랐다는 주장이 있을 정도이다. 적어도 지도가 일상생활의 한 부분이 되지 못한 것은 분명해 보인다. 세계 지도에서 지방도까지, 지도는 특정한 상황과 목적에 반응하여 만들어졌다. 1270년경부터 선원들을 위해 만든 항해도(지중해 해도를 시작으로 나중에는 북쪽 바다로 확장되었다)는 그러한 반응의 전통적인 예이다. 중세의 영국에서는 36장의 지방도가 만들어졌는데, 대부분 그 지방 자체의 필요성에서 비롯된 것이었다.

중세의 세계관

12 **카탈루냐 지도첩, 아브람 크레스케스, 마조르카, 1375년**
이 위대한 지도첩에 유대인 지도 제작자 아브람 크레스케스는 항해도와 세계 지도를 그려놓았는데, 그 이전에 제작된 어떤 지도보다도 진보된 세계관을 보여주고 있다. 지도에 나타나 있는 홀(笏, scepter)을 잡고 있는 아프리카의 왕은 무세 멜리(Musse Melly, 만사 무사(Mansa Musa))로, '그가 통치한 지역에서 발견된 엄청난 양의 금으로 인해 가장 부유하고 가장 특출한 통치자'가 된 인물이다.

북서 유럽에서 만들어진 위대한 중세의 세계 지도, 즉 마파 문디(*mappa mundi*, 라틴어로 마파는 '천(cloth)'을, 문디는 '세상'을 의미한다)와 중세의 지도학적 전통은 미미하다는 앞의 주장은 어떻게 양립할 수 있을까? 우선적으로 이해해야 할 것은 마파 문디가 기본적으로 지리적인 것이 아니라는 사실이다. 예컨대 앵글로색슨 세계 지도를 제작한 제도사(36쪽 참조)는 세상의 어느 부분에 대해서는 아무 것도 모른 채 그 지도를 그렸다. 지도 제작을 이끌고 간 것은 종교와 철학이었다.

결국, 중세는 위대한 신념의 시대였고, 지도 제작자 대부분은 성직자였거나 신학자들의 지시를 받은 사람들이었다. 그들은 성서를 곧이곧대로 신봉하는 사람들이었다. 단순히 기록하거나 측정하

글을 쓰고 있는 수도승을 표현한 그림, 『성인들의 전기(Vitae Sanctorum)』, 포르투갈, 12세기
중세에는 수도원이 지식의 보고 구실을 하여 당대의 수많은 학자들이 수도원에 들어갔다. 대부분의 지도 제작자들은 성직자였고, 그들이 제작한 지도에는 신적 질서에 대한 그들의 믿음이 빈영되어 있었다. 결국 지도는 그리스도교 세계관을 전파하는 도구로서의 역할을 하였다.

는 것은 그들의 과업이 아니었다. 오히려 그들의 과업은 세상에 대해 그들이 알고 있다고 생각한 것을 당대의 철학적, 종교적 관점에 부합하도록 만드는 것이라고 생각했다. 그러므로 중세의 세계 지도 제작은 지리적인 작업이기도 했겠지만(이렇게 표현할 수 있다면), 영적 발달 과정(천지창조와 율법 전수로부터 예수 재림과 최후의 심판에 이르는 종교적 과정)에 관한 것이다. 지도는 신적 질서와 설계가 존재한다는 당시의 지배적인 믿음을 철저히 반영하였다. 의식적이든 무의식적이든 지도는 성경의 권위에 타당성을 제공하는 도구에 불과했으며, 따라서 그리스도교 신앙의 교리와 믿음을 지원할 뿐이었다.

그렇다고 중세의 지도 제작자들의 지식이 부족했던 것은 결코 아니었다. 그 시대의 학자들은 이전 사람들이 생각했던 것보다 훨씬 더 많은 것을 고대의 폐허로부터 복원해 냈다. 중세의 지도 제작자들은 지적인 능력이 떨어지는 사람들이었던 것도 결코 아니었다. 단지 그들의 사고방식이 오늘날의 우리와 다를 뿐이었다. 따라서 그들이 만든 세계 지도에서 순수한 지리적 내용보다는 종교적 사항이 부각된 것은 당연한 것이다. 주안점은 지도를 보는 사람들에게 그리스도교 세상의 지리와 그 주변의 지리를, 지도 상의 장소를 성서 내용과 연결하여 보여주는 것이었다. 결국 세계 지도는 일종의 지리 백과사전 역할을 하였다. 그러므로 세계 지도를 통해 당시의 사람들이 가졌던 지리적 지식이 어떠했는지를 살펴보는 것이 가능해진다.

그들의 지리적 지식은 생각보다 방대했다. 중세의 지도 제작자들은 북쪽 말단부를 제외한 유럽 전역을 대체적으로 정확하게 알고 있었다. 또한 북부아프리카, 중동, 근동에 대해서도 상당한 정도의 지식을 보유하고 있었다. 그러나 아시아(마르코 폴로)를 비롯한 여행자들로 인해 잘 알려져 있었던 중국은 예외이다), 아프리카 대륙의 대부분, 대서양 해안선 너머의 세상, 남반구 전체에 대해서는 거의 혹은 전혀 알지 못했다. 이러한 한계로 인해 지리는 과학이라기보다는 추측에 가까웠다. 15세기에 포르투갈인들이 아프리카 해안에 도달하고 적도 이남으로 진출하게 되면서 사람들의 세계관이 비로서 변화하게 되었다.

초기의 마파 문디

아마도 가장 잘 알려진 중세 지도는 마파 문디일 것인데, 현재 600장 이상 남아 있다. 대부분이 책 속에 수록된 형태로 크기가 작다. 그러나 어떤 지도들은 몹시 큰데, 대중들에게 전시할 목적으로 만들어졌을 것이다. 지도 제작의 목적은 다양했다. 세속적 통치자들은 지도가 그들의 권력, 특권, 지적 능력에 대한 시각적 증명서가 될 수 있다고 보았다. 반면에 성직자들은 신앙을 가르치는 데 도움을 주는 교구 정도로 생각한 것 같다. 중세의 지도는 지리적 안내문이 아니었으며, 그것을 의도한 지도 제작자는 한 사람도 없었다.

세계 지도가 단독으로 존재하도록 의도된 경우 역시 없었다. 모든 지도에는 상세한 주석과 해설이 붙어 있었다. 이것은 전혀 놀라울 것이 없는데, 왜냐하면 대부분의 중세 지도가 글에 삽입되는 삽화 형태로 제작되었기 때문이다. 모든 글이 지리와 관련된 것은 아니었으며, 성서, 달력, 과학 논문, 연대기, 역사서 등 다양했다. 마파 문디를 맥락적으로 따져 보면 중세적 사고가 어떻게 지도의 형식과 내용을 결정했는지, 반대로 지도가 중세적 사고를 형성하는 데 어떤 역할을 했는지를 알 수 있다.

티오 지도

마파 문디의 대부분은 우리가 통상적으로 티오 지도(T-O map)라고 부르는 것의 형식을 따라간다. 티오 지도라고 부르는 이유는 원이나 타원 안에 T자 같은 것이 그려져 있기 때문이다. 이러한 유형의 지도들은 오늘

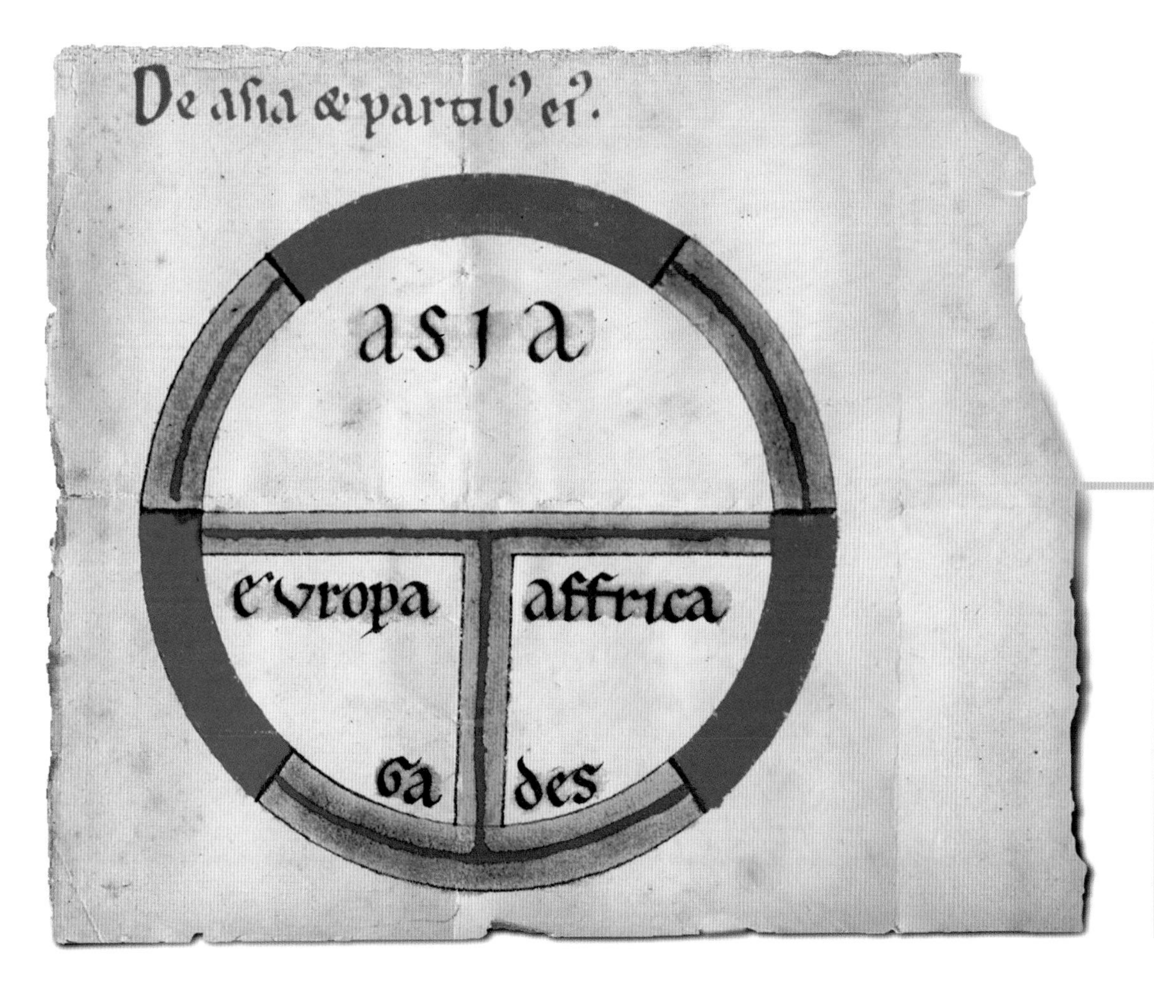

13 **마파 문디,**
스페인, 7세기
이 다이어그램 같은 티오 세계 지도는 600~636년 세비야의 대주교였던 성 이시도르가 편찬한 백과사전인 『어원사전』의 삽화로 그려진 것이다. 이 지도를 실제로 제작한 사람이 누구인지는 알려져 있지 않다. 세상은 아시아, 아프리카, 유럽의 세 대륙으로 나뉘어 있고, 이것들이 원형의 바다로 둘러싸여 있다는 것은 고대 그리스인들의 생각을 그대로 따른 것이다. 중세 동안 이 지도는 수도 없이 복제되었는데, 1472년에 최초의 인쇄 지도로 재탄생된다.

날의 지도로부터 기대하는 것과는 전혀 다른 일종의 다이어그램처럼 보이는 경우가 많다. 대부분의 경우 중앙에는 예루살렘이 있다. 그러나 간혹 시나이 산이나 로마가 중앙에 놓이는 경우도 있다.

T자는 지구의 육지부를 세 개의 대륙(아시아, 아프리카, 유럽)으로 나눈다. 아시아가 주로 위쪽에 위치하며, 아프라카는 오른쪽에, 유럽은 왼쪽에 위치한다. 아시아는 항상 가장 크게 그려진다. 7세기 주교이자 학자였던 세비야의 이시도르(Isidore of Seville)에 따르면, 성 아우구스티누스가 아시아가 "가장 축복받았다."라고 말했다고 하는데, 여기에서 비롯되어 아시아가 상소되었다고 한다. T자의 수직선은 지중해를 나타내며 아프리카와 유럽을 나눈다. T자 가로선의 오른쪽 부분은 홍해 혹은 나일 강을 나타내며 아프리카와 아시아를 나눈다. 가로선의 왼쪽은 흑해, 아조프 해, 돈 강을 나타내며, 아시아와 유럽을 나눈다. 어떤 이론에 따르면 T자는 타우 십자가(T자를 닮은 그리스 문자에서 유래한다)를 상징하는데, 구약 성서와 초기 그리스도교 시기에 두드러진 특징이었다. O자는 원형의 해양부를 나타내는 전통을 그대로 따른 것이다.

많은 세계 지도에서는 위쪽이 북쪽이지만, 중세 지도 제작자들은 대부분 동쪽을 위쪽에 위치시킨다. 동쪽에서 해가 뜰 뿐만 아니라 에덴 동산이 세상의 동쪽 끝에 있다고 믿었기 때문이다. 그 결과 지도의 동쪽 끝에 에덴 동산을 표현하는 것이 관례로 자리 잡게 되었다.

베아투스와 앵글로색슨 세계 지도

중세 초기의 세계 지도는 로마 전통에 크게 의존하고 있었는데, 후대의 지도들에 비해 형식적인 스타일이 더

ORIENS
SUBSOL
COESIAS
TRIO
BORIAS AQUILO
DESERTA ARENOSA
ALBANIA
CAPADOCIA
CILICIA
SIA MINOR
ELLESPONTUM
MACEDONIA
TESSALONICA
EPIRUM
ACAIA
SINŪ NORICUM
SINUS ADRIATICUS
CALABRIA
APULIA
ROMA
BENAUENT
PANNONIA
HIC CAPUD EUROPAE
SARMATICA
INSULA TILE
VENTUS A SEPTENTRIO
OCEAN GERMANIC
FRANCIA
GALLIA BELGICA
GALLIA LUGDUNI
GALLIA
AQUITANIA
SEPTIMANIA
PROUINCIA
GALLICIA
INSULA BRITANNIA
OCEANUS BRITANNICUS
SEPTEN
TRASCIUS CIRCIUS
KORUS AGRESTIS
INSULA
CORSICA
INSULA CIPROS
MARE LIGUSTICUM
OCCIDENS
FAVONIUS
UENTUS

14 **마파 문디, 리에바나의 베아투스, 스페인, 776년경**

리에바나의 베아투스(Beatus of Liébana)는 776년경 자신의 세계 지도를 제작했다. 여기에 보이는 지도는 11세기에 프랑스의 성 세베르(St. Sever) 수도원의 수도사가 복제한 것이다. 대부분의 다른 중세 세계 지도와 달리, 네 번째 대륙이 나타나 있는데, 적도해를 넘어 지구의 남쪽 말단부를 따라 달리는 일련의 띠 모양의 땅으로 표현되어 있다. 그곳은 지도에서 오른쪽 말단부에 해당한다. 베아투스에 따르면 그곳에는 "대척지 주민들이 살고 있다."

15 **앵글로색슨 마파 문디, 영국, 10세기 혹은 11세기 초** 이 지도는 다른 중세의 지도들과는 다르다. 일단 둥근 게 아니라 직사각형의 형태를 띠고 있고, 비록 측량을 통해 그려진 것은 아니지만 놀랍도록 정확하다. 로마 시대에 제작된 지도에 기초한 것으로 보이는데, 그 원본 지도는 아마도 지리적 좌표계를 사용했을 것으로 추정된다. 그러나 지리적 좌표계와 관련된 지식은 중세 시대에 들어서 소멸되었거나 정확히 이해되지 않았거나 사용되지 않았다.

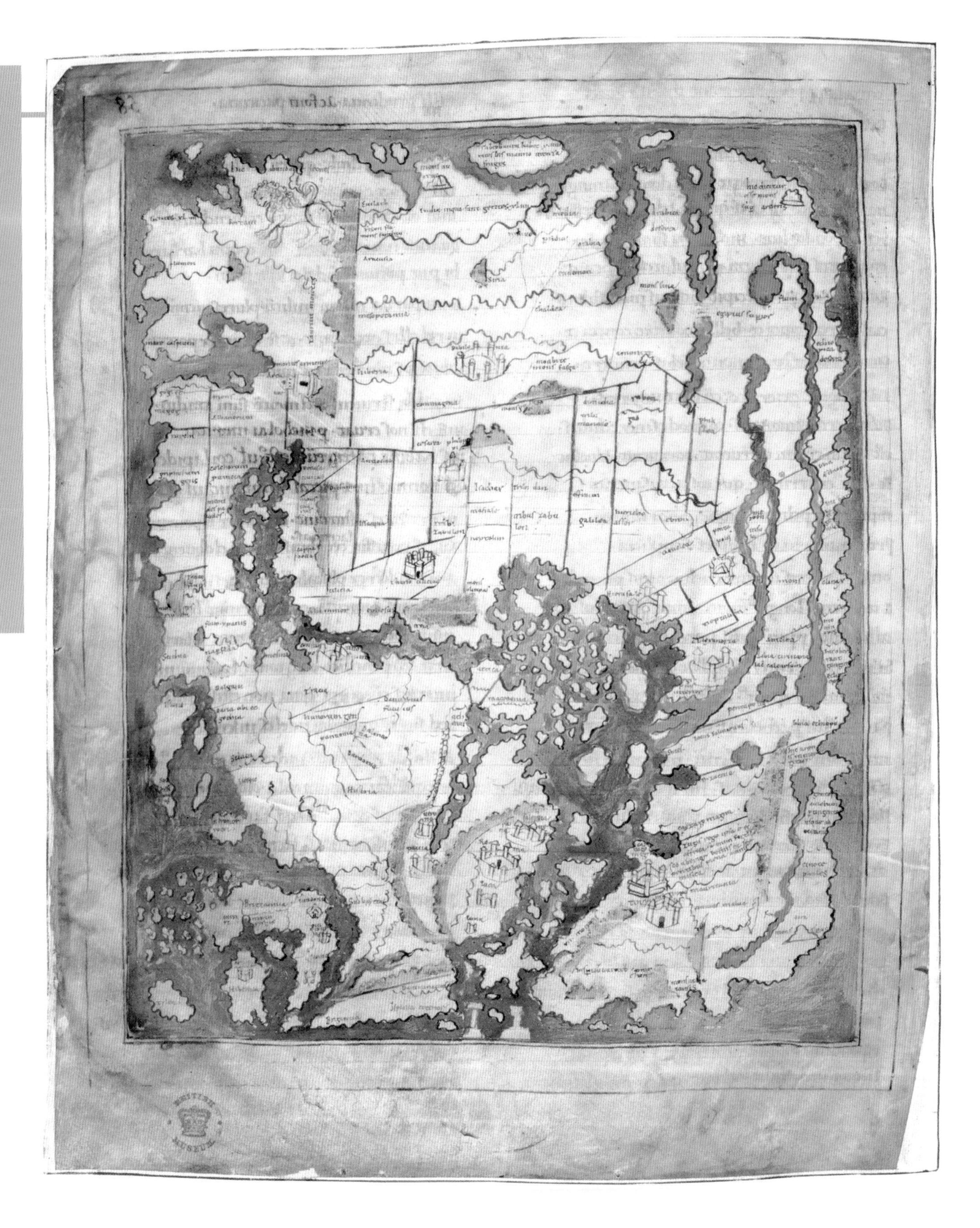

강조되어 있다. 8세기경에 만들어진 알비(Albi) 지도는 현존하는 가장 오래된 마파 문디이다. 이 지도의 지리적 내용물은 단순하다. 거주 가능한 세상은 둥근 모서리의 직사각형으로 묘사되어 바다에 둘러싸여 있다. 지중해와 그것을 둘러싼 육지가 강조되어 있다. 이 지도에는 많은 것이 잘못되어 있는데 예를 들어, 지중해의 남쪽에 유대가, 키프로스의 북쪽에 크레타 섬이, 코르시카 섬의 북쪽에 사르데냐가 표시되어 있다.

수 세기 후에, 알비 지도와 구조가 매우 흡사한 베아투스(Beatus) 지도가 나타났는데, 가운데 지중해가 위치하고, 에게 해, 아드리아 해, 여타의 바다가 그것으로부터 분기해 나가는 형태이다(34~35쪽 참조). 이 지도의 원본은 776년 스페인의 베네딕트파 수도사 베아투스가 저술한 『성 요한의 묵시록 평론(Commentary on the Apocalypse of St. John)』 삽화로 만들어졌다. 누군가가 베아투스에게 그 원본 지도를 그려주었을 텐데, 10~14세기에 복제된 14장의 지도가 현재 남아 있다. 이 지도에는 세상을 개종시키기 위해 12사도가 파견되는 것이 묘사되어 있다. 가운데에는 지중해가, 오른편에는 나일 강이, 왼편에는 다뉴브 강과 돈 강이 위치하여 삼각형을 이루고 있다. 예루살렘은 지중해의 맨 꼭대기에 세 개의 작은 첨탑을 가진 건물로 표시되어 있고, 그 오른편에 아담, 하와, 뱀이 그려져 있다. 지도 오른편에 빨강색의 굵은 띠 모양이 보이는데, 이것이 네 번째 대륙과 나머지 세상을 나누고 있다. 주석을 읽어 보면 이 바다 너머에 있는 땅은 태양의 엄청난 열기 때문에 인간이 볼 수 없다고 한다. 네 번째의 대륙은 적도의 남쪽에 있는 대척지 주민의 대륙이다.

앵글로색슨 혹은 코토니아(Cottonian) 세계 지도는 아마 10세기 혹은 11세기 초반에 캔터베리에서 제작된 것으로 추정된다. 이 지도에는 로마 시대의 영향이 나타나는데, 상세한 정보의 양과 매우 정확히 묘사된 영국의 해안선 등에서 엿볼 수 있다. 따라서 이 지도는 로마 시기에 그려진 원본의 복제본으로 판단된다. 아마도 캔터베리의 시게릭(Sigeric) 대주교 집에 머물던 아일랜드계 수도승이자 학자였던 인물이 이 지도를 복제했을 것으로 추정된다. 왜냐하면 지도의 로마에서 영국 해협에 이르는 부분에 대한 묘사가 그 대주교가 쓴 여정표와 일치하기 때문이다.

여정표

여정표(itinerary), 혹은 목록 지도는 겉보기에는 티오 지도와 흡사하다. 그러나 통상적인 지도의 정의에 기초할 때 여정표는 지도가 아니다. 왜냐하면 지도의 구성 요소를 하나도 가지고 있지 않기 때문이다. 여정표는 단지 여러 대륙이나 거기에서 발견된 여러 장소들의 특징을 문서 형태의 목록으로 만든 것이다. 목록에 포함된 것들 간의 지리적 연관성을 확립하려는 어떠한 시도도 보이지 않는다. 이러한 종류의 지도 중 대표적인 예가 700년경 라벤나(Ravenna)의 성직자가 동료 성직자를 위해 작성한 문서 속에 삽화로 들어간 것이다.

라벤나 천지학자로 알려져 있는 그 인물은 우선 성서와 그리스도교 우주론을 참고하여, 세상의 지리적 윤곽을 그리는 것부터 시작했다. 그리고 세계의 국가들을 두 개의 그룹으로 분리하여 목록을 만들었다. 따라서 그때 만들어진 지도의 윤곽은 아마도 타원형이거나 원형이었을 것이다. 한 그룹은 인도에서 아프리카를 지나 남부 아일랜드에 이르는 지역이고, 나머지 그룹은 중앙 아일랜드에서 천지학자들이 스칸자 섬(현재의 스칸디나비아)이라고 부른 지역을 지나 스키타이와 인도에 이르는 지역이다.

강과 섬을 위한 독립된 섹션에는 5,000개 이상의 지명으로 구성된 목록이 있다. 종족들을 방향에 따라 정리한 목록 역시 존재했다. 이것은 엄청난 작업이어서 수많은 오류와 오해가 존재한다는 것은 놀라운 일이 아니다. 오류들은 라벤나 천지학자의 부주의에 기인한 것일 수도 있고, 후대에 복제한 사람의 잘못 때문일 수도 있다. 예를 들어, 강 이름이 장소 이름으로 잘못 기입된 것이 매우 흔하게 발견된다. 목록이 논리적인 지형적 순서에 의거해 작성된 듯한 인상을 주는 경우도 많은데 멀리 떨어져 있는 곳의 지명이 갑자기 끼어드는

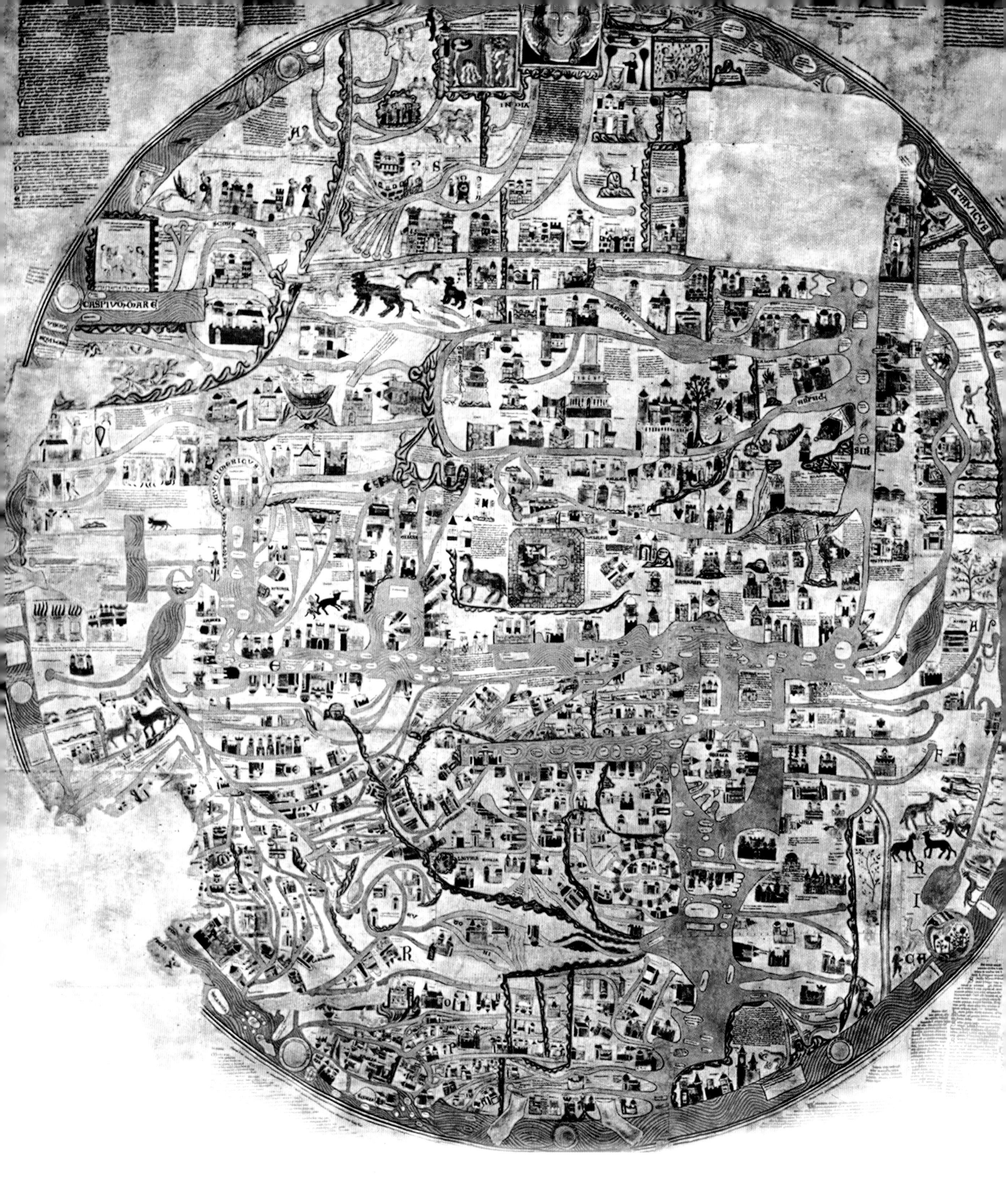

경우를 종종 볼 수 있기 때문이다.

예술 작품

중세 시대가 진전됨에 따라, 마파 문디는 더욱더 미학적인 스타일로 진화했다. 천사, 전설의 인물, 보나콘이나 유니콘 같은 신화 속 동물들이 등장하는 등 장식적 요소가 점점 더 두드러지게 되었다. 엡스토르프 지도와 헤리퍼드 지도는 이러한 경향을 대변하는 지도로 볼 수 있는데, 둘 다 13세기에 제작되었다. 이 지도들은 중세 동안의 종교적 우주관의 진화 과정을 잘 보여준다.

대륙의 개별적 모양이 보다 더 정확해지고, 지명도 보다 지리적 관련성 속에서 부여되었지만, 세상을 그리스도교적인 상징으로 재현한다는 지도학자의 근본적인 목표는 변하지 않은 채 남아 있었다. 이러한 지도들은 다른 지역에서의 삶의 모습을 도해한다는 측면에서 일종의 시각적 세계사였다. 또한 과거에 다른 지역에서 발생한 것으로 알려진 사건들도 보여주었는데 홍해의 기적이나 바벨탑 건설과 같은 사건들이 시각적으로 표현되어 있다. 상이한 역사적 시점에 발생했던 문명, 사건, 위치를 중첩하여 하나의 복합상을 창조하는 것이 그 시대 지도 제작자들이 통상적으로 수행했던 일이다.

엡스토르프 지도

현재까지 알려진 가장 큰 세계 지도는 부르주 근처의 샬리부와-밀롱에 있는 벽화 지도인데, 1885년 그 지도가 위치해 있던 교회의 복원 공사 중에 파괴되었다. 벽화의 대각선 길이는 6m에 달했다고 한다. 엡스토르프 지도(Ebstorf map)는 여기에 필적할 만큼 거대하다. 30장의 피지(皮紙)를 덮을 만하며 가로 길이만 3m가 넘는다. 이 지도의 이름은 북부 독일 뤼네부르크 남쪽의 윌첸 근처의 마을 엡스토르프에서 유래한 것이다.

이 지도는 13세기 말에 만들어졌지만, 누가 만들었는지는 알려져 있지 않다. 한때 영국계 성직자인 틸버리의 저베이스(Gervase of Tilbury)가 만든 것으로 알려졌지만 사실이 아닌 것으로 밝혀졌다. 어떤 지도사학자는 이 지도가 독일 브라운슈바이크의 공작이었던 오토(Otto the Child)의 지도보다 약간 빠른 시기에 만들어졌다고 주장한다. 우리가 알고 있는 것은 이 지도가 처음에는 엡스토르프에 있는 베네딕트파 수녀원에 묻혀 있다가 1830년 재발견된 이후 하노버로 갔다가 1891년 베를린으로 옮겨지고, 거기서 복원되어 전시되다가 다시 하노버로 옮겨졌다는 사실이다. 1943년 연합군의 폭격으로 파괴되었기 때문에, 복원 시점에 찍힌 사진이 이 지도에 대해 남아 있는 유일한 기록이다. 이것은 가슴 아픈 문화적 비극이다. 하노버에서 안전한 장소

16 **엡스토르프 마파 문디, 독일, 1300년경**
이것은 지금까지 만들어진 세상에서 가장 큰 지도들 중 하나를 복원한 것이다. 원본은 제2차 세계대전 당시 폭격으로 파괴되었다. 지도 제작의 종교적인 목적은 뚜렷했는데, 그리스도교적 역사에서 중요한 사건들에 관해 신도들을 교육하기 위해 이 지도가 만들어진 것이다. 세상이 예수의 몸 위에 표현되어 있는데, 그의 팔이 세상과 거기에 사는 사람들을 끌어 안고 있다. 노아의 홍수와 홍해의 기적과 같이 성서에서 중요한 장소나 사건은 두드러지게 표현하였다.

로 옮길 것이 결정되었지만 폭격이 있기 전까지 베를린 정권이 공식적인 허가를 내리지 않는 바람에 벌어진 일이라고 한다. 지도 제작자가 누구였든지 간에 이 지도를 제작할 때 두 가지에 초점을 맞춘 것 같다. 하나는 그 사람의 본래 의도로서 사건들을 그리스도교적 이야기(전반적인 초점은 그리스도교적 구원에 주어졌다)로 표현하는 것이고, 또 다른 하나는 특이하게도 지도의 실질적인 사용이었다. 그 사람이 기입한 글 중에 다음과 같은 내용이 있다.

"(이 지도가) 지도를 보는 사람들에게 아무런 효용도 없는 것처럼 보일 수도 있지만, 실은 여행자들에게 방향을 알려주고, 여정 위에서 눈을 가장 즐겁게 만드는 것을 표시해 준다."

이 지도를 그리는 데 사용된 원 자료는 많고 다양하다. 어떤 것은 플리니(Pliny the Elder)의 작품과 같은 고전 시대의 것들이고, 또 다른 것은 중세 시대의 것들인데, 호노리우스 아우구스토두넨시스(Honorius Augustodunensis)의 『이마고 문디(Imago Mundi)』(대중적인 우주론과 지리학을 세계사 연대기와 결합한 백과사전, 1151년), 뷔르츠부르크의 요한네스(Johannes of Würzburg)의 팔레스타인에 대한 저술(1165년), 브레멘의 아담(Adam of Bremen)의 북서 유럽에 대한 저술(1129년) 등이다. 지도 제작자들은 지식과 영감을 얻기 위해 자연스럽게 경전, 교부(敎父), 그리고 다른 그리스도교적인 저작물에 많이 의존했다.

십자가에 못박힌 예수상 위에 지도가 그려져 있다. 예수상의 머리는 위쪽을 향하고, 발은 아래쪽에 위치하며 두 손은 북쪽과 남쪽을 가리킨다. 지도의 심장부에 예루살렘이 위치하며, 그곳으로부터 동쪽에 아시아가 있다. 에덴 동산의 위치가 특징적인데, 침입이 허락되지 않을 것 같은 산악 지역에 위치하고, 그곳으로부터 갠지스 강과 그 12개 지류가 열대 경관을 관통하여 흐른다. 왼쪽 아래에 위치한 중국 역시 산으로 에워싸여 있다. 북부 아시아에 특징적으로 보이는 지형물은 직사각형 형태로 우주해(cosmis ocean)에 튀어나온 곳이다. 이것은 무서운 식인 거인 곡(Gog)과 마곡(Magog)의 집이다. 성곽 형태의 선은 알렉산더 대왕이 식인 거인으로부터 인간을 보호하기 위해 세운 것으로 알려진 거대한 성벽이다. 거기서 약간 서쪽으로 가면, 아마존의 땅을 지키는 두 명의 용맹한 여왕이 나타나고, 서쪽으로 훨씬 더 먼 곳에는 불타는 제단이 세상의 북쪽 끝을 표현하고 있다. 정남쪽으로 도시 콜키스가 흑해 위에 서 있다. 이아손과 아르고호 선원들이 찾아 헤맨 전설 속의 황금 양모가 어느 타워에 걸려 있고, 위에서 오른쪽으로 가면 아라라트 산이 있는데 노아의 방주가 그 위에 좌초되어 있다.

이와 대조적으로 아프리카는 대략적으로만 묘사되어 있다. 아프리카 대륙은 원의 한 조각 정도로만 취급되어 있고, 북쪽과 서쪽 해안선은 인도양에서 대서양까지 거의 직선으로 달리고 있다. 가장 중요한 지형물은 나일 강인데, 지도 제작자는 나일 강이 지금의 모로코의 한 호수에서 발원한다고 믿은 것 같다. 나일 강은 서쪽과 동쪽으로 이동하다가 대륙의 동쪽 끝에서 모래 속으로 사라진다. 그러다가 이집트를 통해 반대 방향으로 흘러 처음으로 사람이 거주하는 땅을 만나는데, 이들은 악어 위에 올라탄 난쟁이 족인 것으로 보인다.

아시아와 아프리카에는 이상하고 경이로운 사람들, 동물들(지도 상에는 약 60마리가 그려져 있다), 다른 이상한 신화 속 존재들의 그림이 곳곳에 흩어져 있다. 지도 제작자는 명백히 유럽에 대해 더 많은 것을 알고 있었지만, 해안선이나 여타의 지리적 사항을 정확하게 표현하려는 노력은 거의 기울이지 않고 다른 대륙과 동일한 스타일로 묘사하고자 했다. 이러한 이유 때문에 후대의 많은 역사가들은 이 지도를 무가치한 것으로 평가절하하였다. 그러나 그것은 이 지도가 만들어지던 시대를 그리고 이 지도를 만들어 낸 사회를 완전히 잘못 이해한 것이다. 이것은 중세 유럽인 대부분이 목도한 세상에 대한 가장 사실적인 묘사이다.

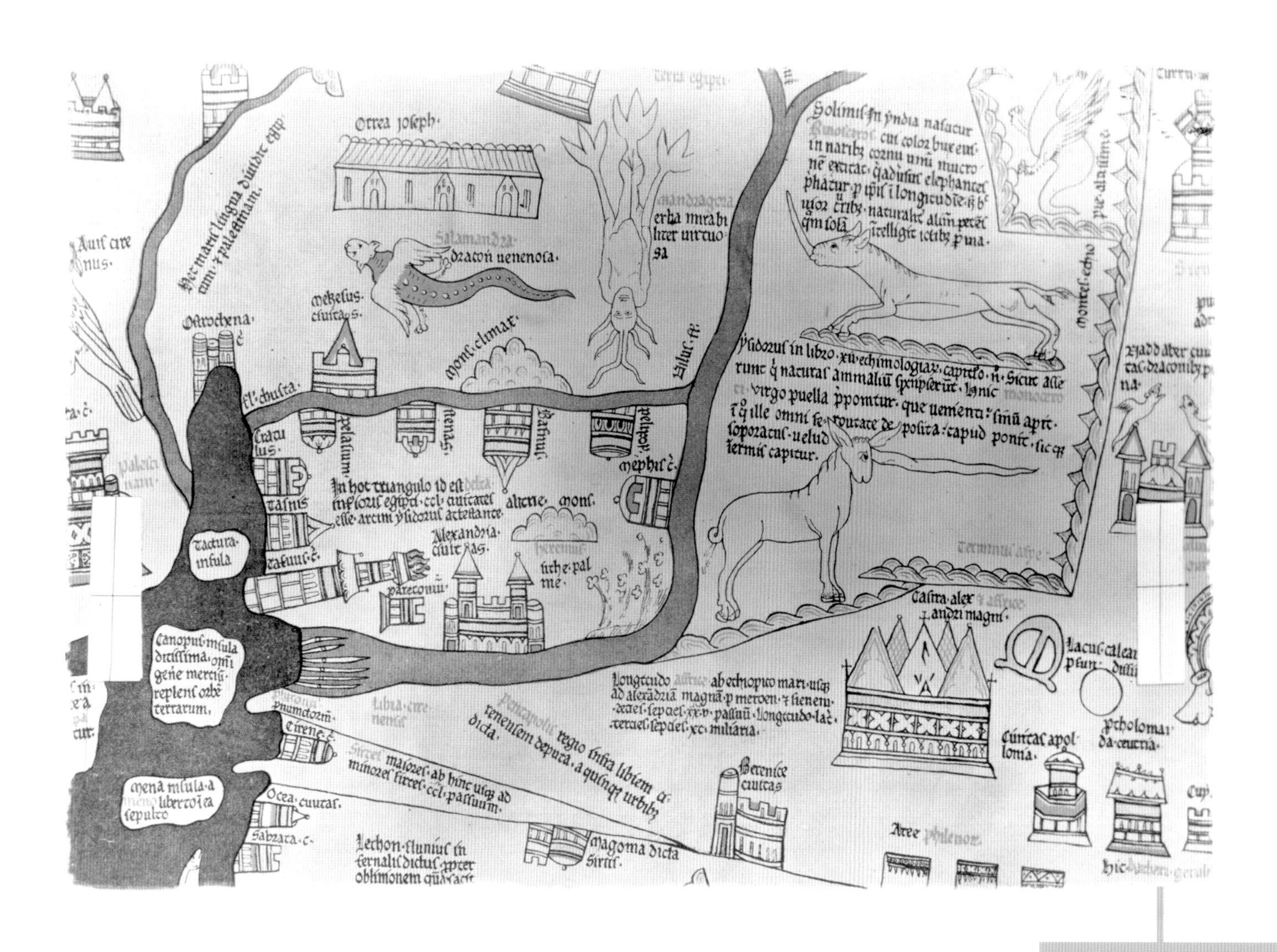

17 헤리퍼드 마파 문디, 영국, 1290~1300년경

논쟁의 여지 없이 중세 지도학의 최고 걸작인 이 지도는 1,000개가 넘은 명문(銘文, inscription)을 포함하고 있으며, 지구의 다양한 부분에서 존재한다고 믿어지는 수많은 장소, 사람, 동물을 회화 형식으로 표현하고 있다. 이 지도는 그 시대의 세상에 대한 지식의 백과사전이다. 그림에 나타나 있는 부분은 나일 삼각주이다. 알렉산드리아의 등대, 코뿔소, 유니콘 등이 보인다.

헤리퍼드 지도

샬리부와-밀롱의 벽화 지도와 엡스트로프 지도 모두가 소실되었기 때문에, 헤리퍼드(Hereford) 마파 문디가 현존하는 가장 큰 세계 지도로서의 위치를 차지하고 있다. 언제, 왜, 누가 이 지도를 만들었는지에 관해 많은 논쟁이 있지만, 이 지도는 명백히 가장 가세하고 가장 잘 보존된 지도이다. 현재까지 알려진 바에 따르면, 이 지도는 1300년경 헤리퍼드에서 만들어졌는데, 제작 목적은 1283년 그가 죽을 때까지 그 지역의 주교였던 토마스 칸틸루프(Thomas Cantilupe)의 시성(諡聖) 요구에 박차를 가하고, 그의 후임자인 스윈필드(Swinfield) 주교의 경력을 널리 알리려는 것이었다. 이 지도는 슬리포드(Sleaford)의 수록(受祿) 성직자였던 리차드 더 벨로(Richard de Bello)가 헤리퍼드 주교 사망 몇 해 전인 1278년에 링컨에서 제작한 지도의 복제본인 것으로 보인다. 더 이른 시기의 지도에 대한 흔적은 찾을 길이 없다. 그러나 리차드는 지도 제작 혹은 지도 제작을 지휘하기 위해, 요크셔의 성직자 하우덴의 로저(Roger of Howden)가 쓴 『마파 문디 주해서(Expositio Mappae Mundi)』에 포함되어 있던 세계 지도 제작 지침을 참고한 것으로 보인다. 하우덴의 로저는 제3차 십자군 전쟁 때 리처드 1세를 수행했던 인물이다.

그 기원이 무엇이었든지, 이 지도는 그때나 지금이나 깊은 감명을 준다. 1.65m가 넘는 높이에 거의 1.35m에 달하는 폭을 가진 이 지도는 피지 한 장에 그려진 것이다. 제단화(祭壇畵)의 배경을 꾸미기 위해 만들어졌다는 설도 있고, 그리스도교 신앙 교육을 돕기 위해 만들어졌다는 설도 있다. 정확히 지도에 해당하는 부분

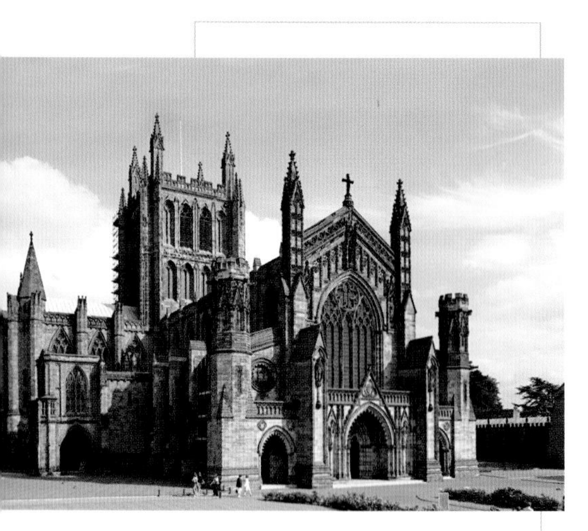

헤리퍼드 성당, 영국
신도석과 중앙 및 서쪽 타워를 포함한 헤리퍼드 성당의 대부분은 12세기에 세워졌다. 헤리퍼드 마파 문디는 13세기 후반 헤리퍼드의 주교였던 토마스 칸틸루프의 시성 요구에 박차를 가하기 위해 제작된 것으로 믿어지고 있다. 그 주교는 1320년에 실제로 시성되었다.

은 직경 1.32m의 원 속에 들어 있다. 주석에 따르면, 이 지도에 나타난 정보는 성 아우구스티누스의 제자 오로시우스(Orosius)의 작업을 기반으로 했다고 한다. 오로시우스가 5세기경에 저술한『오르메스타(Ormesta)』의 내용 중 세상에 대해 기술한 부분을 지도 제작에 참조했다는 것이다. 중세 시대의 지도와 마찬가지로 세상은 평평한 원형으로 바다에 둘러싸여 있고, 위쪽이 동쪽을 가리킨다. 이 지도 속에서 예수는 최후의 심판을 주재하고 있으며, 그의 양쪽에 천사들이 도열하고 있는데, 구원받은 사람들은 왼편에, 지옥에 떨어질 사람들은 오른편에 있다. 성모 마리아는 자비를 애원하고 있다. 예수의 팔은 전 세계를 포용할 듯 바깥으로 뻗어 있다. 에덴 동산은 원의 안쪽 예수상 바로 아래에 있다. 석벽과 불의 고리가 에덴 동산을 둘러싸고, 아담과 이브는 굳게 닫힌 성문의 바깥에 서 있다. 지도의 동쪽 끝에 위치한 에덴 동산과 균형을 맞추기 위해, 헤라클레스의 기둥이 서쪽 끝에 위치하고 있다.

이 지도는 수많은 명문들과 범례들로 가득 차 있다. 그중 많은 것은 도시와 촌락의 이름이지만, 강, 산, 섬, 바다의 이름도 포함되어 있다. 헤리퍼드 자체는 와이 강변에 나타나는데, 그 위치에 성당 표시가 있다. 링컨의 위치 역시 언덕에 나타나 있다. 이 지도가 당시의 최신 정보를 담고 있음을 확인시켜주는 것도 있는데, 가까운 시점에 에드워드 1세를 위해 건설된 웨일스와 잉글랜드의 성들이 그려져 있다.

지도의 주석은 상세한 우주론적, 민족지적, 역사적, 신화적, 동물학적 정보의 삽화를 제공한다. 모두 합쳐서 500개 이상의 도시와 촌락 그림이 있으며, 15개의 성서적 사건 재현물, 33개의 동식물 및 이상한 생물 그림들, 32개의 세계 각지 인물들의 초상화, 그리고 8개의 고대 신화 관련 그림이 포함된다. 많은 재현 장면들 중 한 예를 들면, 거울을 가진 사냥꾼에 의해 혼란에 빠진 어미 호랑이, 에메랄드를 놓고 세 명의 남자와 싸우고 있는 그리핀 같은 것이 있다. 지도 상에 그려진 실제 혹은 상상의 짐승에는 개의 머리를 한 사이노세팔리, 햇빛을 가릴 정도의 큰 발을 가진 스키아포데스, 만티코어, 앵무새, 악어, 유니콘 등이다.

여러 명이 함께 지도를 만들었을 것이고, 단계를 나누어 진행했을 것이다. 컴퍼스를 이용해 세 개의 외원을 우신직으로 그린 다음에 지리적 지물들(세 개의 대륙의 해안선과 지도에 있는 105개 섬)에 대한 정의를 개략적으로 기술하였을 것이다. 그리고 나서 일단의 화공들이 그림을 그렸을 것이다. 이 모든 일들이 단 한 번에 이루어졌을 것으로 보이며, 모든 작업 이후에 글이 첨가되었을 것이 확실하다. 지도 상의 글자 대부분이 검은색 잉크로 쓰여졌고, 빨강색과 금색은 강조하는 데 사용되었다. 강과 바다는 청색과 녹색으로 채색되어 있고, 홍해만 적색으로 표현되어 있다. 색상은 식물 염료로 만들어진 것으로 시간이 지남에 따라 퇴색되어 당시 사람들이 보았던 것보다 훨씬 덜 선명하게 보인다. 물결 모양은 산맥, 벽과 탑은 촌락을 표현한 것이다. 주 언어는 라틴어이지만 특별한 경우에는 앵글로 노르만 계열의 프랑스어가 사용되었다.

지도 상의 모든 범례는 한 명의 필경자가 작성했지만, 대륙들에 실질적으로 이름을 붙이는 일은 다른 사람이 했을 것이다. 이 무명의 명필가(calligrapher)가 지도의 가장 큰 오류를 생산하는 사람이 된다. 즉, 이 사람은 유럽과 아프리카의 지명 라벨들을 부주의로 바꿔 쓰는 실수를 저지르기도 한 것이다.

대상 지도

전혀 다른 형태의 지도가 중세 시대의 지도학자들을 매료시켰는데, 소위 대상(帶狀) 지도(zonal map)라고 불리는 것이다. 중세의 이론에 따르면 구체의 세계는 세 개의 거주 불가능한 지대(양극에 두 개의 한대와 적도 부근의 한 개의 열대)로 나눠는데, 그 사이에 거주 가능한 두 개의 온대가 끼어 있고, 이 둘 사이를 왕래하는

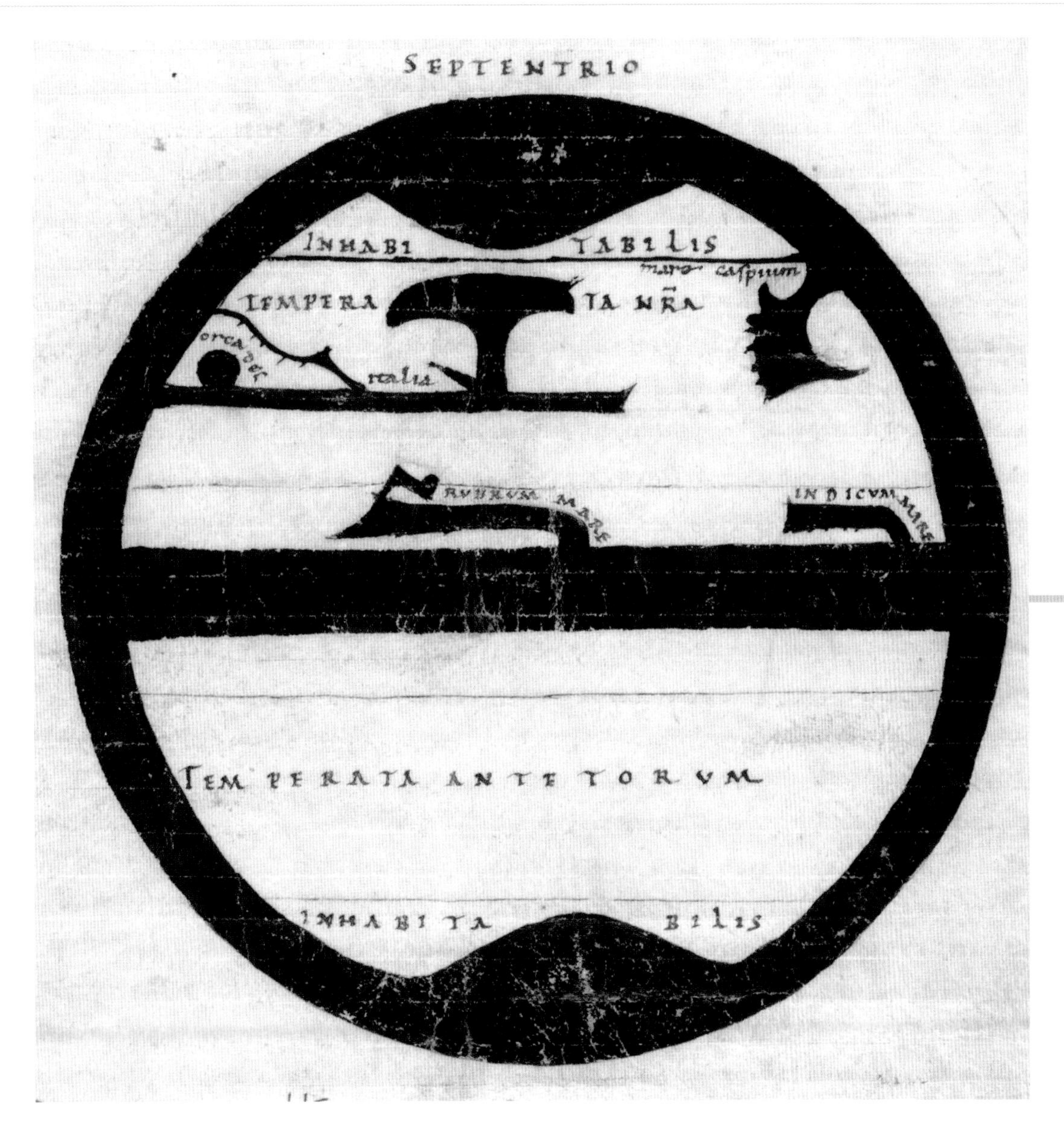

18 **대상 세계 지도, 스페인, 9세기**
세상을 기후에 따라 구분하는 것은 그리스인들의 생각이었고, 뒤이어 5세기 초반 로마 사상가인 마크로비우스에 의해 다듬어지고 발전되었다. 그의 세계 지도는 많이 복제되었으며(여기 보이는 것은 9세기의 것이다), 후대 중세 과학자들의 기본적인 참고 자료가 되었다. 세상은 다섯 개의 지대로 나뉘는데, 두 개의 냉대, 두 개의 온대, 적도 부근에 한 개의 열대가 그것들이다. 북쪽의 냉대는 거주 불가능한 지대인데("인하비타빌리스(inhabitabilis)"라고 쓰여 있다) 그 바로 아래에 왼쪽에서 오른쪽으로 카스피 해(그 아래에는 인도양이 있다), 흑해, 그리스, 이탈리아("이탈리아(Italia)"라고 적혀 있다), 스페인을 나타내는 요철 부분이 있다. 이것들 아래에 있는 수평 띠 모양은 지중해를 나타내며, 그 아래 L-자형은 홍해를 나타낸다. 왼편 가운데에는 동그라미가 그려진 찌그러진 삼각형 모양이 있는데 이것은 오크니 제도("오르카데스(Orcades)"라고 쓰여 있다)이다.

것은 불가능하다. 이러한 지대는 우리가 기후대라고 부르는 것과 거의 일치한다.

이 아이디어가 중세 때 나온 것은 아니다. 기원전 5세기경의 고대 그리스인들이 이 생각을 해 낸 최초의 사람들일 것이다. 이 개념을 발전시킨 최초의 사람이 엘레아의 파르메니데스(Parmenides of Elea, 기원전 515년경 출생)라는 학자라는 주장과 이보다 약 2세기 이후의 과학자 말로스의 크라테스(Crates of Mallos)라는 주장이 있다. 그리스 사람들은 이러한 개념을 로마인들에게 물려주었는데, 신플라톤주의 철학자이자 문법학자였던 암브로시우스 아우렐리우스 테오도시우스 마크로비우스(Ambrosius Aurelius Theodosius Macrobius)가 400년경에 쓴 『키케로에 의거한 스키피오의 꿈에 대한 해제(Commentary on the Dream of Scipio According to Cicero)』에서 그 개념을 정식화했다. 그의 기본적인 믿음은 지구가 둥글고, 정지해 있으며, 우주의 중심에 위치한다는 것이었다. 거주 지역은 마름모꼴로 생겼으며(이탈리아가 중심에 위치한다), 바다로 둘러싸여 있다. 거주 지역 외에 세상의 나머지 부분들도 이처럼 생겼을 것으로 상상하였다.

마크로비우스의 책은 로마 제국의 몰락과 암흑 시대에도 살아남아 유럽 중세적 사고의 핵심적인 문헌이 되었다. 그의 글에 기반한 최초의 지도는 8~9세기 스페인에서 나타났고, 나중에 성 오메르의 람베르트(Lambert of St. Omer), 콘치스의 윌리엄(William of Conches), 호노리우스 아우구스토두넨시스(Honorius Augustodunensis)와 다른 중세 학자들이 다시 그렸다. 그들은 거주 가능한 북반구와 거주 불가능한 남반구

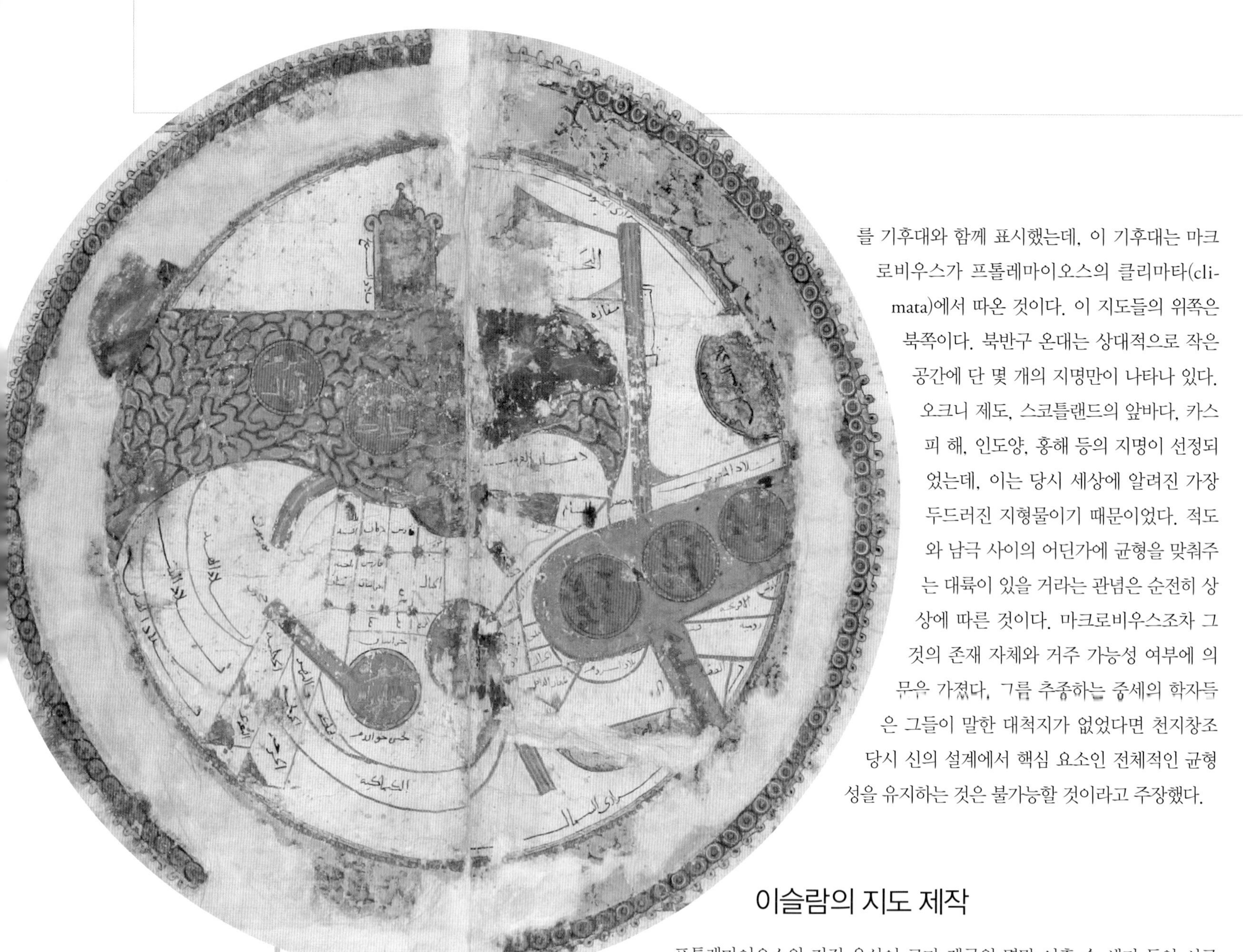

를 기후대와 함께 표시했는데, 이 기후대는 마크로비우스가 프톨레마이오스의 클리마타(climata)에서 따온 것이다. 이 지도들의 위쪽은 북쪽이다. 북반구 온대는 상대적으로 작은 공간에 단 몇 개의 지명만이 나타나 있다. 오크니 제도, 스코틀랜드의 앞바다, 카스피 해, 인도양, 홍해 등의 지명이 선정되었는데, 이는 당시 세상에 알려진 가장 두드러진 지형물이기 때문이었다. 적도와 남극 사이의 어딘가에 균형을 맞춰주는 대륙이 있을 거라는 관념은 순전히 상상에 따른 것이다. 마크로비우스조차 그것의 존재 자체와 거주 가능성 여부에 의문을 가졌다. 그를 추종하는 중세의 학자들은 그들이 말한 대척지가 없었다면 천지창조 당시 신의 설계에서 핵심 요소인 전체적인 균형성을 유지하는 것은 불가능할 것이라고 주장했다.

19 **세계 지도, 알 이스타크리, 이라크, 951년**

이 지도는 원래 이슬람 지도첩의 한 부분으로 만들어진 것이다. 여기에 보이는 지도는 15세기에 아랍 지리학자 알 와디(al-Wardi)가 만든 것이다. 지도의 제작 목적은 이슬람 세계를 가능한 한 완벽하게 표현하는 것이었다. 지도의 중앙에는 메카가 위치해 있고, 세상은 산들로 둘러싸인 원으로 표현되어 있다. 이 지도에는 중세 이슬람 세계의 정치적, 심미적 가치가 반영되어 있다.

이슬람의 지도 제작

프톨레마이오스의 지적 유산이 로마 제국의 멸망 이후 수 세기 동안 서구 유럽에서 전승되지 못했지만, 이슬람 세상은 이보다 훨씬 운이 좋았다. 9세기경, 프톨레마이오스의 『지리학』이 아랍어로 번역되었다. 아랍 탐험가들의 발견은 이슬람 지도 제작자들에게 많은 도움을 주었다. 이슬람 세계는 중동, 근동, 북부아프리카를 정복하여 통치하게 되었다. 무슬림 지도자들은 이베리아 반도에도 발을 들이게 되었고, 결국 서유럽 깊숙이 침투할 수 있게 되었다. 7~9세기에는 이슬람 상인들이 중국에 닿았으며, 뒤이어 아프리카 동쪽 해안을 탐험했다. 북쪽으로는 러시아 내륙으로 들어갔고, 서쪽으로는 대서양을 항해했다. 이슬람 선원들은 새롭거나 향상된 지리적, 항해적 장치를 보유하였으며(아스트롤라베와 나침반), 향상된 항해술을 자랑했다. 나침반에 대한 지식은 중국으로부터 배운 것이다.

최초의 주목할 만한 아랍 지도학자는 알 콰리즈미(Al-Khwarizmi)였다. 그는 780년경 태어나 850년경 사망하기까지 바그다드에서 살았다. 최초이자 가장 유명한 수학자였던 그는(대수학의 기초를 확립했다고 알려져 있다) 지도와 지도 제작에도 관심을 가졌다. 그는 2,402개 지역들의 모음집을 편찬했는데, 프톨레마이오스의 『지리학』을 기초로 하여 아시아와 아프리카의 도시들을 첨가하였다. 820년경 칼리프 알 마문(Caliph al-Mamun)을 위해 일하던 무명의 지도학자들이 만든 유사한 지도와 마찬가지로, 이 지도는 "천구, 별, 육지와 바다, 거주지와 척박한 땅, 촌락과 도시로 이루어진 우주"를 표현하였다.

또 다른 거장은 알 이스타크리(al-Istakhri, 951년 사망)인데, 이슬람 지도학계 발키 학파의 주축 회원이었다(이 학파의 이름은 창시자인 지리학자 아부 자이드 아마드 이븐 살 알 발키(Abu Zayd Ahmad ibn Salh al-

Balkhi)에서 유래했다). 그의 원본 지도와 최초의 논문『수와 알 아칼림(Suwar al-aqalim, 기후 그림)』은 전하지 않는다. 하지만 그의 지도학적 해제는 시칠리아에 기반을 둔 지리학자 이븐 하우칼(ibn-Hawqal, 973년경 사망)에 의해 계승·발전되었다. 이븐 하우칼의 책『키타브 수라트 알 아르드(Kitab surat al-ard, 지구 그림)』에 이러한 사상이 잘 나타나 있는데, 10세기 중·후반으로 거슬러 올라가는 세 개의 버전이 존재한다. 여기에는 세계 지도뿐만 아니라 카스피 해, 지중해, 인도양 지도와 현재 용어로 주도 혹은 지방도라고 부를 만한 많은 지도들이 포함되어 있다. 이 지도들에는 낙타길을 비롯해 숙영지, 마을, 오아시스 등이 표시되어 있다.

세계 지도는 매우 흥미롭다. 남쪽이 위를 향하고 중앙에 메카가 있다. 당시의 이슬람 지도학 전반에 퍼져 있던 프톨레마이오스와 서방의 영향에 대한 반감의 표시로 이슬람 문헌들에 절대적으로 의존한 것이다. 바그다드 칼리프 왕조와 그들이 통치하던 광대한 제국에 집중했다. 거주 가능지는 산으로 둘러싸인 동그라미나 사방이 막힌 바다로 표현되어 있다. 이 지도는 전체적으로 인도양과 지중해 부분으로 나뉘어 있다. 지도의 맨 위에는 아프리카가 있는데 나일 강에 의해 반분되어 있다. 유럽은 오른쪽 아래에 위치해 있고, 그리스와 이탈리아가 지중해를 향해 뻗어 있다. 이 지도는 매우 미려하게 만들어졌는데, 이슬람 사회의 심미적 가치가 반영되어 있을 뿐만 아니라 정치적 문화적 관점도 엿볼 수 있다.

로제르의 서

중세 시대 이슬람 지리학자들 중 가장 유명한 사람은 의심의 여지 없이 알 이드리시(al-Idrisi, 1099~1166/1180년)이다. 세우타에서 태어난 베르베르인 알 이드리시는(예언자 무함마드의 후손으로도 알려져 있다) 항해에 나서기 전까지 코르도바에서 수학했다. 그의 여정은 스페인과 북아프리카를 거쳐 영국, 프랑스, 소아시아를 포괄하는 것이었다. 시칠리아에 정착하여 세상에 대한 체계적인 지리서를 썼다. 알 이드리시는 이 책에『먼 곳으로의 즐거운 여행을 위한 가이드(Nuzhat al-Mushtaq fikhtiraq al-afaq)』라는 이름을 붙였지만, 지금은『로제르의 서(書)(Book of Roger)』로 더 잘 알려져 있다. 그 이유는 시칠리아의 노르만계 통치자 로제르 2세(1097~1159년)가 알 이드리시의 후견인이었기 때문이다. 로제르 2세는 지리학에 대한 열성적인 애호가였는데, 남는 시간의 대부분을 아랍의 지리적 문헌을 수집하고, 팔레르모에 있는 그의 궁을 방문한 여행가들과 먼 곳에서의 경험에 대해 문답을 나누는 데 할애했다고 한다.

알 이드리시가 1139년 완성한 그의 기념비적인 작품은 로제르가 의뢰한 것이다(46쪽 참조). 15년의 제작 기간을 거쳐 완성된 것은 작은 동그라미 모양의 세계 지도 1개와 직사각형 모양의 구분 지도 70개로 구성된, 세상에 대한 상세한 조사서였다. 여기에는 아랍어와 라틴어로 된 내러티브가 포함되었다. 프톨레마이오스에 따라 거주 지역은 7개로 구분되어, 적도로부터 북쪽을 향해 수평 방향으로 뻗어 있다. 한편 10개의 구역이 카나리아 제도로부터 동쪽 방향으로 수직 방향으로 뻗어 있다.

지도 편찬을 돕기 위해 로제르와 알 이드리시는 연대기 작가가 "어떤 지적인 사람들"이라고 명명한 사람들을 선발하여 제도사들과 함께 파견하고, 그들이 여행 중에 발견한 것들에 대한 상세한 기록들을 되살려 내었다. 그것의 결과는 하나의 지도학적인 개가였다. 그러나 몇몇 학자들은 당시 동아프리카와 인도가 잘 알려져 있었음에도 불구하고 지도에서 너무나 개략적으로 표현된 점에 대해 부정적인 평가를 내리기도 한다. 지도 속 정보는 은으로 된 평면 구형도(구체를 평면에 재현한 것) 위에 새겨졌다. 이것은 그 당시로서는 세계 불가사의 중의 하나였다. 불행히도 그 평면 구형도는 1166년 폭도들에 의해 파괴되었지만, 그 속에 담긴 정보는 그 전에 양피지 위에 복제되었다.

자기 나침반, 아랍, 9세기 혹은 10세기

이 나침반은 가장 오래된 항해용 계기이다. 중국에서 발명된 나침반은 아랍 상인에게 전파되었고, 나중에 유럽으로 퍼져 나갔다. 12세기 후반경에는 간단한 자기 나침반이 지중해 항해에 널리 사용되고 있었다.

20 **세계 지도, 알 이드리시, 시칠리아, 1154년**
베르베르인 지도 제작자 알 이드리시는 중세 유럽의 지리학을 이끌던 인물 중 한 사람이었다. 시칠리아의 로제르 2세의 의뢰를 받아 제작한 이 세계 지도는 70개의 구분 지도를 함께 수록한 포괄적인 지도첩의 일부분이다. 아마도 이 지도는 중세 시대에 만들어진 지도들 중 유럽, 북아프리카, 서아시아의 모습을 가장 정확하게 묘사하고 있는 지도일 것이다. 지도의 위쪽이 남쪽을 가리키며, 지중해는 아래쪽 2/3 정도 지점에 위치하고 있다. 색채감(산에는 자주색을, 강에는 녹색을, 바다에는 청색을 사용하였다)과 정교하고도 아름다운 심벌은 이 지도의 백미이다.

포르톨라노 해도

13세기 후반, 중세 유럽의 지도 제작은 포르톨라노 해도(portolan chart)의 탄생이라는 혁명적인 사건과 마주하게 된다. 위대한 세계 지도들과는 달리, 이 지도는 지리적이라기 보다는 우주론적이라고 묘사하는 게 더 정확할 것이다. 이 새로운 지도들은 엄청난 실용성을 자랑하는데, 특정한 상황에서 특정한 문제를 해결하기 위해 디자인되었기 때문이다. 포르톨라노 해도는 수 세대에 걸쳐 선원들이 축척한 지식과 지혜를 집대성하여, 항해사에게 도움을 주고자 고안된 간단명료한 도구였다. 포르톨라노 해도가 설명문이나 해설서의 도움이 필요 없는, 그 자체로 완결된 것이었다는 점 역시 중요한 사항이다.

정확히 어떻게, 왜, 언제, 어디서 최초의 포르톨라노 해도가 만들어졌는지는 여전히 지도학의 가장 큰 미스터리 중 하나로 남아 있다. 마치 그 지도가 완성된 중세 세상에 돌연히 나타난 것처럼 느껴질 정도이다. 그러나 그것은 사실이 아니다. 지도의 탄생에 부분적으로는 지중해를 통한 해상 무역의 중요성이 증대하고 있었던 상황이 기폭제가 되었을 것이다. 이로 인해 베네치아와 같은 도시국가가 상업적, 정치적 중심으로 급격히 성장한 사실과도 연결되어 있다. 베네치아 공화국의 권력, 특권, 부는 그들의 무역 함대 위에 세워진 것이다. 현재 우리가 아는 것은, 이 지도의 직접적인 선조가 포르탈라니(portalani)라고 불린 항구에 대한 상세한 목록과 수 세기에 걸쳐 지중해를 왕래한 항해사들에 의해 사용된 수로지였다는 점이다. 12세기 후반 자기 나침반이 이슬람 세계를 통해 유럽에 전해지기 전까지는 새로운 포르톨라노 해도를 만드는 것은 불가능했을 것이다. 실제 배에서 해도가 사용된 가장 빠른 기록은 1270년, 제8차 십자군 원정이 시작되던 때였다. 프랑스의 루이 11세는 태풍을 만나 사르데냐 해변의 칼리아리 만에 피신하게 되었는데 연대기 작가에 따르면, 격분한 왕이 배의 정확한 위치를 추궁하자, 항해사가 지도를 가져와 위치를 보여주었다고 한다.

피사 해도

현존하는 가장 오래된 포르톨라노 해도는 1290년경으로 거슬러 올라간다. 지도에는 지중해와 흑해가 포함되어 있으며, 피사에 살았던 한 가족이 이 지도를 소유하고 있었다고 해서 피사 해도(Carte Pisane)라고 부르게 되었다. 이 지도의 정확한 제작자는 알려져 있지 않지만, 대부분의 학자들은 제노바의 부유한 무역항에서 그려진 것으로 믿고 있다. 제노바는 베네치아와 함께 해도 생산의 총본산이었다. 이 해도는 이전에 그려진 해도의 정보를 종합하여 만든 것으로 보이는데, 이전의 해도는 지방의 어부나 소규모 해상 무역선의 선장들이 만든 것으로, 해안선의 범위가 좁은 것들이었다. 이 지도는 한 사람이 만들었다고 보기에는 너무나 정확하다. 그 넓은 지역을 그 정도 수준의 상세성으로 표현할 수 있는 사람은 없었을 것이다(48쪽 참조).

피사 해도는 그 이후에 제작된 포르톨라노 해도의 모든 요소를 가지고 있다. 이것은 이후의 지도가 이탈리아에서 만들어졌건 아니건 간에 마찬가지였고, 그 이후에는 경쟁 관계였던 카탈루냐 학파가 만든 지도도 그러했다. 두 학파의 가장 큰 차이는 이탈리아 해도는 통치자의 깃발을 제외하면 내륙의 상세함이 떨어진 데 반해, 카탈루냐 해도는 보다 장식적이어서 북유럽에서 생산되었던 마파 문디와 아주 많이 닮아 있다는 점이다. 양쪽 모두에서 가장 눈에 띄는 특징은 해도를 십자형으로 교차하는 항정선(航程線)의 망이다. 항정선은 중앙 방위표시판에서 시작하여 16개의 교차하는 방위표시판을 통해 사방으로 퍼져 나간다. 항정선과 방위표시판을 통해 항해사는 정확한 경로를 찾을 수 있다. 나중에는 각 일풍의 방향을 색상으로 표시해주는 선들도 추가되었다. 8개의 기본 풍은 검은색으로, 그 사이의 1/2 풍은 녹색으로, 1/4 풍은 적색으로 표현되었다.

피사 해도에는 축척 표시가 있는데, 축척의 눈금은 항정선의 교차에 의해 생성되는 사변형의 크기와 개념적으로 일치한다. 이 축척 표시는 리본을 닮은 띠 모양인데 현대적인 시각으로는 거의 존자처럼 보인다. 해안선 묘사는 그 상세성과 전반적인 정확성에서 탁월하다. 물론 지도 제작자는 자신이 그리는 지역의 어떤 부분은 다른 사람들보다 더 많이 알고 있었을 것이다. 이 지도는 항해를 돕는 것이 주목적이기 때문에 갑, 곶, 항구, 삼각강의 형태와 크기는 의도적으로 과장되어 있다. 반면에 해안선이 불명확하게 표현되는 것을 방지하기 위해 지명은 직각 방향으로 육지 위에 적었다. 섬과 해안 절벽은 투시도 형태로 표현되었다.

중요한 항구는 빨간색으로 표시했고, 모래톱과 암초와 같이 잠재적인 위험성이 있는 지형은 점과 십자 표시로 나타냈다. 산맥, 도시, 도로 등과 같은 내륙의 정보는 개략적으로 표현되거나 누락되었다. 범례에 사용된 언어는 거의 라틴어였으며, 몇몇 지도에서는 카탈루냐나 이탈리아의 방언이 사용되기도 했다.

21 피사 해도, 이탈리아, 1290년경
피사 해도라 불리게 된 것은 피사의 한 부유한 상업 집안이 한때 이 지도를 소유했기 때문이다. 이 지도는 중세 지도학을 획기적으로 변화시킨 혁명적인 항해도들 중 현존하는 가장 오래된 것이다. 이 지도들은 위대한 지중해 무역 시대의 항해를 돕는 실질적인 도구였다. 따라서 해안선, 랜드마크, 항구에 대한 정확한 표현에 주안점을 두어 제작되었다. 해도에 그려져 있는 선(나침반 지점으로부터 뻗어 나가고 있는 선)은 항해에 커다란 도움을 준다.

해도에서 지도첩으로

개별적인 포르톨라노 지도가 완성되었으므로, 지도 제작자들이 그것들을 묶어 포르톨라노 지도첩을 생산하기 시작한 것은 매우 자연스러운 것이다. 가장 앞선 지도첩은 14세기까지 거슬러 올라간다. 그러한 지도첩 속에서는 세계 지도(보통 타원형을 띠고 있다) 한 장, 특정한 해안선을 보여주는 지방 해도들, 아드리아 해, 에게 해, 혹은 카스피 해에 대한 독립된 해도들, 지중해 전체 해도 한 장이 포함되어 있었다. 여기에 보충 수로지, 천체력, 점성술 달력, 달의 위상 표가 포함되었다. 실제 사용할 수 있는 유용한 정보들이 더 첨부되기도 했다. 베네치아 갤리선의 선장이었던 안드레아 비앙코(Andrea Bianco)는 자신의 포르톨라노 지도첩을 1436년 편찬하였는데, 일종의 부록을 포함시켰다. 여기에는 바람을 맞아 태킹(tacking)과 러닝(running)을 할 때 추측 항법을 계산하는 최선의 방법과 같은 것이 포함되어 있다.

이러한 지도첩들 중 최고는『카탈루냐 지도첩(Catalan Atlas)』(30쪽 참조)일 것이다. 이 지도첩은 유대인 지도 제작자 아브라함 크레스케스(Abraham Cresques)가 1375년에 제작했다. 크레스케스는 스스로를 “세계 지도와 나침반의 대가”라고 묘사한 바 있다. 이 지도첩은 서구 지도학 발달사에서 중추적인 역할을 담당한 지도학적 경이이다. 크레스케스는 14세기 유럽의 지도 제작을 지배하던 마조르카(Majorca) 학파의 가장 명망 높은 구성원이었다. 따라서 스페인 아라곤 왕국의 페드로 4세가 프랑스의 샤를 5세를 기쁘게 할 선물을 만들 지도학자로 크레스케스를 지목한 것은 당연한 일이었다. 샤를 5세가 페드로 4세에게 세계 지도를 만들어 달라고 했던 것이다.

완성된 지도첩은 독특했다. 그 시대의 지리적 지식이 온전히 반영되었을 뿐만 아니라 14세기 후반 유럽인의 세계관을 포괄적으로 통찰할 수 있게 해 주었다. 지도첩의 지도들은 당대 최고의 정확성을 보여주었다.

6장의 피지 위에 지도를 그린 후 그것을 목재판 위에 늘여 붙여 평평하게 만들었다. 이것은 샤를 왕과 그의 고문들의 요구에 맞춘 것으로 보이는데, 회의 중에 지도를 볼 수 있도록 평평하게 만들어 달라고 했을 것이다. 세월이 지난 후, 개별 지도를 반으로 접고 그것들을 모두 엮어 하나의 책자로 만들었다. 앞의 네 장의 피지 위에는 천지학, 천문학(천문학 내용 중에 가장 오래된 조수간만 표가 포함되어 있다), 점성술에 대한 상세한 설명이 나온다. 마지막 부분에는 황도십이궁을 포함한 장대한 점성술 수레바퀴, 중세 학자들이 지구의 구성 요소로 믿었던 것들, 행성 신들, 그리고 역법의 수레바퀴가 표현되어 있다. 이 바퀴의 연대 결정으로 후대의 학자들은 지도첩의 제작 시점이 정확히 1375년이라는 것을 밝혀냈다.

나머지 두 장의 피지 위에는 정교한 세계 지도 한 장이 그려져 있다. 지도의 위쪽은 남쪽을 가리킨다. 지도 편찬 과정에서 크레스케스는 서로 다른 두 가지 서구 지도 제작 전통의 영향을 받았다. 하나는 포르톨라노 해도이고 또 다른 하나는 마파 문디이다. 지도에서 단연코 가장 상세하게 표현된 유럽에 대해 말하자면, 그는 의심의 여지없이 카탈루냐 학파가 생산한 포르톨라노 해도에 접근할 수 있었으며, 동시에 제노바와 베네치아의 해도 제작자들이 그린 유사한 해도 역시 잘 알고 있었을 것이다. 이 결과, 유럽의 해안선이 매우 정확하게 표현되어 있다. 서쪽 부분은 항정선이 십자로 교차하고 있지만 대서양 중앙에는 커다랗고 채색된 방위표시판이 있고, 북쪽을 나타내는 8개의 점으로 표현된 북극성이 있다.

장식된 방위표시판, 포르톨라노 해도, 16세기
32개 항정선의 중심에 있는 화려하게 꾸며진 방위표시판은 방향을 나타내고 있다. 이 항정선을 이용함으로써 해도 제작자는 해안선을 그릴 수 있고, 항해사는 운항 경로를 설정할 수 있다.

확립된 포르톨라노 제작 관례를 따라 지명은 해안선에 직각 방향으로 기재되어 있고, 각 지역의 지배적인 정치 권력을 한눈에 보여주기 위해 기(旗)를 사용했다. 바다에서 멀리 떨어져 있는 산맥과 강은 명확하게 표시되어 있고, 교회의 첨탑과 십자가 심벌이 주요 도시를 표시하고 있다(유럽 외 지역인 이슬람 도시는 돔으로 표시했다). 서유럽에만 620개의 지명이 들어가 있다.

유럽에서 먼 지역의 경우(특히 아시아), 크레스케스의 지식은 왜소하기 짝이 없었다. 이로 인해 아시아와 아프리카는 훨씬 더 전통적인 마파 문디와 닮았다. 유럽과 달리, 상대적으로 장식성과 내용적 적절성이 떨어지는 도해가 이루어져 있다. 크레스케스는 기존의 세계 지도와 플리니우스와 같은 고전 시대의 위대한 학자들의 저술을 활용했다. 또한 당대의 많은 문헌도 참고했는데, 중국과 페르시아는 마르코 폴로(1254~ 1324년), 아프리카는 위대한 아랍 탐험가 이븐 바투타(Ibn Battuta, 1304~1368/1377년)의 연대기를 참고했다.

이븐 바투타의 저작과 자신의 여행을 바탕으로 크레스케스는 북아프리카에 대한 상당히 정확한 정보를 지도에 담을 수 있었다. 예를 들어, 아틀라스 산맥의 모양은 여전히 전통적인 중세 방식으로 새의 다리와 발톱 모양으로 되어 있지만 그 위치만은 정확하게 표시했다. 대륙 깊숙이 갈수록, 그리고 남쪽으로 더 멀리 갈수록 지도의 명민함이 없어진다(지명이 현저히 감소한다). 아시아에 대한 삽화의 상세성이 뛰어나다. 유명한 것 중 하나는 중국과 페르시아를 연결하는 실크로드를 따라 여행하는 낙타 행렬이다. 산하에 나타난 문장에 실크로드 상의 장소들이 상당히 정확하게 묘사되어 있다. 이 지도의 아시아 부분은 아시아를 알아볼 수 있는 수준에서 표현된 최초의 지도이다. 예를 들어, 인도 대륙이 처음으로 반도로 표현되어 있다.

국가도

중세 시대에는 상대적으로 적은 수의 국가도(national map)가 생산되었다. 예를 들어, 15세기에 이르러 비로소 국경을 설정하는 데 지도가 사용되었다. 가장 빠른 시점에 만들어진 국가도 중 하나는 1444년 부르고뉴

22 **브리튼, 매튜 패리스, 영국, 1250년경**

세인트 알반스 수도원의 베네딕트파 수도승이었던 매튜 패리스는 13세기 중엽에 4장의 브리튼 지도를 제작했다. 여기 보이는 것은 그가 저술한 세 권짜리 연대기 『대연대기』의 요약본 중 하나인 『연대기 요약』에 수록된 것이다. 잉글랜드와 스코틀랜드의 경계가 하드리아누스의 방벽과 보다 북쪽에 위치한 안토니우스 방벽을 통해 드러나 있다. 후자의 방벽은 하드리아누스의 후계자인 안토니우스 피우스(Antonius Pius)가 건설한 것이다. 두 성벽 모두 꼭대기에 배틀먼트형(battlemented) 지물로 도식적으로 표현되어 있다. 그러나 안토니우스 방벽은 실질적으로 해자와 떼벽을 갖춘 요새이다. 잉글랜드의 수도로서 런던은 그 이름 주변에 탑과 배틀먼트형 건물 프레임이 정교하게 묘사되어 있다. 런던의 북쪽에 있는 첨탑은 세인트 알반스 수도원을 나타낸 것이다. 패리스의 브리튼 지도는 중세 지도 제작에서 탁월한 업적이다. 그러나 그 시대의 다른 지도 제작자가 패리스의 지도에서 영감을 받았다거나 자료로 사용했다거나 하는 사실을 암시하는 기록은 전혀 없다. 패리스 지도의 중요성은 그것을 통해 그 시대의 가장 독창적인 사상가들 중의 한 사람이 가지고 있었던 지도학적 개념틀을 엿볼 수 있다는 데 있다.

공국의 통치자 필립 선공(Philip the Good)의 충직한 고문관이었던 앙리 아르노 드 즈볼르(Henri Arnault de Zwolle)가 만들었다. 부르고뉴 공국과 프랑스 간의 영토 분쟁에서 지역별 통치권을 보여주기 위해 만들어진 것이다. 브르고뉴 공국의 속셈은 공국 내의 프랑스 거주지와 침범지를 지도에 표시함으로써 축출을 위한 사전 포석으로 삼으려는 것이었다.

국가도에 무관심한 이유는 매우 많다. 그중 가장 중요한 것은 중세 시대의 지배적인 정치적, 사회적 기류이다. 15세기경까지 사람들은 대개 국가 단위보다는 지역, 주, 고장 단위로 생각하는 경향이 강했다. 예를 들어, 오늘날 프랑스인으로 정의되는 사람이 자신을 브르타뉴 사람, 노르망디 사람, 브르고뉴 사람으로 생각할 것 같지 않다.

국가도의 수요가 거의 없었던 또 다른 이유가 있다. 그 시대에는 지도가 여행 도구로 간주되지 않았다. 사실상 중세 사람들 중 다수가 인생을 통틀어 자신이 태어난 곳에서 15마일 이상 떨어진 곳까지 여행한 적이 없다. 만일 중세의 여행자들이 자신의 고장 밖으로 여행을 감행했다면, 지도보다는 목적지를 설명한 문헌이나 지명 사전을 이용했을 것이다.

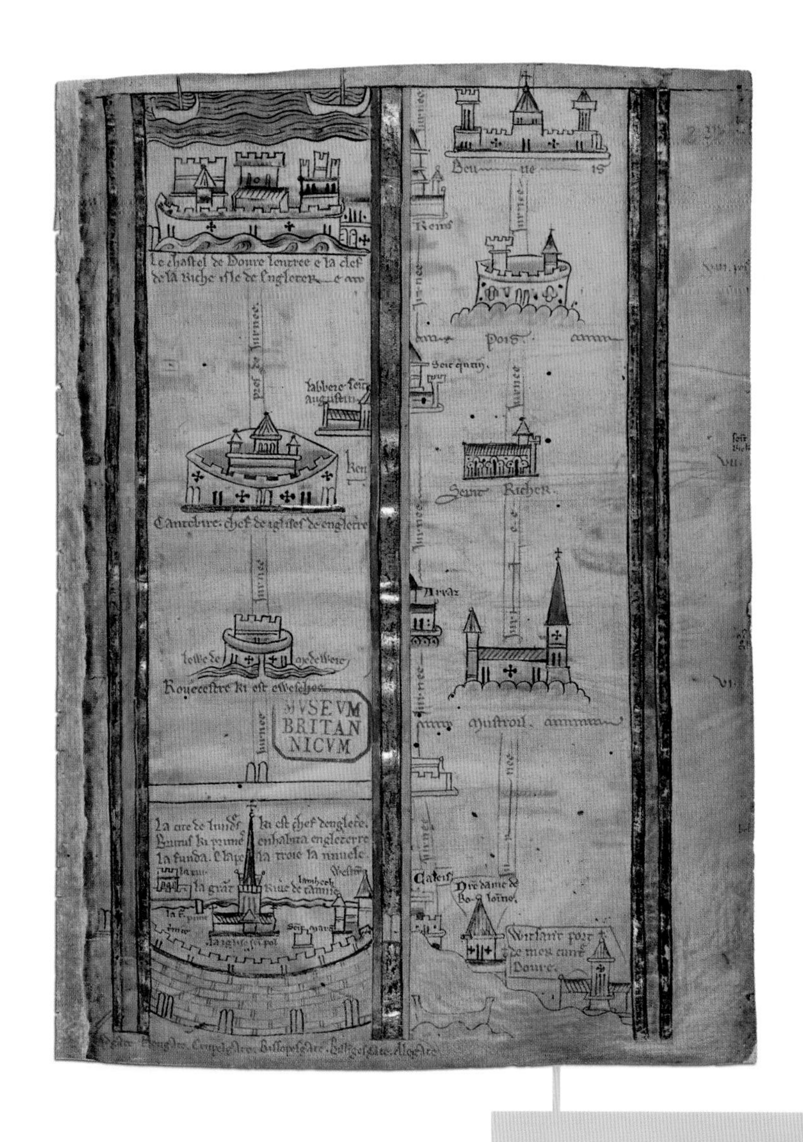

23 **런던에서 도버까지, 매튜 패리스, 영국, 1250년경**
매튜 패리스는 런던에서 이탈리아 남부까지의 순례 경로를 보여주는 다섯 페이지짜리 띠 모양 지도를 만들어, 그의 연대기 저작 속에 수록하였다. 그림에서 보이는 부분은 런던에 "로사(로체스터)"와 "캔투아(캔터베리)"를 거쳐 도버에 이르는 경로를 보여준다. 이 띠 모양 지도의 목적은 순전히 도해를 위한 것으로 이후의 여행자에게 실질적인 안내 지도 구실을 하기 위해 만들어진 것은 결코 아니었다.

매튜 패리스와 그의 지도들

중세 시대의 지도 가운데 주목할 만한 지도들 중에는 매튜 패리스(Matthew Paris)가 제작한 것들이 있다. 매튜 패리스는 1200년경 영국에서 태어난 베네딕트파 수도승이었다. 그는 성인 시절의 대부분을 지금의 하트퍼드셔에 있던 세인트 알반스 수도원에서 보냈다. 그가 그린 지도 중 남아 있는 15점의 지도 중에는 네 가지 버전의 브리튼(Britain) 지도가 있다. 네 가지 버전 중 세 번째 브리튼 지도는 패리스의 친구이자 수도원의 복지사였던 월링포드의 존(John of Wallingford)에 의해 완성되었는데 자신의 이상한 이름 60개를 첨가했다.

패리스의 지도를 보고 있으면, 당시에는 존재하지 않았던 지도학적 개념을 자신의 지도 속에서 실험하고 있다는 느낌을 받게 된다. 몇 점 안 되는 지도만 존재했었고, 지도라는 개념조차 일반적이지 않은 시기였다. 브리튼 지도는 특별한 흥미를 끈다. 유럽의 한 지역에 초점을 맞추어 그린 지도는 이 시대에는 이 지도 말고는 없다. 가장 유사한 것을 굳이 찾는다면 엡스토르프의 세계 지도에서 독일 부분일 것이다. 14세기에서조차도 비교 가능한 지도가 거의 없을 정도인데, 1320년경 나폴리에서 제작된 이탈리아 지도와 1360년경 제작된 고프(Gough)의 브리튼 지도가 여기에 해당된다. 패리스의 첫 번째 브리튼 지도는 그가 저술한 세 권짜리 연대기 『대연대기(Chronica Majora)』의 요약본 중 하나인 『연대기 요약(Abbreviatio Chronicorum)』의 시작 부분에 나타난다. 두 번째 지도는 『대연대기』의 두 번째 권이 시작하는 곳에서 등장하고, 세 번째 지도는 월링포드의 존이 자신의 작품에 수록했고, 네 번째 지도는 패리스의 또 다른 요약본인 『영국사(Historа Anglorum)』가 포함된 해당 권이 시작하는 부분에 등장하는데, 『대연대기』의 마지막 부분에서도 등장한다.

네 장의 브리튼 지도 모두 해안선은 아마도 당시의 세계 지도에서 따왔을 것이다. 앵글로색슨 세계 지도

24 **고프 지도, 영국, 1360년경**
제작자가 알려지지 않은 이 지도는 14세기 중엽에 만들어진, 현존하는 가장 오래된 브리튼의 도로 지도이다. 200년이 지난 시점에서도 사용될 만큼 빼어난 정확성을 자랑한다. 촌락들 간의 도로는 빨간색으로 표시되어 있는데, 로마 숫자로 거리도 적혀 있다. 도시는 상당히 자세하게 묘사되어 있는데, 특히 브리스틀, 체스터, 윈체스터와 같은 핵심 도시들은 화려하게 표현되어 있고, 런던과 요크의 글자에는 금색이 씌워져 있다.

(36쪽 참조)와 패리스의 지도 사이에는 확실히 놀랄 만한 유사성이 있다. 물론 패리스의 지도에는 부가적인 정보가 첨가되어 있다. 지도 편찬 과정에서 패리스는 당대의 문헌과 여행기의 정보에 의존했을 것이다. 그가 어떤 형태로도 하지 않은 것은 측량이었다. 왜냐하면 측량을 통한 지도 제작은 그를 포함한 당대의 어떤 지도 제작자도 전혀 알지 못했기 때문이다. 그가 제작한 다른 지도와 마찬가지로, 브리튼 지도는 그의 세인트 알반스에서의 연구만을 통해서 만들어졌다.

네 장의 지도 중, 『연대기 요약』에 수록된 것은 가장 정성을 기울여 만든 것이다(50쪽 참조). 그렇지만 『영국사』에 있는 보다 간략한 형태의 지도가 정확도 면에서는 더 우수하다. 왜 이런 일이 벌어졌는지는 불명확하지만, 전자의 지도가 폭이 더 좁은 탓이 아닐까 하는 추정이 가능하다. 예를 들어, 공간 부족이 많은 지명의 위치 오류를 설명하는데, 콜체스터, 세인트 오시트, 템스 강 남쪽의 에식스가 그 예들이다. 패리스는 지명을 넣지 않는 것보다는 잘못된 지명이라도 넣는 것이 더 낫다고 믿었던 것 같다는 생각이 들 정도이다.

이 지도들만 『대연대기』에 수록되어 있었던 것은 아니다. 총 3권의 『대연대기』 전부에 다섯 장짜리 띠 모양의 지도가 수록되어 있는데, 런던에서 이탈리아 남부에 이르는 경로를 보여준다(51쪽 참조). 이와 유사한 지도를 만들려는 시도가 이전에도 있었는데, 기랄두스 캄브렌시스(Giraldus Cambrensis)에 의한 것이다. 그의 평생 소원은 웨일스의 성 데이비드(St. David)의 주교가 되는 것이었는데, 캔터베리의 대주교가 임명에 거부권을 행사하자 실의에 빠졌다. 기랄두스가 1210년경에 제작한 유럽 지도는 그의 실망을 잘 보여주는데, 영국 제도에서 나머지 여덟 개의 주교 관할권은 표시되어 있지만, 캔터베리와 성 데이비드 관할권은 표시되어 있지 않다. 기랄두스는 그의 지도에 지역 지명 사전과 그의 로마 여행기를 첨부했다. 그는 네 번에 걸쳐 로마를 여행하는데, 세 번은 주교 지명을 호소하기 위해서이고, 네 번째는 종교적인 순례였다.

25 **핀치벡 소택지, 영국, 1430년경** 중세 시대의 지방도는 상대적으로 드물다. 그러므로 이 지도가 전해지는 것은 매우 예외적인 것이다. 이 지도는 소택지에서 양을 방목할 권리를 어느 촌락이 가지고 있을지를 결정하기 위해 만들어진 것으로 보인다. 지도를 그린 사람이 누구인지는 알려져 있지 않지만 수도승인 것만은 분명해 보인다. 아마도 링컨셔에 있는 스폴딩 수도원 소속일 것이다. 왜냐하면 그 지역이 지도에서 가장 상세하게 표현되어 있기 때문이다. 소택지는 선명한 녹색으로 채색되어 있다. 모두 28개 달하는 교회는 투시 화법으로 그려져 있으며, 빨간색 윤곽 속에 들어가 있다. 일반 건물은 나타나 있지 않다.

고프 지도

패리스의 영국 제도 지도에는 북쪽에서 남쪽으로 나 있는 유일한 도로를 벗어나면 어떠한 도로도 없다. 그런데 1360년경 브리튼에 대한 최초의 상세한 도로 지도가 등장하게 된다. 두 장의 피지 위에 펜, 잉크, 그리고 컬러 담채로 그려진 이 지도는 저렴한 가격에 이 지도를 구입한 18세기 골동품 수집가 리처드 고프(Richard Gough)의 이름을 빌려왔다. 이 지도의 기원은 베일에 싸여 있다. 물론 누가 그렸는지 모르는데, 효과적인 행정을 위해 에드워드 3세(1327~1377년)의 궁중 서기들에 의해 편찬되었거나 적어도 사용된 것으로 보인다. 당시 무역상의 요구에 의해 지도 제작이 이루어졌을 수도 있다. 왜냐하면 국가 전체 경제가 양모 무역에 크게 의존하고 있었던 시기였기 때문이다. 혹은 지도가 플랜태저넷(Plantagenet)가의 "섬 전체의 군주"라는 주장을 표상하기 위해 만들어졌을 수도 있다. 왜냐하면 에드워드 1세(1272~1307년)가 웨일스의 복속을 강화하기 위해 북서 해안을 따라 건설한 성들의 체인이 나타나 있기 때문이다.

지도의 위쪽은 동쪽이다. 템스 강, 세번 강, 험버 강과 같은 주요 강들이 두드러지게 나타나 있다. 다른 자연 지물들은 기호로 표기되었다. 예를 들어 남부 잉글랜드의 뉴포레스트의 위치는 나무 심벌로 표시되어 있다. 동시대의 다른 지도와 달리, 범례가 거의 없다. 그러나 지명은 도처에 있다. 촌락과 도시를 연결하는 도로는 거리와 함께 빨간색으로 표시되어 있다. 지도학적인 의미에서 지도의 많은 측면들이 매우 정확하다. 특히 하드리아누스의 방벽과 워시 만 사이의 지역과 도시와 도로로 가득 찬 잉글랜드의 남동부 지역이 그러하다. 이와는 대조적으로 스코틀랜드에는 취락도, 도로도 거의 표현되어 있지 않다.

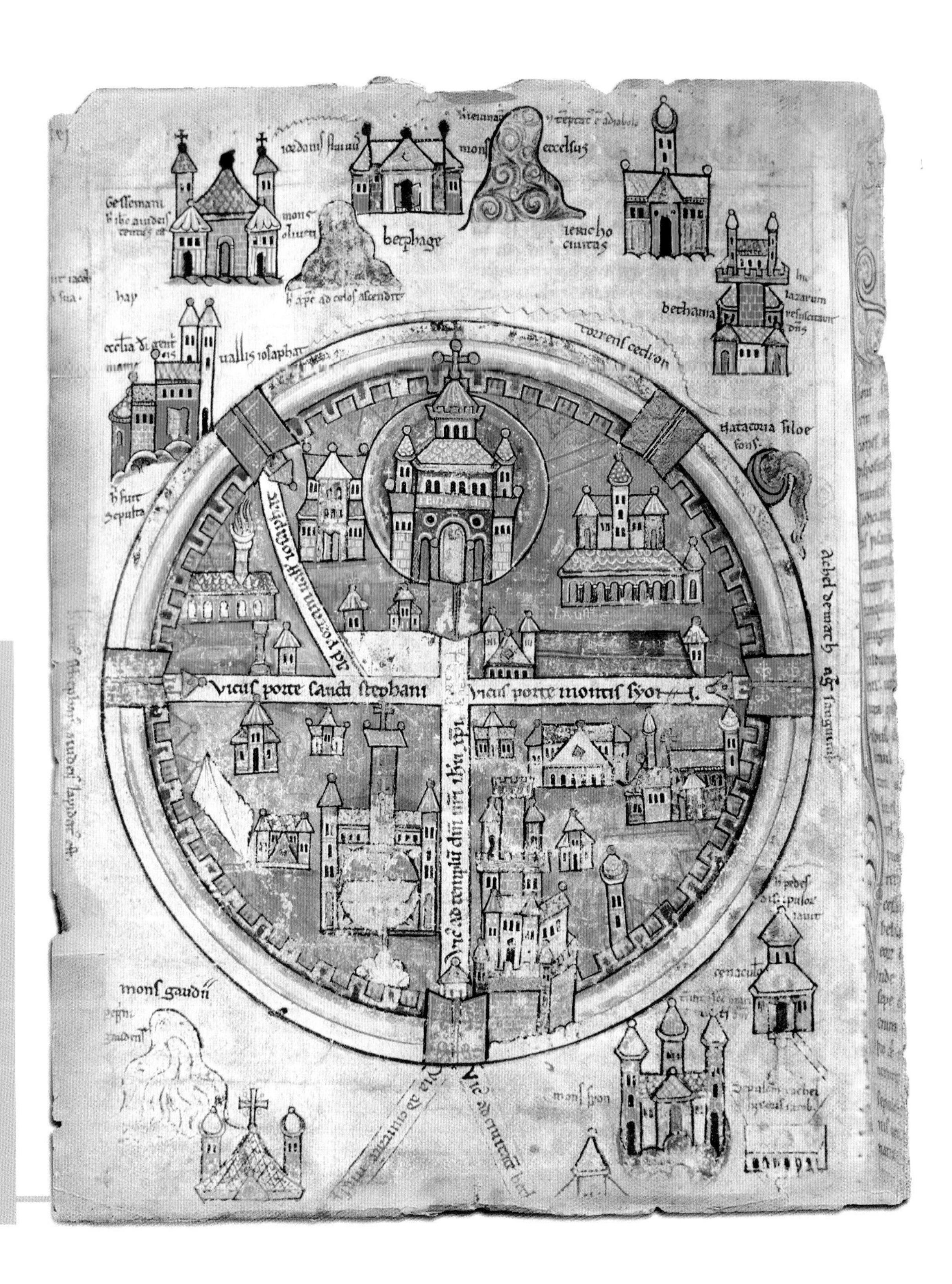

26

예루살렘, 영국, 1120년경

예루살렘은 중세 시대 유럽에서 많이 지도화된 몇 안 되는 도시들 중 하나이다. 중세의 상당한 시간 동안 예루살렘은 이슬람의 통치하에 있었다. 수도사 로베르가 제1차 십자군 전쟁까지의 사건들을 기록하여 『예루살렘의 역사(Historia Hierosolymitana)』라는 연대기를 저술했는데, 이 지도는 그 책의 삽화이다. 지도상에서 예루살렘은 도식적으로 표현되었고, 주요 건물은 상상력에 의존해 세밀하게 그려졌다. 이러한 지도들은 그리스도교적 의식의 중심에 있는 예루살렘을 보존하는 데 도움을 주었다. 그러나 당시 유럽인들의 대부분은 이 도시 근처에도 가본 적이 없다.

지방도

대부분의 지방도(local map, 현존하는 것은 대부분 영국과 이탈리아에서 제작된 것이다)는 대략 1400년경부터 만들어졌다. 이것은 그때쯤에야 중세 시대 사람들이 토지 분쟁 등을 해결하는 데 정확한 지도가 가지는 진가를 인정하게 되었다는 사실을 암시한다. 그러한 지도 하나가 1430년경 잉글랜드 링컨셔의 핀치벡 소택지에서 만들어졌다(53쪽 참조). 이 지도는 이 지역에서 가장 중요한 세 개의 수도승 조직 중 하나인 스폴딩 수도원에서 만들어졌다. 지도에 있는 6개의 마을 중 어느 마을이 양을 방목할 권리를 가지는지 기록하려고 만든 것이었다. 확실히 5개의 마을은 이 특권을 누렸지만, 나머지 하나는 그렇지 않다. 지도는 매우 작은 면적($16km^2$를 넘지 않는다)을 다루지만 생생하게 표현된 세세한 정보로 가득 차 있다.

15세기 중엽 혹은 후기에 그려진 것으로 보이는 이와 유사한 지도에는 영국 서리의 처트세이 수도원과 그 주변이 스케치로 표현되어 있다. 제작 목적도 유사한데, 누가 양을 어디에서 방목할 권리를 가지는가와 관련된 수도원과 지역 농민들 간의 분쟁을 나타내려는 것이었다. 이 지도에는 수도원과 상세하게 표현된 수도원의 사유지, 이웃 마을인 레일햄, 템스 강의 다리, 강 양안에 있는 수도원의 물방앗간 등이 나타나 있다.

27 콘스탄티노플, 크리스토포로 부온델몬티, 이탈리아, 1420년경

이 콘스탄티노플 도시 지도는 피렌체 사람 크리스토포로 부온델몬티(Cristoforo Buondelmonti)가 그린 것인데, 자신의 에게 해 탐험을 기록한 책『섬에 관하여(Liber Insularum Archipelagi)』에 삽화로 쓴 몇 장의 지도들 중 하나이다. 이 지도는 지리적 정보, 해도, 수로지를 융합한 것인데, 여행 가이드의 원형으로 볼 수 있다. 이 지도에는 도시의 주요 랜드마크가 명확히 나타나 있다. 50년 후 우르비노의 통치자를 위해 제작된 지도첩에 복제되어 수록된 것을 보면 상당한 권위를 인정받았던 것으로 보인다.

도시 지도

중세 시대에 제작된 몇 장의 도시 지도가 전해지기는 하지만 주목을 끌 만한 것은 없다. 예루살렘 지도가 많은 것은 당연하다. 적어도 15장의 예루살렘 지도가 이슬람에 함락되기 전인 12, 13세기에 만들어졌다. 북부 이탈리아의 도시들에 대한 일련의 지도들이 1291~1483년 동안 제작되었다고 한다. 그러나 중세 문헌을 보면 이보다 훨씬 전에 시가도가 존재했었다고 한다. 첫 번째 신성 로마 제국의 황제였던 샤를마뉴 대제(742/747~814년)가 콘스탄티노플과 로마 지도를 보유했다는 기록이 남아 있다. 그러나 이 기록이 사실이라고 해도 그 지도들은 중세에 만든 것이라기보다는 고전 시대로부터 전승되었을 가능성이 높다.

이런 지도들의 존재에도 불구하고, 중세 말기까지는 새로운 도시 지도를 만들거나 지도를 갱신하는 데 거의 관심이 없었다. 그리고 이 상황은 15세기 고전 시대의 성취에 대한 관심이 되살아난 시점까지 이어졌다. 1440년대에 레온 바티스타 알베르티(Leon Battista Alberti, 1404~1472년)가『로마에 관한 서술(Descriptio Urbis Romae)』을 지술하었는데, 여기에는 각도 값과 걸음의 수를 이용하여 축척이 정확한 로마 지도를 만드는 최선의 방법이 어떤 것인지에 대한 내용이 포함되어 있다.

이보다 약간 이른 시점에 빈에 대한 자세한 시가도가 만들어졌다. 누가 제작했는지는 알려져 있지 않다. 남아 있는 것은 1422년 원본에 대한 15세기 중엽의 복제본이다. 이 시가도는 거리를 측정하여 그렸고, 축척 표시도 제시했다. 비록 가로망의 실질적인 모습을 표현하려는 어떠한 시도도 없었지만, 도시 주요 건물들의 위치는 잘 나타나 있는데, 원시적이고 과장된 투시도 형식으로 표현되어 있다.

프라 마우로의 세계 지도

중세 말엽에 제작된 세계 지도들 중의 하나를 소개함으로써 이 장의 끝맺음을 하고자 한다. 이 지도는 무라노 섬의 한 수도원 출신으로 베네치아의 수도승이었던 프라 마우로(Fra Mauro)가 그린 것이다. 그는 무라노 섬에서 실질적 의미의 지도학 지도 공방(工房)을 운영하기도 했다. 베네치아 원로원의 제작 의뢰와 당대 최고의 포르톨라노 해도 제작자 중 한 사람이었던 안드레아 비앙코의 도움을 받은 마우로는 1448년 그의 원대한 기획의 닻을 올렸고, 1453년 그 지도를 완성하였다. 포르투갈의 알폰소 5세를 위해서도 한 장 만들어졌지만 리스본의 왕궁으로 가는 도중에 소실되었다. 마우로는 베네치아 원로원에 제출할 증보판 지도 제작에 착수했으나 완성을 보지 못하고 죽었다. 이후 비앙코가 그 일을 대신하였다.

프라 마우로의 세계 지도는 의심의 여지없이 당대의 가장 위대한 지도들 중 하나이다. 프라 마우로가 "타의 추종을 불허하는 지리학자"라는 칭송을 받은 데에는 그만한 이유가 있었다. 이 지도는 직경이 1.9m에 이를 만큼 거대하다. 세부 사항을 표현하는 데 청금석과 금박이 사용되었다. 이 지도는 심미적 장려함에다가 고도로 구체적이고도 유용한 정보를 결합함으로써 탄생된 것이다. 이 지도는 정치적, 상업적 권력의 핵심으로 부상하고 있던 베네치아의 위상을 확실하게 보여주는 데 기여했다.

마우로는 전통적인 마파 문디의 몇 가지 특성을 그대로 유지했다. 예를 들어 원형을 사용한 것과 도시, 촌락, 성을 회화 형식으로 표현한 것이 그렇다. 그러나 나머지는 새로웠다. 최신의 지리적 정보를 사용한 것이 그 원천이었다. 지도의 위쪽은 남쪽을 가리키는데, 이는 이슬람의 관행을 따른 것이다. 예루살렘은 더 이상 지도의 중심이 아니다. 파라다이스를 표현한 것 외에 관습적인 장식성과 과장, 공백을 메우던 이상한 동물들도 사라졌다. 마우로는 단호하고 실질적으로, 모르는 곳은 미지의 땅으로 남겨 두었다.

마우로는 포르톨라노 해도의 도움을 받아 지중해와 흑해 지역의 해안선을 훨씬 더 정확하게 묘사할 수 있었다. 유럽 대륙의 북쪽 지역에 대해서도 그 이전의 지도에 비하면 엄청난 향상을 이루어 냈다. 지도 범례에는 베네치아의 탐험가인 피에트로 퀘리니(Pietro Querini)가 1431년 노르웨이 해안에서 좌초한 사건이 언급되어 있다. 이것은 퀘리니로부터 스칸디나비아에 대한 정보를 구두로 얻었을 것이라는 점을 암시하고 있다. 아프리카 서쪽 해안은 포르투갈 해도(포르투갈인들은 1445년 무렵 베르데 곶 제도만큼 먼 지역까지의 해도를 보유하고 있었다)를 참조했고, 동쪽 해안에 대해서는 아랍의 자료를 이용했다. 북동부 내륙의 정보를 구하기 위해서는 콥트 교회로부터 파견된 특사들의 도움을 받았는데, 마우로의 기록에 따르면 그들은 "모든 주, 도시, 강, 산을 그 이름과 함께 직접 그려 나에게 보여주었던" 사람들이다. 동쪽으로 가면 인도양은 개방된 바다로 그려져 있고, 역사상 처음으로 중국의 주요 두 강이 상당히 정확하게 표시되어 있다. 또한 이 지도는 서구에서 만들어진 지도 중 처음으로 일본을 표시한 것 중 하나이다. 일본의 일부(규슈로 보인다)가 자바 섬 아래에 나타나 있다.

전체적으로 볼 때, 마우로의 지도는 20년 이후에나 널리 퍼지게 된 프톨레마이오스의 세계 지도보다 최신성이 더 좋은 지도이다. 마우로는 그의 위대한 선배 프톨레마이오스의 작품을 알았고, 그것을 활용했으나 모방하지는 않았다. 마우로는 "그의 경도, 위도 혹은 각도를 살펴본 결과, 『우주지(Cosmographia)』를 그대로 따르는 것은 좋지 않다고 판단했다. 이렇게 되면 그가 언급한 많은 지역들이 배제되겠지만, 그렇다고 해서 프톨레마이오스를 비판하는 것은" 아니라고 말한 바 있다. 프라 마우로의 목적은 간결하게 말해 그가 진실이라고 믿는 것을 규명하는 것이었다.

"나는 수많은 시간에 걸친 면밀한 조사와 신빙성 있는 목격담을 이야기하는 사람들과의 대화를 통해, 문헌의 사실 여부를 확인하는 일에 내 인생을 걸고 매진해 왔다."

다가올 발견의 시대를 위한 이 선구적인 언명보다 더 나은 중세 시대에 대한 묘비명은 없다.

28 마파 문디, 프라 마우로, 이탈리아, 1450년

프라 마우로로 알려진 베네치아의 수도승에 의해 제작된 이 세계 지도는 당대의 어떤 지도보다도 앞서 있다. 프톨레마이오스, 포르톨라노 해도, 그리고 기존의 세계 지도에 대한 재발견에 의존하면서도 프라 마우로는 동시대 탐험가들이 자신들의 항해와 발견에 대해 써 놓은 문건들도 온전히 활용했다.

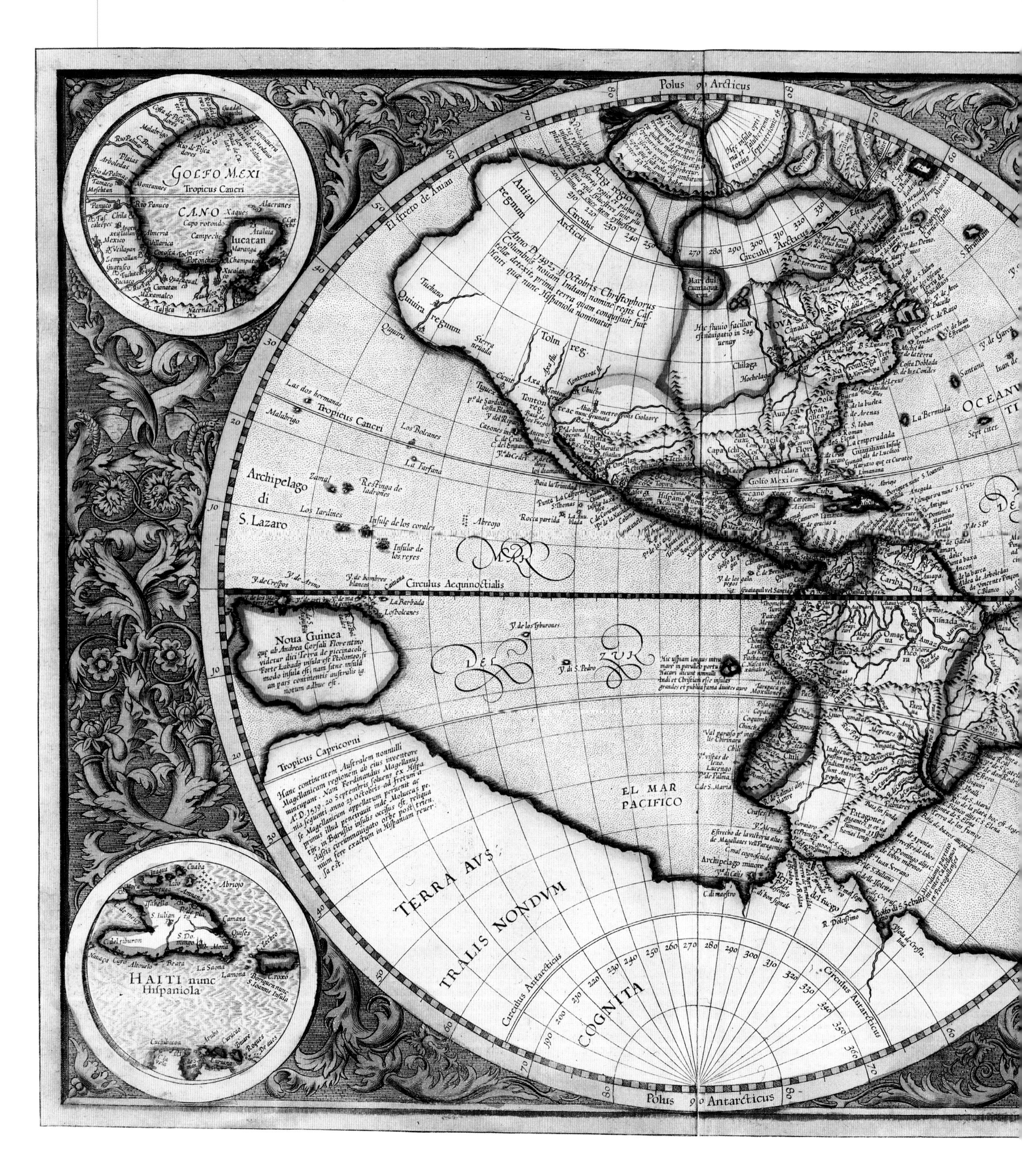

Polus 90 Arcticus
Circulus Arcticus
El freto de Anian
Anian regnum
Quiuira regnum
Tolm reg.
Sierra neuada
NOVA FRANCIA
Hochelaga
Chilaga
Mar dulce
Hic fluuio facilior est nauigatio in Saguenay
Anno D. 1492 11 Octobris Christophorus Columbus nouam Indiam nomine regis Castellae detexit, prima terra quam conquisiuit fuit Haiti quae nunc Hispaniola nominatur
Las dos hermanas
Malabrigo
Tropicus Cancri
Los Bolcanes
La Farfana
Archipelago di S. Lazaro
Zamal
Restinga de ladrones
Los Iardines
Insule de los corales
Insulae de los reyes
Abreojo
Rocca partida
Circulus Aequinoctialis
MAR
DEL ZUR
Noua Guinea
que ab Andrea Corsali Florentino videtur dici Terra de piccinacoli. Forte Labadij insula est Ptolomeo, si modo insula est; nam sitne insula an pars continentis australis ignotum adhuc est.
Y. de los Tyburones
Y. di S. Pedro
Tropicus Capricorni
Hanc continentem Australem nonnulli Magellanicam regionem ab eius inventore nuncupant. Nam Ferdinandus Magellanus A.D. 1519. 20 Septembris soluens ex Hispania sequenti anno 21 Octobris ad fretum ac se Magellanicum appellatum peruenit et primus illud penetrauit inde Moluccas petijt, in Barusiis insulis occisus est, reliqua classis circumnauigato orbe post triennium fere exactum in Hispaniam reuersa est.
EL MAR PACIFICO
TERRA AVSTRALIS NONDVM COGNITA
Archipelago minore
Estrecho de la vitoria aliter de Magallanes vel Patagonico
Tierra del fuego
Patagones
Golfo Mexi
Cuba
La Bermuda
OCEANV
Circulus Antarcticus
Polus 90 Antarcticus
GOLFO MEXI
Tropicus Cancri
CANO
Iucatan
Mexico
Campeche
Panuco
HAITI nunc Hispaniola
S. Domingo
Cuaba
La Saona
Beata
Jamaica

발견의 시대:
지평의 확대

유럽에 의한 위대한 발견의 시대라고 일컬어져 온 인류 역사의 한 부분은 엄청난 결과를 야기했다. 유럽만이 아니라 세계 전체를 바꿨다. 이 시대는 유럽의 항해사들이 인류 역사상 가장 위대한 모험을 시작하기 위해 구세계로부터 조심스럽게 출항하던 시대였다.

이 시대가 왜, 언제, 어디서 발생했는지는 역사적 논쟁거리이다. 아마도 경제적·정치적 힘의 균형이 지중해 지역에서 대서양 연안 지역으로 이동한 것과 연관이 있을 것이다. 이러한 이동은 포르투갈, 스페인, 프랑스, 영국(네덜란드는 정치적 독립 이후 이 추세에 가담한다)이 점차 지배 세력으로 부상한 것과 궤를 같이한다. 항해의 주된 이유는 무역 관계 수립을 위한 것이었다. 다른 동기 중에는 영혼의 구원이라는 종교적인 것도 있었을 것이고, 점증하는 자연적 호기심이라는 르네상스적 사고의 확산도 있었을 것이다.

이유가 무엇이었든지 이 위대한 탐험의 결과 중의 하나가 지도와 지도 제작에 대한 엄청난 관심 증대였다. 이전에는 상상할 수조차 없었던 먼 곳까지(특히 어떤 연대기 작가가 상상하여 칭한 "암흑의 녹색 바다", 즉 대서양 저 너머까지) 여행한 항해사들은 해도 제작자 및 지도학자와 함께 세상에 대한 지식을 넓혀 갔다. 동시에 1406년 그리스어를 라틴어로 번역한 프톨레마이오스의 『지리학』의 재발견, 항해와 측량 장비의 중대한 혁신들, 인쇄술의 등장은 유럽의 지도 제작 방식을 혁명적으로 변화시켰다.

29 **아메리카, 미카엘 메르카토르, 독일, 1595년**
헤르하르뒤스 메르카토르(1512~1594년)가 그의 위대한 지도첩에 수록된 지도들을 제작하는 데 20년이 넘게 걸렸다. 사실상 그는 완성하지 못했다. 그가 죽은 이듬해 1595년에 그의 지도첩이 출판되었는데, 그 지도첩에는 메르카토르가(家)의 젊은 구성원이 그린 지도가 포함되어 있었다. 예를 들어, 손자 미카엘 메르카토르(Michael Mercator)는 이 아메리카 지도를 그렸다. 지도첩의 편찬은 신세계의 지리에 대한 유럽인들의 인식에서 한 획을 그은 전환점이 되었다.

프톨레마이오스의 지식이 재조명된 것은 르네상스 시대의 지도 제작이 수학적 원리에 기초한 지도학의 체계와 기법에 접근하였음을 의미한다. 그것에는 3차원을 2차원으로 전환하기 위한 도대로서의 지도 투영법과 위치를 보다 정확하게 계산하기 위해 수학을 활용하는 것 등이 포함된다. 아스트롤라베와 같은 향상된 항해 장비 도입, 항해표 관련 서적의 출간 등으로 인해 탐험가들은 과거에는 불가능했던 정확성으로 자신들의 항해와 발견을 지도 속에 담을 수 있게 되었다.

인쇄술은 지도의 외관뿐만 아니라 생산 및 유통 방식에도 혁신을 가져왔다. 15세기까지 지도는 고가품으로 부와 권력 있는 사람들만 가질 수 있었다. 요하네스 구텐베르크(1400년경~1468년)의 혁신적인 이동식 활자 인쇄술은 서구 유럽의 모든 것을 변화시켰다. 인쇄를 통해 지도는 훨씬 더 값싸고, 접근이 쉬워졌다. 지도를 인쇄판 위에 옮겨 놓기만 하면 반복 생산이 가능해져, 결국 더 많은 사람들의 지평을 변화시켰다.

인쇄 공방, 프랑스 삽화, 1490년경

인쇄술의 도입으로 서구 사회에서 지도가 제작되는 방식이 혁명적으로 변화하기 시작했다. 남부 유럽에서는 지도 생산에 제판 인쇄가 사용되었지만, 북유럽에서는 목판 인쇄가 선호되었다.

인쇄 혁명

서구에서 최초로 인쇄된 세계 지도는 1472년 독일의 아우크스부르크에서 나타났다. 원전은 7세기 세비야의 이시도르(Isidore of Seville)가 편찬한 지식의 대계인 『어원사전(Etymologiae)』인데, 이 책의 지리학 섹션에 수록된 지도의 원전에 대한 목판 인쇄가 이루어지면서 최초의 인쇄 지도가 된 것이다. 뒤이어 또 한 장의 인쇄 지도가 나타나는데, 1475년 뤼베크에서 출간된 세계사 도해서인 『초심자를 위한 안내서(Rudimentum Novitiorum)』에 수록된 것이다. 두 지도 모두 전통적인 티오 지도이다.

프톨레마이오스의 『지리학』은 지도학 관련 서적 중 최초로 인쇄된 것들의 하나였다. 1475년 비첸차에서 출간되어 엄청난 성공을 거두었다. 1477년판에 실린 지도들은 프톨레마이오스의 설명에 기반하여 제작되었고, 특히 당시 유명한 이탈리아 지도 제작자로 손꼽혔던 피에트로 보노(Pietro Bono)와 지롤라모 만프레디(Girolamo Manfredi)에 의해 편찬되었다. 1500년 무렵에 6개의 판본이 제작되었는데, 비첸차, 볼로냐, 로마, 울름에서 출판되었다. 이러한 성공은 원전과 새로이 제작된 첨부 지도들의 인기를 증명할 뿐만 아니라, 인쇄 기술이 남부 및 북부 유럽으로 얼마나 빠르게 확산되었는지를 보여준다.

프톨레마이오스의 『지리학』과 『초심자를 위한 안내서』에 수록된 세계 지도는 주로 학자들과 학생들의 주목을 받은 반면, 1480년경 아우크스부르크에서 출판된 것으로 보이는 한스 뤼스트(Hans Rüst)의 인쇄된 세계 지도는 폭넓은 사람들의 주목을 받았다. 상대적으로 저렴했을 뿐만 아니라(박람회에서 홍보물로 나누어주었다는 주장도 있다), 지도에 첨삭된 주석이 라틴어가 아닌 독일어로 되어 있었기 때문이다. 이 지도는 지방어로 인쇄된 최초의 지도로 간주되고 있으며, 완전히 새로운 청중에게 다가가 그들의 지평을 넓혀 놓았다.

로마 가는 길

1500년에 뉘른베르크의 유명한 나침반 제조업자 에르하르트 에츨라우프(Erhard Etzlaub, 1460년경~1532년)는 「로마 가는 길(Rome Weg)」이라는 이름의 지도학적 걸작을 만들었다. 당시의 기록에 따르면, 에츨라우프는 "지리학과 천문학의 원리에 경탄할 만큼 조예가 깊었던" 인물이었다. 이 지도는 최초의 인쇄된 경로 지도로 인정받고 있다. 뤼스트의 지도와 마찬가지로, 주석은 라틴어가 아닌 독일어로 쓰였다. 또한 뤼스트 지도와 마찬가지로 대중적인 사용을 위해 만들어진 것인데, 주로 로마 순례자들을 대상으로 한 것이었다. 지도가 포괄하고 있는 영역은 북쪽으로는 스코틀랜드와 덴마크, 남쪽으로는 중부 이탈리아, 서쪽으로는 파리, 그리고 동쪽으로는 폴란드와 헝가리에 이르렀다. 로마는 지도의 맨 위쪽에 위치했고, 지도의 아래쪽이 북쪽을 나타낸다. 지도 상에는 8개의 주요 노선이 점선으로 표시되어 있는데, 모두 영원의 도시 로마를 향하고 있다. 점선의 각 점은 일종의 축척 표시로, 하나가 1독일마일을 의미한다. 800개 이상의 취락이 나타나 있고, 대부분은 가운데가 비어 있는 원으로 표시되어 있지만 순례지는 교회 모형의 그림으로 표시되어 있다. 에츨

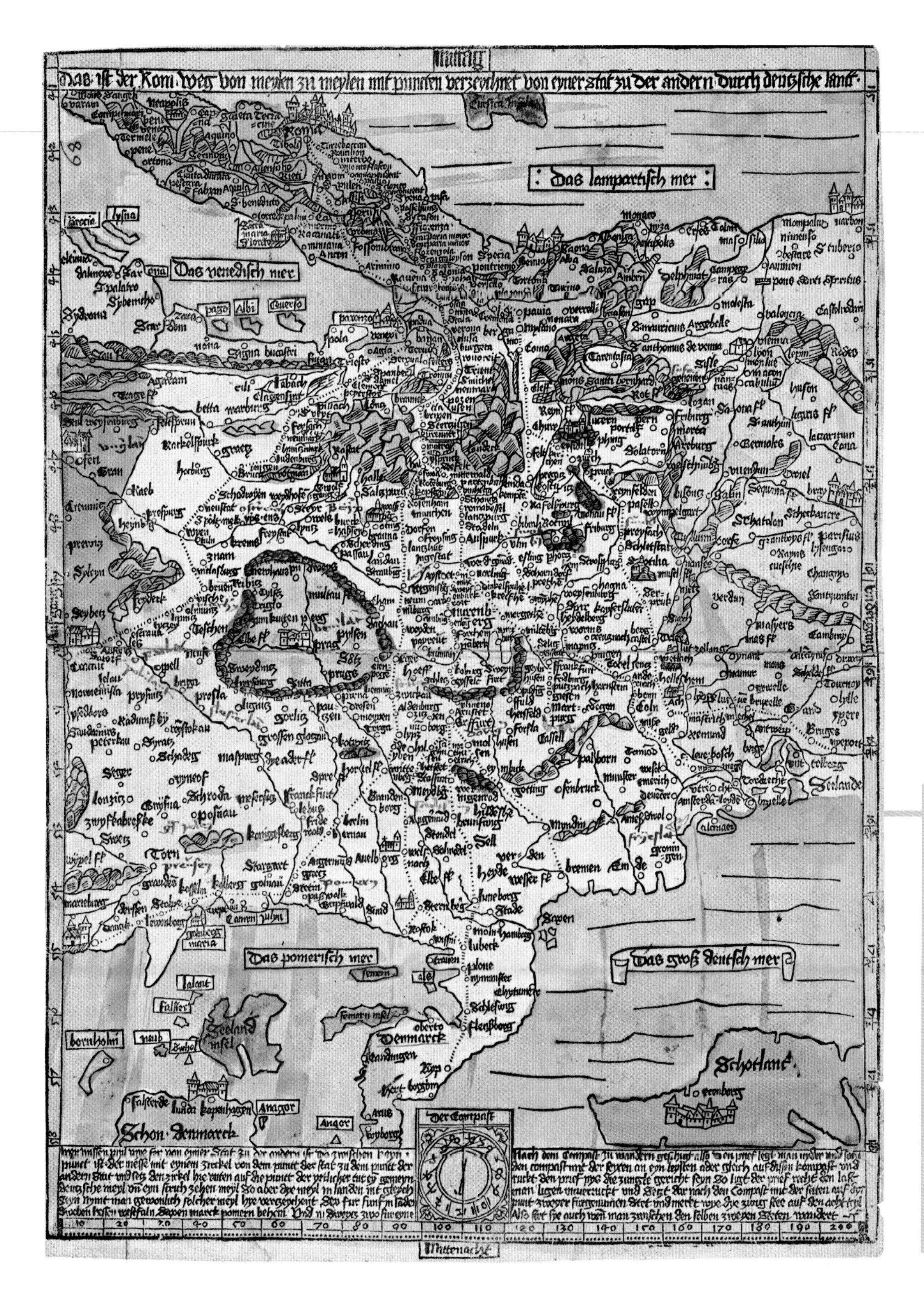

30 **로마 가는 길, 에르하르트 에츨라우프, 독일, 1500년경** 뉘른베르크의 유명한 나침반 제조업자 에르하르트 에츨라우프가 예수 탄생 1500주년을 기념하기 위해 로마로 몰려들 수천 명의 순례자들을 위한 안내물로서 이 지도를 만들었다. 이 지도는 인쇄된 최초의 경로 지도이다. 학자들이 아니라 일상의 여행객이 이용할 것을 염두에 두고 만든 것이기 때문에 지도 상의 글자는 모두 라틴어가 아닌 독일어로 되어 있다.

라우프는 평사 도법에 의거해 나침반 방위를 지도 상에서 확인할 수 있는 새로운 투영법을 고안했다. 이것은 이후에 개발된 그 유명한 메르카토르 도법(81쪽 참조)의 선배이다. 로마에서 개최된 예수 탄생 1500주년 기념 행사를 위해 이 지도가 제작된 것으로 추정되고 있다.

포르투갈인들의 발견

최초의 지도에서부터 현재에 이르기까지, 땅을 지도로 표현하는 능력은 항상 땅을 통치하는 능력과 관련된

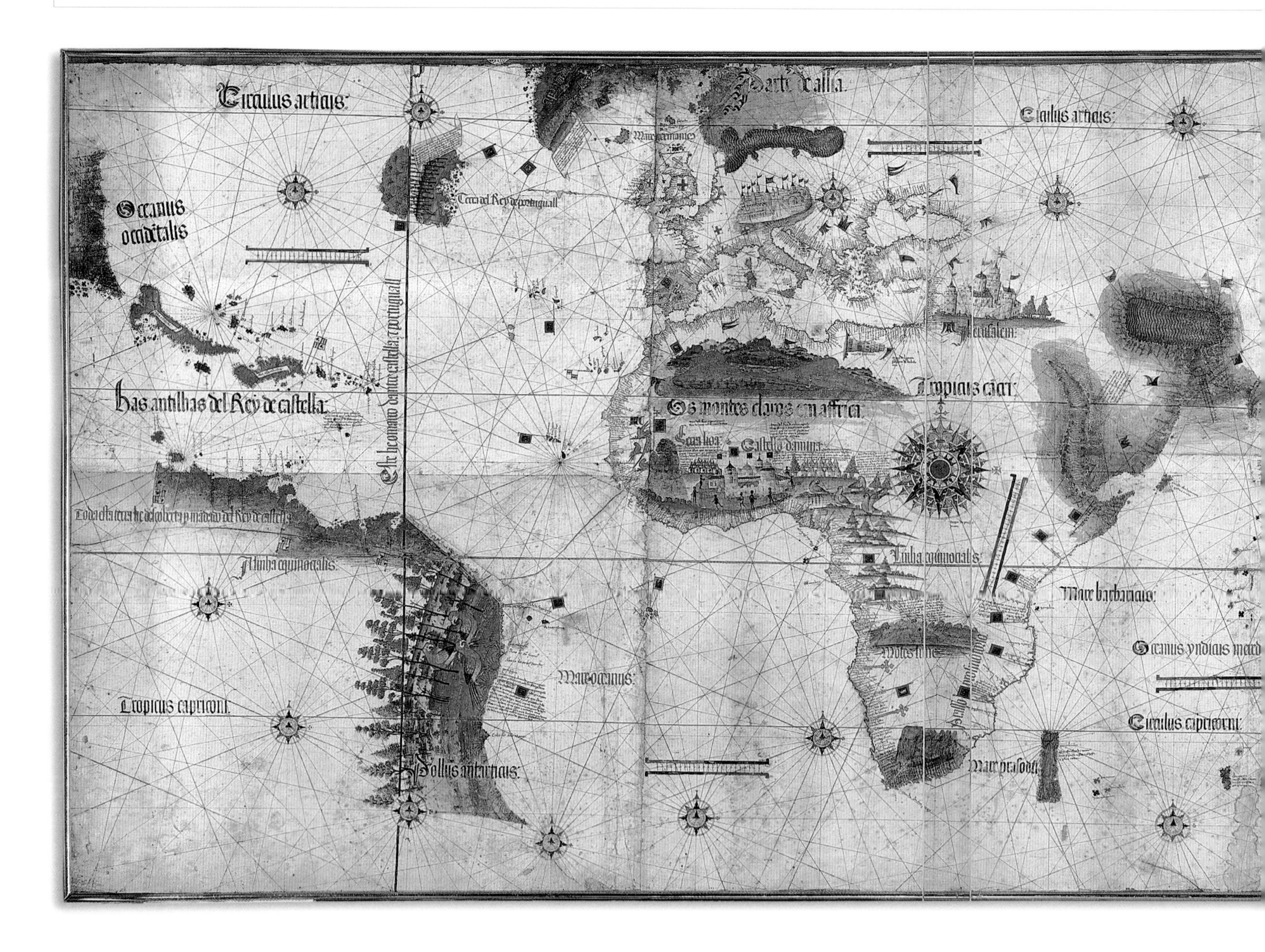

다. 유럽 정치의 복잡성이 증대해 가면서 많은 통치자들은 지도학에 더 많은 관심을 기울이게 되었다. 지도로 잘 표현된 영토는 잘 통치되고 있는, 강력한 영토라는 인식이 팽배했다. 1493~1519년 신성 로마 제국을 통치했던 오스트리아의 막시밀리안(Maximilian of Austria) 같은 인물은 당대 최고의 지도학자들 중 몇몇을 자신의 가장 친한 친구로 둘 정도였다. 킴제의 주교에 따르면 막시밀리안은 그가 통치하던 땅의 어느 부분에 대해서도 막힘 없이 지도로 표현할 수 있었다고 한다.

유럽이 식민지 개척에 몰두하게 된 것은 포르투갈의 항해왕 엔리케 왕자(Prince Henri "Navigator", 1394~1460년)로부터 비롯되었다는 것이 지배적인 시각이다. 1418년, 그는 알가르베의 사그레스에 왕궁과 천문대를 세우고, 유대인 및 아랍인 학자, 지도 제작자, 천문학자, 항해 장비 제조업자, 조선업자 등을 불러 모아, 새로운 땅을 발견하여 그것을 지도로 만들 것을 지시하였다. 이 "학교"가 공식적인 것이었는지에 대해서는 논란이 있다. 그러나 포르투갈 지리학자 페드루 누네즈(Pedro Nunez, 1492~1577년)는 엔리케의 항해사들이 "모든 지도 제작자가 알아야 할 천문학의 법칙 교육뿐만 아니라 관련 장비도 잘 공급받았다."라고 썼다.

포르투갈인들에게 발견과 지도 제작은 늘 함께 가는 것이었다. 1415년경부터 엔리케는 인도와 전설적인 향신료의 땅 극동에 이르는 아프리카 항로 개척을 위해 여러 차례 발견의 항해를 조직하고 돈을 댔다. 많은

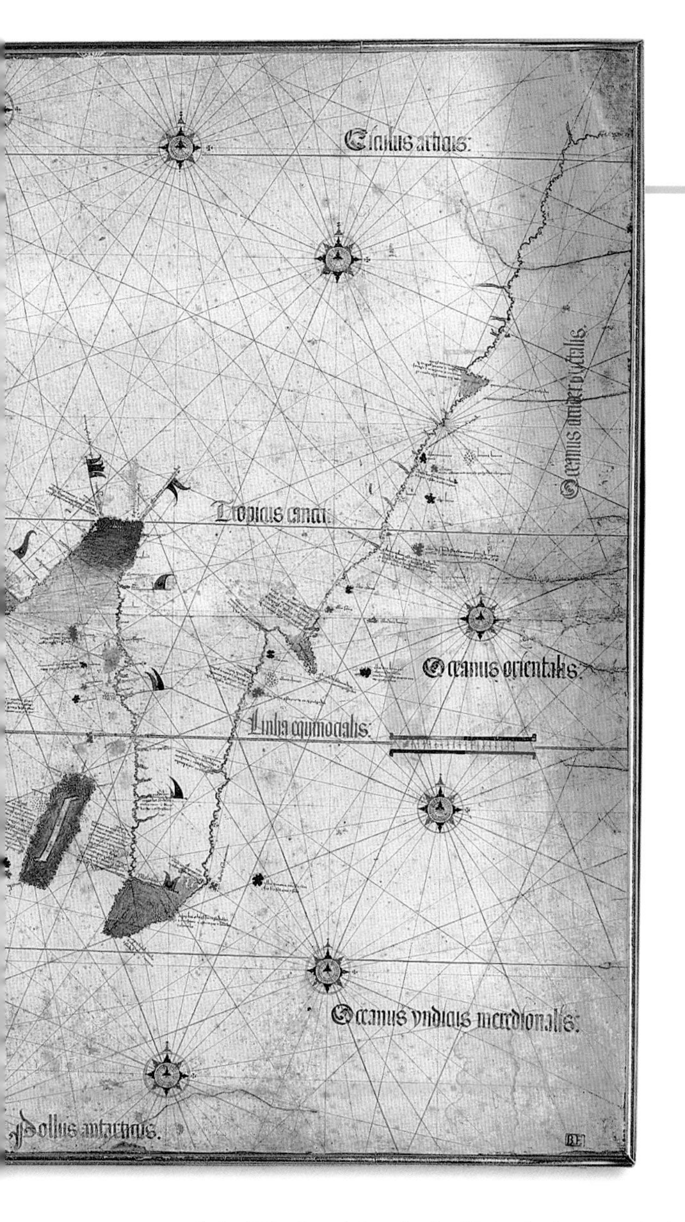

31 **칸티노 세계 지도, 포르투갈, 1502년**

포르투갈인들은 자신들의 발견을 비밀에 부치고 싶었다. 그러나 1502년 페라라의 공작 휘하에 있던 이탈리아 외교관 알베르토 칸티노가 포르투갈 수로국이 만든 기본 원도의 복제본을 획득했다. 칸티노 지도는 콜럼버스의 발견을 보여주는 가장 이른 시점의 지도 중 하나이다. 또한 칸티노 지도는 1494년 토르데시야스 조약에 의거해 만들어진, 포르투갈과 스페인의 영토 구분선을 기록한 최초의 지도이기도 하다.

실패 이후, 1434년 포르투갈의 탐험대가 서사하라 부근 해안의 보자도르 곶을 돌았고, 기니 해안과의 교역 가능성을 열었다. 1450년경, 포르투갈의 배들은 카보베르데 제도에 도착했고, 아조레스 제도에 정착촌을 형성하게 되었다.

헨리는 지도학자 자코메 드 마요르카(Jácome de Majorca)를 1420년대 혹은 1430년대에 포르투갈로 데려왔다. 그는 포르투갈 왕조가 15세기 후반에 고용했던 전문적인 지리학자이자 항해가 집단의 선도자였다. 그들은 새로운 발견을 반영한 지도를 신속하게 만들어 내는 일을 했다. 이러한 지도들 중 현존하는 가장 오래된 것이 1471~1482년경에 만들어진 것으로 추정되는 해도와 포르투갈 지도학자 페드루 레이넬(Pedro Reinel)이 1484년과 1492년에 만든 해도이다. 이 지도들은 당시 포르투갈의 해양 활동이 서아프리카 해안을 따라 대서양에 이르는 지리적 범위에서 이루어졌음을 보여준다. 서아프리카의 해안 전체의 위도가 정확한 것을 보면, 새로운 천문 항해 기술이 도입된 것으로 추측된다.

엔리케의 죽음 이후에도 포르투갈의 항해사들은 아시아에 도달할 궁리를 지속했다. 1488년, 바살러뮤 디아스(Bartholomew Diaz, 1450~1500년)는 그가 폭풍우의 곶이라고 칭하고 나중에는 희망봉으로 이름이 바뀐 곳에 도달했다. 이것은 인도양이 육지로 둘러싸인 바다라는 프톨레마이오스의 개념에 종말을 고한 기념비적인 사건이었다. 최종적으로 인도에 도달한 인물은 1498년 5월 캘리컷에 표지석을 세운 바스코 다 가마(Vasco da Gama, 1460년경~1524년)였다. 1499년 승리의 월계관을 쓰고 리스본으로 돌아온 다 가마는 그의 배에 향료, 원목, 진귀한 보석을 가득 채워 와 여섯 번에 걸친 항해 비용을 충분히 벌충했다.

다음 해, 페드루 알바르스 카브랄(Pedro Alvares Cabral, 1467~1520년)은 유럽인 최초로 브라질 해안을 목격했다. 고국으로 돌아가기 전, 그는 그곳을 포르투갈 영토라고 선언했다("성(聖)십자가의 섬(Ilha de Vera Cruz)"이라고 이름 지었다). 사실 그가 브라질을 발견한 것은 우연이었다. 카브랄은 원래 다 가마가 도달했던 인도 항로를 따라가고자 했지만 폭풍우와 항해상의 계산 실수로 경로를 완전히 벗어나게 된 것이다.

칸티노 세계 지도

포르투갈 왕조는 지리상의 발견에서 지도 제작이 매우 중요한 사안이라 판단하고, 해도 편찬을 전담할 새로운 정부 기관을 만들었다. 이것이 바로 기니 및 인도 사무국인데, 포르투갈인들이 카르타 파드라오 델 엘-라이(carta padrao del el-rei)라고 부른 지도를 편찬하는 책무를 맡았다. 이것은 새로운 발견이 이루어지면 가능한 한 빨리 공식적으로 기록하는 지도였다. 그런데 이 지도를 포함한 어떠한 공식적인 지도도 현재 전해지지 않는다. 이것은 후앙 2세(1455~1495년)가 새로운 발견을 극비로 취급해 지도 배포를 금지했기 때문일 수도 있고, 1755년에 발생한 리스본 대지진 때 모두 소실되었기 때문일 수도 있다.

뒤이어 가장 유명한 지도 관련 스파이 사건 중의 하나가 발생했다. 1502년 페라라의 공작이었던 에르콜레 데스테(Ercole d'Este)에게 고용된 외교관 알베르토 칸티노(Alberto Cantino)는 무명의 포르투갈 지도학자 혹은 리스본에서 활동하던 이탈리아 예술가에게 돈을 주고 몰래 파드라오(padrao)를 복제하게 했다. 이 지도는 포르투갈의 수도에서 밀반출되어 이탈리아로 넘어갔다. 당연히 포르투갈 정부는 이 유실 사건에 격노했다. 포르투갈 정부는 그들이 획득한 새로운 지리적 정보에 대한, 혹은 적어도 그것의 배포에 대한 그들의 독점권을 보호하고 싶었다. 다음 해, 주스페인 베네치아 대사의 비서였던 안젤로 트레비산(Angelo Trevisan)은 포르투갈의 캘리컷 원정에 대한 정보 공개 요구에 "그러한 정보를 반출하는 사람에게는 국왕이 사형을 내리기 때문에 그 항해 지도를 입수하는 것은 불가능한" 일이라고 말한다.

이 지도가 바로 칸티노 세계 지도(Cantino planisphere, 62~63쪽 참조)로서, 1502년 당시 세상에 대한 포르투갈인의 지리적 지식에 대한 환상적인 기록물이다. 서쪽으로는 나중에 브라질로 칭호가 바뀐 지역이 매우 과장되어 있고, 그 지역의 해안이 포르투갈 깃발, 아름다운 앵무새, 무성한 초목으로 장식되어 있다. 이 지도는 이탈리아인들에게 브라질의 해안선에 대한 지식을 제공했을 뿐만 아니라 다른 유럽인들이 남아메리카 대륙이 남쪽까지 뻗어 있다는 사실을 전혀 몰랐을 때, 남아메리카의 대서양 해안에 대한 많은 지식을 제공해 주었다. 아프리카와 인도의 해안선이 매우 정확하게 표현되어 있다. 다 가마가 희망봉에 도달한 지 5년도 채 안된 시점이라는 것을 염두에 두면 놀라울 따름이다. 인도는 뾰족한 삼각형으로 표현되어 있는데, 많은 도시들이 서해안에 표시되어 있고, 그 도시들이 누리는 풍요의 원천이 무엇인지가 범례에 상세히 나타나 있다.

칸티노 세계 지도는 1494년 토르데시야스 조약(Treaty of Tordesillas)에서 합의된 경계를 기록한 최초의 지도이기도 하다. 1492년 콜럼버스의 발견 이후 포르투갈은 스페인에게 위협을 느꼈고, 교황 알렉산더 6세에게 두 강대국이 이전에 맺었던 조약을 스페인이 파기하고 있다고 항의했다. 그 결과로 토르데시야스 조약이 체결되었고, 그 조약은 "카보베르데 제도의 서쪽으로 270리그 떨어진, 남북극을 연결한" 선의 서쪽에 있는 모든 영토는 스페인에 속하고, 동쪽의 나머지 영토는 포르투갈에 속한다고 규정하였다.

베하임 지구의

15세기 말경 포르투갈의 지도학적 지식이 어느 정도였는지를 가늠해 볼 수 있는 또 다른 중요한 기록물이 있는데, 그것은 지도도 해도도 아닌, 지구의이다. 지구의와 천구의, 그리고 그것과 관련된 혼천의(지구 혹은 태양 주변의 천체 움직임을 보여주는 장치)에 대한 관심이 15세기 이래로 커지고 있었다. 베하임 지구의(Behaim globe)는 뉘른베르크의 포목상 마르틴 베하임(Martin Behaim, 1459~1507년)이 제작한 것으로 유럽에서 가장 오래되었다. 베하임은 1480년대 초반 리스본으로 옮겨 와서, 수년 동안 거기서 살았다. 베하임은 자신이 포르투갈의 서아프리카 원정에 직접 참여했다고 주장하지만 사실 여부는 불명확하다. 확실한 것은 그가 리스본에 도착하자마자 수학자 회의(Junta dos Mathematicos)라는 일군의 포르투갈 도선사 및 우주지학자의 단체에 초빙을 받았다는 사실이다. 그 단체는 위도를 보다 정확하게 계산하기 위해 대양 관측 자료의 사용 방법을 찾는 과업을 수행하고 있었다. 1490년 그가 뉘른베르크로 돌아갔을 때 많은 사람들이 그의 말에 감명을 받아 위대한 지구의 제작을 의뢰하게 된다. 지구의를 제작하는 데 2년 이상 걸렸으며, 화가와 기능공의 도움을 받았다. 다시 리스본으로 돌아오기 1년 전쯤인 1493년, 마침내 지구의를 완성했다.

이 지구의는 걸작이다. 특히 아프리카에 대한 묘사는 주목받아 마땅하다. 이 지구의는 아프리카를 전통적인 방식과 전혀 다르게 표현한다. 기존에는 하나의 대륙이 아프리카에서 아시아까지 연속해서 이어졌다. 이와는 달리, 베하임 스스로가 지구 사과(Erdapfel)라고 이름 붙인 이 지구의는 포르투갈 원정에 대한 그의 지식(특히 바살러뮤 디아스의 1488년 희망봉 항해)에 기반을 두고 만들어졌는데, 아프리카 대륙의 최남단을 돌아 개방된 인도양으로 항해하는 것이 가능하다는 사실을 표현해 놓았다.

이 지구의는 엄청난 양의 정보를 담고 있다. 1,100개의 지명, 48개의 국기(그중 10개는 포르투갈 국기), 15개의 문장(紋章), 48명의 통치자의 초상화 등이 나타나 있다. 11척의 배가 해상에 떠 있고, 바다는 물고기, 물개, 해마, 뱀, 반인반어 등으로 장식되어 있다. 베하임은 최고의 향신료를 구할 수 있는 곳의 목록과 향신료 무역의 실제에 대한 소개 등 상업적 주석도 달았다. 이러한 주석들은 동양을 향한 항해를 계획 중인 무역상들을 대상으로 한 것이기도 했지만, 그것에 돈을 대는 투자자들을 위한 것이기도 했다. 베하임 지

32

베하임 지구의,
마르틴 베하임, 독일, 1492년경

지리학자가 된 뉘른베르크의 상인 마르틴 베하임이 1492년에 완성한 지구의는 유럽에서 현존하는 가장 오래된 지구의이다. 마르틴 베하임은 프톨레마이오스와 마르코 폴로의 저작으로부터 많은 정보를 얻었다. 또한 포르투갈의 서아프리카 해안 및 아프리카 대륙 남단 항해에 관한 원전에 접근할 수 있었던 것으로 보인다. 논쟁이 있기는 하지만, 리스본에 체류할 당시 항해에 직접 가담했을 가능성도 충분한 것으로 보인다.

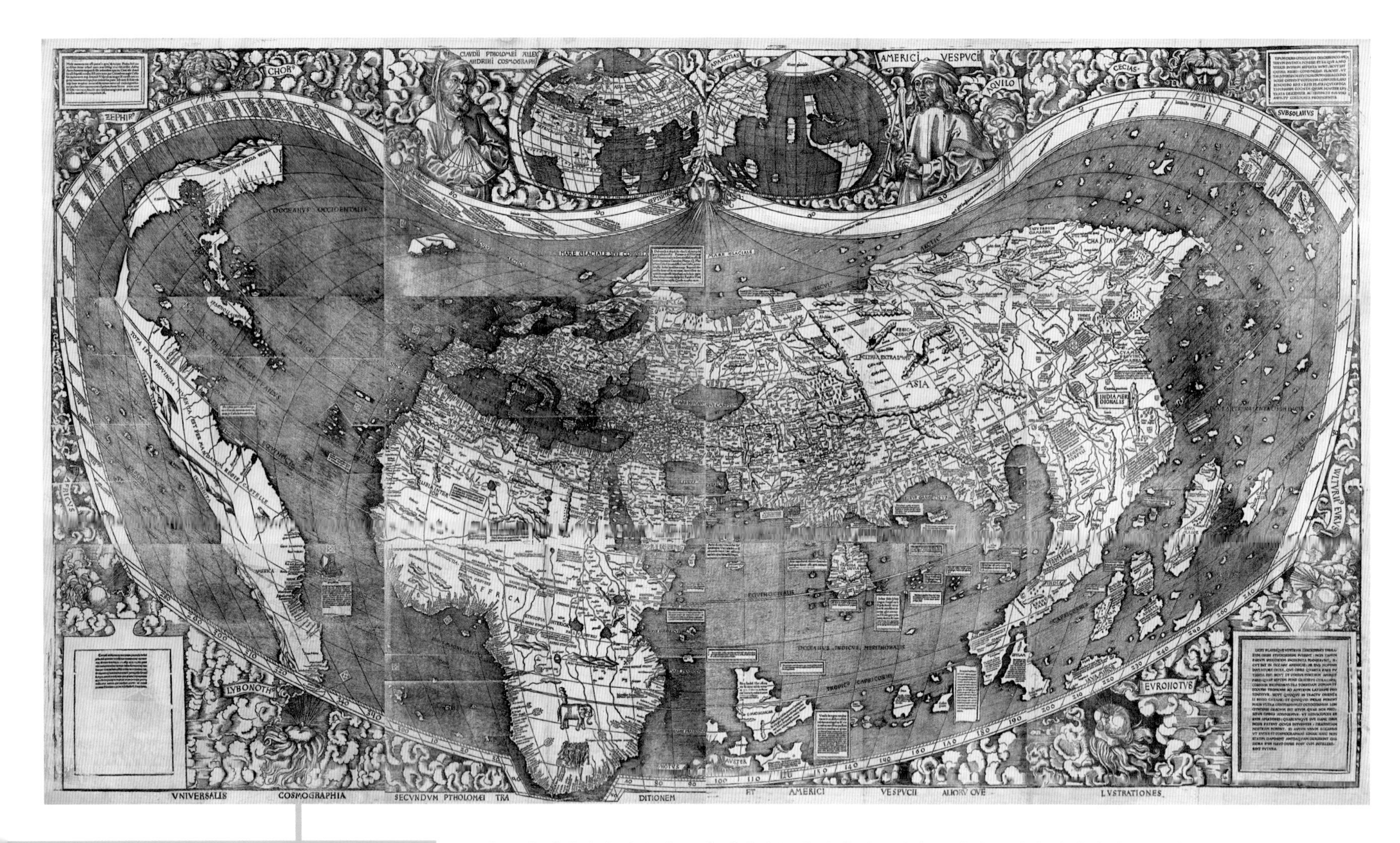

33 **세계 지도, 마르틴 발트제뮐러, 독일, 1507년**

마르틴 발트제뮐러의 세계 지도는 세로 134cm, 가로 244cm 크기에, "아메리카"라는 이름이 들어간 최초의 지도이다. 이 이름은 신세계가 새로운 대륙임을 깨달은 첫 유럽인인 이탈리아의 아메리고 베스푸치를 기리기 위해 붙여졌다. 당대 최고의 지도 중 하나로 지금은 단 한 장 남아 있다. 2003년 미국 의회도서관이 1000만 달러에 이 지도를 구입했다.

구의는 막 시작되던 대륙 간 무역 시대의 놀랄 만한 산물임과 동시에 그러한 시대의 만개를 이끈 원동력이기도 했다. 이 지구의에 나타난 장인 정신을 능가하는 작품은, 200년 후인 1688년 베네치아에서 빈첸초 코로넬리(Vincenzo Coronelli)가 지구의를 만들기 전까지는 나타나지 않았다.

유럽의 아메리카 발견

베하임의 지구의가 완성되고 있을 즈음, 크리스토퍼 콜럼버스(Christopher Columbus)의 중대한 발견에 대한 뉴스가 유럽의 궁궐들로 확산되고 있었다. 제노바 출신의 항해사 콜럼버스(1451~1506년)는 1481년경에 이미 동쪽이 아닌 서쪽으로의 항해로 인도에 도달할 수 있다고 생각했다. 그러나 콜럼버스는 오랜 기간 동안 후원자를 찾지 못했다(그의 동생이 콜럼버스 대신 포르투갈인, 프랑스인, 영국인과 접촉했지만 모두 거절당했다고 한다). 마침내 그의 제안을 수락한 사람은 바로 스페인의 아라곤과 카스티야 왕국의 부부 왕으로 새로운 통일 스페인의 초석을 다진 페르디난드(Ferdinand)와 이사벨라(Isabella)였다. 수차례의 연기와 수많은 논란을 뒤로하고 그들은 콜럼버스의 계획을 승인했고, "대양의 제독"이라는 거창한 칭호를 부여함과 동시에 그가 발견하는 땅에서의 무역 사업권을 약속했다. 왜 그들이 콜럼버스를 후원하기로 했는지는 알려져 있지 않다. 당시 동양과의 향신료 무역을 독점하려던 포르투갈이 동양에 이르는 해상 루트를 확립하고자 했는데, 그 이전에 스페인이 선수를 치고 싶어 했다는 설이 가장 유력해 보인다.

콜럼버스는 총 네 차례(1492년, 1493년, 1498년, 1502년)에 걸친 대서양 횡단 항해를 했다. 처음 두 번의 항해에서 바하마에 도착했는데, 그곳이 그의 첫 번째 랜드폴(landfall, 최초 도착지)이었다. 바하마를 거쳐 쿠바, 그가 히스파니올라(Hispaniola)라고 명명한 곳(현재의 아이티와 도미니카공화국), 그리고 카리브 해 지역의 여러 곳에 도착했다. 세 번째 항해에서도 카리브 해 지역으로 갔지만 재앙으로 끝이 났는데, 그가 히스파니올라에 만들어 두었던 식민지의 정착인들이 직권 남용에 항거하여 폭동을 일으킨 것이다. 그들은 콜럼버스를 체포하여 사슬로 묶어 스페인으로 돌려보냈다. 콜럼버스는 그의 마지막 항해에서 중앙아메리카의 해안선을 따라 남쪽 파나마까지 내려갈 수 있었다. 콜럼버스는 죽는 날까지 그가 본래의 목적을 이루었다고 생각했다. 자신이 아시아 해안의 섬들을 발견했고, 조만간 중국과 인도에 이르는 루트를 발견할 것이라고 믿었던 것이다.

피렌체 출신의 이탈리아 탐험가 아메리고 베스푸치(Amerigo Vespucci, 1454~1512년)는 스페인과 포르투갈 양쪽 모두를 섬기고 있었고, 1508년부터 4년 뒤 그가 죽기 전까지 스페인 최고의 항해사로 불렸던 인물이다. 1499~1501년 동안의 대서양 항해에서 남아메리카의 북부 해안을 따라 아마존 강 하구까지 탐험했고, 몇 백km 떨어져 있는 남아메리카 대륙의 끝 티에라델푸에고(Tierra del Fuego) 제도까지 항해했다. 콜럼버스와 달리, 그는 자신이 발견한 것이 완전한 신대륙이라는 결론에 도달했다. 『신세계(Mundus Novus)』라는 제목의 소책자에서 그는 다음과 같이 말한다.

> “내가 찾아 헤맸고, 결국 발견한 이 새로운 지역을 신세계라 불러도 좋을 것이다. 왜냐하면 우리 선조들은 이 지역에 관해 아무것도 몰랐기 때문이다. … 나는 그 남쪽 지역에서 새로운 대륙을 발견했는데, 거기에는 우리의 유럽, 혹은 아시아, 혹은 아프리카보다 더 많은 사람들과 더 많은 동물들이 살고 있다.”

그 신세계에 처음으로 도착한 유럽인은 콜럼버스이지만, 그것이 신세계라는 것을 처음으로 깨달은 사람은 베스푸치였던 것이다.

『신세계』 독일어 판의 삽화, 1505년

1503년, 베스푸치는 신세계를 향한 그의 항해에 대한 글을 썼는데 로렌초 디 피에르 프란체스코 데이 메디치(Lorenzo di Pier Francesco dei Medici)를 수취인으로 한 서간문 형태의 글이었다. 『신세계』로 알려진 이 책은 1510년경 24판을 찍었을 정도로 커다란 반향을 얻었다.

아메리고 베스푸치의 신세계

유럽의 지도 제작자들은 이러한 새로운 발견을 반영한 지도들을 재빠르게 만들었다. 콜럼버스는 가장 빠르게 새 지도를 만들었는데 현재의 아이티 섬의 북부 해안선 일부를 나타낸 것이었다. 이와 달리 베스푸치는 자신의 지도를 만들지 않았다. 그래서 베스푸치의 주장은 당대의 많은 사람들에게 강한 의구심을 샀다.

새로운 발견을 상세하게 지도에 옮기려고 최초로 시도한 인물은 스페인 선장 후안 데 라 코사(Juan de La Cosa)였다. 그는 1492년과 1493년 콜럼버스와 함께 대서양 항해를 했던 것으로 여겨진다. 1500년경에 만들어진 것으로 보이는 데 라 코사의 세계 지도는 방대한 기획의 결과물이다. 지도의 가장 서쪽에는 두 개의 커다란 턱 모양의 땅이 있는데, 트리니다드에서 쿠바에 이르는 광대한 활 모양의 영역에 산재하는 카리브 해의 섬들이 그 둘 가운데 상세하게 표시되어 있다.

그 시대의 다른 지도학자와 마찬가지로, 데 라 코사는 대서양 횡단 항해로 신대륙의 존재를 확인할 수 있을지 의구심을 가지고 있었다. 스트라스부르에서 활동하던 지도학자 마르틴 발트제뮐러(Martin Waldseemüller, 1470년경~1522년)는 베스푸치의 신대륙 발견을 숙지하고 있었고, 1507년 세계 지도를 제작할 때 그 피렌체 출신 탐험가의 것을 그대로 수용하였다. 세계 지도에 첨부된『세계지 입문(Cosmographiae Introductio)』에서 발트제뮐러의 협력자 마티아스 링만(Matthias Ringmann, 1482~1511년)은 "나는 신대륙을 아메리게(아메리카 사람들의 땅) 혹은 아메리카라고 부르면 안 되는 이유를 발견할 수 없다."라고 썼다. 이것이 새로 발견된 땅이 지도 상에서 이름을 획득하는 방식이다. 이 지도는 아메리카를 완전히 독립된 대륙으로 그린 최초의 지도이다. 이 지도는 세계가 유럽, 아시아, 아프리카의 세 부분으로 구분되어 있다는 유럽인들의 생각에 종말을 고하게 되었다.

발트제뮐러의 1507년 지도는 그 크기 외에(66쪽 참조) 몇 가지 의미에서 주목할 만하다. 12장의 낱장 지도를 모두 붙이면 134×244cm에 이르는 거대한 지도가 된다. 경도 360° 모두를 포괄한 최초의 인쇄 지도이면서, 태평양을 완전히 분리된 대양으로 그린 최초의 지도이기도 하다. 이 지도는 유럽인들이 최초로 태평양을 항해하기 10년 전에 발간되었는데, 발트제뮐러가 이러한 지식을 어떻게 얻었는지는 미스터리이다. 발트제뮐러의 대표작 발간 6년 만에 스페인의 정복자 바스코 누네스 데 발보아(Vasco Nunez de Balboa)가 1513년 파나마 지협을 통과하여 처음으로 태평양을 목도하였으며, 15년 후 페르디난드 마젤란(Ferdinand Magellan) 탐험대의 생존자 18명은 최초의 세계 일주를 마치고 1519년 스페인으로 귀환하였다.

발트제뮐러는 아메리카 대륙을 서쪽에 산지를 가진 두 개의 섬 대륙으로 표현했다. 이 너머에 수천 마일의 대양을 지나면 치팡구(Cipangu, 일본)의 섬들과 중국의 해안에 닿는다. 이것은 순전히 추측이다. 어떤 지도 역사가는 발트제뮐러가 베스푸치의 그림과 글을 접했을 것으로 보지만, 증명된 바는 없다.

발트제뮐러의 인생과 업적은 거의 알려진 바가 없다. 알려진 것은 그가 그 유명한 세계 지도를 만들었을 때, 로렌의 공작(Duke of Lorraine) 르네 2세(René II)의 공식 지리학자였다는 것 정도이다. 1516년 이후 역사적 기록으로부터 완전히 자취를 감추었다. 그의 지도도 마찬가지였으나, 1901년 예수회 역사가 조지프 피셔(Joseph Fisher)가 고서적에 단단히 묶여 있던 그 지도를 발견함으로써 세상에 다시 나타났다. 그 고서적 속에는 16세기 독일의 수학자이자 지리학자였던 요하네스 셔머(Johannes Schirmer)의 상서표가 들어 있었다.

크리스토퍼 콜럼버스의 신세계

콜럼버스가 만든(혹은 그렇다고 자신이 주장하는) 신세계 지도의 단면을 볼 수 있는 유일한 지도는 오스만 제국의 항해사이자 지리학자인 피리 레이스(Piri Reis)가 1513년에 그린 지도이다. 갈리폴리 출신인 그는 바르바리의 해적에서 시작해 오스만 제국의 해군 제독에까지 올랐다. 1554년 포르투갈로부터 호르무즈 해협을 빼앗는 데 실패한 직후, 한때 후원자였던 술탄 슐레이만 대제에게 참수당했다. 그때 그의 나이는 84세였다.

1920년대까지 종적을 감췄던 이 지도는 온전한 전체가 아닌 한 조각만 남아 있다. 피리 레이스는 이 지도의 편찬을 위해 프톨레마이오스의 지도뿐 아니라 인도의 지도, 포르투갈의 해도, 그리스도교의 마파 문디도 이용했다고 한다. 남아 있는 조각을 보면, 이 세계 지도가 16세기 초반에 제작된 이러한 종류의 지도들 중 가장 상세한 지도라는 사실을 알 수 있다.

신세계를 보여주는 이 조각 지도에 대한 설 하나는 이 지도가 콜럼버스와 발견의 항해에 세 번이나 동행했다고 주장하는 스페인 항해사 출신 포로에게서 빼앗은 지도의 복제판이라는 것이다. 또 다른 설은 콜럼버스가 1493년 그의 두 번째 신세계 항해를 마치고 직접 제작한 지도(그 이후 오랜 시간 동안 종적을 감췄다)로부터 만들어졌다는 것이다. 피리 레이스가 자신의 지도에 첨부한 주석을 보면 후자에 힘이 실리는데, 그의 지도가 "콜럼버스가 제작한 서쪽 땅의 지도와 비교한 결과물이기 때문에 이 지도의 7개 바다는 이 지역의 콜럼

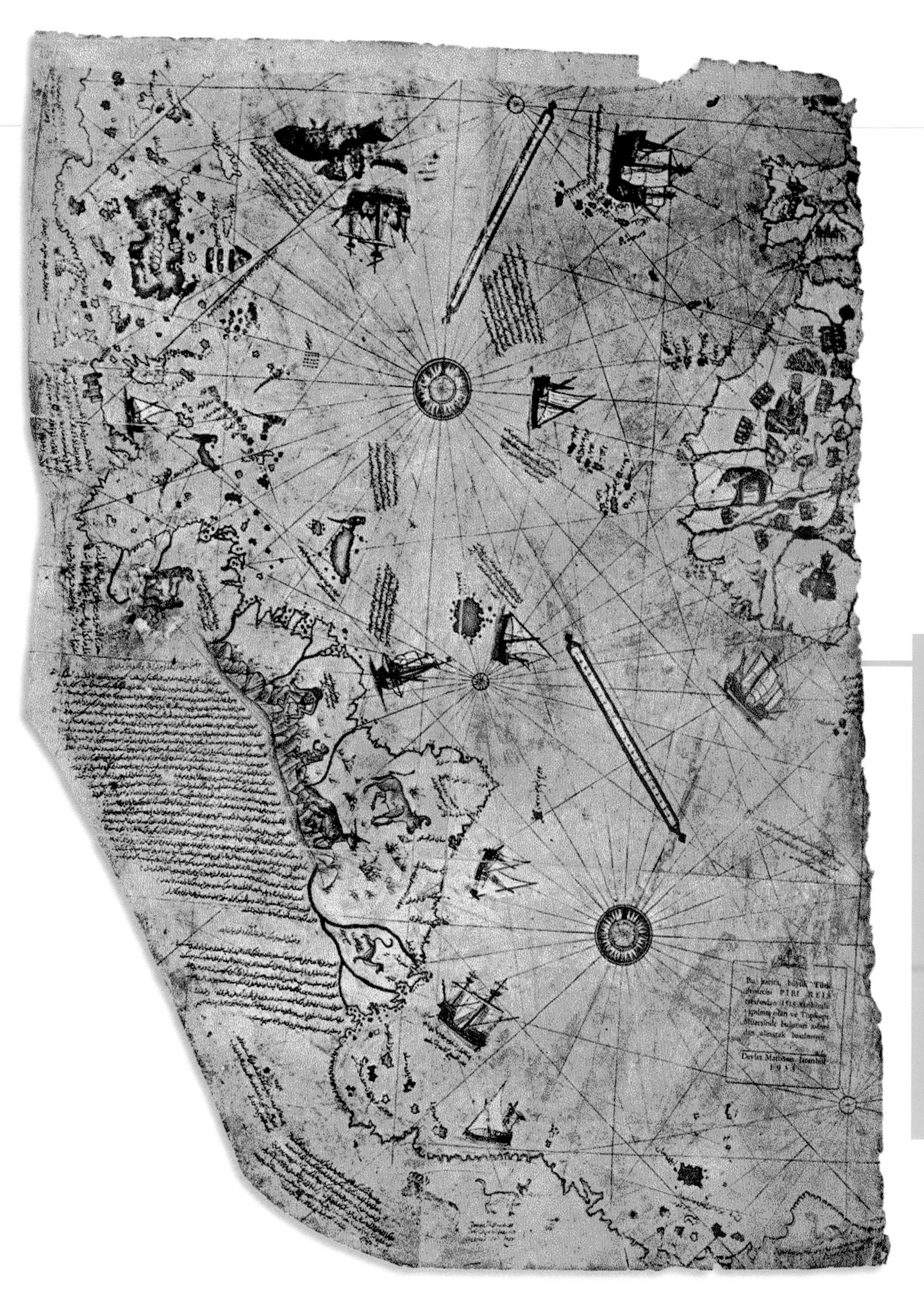

34 **세계 지도, 피리 레이스, 이집트, 1513년**
오스만 제국의 사령관들 중 한 명이었고, 당대 최고 수준의 지중해 지도와 해도 제작의 책임을 맡고 있던 피리 레이스가 1517년 이 세계 지도를 술탄 셀림 1세(Sultan Selim I)에게 바쳤다. 지도 상의 서쪽 부분만 조각으로 남아 있지만, 이 지도에 첨부된 주석을 보면 그가 광범위한 정보를 참조했음을 알 수 있다. 이 지도에는 그의 주장대로 "콜럼버스가 그린 서쪽 땅의 지도"가 포함되어 있다.

버스 지도만큼이나 정확하고 신뢰할 만하다."라고 적고 있다.

중앙아메리카와 남아메리카

1508년, 신세계 무역을 통제하고 싶었던 스페인 정부는 세비야에 카사 데 콘트라타시온(Casa de Contratación, 무역관)을 설치했다. 앞선 시기 포르투갈의 전례와 같이 무역관의 가장 중요한 과업은 일반도(파드론 레알(Padron Real))의 최신성을 유지하고, 스페인 항해사들이 최고 품질의 해도를 지니고 발견의 항해를 떠날 수 있도록 하는 것이었다. 얼마 지나지 않아 이 조직은 이베리아 반도 최고의 지도 제작 솜씨를 뽐내게 되었다. 처음에는 바다와 해안 지도에 집중했지만 정복자들이 신대륙 속으로 더 깊이 들어가면서 신세계의 지도 제작을 담당하는 스페인의 대표 기관으로 진화해 나갔다.

1518년, 정복자 헤르난도 코르테스(Hernando Cortés, 1485~1547년)가 멕시코 탐험을 개시했다. 일련의 전투 끝에, 중앙아메리카와 남아메리카 일부 지역에서 스페인의 우월적 지배권을 확립했다. 식민지의 크기가 스페인보다 커지게 되었다. 스페인의 신세계 식민화는 무자비하고 가차 없는 것으로 식민지의 가장 가치 있는 물건이었던 금과 은을 닥치는 대로 스페인으로 실어 날랐고, 해가 갈수록 그 양이 늘었다.

스페인 정복자들은 대개 그들이 맞닥뜨린 토착 문화와 문명을 파괴하려고 하거나 경멸하는 태도를 유지했다. 그러나 정복자들은 미지의 영토를 탐험하는 과정에서, 토착 지도가 매우 유용하다는 사실을 깨닫기 시작했다. 코르테스는 스스로 아즈텍의 실패한 황제 모테쿠사마(Motecuzama)가 바친 지도를 멕시코에서 과

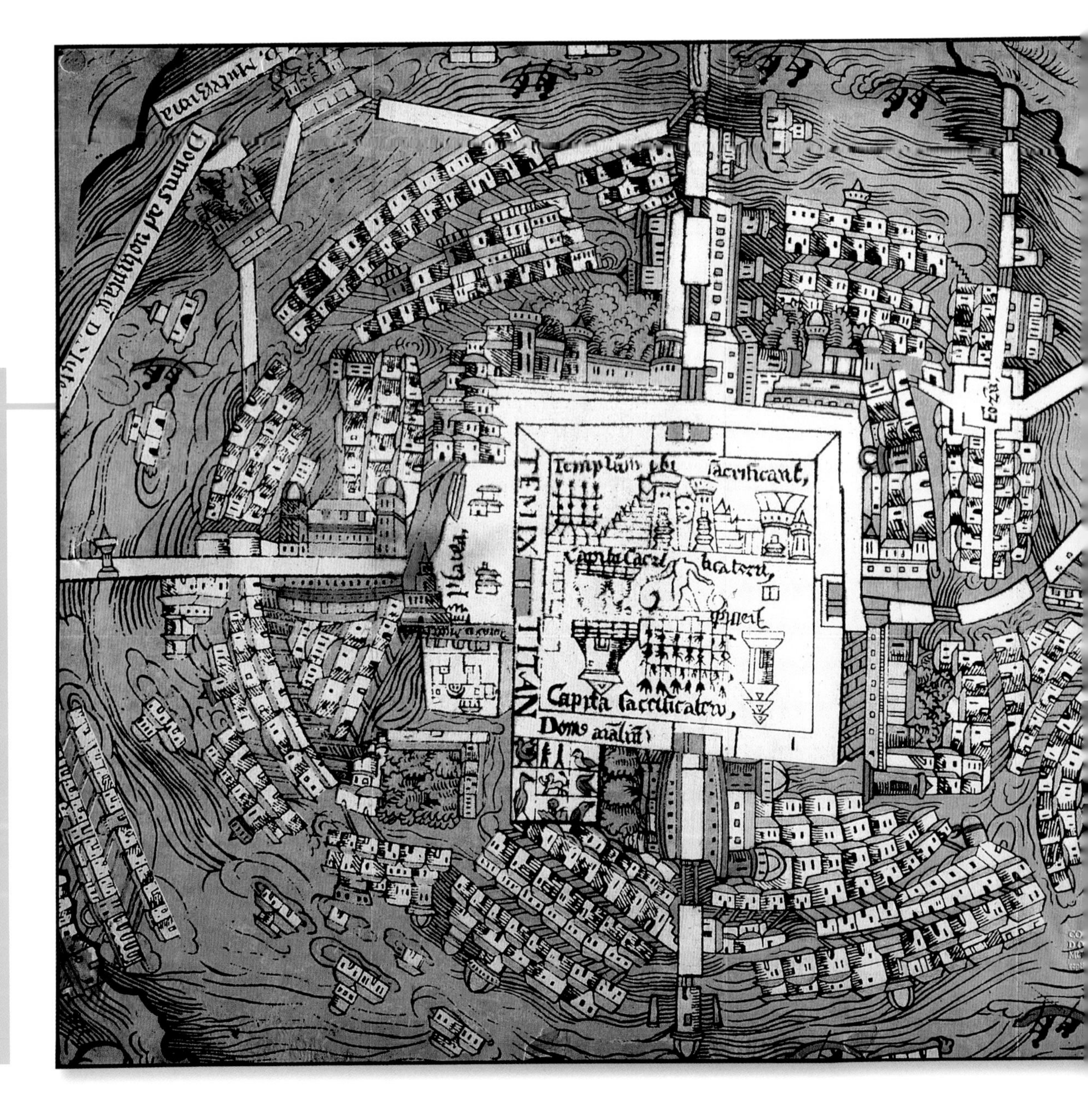

35 **테노치티틀란, 멕시코/독일, 1524년** 이 아즈텍 수도의 지도를 누가 그렸는지는 알려져 있지 않다. 콘키스타도르(conquistador, 정복자) 헤르난도 코르테스는 1524년 황제 카를 5세에게 보내는 편지에 이 지도를 동봉해 보냈다. 시가도와 그림이 결합된 형식인데, 이를 근거로 뉘른베르크의 판각사에게 제공된 지도가 아즈텍인들이 만든 것이거나 아즈텍 원본 지도에 기반한 것이라는 점을 유추해 볼 수 있다. 황제를 위해 라틴어 문자가 첨가되어 있다.

테말라로 진군하면서 정복 작전에서 실제로 사용하였다. 코르테스는 아메리카 인디언이 만든 다른 지도들도 사용했던 것으로 보인다. 코르테스의 참모였던 로페스 데 고마라(López de Gómara)는 아스텍의 지노가 제국의 경계를 넘어서는 영역에서조차 신뢰할 만하다고 칭송한 바 있다. 그 이후, 스페인 총독 안토니오 데 멘도사(Antonio de Mendoza)는 적극적으로 원주민 지도(그는 이러한 지도를 핀투라(*pintura*, 그림)라고 불렀다)의 생산을 독려하여 토지 분쟁을 해결하거나 토지 매각을 결정할 때 도움을 얻고자 했다.

아즈텍의 수도 테노치티틀란(Tenochtitlán)의 1524년 지도에는 1521년 스페인 정복자가 파괴하기 전의 도시 모습이 나타나 있는데, 스페인 문화와 토착 문화가 지도 제작의 과업하에서 어떻게 협력하는지를 보여주는 고전적인 예이다. 이 지도에는 르네상스 유럽의 지도 제작 형식과 토착적인 지도 제작 형식이 결합되어 나타나는데, 결과적으로 드러난 양식은 시가도, 조감도, 회화적 도해가 복잡하게 뒤섞여 병치된 것이었다.

누가 이 지도를 만들었는지는 알려져 있지 않다. 그러나 이 지도가 토착 원주민의 지도에 굉장히 많이 의존했다는 사실은 분명해 보인다. 그런데 코르테스는 1524년 이 지도를 황제 카를 5세에게 바친다. 이 지도에는 정사각형 핵심부(성지에 해당하는 곳으로 황궁, 대성당, 유명한 구기경기장이 위치하고 있다), 이 도시와 본토를 연결한 둑길, 담수를 공급하기 위해 아즈텍인이 건설했던 수로 시스템 등이 나타나 있다. 코르테스가 본거지로 삼았던 곳은 큰 스페인 왕실 국기로 표시되어 있다.

멕시코로 진격해 들어가고 있는 코르테스, 멕시코 회화파, 1550년경
1519년 스페인의 정복자 헤르난도 코르테스가 약 500명의 사람들을 이끌고 유카탄 반도에 상륙했다. 1521년 무렵, 위대한 도시 테노치티틀란은 스페인과 아메리카 원주민 동맹군의 수중에 떨어졌다.

원주민의 지도 제작

아즈텍은 지도 제작이 활발한 사회였다. 믹스텍, 올멕, 톨텍, 사포텍과 같은 다른 아메리카 원주민 문화처럼, 아즈텍인들은 다양한 목적에 따른 서로 다른 몇 가지 유형의 지도를 만들었다. 예를 들어 코르테스의 부하였던 디아스 델 카스티요(Diáz del Castillo)는 "우리가 진군하면서 반드시 지나가야만 하는 모든 마을들이 표시되어 있는 헤네켄 천(henequen cloth)"이 스페인 군대의 전진을 인도했다고 기록하였다. 델 카스티요가 언급하고 있는 그것은 사실상 여행 여정표 지도였고, 아즈텍인들이 이와 같은 지도를 많이 만들어 사용했을 것으로 보인다. 아즈텍의 지상도에는 상형문자와 그림글자가 매우 많이 사용된다. 반면에 천지도는 우주가 지구, 하늘, 지하세계로 나뉘고, 지구는 사분면으로 나뉘는데, 가운데에 세계수(world tree)가 있다. 그들의 천체도는 스페인 침공자에게 익숙한 천체도에 비해 훨씬 더 정확한 것이었다. 이러한 지도는 정교한 달력을 만드는 데 핵심적인 역할을 했다.

역사 지도(역사적 서술이 첨부된 특정 커뮤니티의 지도)는 메소아메리카 전역에서 만들어졌다. 스페인의 침공 이후조차, 역사 지도는 지방의 토착 커뮤니티에 의해 만들어졌다. 많은 역사 지도들이 천 위에 그려졌기 때문에 스페인인들은 이를 캔버스(lienzo)라고 불렀다.

아즈텍 역사 지도의 전형적인 모습은 코덱스 솔로틀(Codex Xolotl)이라고 알려진 그림문서에서 살펴볼 수 있다. 스페인 침공 이후인 1542년경에 만들어진 것으로 보이는데, 멕시코 계곡을 배경으로 하고 있다. 여기에 13세기의 전설적인 장군 솔로틀과 그의 가계에 대한 이야기가 쓰여 있고, 지형적·수로적 지물들이 나타나 있다. 역시 식민지 초기에 만들어진 것으로 보이는 또 다른 예로 치치메크족이 북부 멕시코의 원래 자기네 땅으로부터 남하하여 테나유카(Tenayuca)를 세우는 과정의 이야기가 나타나 있다. 발자국 모양의 패턴으로 그려진 경로는 공간을 통한 이동뿐만 아니라, 장소와 장소 간의 시간을 통한 이동도 보여준다. 멕시코 계곡에 들어서면 평면도의 성격이 점점 더 강화된다. 예를 들어, 촌락들은 지표상의 상대적 위치에 의거해 지도 상에 표시된다. 지형적 요소들 역시 더 높은 지리적 정확성을 보여준다. 이 지도는 유럽의 통치에 직면한

36 **멕시코 계곡, 멕시코, 1542년경** 이 지도는 스페인 침공 이후 이름이 알려지지 않은 아즈텍 지도학자에 의해 만들어진 것이다. 코덱스 솔로틀이라고 알려져 있는 그림문서의 첫 페이지를 장식하기 위해 만들어졌는데, 13세기의 전설적인 장군 솔로틀과 그의 멕시코 계곡 침공에 대한 이야기를 보여주고 있다. 이 지도에는 이 지역의 지형적·수로적 지물들이 기록되어 있을 뿐만 아니라 상형문자로 된 수많은 지명도 나타나 있다.

한 토착 커뮤니티가 자신들의 역사를 기록하기 위해 어떤 노력을 했는지를 잘 보여주고 있다.

알려진 바에 따르면, 유럽 침공 이전의 남아메리카 사회는 기록을 위한 종이나 평평한 표면이 있는 어떤 것을 사용하지 않았다. 이것은 잉카 문명이 고도로 발달된 지도 제작의 전통이 없다는 것을 의미하지는 않는다. 현대의 에콰도르에서 칠레에 이르는 넓은 제국을 건설했던 잉카인들은 키푸(quipu, 결승문자(結繩文字)) 라고 불리는 정교한 석면끈 매듭을 이용해 지도와 유사한 기능을 하도록 했다고 한다.

영역 표시

16세기 후반, 포르투갈, 프랑스, 스페인, 영국은 모두 신세계에 땅을 점령하고 있었고, 지도는 토지 점유 상황을 나타내는 데 사용되었다. 1562년 카사 데 콘트라타시온의 지도학자 디에고 구티에레스(Diego Gutiérrez)는 아메리카 대륙에서 스페인과 프랑스의 토지 소유 상황을 나타낸 지도를 제작했다. 이 두 열강 사이에는 이미 3년 전 카토-캉브레지 평화 협정이 체결되어 있었다. 이 지도에는 대하천의 유로와 많은 지방 부족이 나타나 있다. 또한 캘리포니아라는 지명이 처음으로 등장하는 지도 중 하나이기도 하다.

1571년 스페인의 필리프 2세는 지리학자이자 왕실 천지학자인 후안 로페스 데 벨라스코(Juan López de Velasco)에게 해외 식민지에 대한 스페인의 지식을 향상시키라는 과업을 부여했다. 왕국이 대서양 건너 수천 마일 떨어져 있는 곳에 자신이 점유한 땅의 가치와 성격에 대해 이해한다는 것은 무척 중요한 일이었을 것이다. 벨라스코는 식민지의 총독들에게 자신이 통치하고 있는 영토에 대한 세세한 지리적 보고서인 『지리적 관계(Relaciones Geográficas)』를 첨부 지도와 함께 편찬할 것을 명령했다. 수많은 제도사들이 이 핀투라를 제작했다. 다양한 형식으로 그려졌는데, 어떤 것은 유럽의 영향을 받았고, 또 다른 것은 원주민의 지도 양식을 반영하였다. 또한 벨라스코는 왕실 천지학자 선베 알론소 드 산타크루스(Alonso de Santa Cruz)가 1542년 그린 세계 지도첩도 참고했다.

16세기가 끝날 무렵, 스페인은 그들의 새로운 영토의 상세한 지리적 지식을 보유할 수 있게 되었다. 이 점에서 스페인은 포르투갈과 달랐다. 포르투갈인들은 아프리카와 동양의 새로운 영토를 식민화하는 대신 서아프리카에서 인도에 이르는 무역 전초 기지의 네트워크를 구축하는 데 몰두했다. 무역 전초 기지는 군사 전초 기지와 다를 바 없이, 포르투갈의 상업적 투자 보호를 위해 건설되었다. 1520년에 많은 포르투갈 지도학자들이 스페인으로 건너간 사실은 시사하는 바가 크다. 스페인에서 그들의 재능을 발휘할 기회가 훨씬 더 많았을 것이다. 바스코 다 가마의 위대한 항해 이후 팽창의 시기에 만들어진 포르투갈 지도 중 현재 전하는 것은 거의 없다. 이 시기 동안에는 1505년 모잠비크 정착지 건설, 1510년 아폰수 드 알부케르케(Affonso de Albuquerque)에 의한 고아(Goa) 설립, 말라카에 교두보 확보 등의 일이 있었다. 브라질은 포르투갈이 광범위하게

37

치치메크족의 이주, 멕시코, 16세기

이 지도에는 지형보다는 종족사가 나타나 있다. 치치메크족 사람들(아즈텍 말로 "거친 사람들"이라는 뜻이다)이 이주를 감행하여 테나유카를 건설하는 과정을 보여준다. 이 지도는 그 당시의 메소아메리카 이주 지도의 전형적인 모습을 보여주고 있는데, 지도의 구조가 경관이 아니라 그들의 여정에 기반하고 있다.

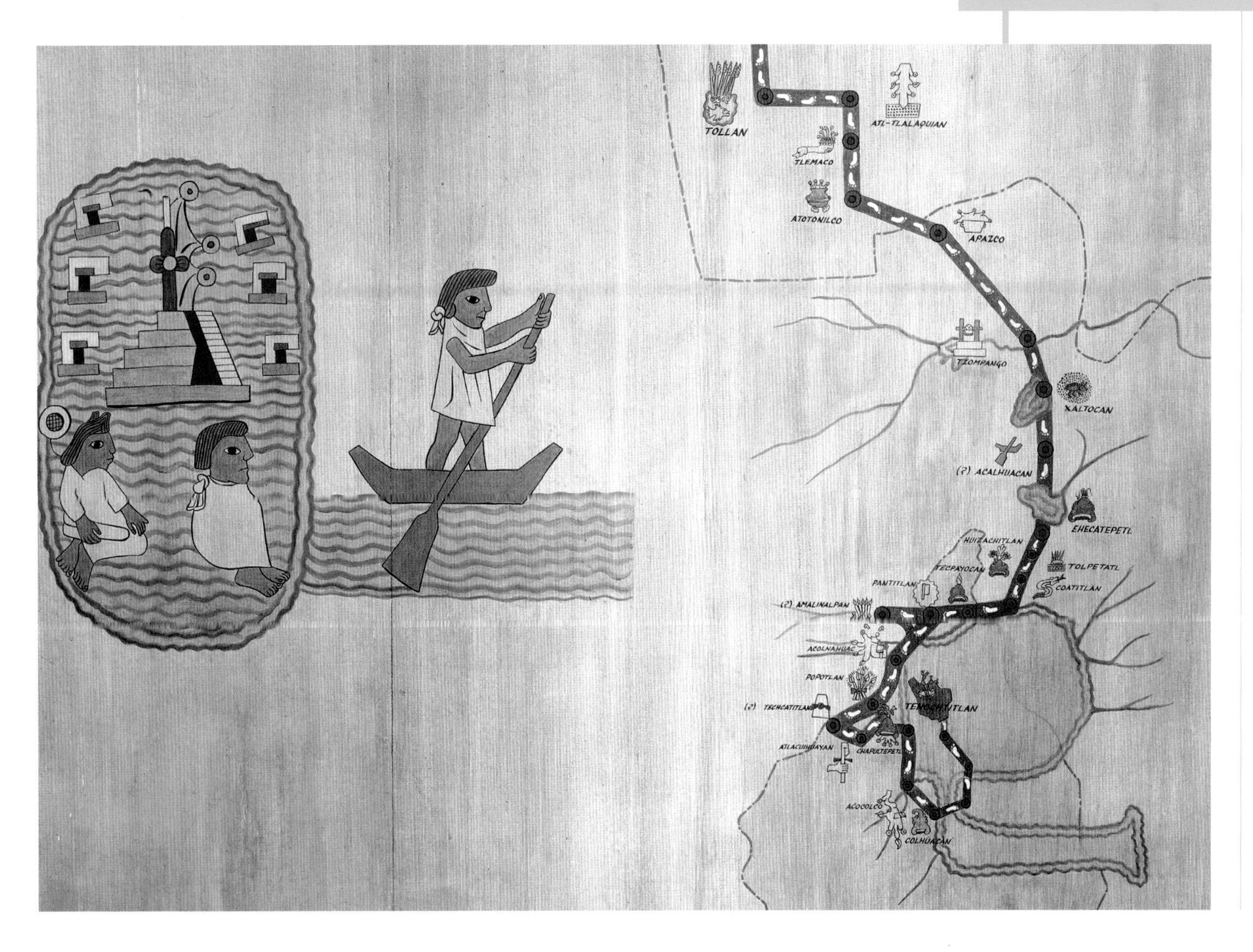

38 기아나 지도, 테오도르 드 브리, 독일, 1599년

1590년, 테오도르 드 브리는 유럽인들의 발견의 항해를 기록하는 일에 착수했는데, 이를 위해 판각, 지도, 해설서 등의 방대한 자료를 모았다. 이 지도는 월터 롤리가 "기아나"라고 묘사한 남아메리카의 한 지역을 도해하고 있다. 지도의 대부분은 추측에 의존해 그려졌다. 목이 없는 전사의 모습도 보인다.

장악한 몇 안 되는 지역들 중 하나이고, 주앙 테세이라 알베르나스(João Teixeira Albernaz, 1575년경~1660년)에 의해 충실한 지도들이 만들어졌다. 그는 1616~1643년 동안 브라질에 대한 6권의 지도첩을 만들었는데, 지역이 계속 첨가되면서 지도의 수가 16개에서 30개 이상으로 늘어났다.

남아메리카 속으로

중앙아메리카에 대한 스페인의 침공에서처럼, 남아메리카에 대한 초기 유럽인의 지도는 원주민의 지도 제작 기술뿐만 아니라 원주민들로부터 획득한 지리적 정보에 의존했다. 물론 그들의 정보가 잘못 해석되는 경우도 있었는데, 고전적인 예가 영국의 탐험가 월터 롤리(Sir Walter Raleigh, 1554~1618년)가 1595년경 제작한 기아나(Guiana) 지도이다. 롤리는 전설 속의 황금 도시 엘도라도의 위치를 알고 싶었고, 탐험 기간 동안 만난 아메리카 원주민들에게 필요한 정보를 얻었다. 그 신화적 도시는 지도 중앙, 동일하게 신화적인 파리메(Parime) 호수 주변에 있었다.

아메리카 대륙에 대한 매우 영향력 있는 업적은 플랑드르에서 태어난 프랑크푸르트의 판각사 테오도르

드 브리(Theodor de Bry, 1528~1598년)의 방대한 저술인『아메리카 혹은 신세계의 역사(Historia Americae sive Novi Orbis)』이다. 이것은 1590~1602년에 처음 출간되었는데, 총 9권으로 구성되었다. 드 브리는 다양한 원천의 지도와 삽화를 바탕으로 책을 저술하였다. 남아메리카에 대한 정보의 원천에는 브라질의 투피족(Tupi) 인디언에게 붙잡혔던 포르투갈의 독일 용병 한스 스타덴(Hans Staden)의 회고록과 1535~1553년 브라질과 파라과이를 여행한 울리히 쉰델(Ulrich Schindel)의 기록물, 잉카와 아즈텍의 풍습을 자세하게 기록한 선교사 호세 데아코스타(José de Acosta)의『신대륙의 문물사(Historia Naturaly Moral de las Indias)』, 그리고 롤리의 두 번에 걸친 기아나 항해(그가 실제로 두 번째 항해에 참가했는지는 의구심이 존재하기도 한다)의 기록물 등이다. 롤리의 지도는 남아메리카의 놀라움을 묘사한 초기 재현물 중 하나이다.

북아메리카 지도의 제작

북아메리카 탐험과 지도 제작은 유럽에서도 영국, 프랑스, 네덜란드의 전유물이었다. 이야기는 이탈리아 태생의 탐험가 존 캐벗(John Cabot, 1455~1498년)이 영국의 헨리 7세의 명령을 받고 1497년 브리스틀에서 항해를 시작한 것에서 시작한다. 헨리 7세는 "동쪽, 서쪽, 북쪽 바다" 모두를 항해하여 "이전에는 그리스도교 세상에 알려지지 않은 이교도들과 신앙심 없는 자들이 살고 있는 모든 섬, 국가, 지역 혹은 주를" 탐험하도록 명령했다. 존 캐벗은 한 달이 채 되지 않아 뉴펀들랜드에 도착하여 영국의 영토로 선언했다.

캐벗이 영국에 돌아왔을 때, 북쪽의 콜럼버스라는 칭송을 받았는데(콜럼버스처럼 캐벗은 그가 아시아로 가는 짧은 거리의 새 항로를 발견했다고 생각했다), 이듬해 다시 항해에 나간 후 캐벗은 돌아오지 못했다. 캐나다 해안에 좌초된 후 굶어 죽었다는 설도 있고, 아메리카 인디언에게 죽임을 당했다는 설도 있다.

1508년 그의 아들 서배스천 캐벗(Sebastian Cabot, 1481/1482~1557년)은 아시아로 가는 항로를 찾기 위해 아버지가 발견한 땅의 북쪽으로 갔다가, 다시 북아메리카의 동부 해안 쪽으로 내려왔다. 그는 1512년~1540년대 후반까지 스페인을 위해 일했는데, 그 유명한 1544년 지도를 제작한 것도 바로 그 시기였다. 이 지도에는 뉴펀들랜드 해안이 자세하게 묘사되어 있다. 1547년 영국으로 다시 돌아와서는 러시아의 북쪽을 돌아 아시아에 이르는 항로를 개척하기 위해 설립된 머스코비 상사의 책임자가 되었다.

뉴프랑스의 지도화

영국이 가는 곳에는 언제나 프랑스가 뒤따랐다. 1534~1541년 동안 자크 카르티에(Jacques Cartier, 1491~1557년)는 세인트로렌스 강을 따라 뉴프랑스라고 불리게 된 지역을 탐험하고, 뒤이어 캐나다도 탐험하였다. 디에프(Dieppe) 지도학파에 소속된 프랑스인 화가가 그와 함께했을 것으로 보인다. 이 학파는 1530년대 후반 이후 약 20년 동안 지도 제작에 참여했는데, 그들이 만든 지도들은 최신 정보를 담고 있고, 예술성이 높은 것으로 정평이 나 있었다. 그러나 카르티에가 세 번째 항해를 준비하던 시점에 프랑스의 프랑수아 1세(1494~1547년)의 상담 역할도 했던 포르투갈의 도선사 주앙 라간토(Joao Laganto)는 디에프 학파의 지도가 "잘 그려졌고 채색은 좋지만, 정확하지는 않다."라고 생각했다.

디에프 학파의 일원이었던 장 로츠(Jean Rotz, 1505년경 출생)는 1540년 무렵『로츠의 지도첩(Boke of Idrography)』을 편찬했다. 로츠는 원래 이것을 프랑수아 왕에게 바칠 생각이었지만, 영국의 헨리 8세에게 바쳤고, 그의 왕실 수로학자가 되어 1542~1547년 동안 직책을 수행했다. 로츠의 지도첩(당시에는 지도첩(atlas)이라는 용어는 없었지만 형식은 갖추고 있었다)은 실질적으로 알려진 모든 세상을 포괄했다. 지도첩은 해안선의 윤곽과 주요 항구의 위치뿐만 아니라 각 지역에 살고 있는 사람들의 생활 모습도 나타냈다. 예를 들어, 북아메리카 원주민들을 마치 고대 그리스인들과 유사한 복장을 한 모습으로 묘사했다. 또한 티피(tepee, 원뿔형 천막)가 장식되어 있는데, 이는 유럽인이 최초로 티피를 묘사한 것이다.

비록 프랑스 왕실의 지도 제작에 대한 관심은 프랑수아 왕의 사망 이후에도 이어졌으나 식민지 지도 제작(및 식민지 개척)은 앙리 4세(1553~1610년)가 왕위에 오르기 전까지는 약화되었다. 앙리는 알려진 바처럼 열렬한 지도 애호가였다. 수상인 쉴리 공작(1560~1641년)과 함께 센 강 어귀의 르아브르에 프랑스 국가 지도 제작 기관을 설립했다. 이것은 나중에 프랑스의 해외 팽창을 지휘하고 기록하는 거대한 기구가 되었다. 더구나 앙리 왕은 당대 최고의 탐험가이자 지도 제작자였던 사뮈엘 드 샹플랭(Samuel de Champlain, 1567~1635년)의 후견인이기도 했다.

샹플랭의 최초 원정은 1603년 세인트로렌스 강 지역에서 이루어졌고, 이후 여러 차례 북아메리카 원정이 이어졌다. 동부 캐나다와 뉴잉글랜드의 탐사에 집중했으며, 그 지역에 대한 지도들을 만들었다. 1609년 제작된 세이블 곶에서 코드 곶에 이르는 북아메리카 동부 해안 지도와 1613년에 제작된 세인트로렌스 강 어귀에서 오대호에 이르는 지역을 보여주는『프랑스의 북아메리카 식민지 지리 지도(La Carte Géographique de la Nouvelle France)』가 대표적이다. 후자의 지도는 해안 항해를 돕고, 탐험 지역에서 프랑스 정착지의 건설을 촉진하기 위해 만들어졌다. 그러나 다른 탐험가나 지도 제작자와 마찬가지로, 샹플랭의 지식은 주로 내륙이 아닌 해안 지역에 국한된 것이었다. 그러나 17세기 동안 모피 무역가, 탐험가, 개종자를 찾는 예수회 성직자들이 세인트로렌스 강을 거슬러 올라가고, 서쪽으로는 오대호 지역, 그리고 남쪽으로 미시시피 강까지 이르게 되면서, 대륙의 내륙부에 대한 프랑스의 지식은 점차 증대되었다. 이러한 여행가들이 모은 정보(그중 많은 것은 토착 원주민들로부터 구했다)는 지도 제작에 활발하게 사용되었다. 루이 13세와 리슐리외 추기경(Cardinal Richelieu)에게 지리를 가르쳤던 니콜라 상송(Nicholas Sanson, 1600~1670년)은 그러한 정보를 이용하여 그 유명한 1656년 캐나다(누벨 프랑스(Nouvelle France)) 지도를 완성했다.

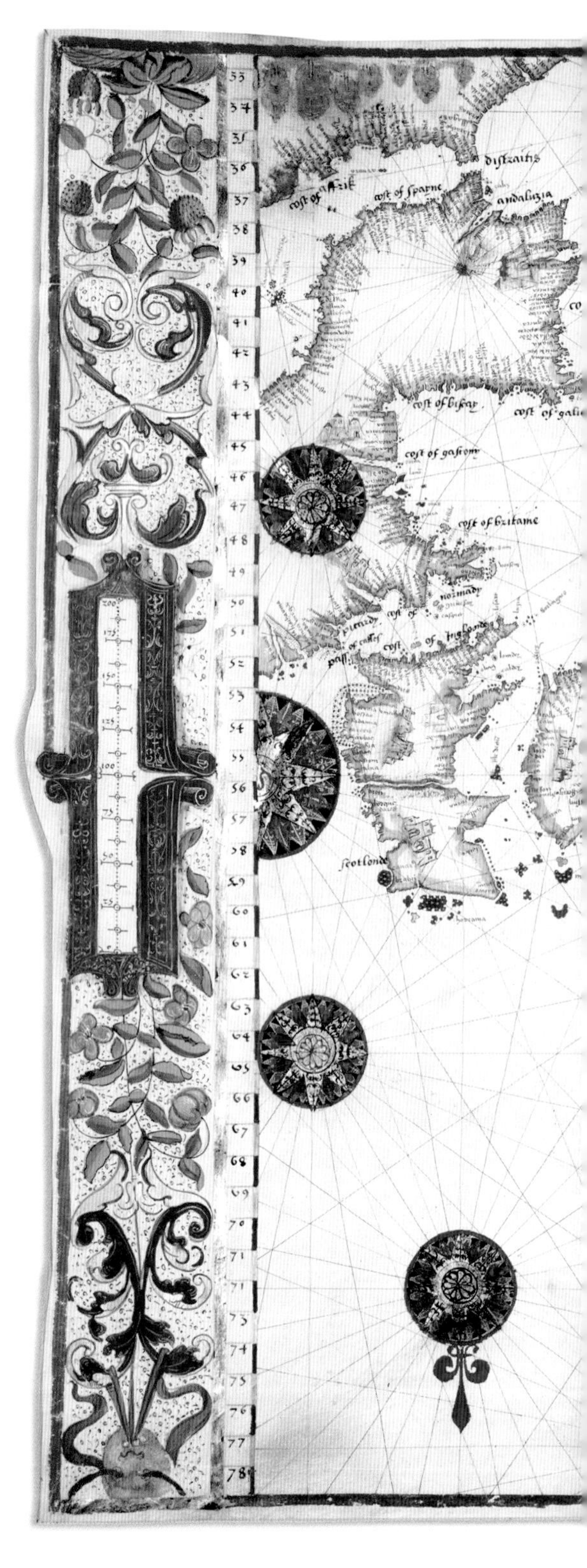

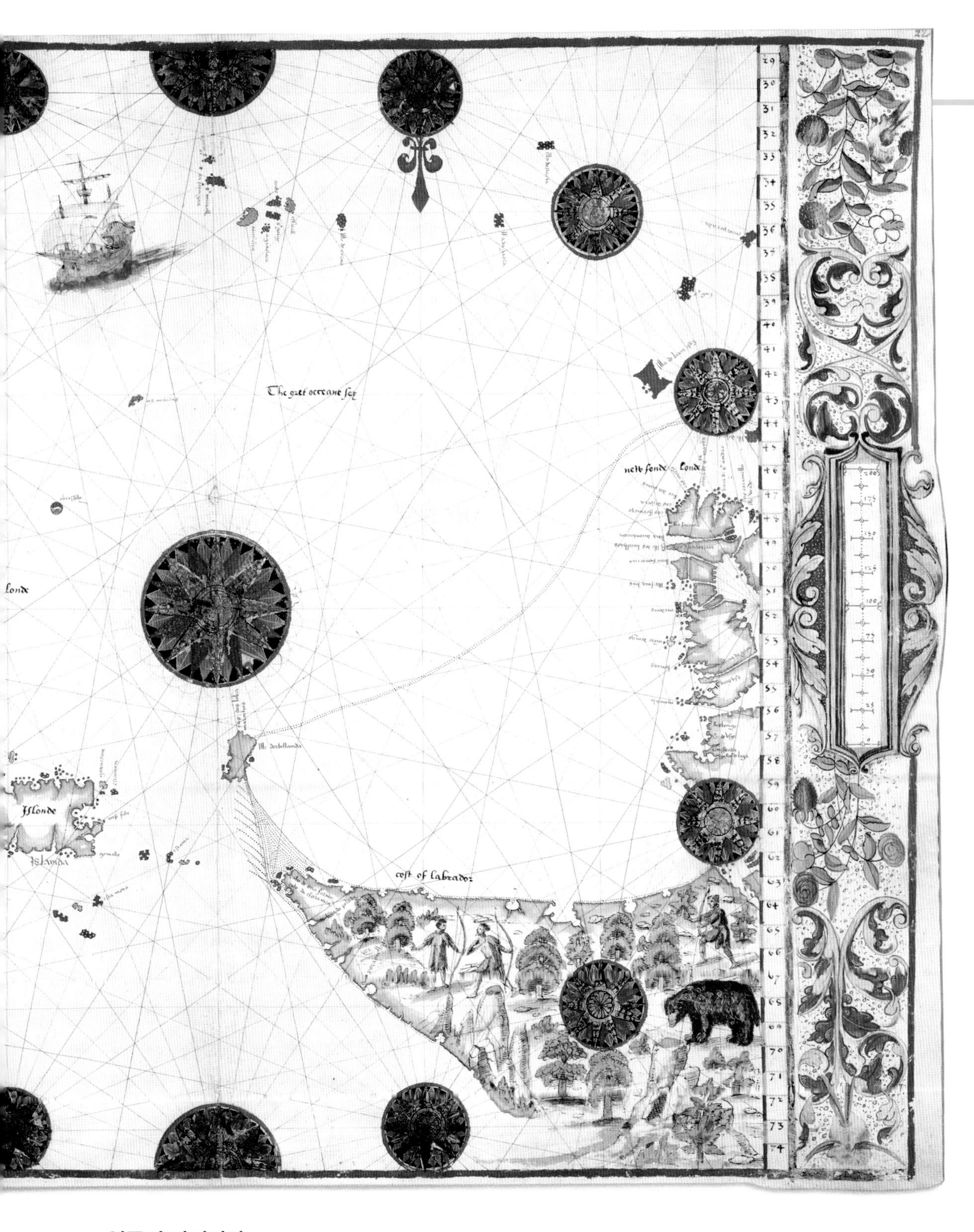

39 『로츠의 지도첩』에 실린 해도, 장 로츠, 영국, 1542년

1542년 프랑스 지도학자 장 로츠는 영국의 헨리 8세에게 바치기 위해 『로츠의 시도첩』을 제작했는데, 그 속에 이 지도가 포함되어 있다. 그 책은 서장, 11장의 지역 해도, 1장의 세계 지도로 구성되어 있다. 이 지도에는 래브라도와 뉴펀들랜드의 동부 해안에서 아이슬란드에 이르는 북대서양 지역, 영국 제도, 그리고 스페인이 나타나 있다. 이 책에는 아프리카, 아시아, 인도, 중국의 해안이 놀라울 정도로 정확하게 묘사되어 있다. 심지어 나중에 오스트레일리아로 알려진 곳의 일부분도 표시되어 있다. 로츠는 수차례에 걸친 탐험 항해 길에 올라, 1529년에는 수마트라에 도달했을 것으로 추정되며, 1539년에는 기아나와 브라질에 도착했다.

영국의 버지니아

엘리자베스 1세(1553~1603년)의 통치 기간 동안 신세계 탐험과 새 영토 획득에 대한 영국의 관심은 깊어졌다. 이것은 위대한 엘리자베스의 시독(seadogs, 노련한 해군 병사(드레이크, 뉴앨비언, 그렌빌, 호킨스, 롤리))의 시대였다. 엘리자베스 여왕이 비밀리에 차출한 시독은 해외 제국에서 획득한 부를 본국으로 수송하는

40 뉴프랑스, 사뮈엘 드 샹플랭, 프랑스, 1613년

사뮈엘 드 샹플랭의 뉴프랑스 지도는 뉴잉글랜드와 세이블 곶에서 코드 곶에 이르는 캐나다 해안을 상세하게 묘사한 최초의 지도이다. 많은 취락지들이 해안선을 따라 표시되어 있는데, 큰 것은 프랑스 정착지이고, 작은 것은 아메리카 원주민의 마을이다. 닻 표시는 샹플랭이 항해 동안 정박했던 곳을 나타낸다.

스페인 보물 선단을 약탈하였다.

포르투갈, 프랑스, 스페인과 달리 영국에는 자생적으로 발전한 지도학 학파가 없었다. 1574년, 수학자 윌리엄 본(Wiliam Bourne)은 저서 『바다의 규칙들(A Regiment for the Sea)』에서 영국의 항해사들이 해외에서 만든 해도에 의존하는 상황을 개탄하였다. 드레이크 역시 2년 뒤 세계 탐험에 필요한 해도를 구입하기 위해 리스본을 방문해야만 했다. 그는 1577년 항해를 떠나 3년 뒤 돌아왔다. 항해 중 캘리포니아의 북쪽 해안에 도달해 여왕의 땅으로 선언했다. 드레이크는 그 지역을 뉴앨비언(New Albion)이라고 명명했는데, 이후 200년 동안 지도 제작자들 대부분이 그렇게 불렀다. 1747년에야 그 지역이 섬이 아니라 아메리카 대륙에 붙어 있는 땅이라는 것을 알게 되었다. 지도학적 오류가 얼마나 긴 시간 동안 영향력을 발휘할 수 있는지 잘 보여준다.

신뢰할 만한 해도가 없는 영국의 항해사들은 포획한 배에 실려 있던 지도를 많이 활용했다. 16세기 말 무렵 많은 것이 달라지기 시작했다. 1584년, 월터 롤리(Walter Raleigh)는 엘리자베스 여왕에게 버지니아에 식민지를 건설할 계획과 함께 지원을 요청했다. 버지니아는 새롭게 발견된 영토라는 의미에서 처녀 여왕(Virgin Queen)을 따른 이름이 붙여졌다. 그 이듬해 롤리의 조카 리처드 그렌빌(Richard Grenville)은 버지니아 해안 로어노크 섬에 짧은 기간 동안이었지만 정착지를 유지했다. 1587년, 뛰어난 지도학자 존 화이트(John White)가 항해장 토머스 해리엇(Thomas Harriot)과 함께 이 지역을 재원정했다.

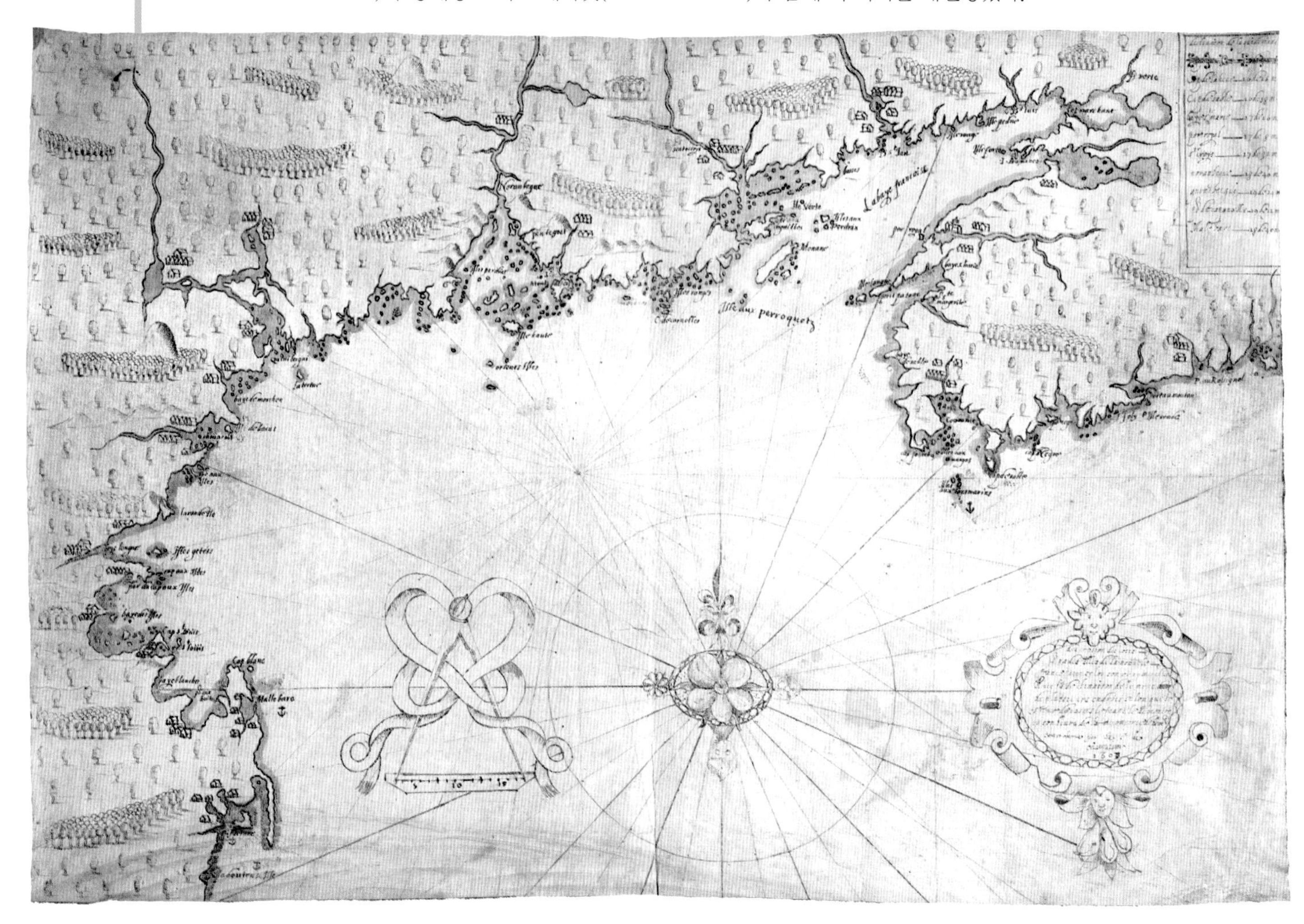

로어노크 섬에 도착한 두 사람은 오크라코크에서 헨리 곶까지의 해안선, 그리고 서쪽으로 로어노크 강과 초완 강에 이르는 지역을 조사했다. 이것을 토대로 화이트가 완성한 지도는 걸작이었다. 이 지도는 그 지역의 식물상과 동물상, 그리고 그가 만났던 원주민들의 삶에 대한 광범위한 조사로 만들어진 것이다. 플로리다에서 아우터뱅크스에 이르는 지역을 나타내며, 해안선과 암초들이 상당히 자세하게 묘사되어 있다.

41 버지니아, 존 화이트, 버지니아, 1587년경

1587년, 예술가 기질이 넘치는 존 화이트가 불운한 원정대를 이끌고 버지니아의 로어노크 섬에 도착했다. 항해장 토머스 해리엇과 함께 아메리카 대륙의 동쪽 해안을 샅샅이 조사했다. 이 지도는 플로리다에서 아우터뱅크스에 이르는 지역을 나타내고 있다. 이 지도는 자신의 신세계 영토를 지도화하려고 한 영국인들의 최초의 시도로 기록되고 있다.

존 스미스와 뉴잉글랜드

야망의 원대함과는 달리, 롤리의 계획은 실패로 돌아갔다. 역사의 위대한 수수께끼 중 하나는 로어노크 섬의 정착자들이 어떻게 되었냐는 것이다. 1590년 화이트가 보급품을 갖고 되돌아왔을 때, 정착지는 이미 폐허가 되어 있었다. 뉴잉글랜드라는 지명을 만든 존 스미스(John Smith, 1580~1631년) 선장 역시 불운하기는 마찬가지였다. 1615년, 이전에 이미 뉴잉글랜드와 메인 지역에서 측량 경험이 있었던 존 스미스 선장은 그 지역에 최초의 영구적 식민지를 세우고 싶어 했다. 그러나 결코 그가 의도한 목적지에 도달하지 못했다. 대서양으로 수백 마일 정도 갔을 때 그의 배가 폭풍우로 심하게 파손되어 런던으로 겨우 되돌아왔다. 포기를 모르던 스미스는 같은 해 재차 시도했는데, 이번에는 프랑스 해적들에게 나포되는 신세가 되었다. 결국 탈출에는 성공했지만, 오랫동안 손해를 감수해 온 투자자들은 그에게 더 이상의 기회를 주지 않았다.

스미스의 유산은 영도적이라기보다는 지도학적이다. 뉴잉글렌드에 집착하기 전, 스미스는 여러 해 버지니아에서 살면서 실질적인 총독 역할을 했다. 스미스는 거기서 버지니아 컴퍼니의 요청에 따라 체사피크 만에 대한 두 차례 측량 원정을 이끌었다. 발견한 많은 정보를 활용해 1612년 매우 상세한 그 지역 지도를 제작할 수 있었다. 그가 1614년 제작한 뉴잉글랜드의 "본 것과 들은 것" 지도 역시 이전의 지도만큼 야심 찬 것이었다. 이 지도는 이후의 항해 자금을 얻기 위한 선전의 목적으로 만들어진 것이었다. 노바스코샤에서 로드아일랜드로 항해하면서 그가 그린 스케치를 토대로 이 지도가 만들어졌다. 그가 스케치하는 동안 그의 선원들은 그랜드뱅크스의 대구 낚시에 매진했다(80쪽 참조).

뉴잉글랜드 지도는 세상에 선을 보이자마자 굉장히 유명해졌고, 여러 판본으로 제작되었다. 스미스가 의도적으로 그 지역의 영국스러움을 과장해서 그렸기 때문에, 사람들에게 뉴잉글랜드가 신속하고 용이한 정착이 가능할 만큼 성숙된 지역인 것처럼 보였다. 예를 들어, 토착 지명은 안 보이게 했고, 아메리카 원주민의 존재도 드러나지 않게 했다. 지도의 왼편 위에는 스미스의 초상화가 크게 그려져 있는데, 새로운 식민지의 수호자이고 싶은 그의 야심이 다소 요란하게 표현되었다. 1620년 필그림파더스(Pilgrim Fathers)가 북아메리카에 나타나 뉴잉글랜드 최초의 영구적 식민지를 건설했다.

혁명적 지도 제작자들

16세기, 지도학적 혁명이 저지국(低地國, Low Countries)에서 발생했다. 이를 이끈 사람들은 게마 프리지우스(Gemma Frisius, 1508~1558년), 아브라함 오르텔리우스(Abraham Ortelius, 1527~1598년), 헤르하르뒤스 메르카토르(Gerardus Mercator, 1512~1594년)와 같은 지도 제작자들이었다. 지도학적 힘의 균형이 북쪽으로 이동한 것은 크게 경제적, 상업적 이유 때문이다. 이미 북유럽의 가장 번창한 요새 중 하나였던 앤트워프는 리스본을 누르고 유럽 향료 무역의 중심이 되었다. 또한 플랑드르와 독일의 은행가들이 당시 빠르게 증

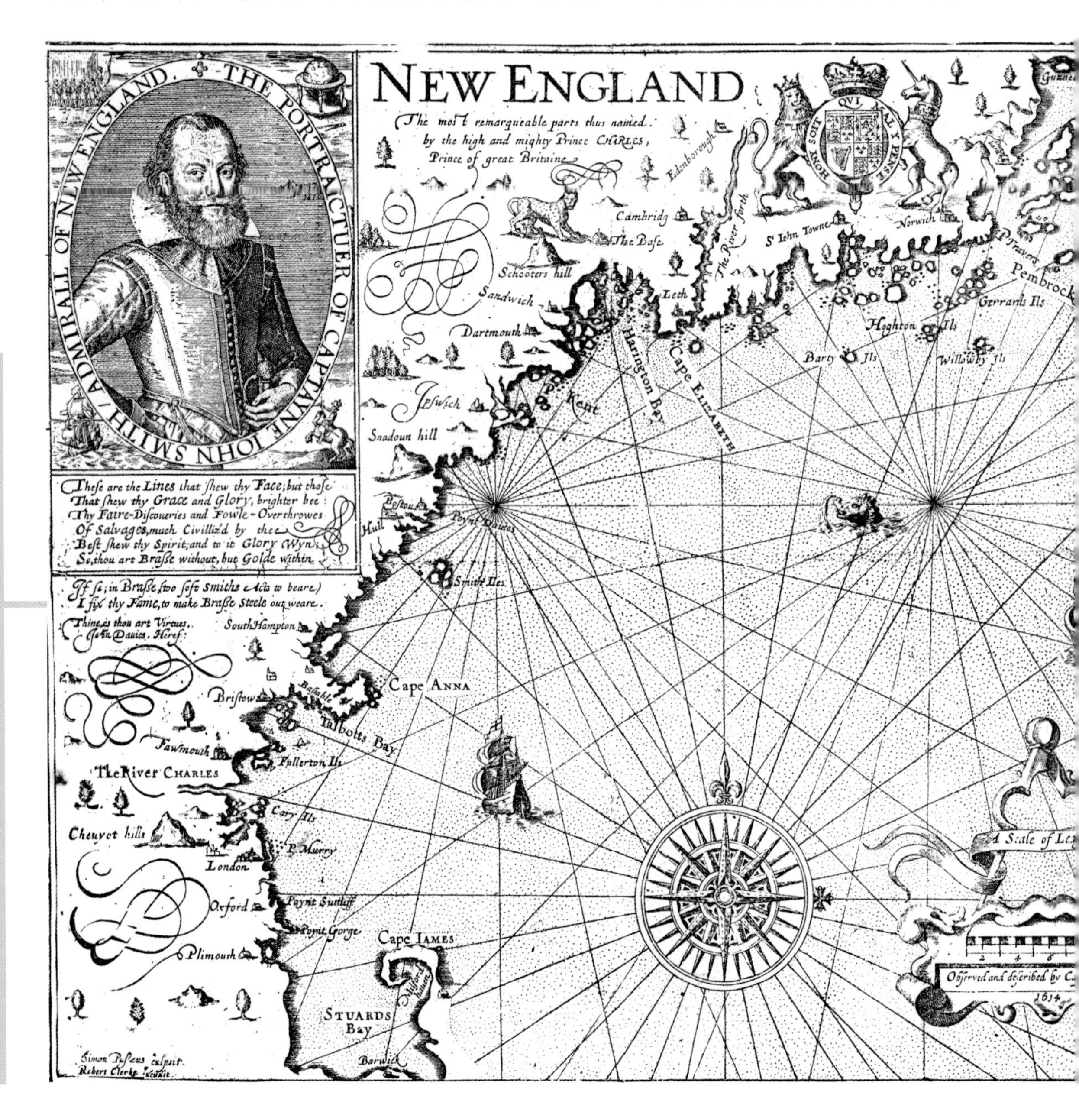

42 뉴잉글랜드, 존 스미스와 사이몬 반 데르 파세, 영국, 1614년

17세기 초반, 존 스미스 선장은 북아메리카로 몇 번에 걸쳐 원정을 다녀왔다. 1614년, 체사피크 만 지역을 조사하고 나서 웨일스의 왕자 찰스를 설득하여 그 지역에 뉴잉글랜드라는 명칭을 붙였다. 이 지도는 네덜란드 판각사의 아들인 사이몬 반 데르 파세(Simon Van der Passe)에 의해 그려진 것으로 알려져 있다. 잉글랜드 지역에 영국인 정착을 홍보할 의도로 제작되었다.

가하던 탐험과 발견의 항해에 자금을 대고 있었다.

프리지우스는 저지국에 있던 루뱅 대학교의 지리학 및 지도학 학부의 수장이었다. 여기에 젊은 메르카토르가 1530년 학생으로 등록했다. 프리지우스는 『장소를 표현하는 방법에 관한 작은 책(Libellus de Locorum Describendorum Ratione)』을 저술했는데, 지도 제작을 위한 삼각함수의 활용 원리에 대해 썼다. 앤트워프 출신이자 메르카토르의 절친한 친구였던 오르텔리우스는 스스로 지도학자가 되었다고 말하기 전에 이미 당대 최고의 "지도 화가"로 간주되고 있었다. 메르카토르는 모든 시대를 통틀어 가장 유명한 지도 제작자일 것이다. 메르카토르는 수 세기 동안 지도 제작자들을 괴롭혀 온 문제를 풀기 위해 요구되는 상상력과 지능을 독학으로 갖춘 듯하다. 그 문제는 바로 곡면인 지구 상의 특성이 평면인 지도 상에서도 나타나게 하는 방법을 고안하는 것으로, 이 문제의 해결은 항해에서 지도를 사용하는 일과 직결되어 있었다.

아브라함 오르텔리우스

오르텔리우스는 원래 지도 채식사(彩飾師)였지만, 1547년 이래로 책, 지도, 인쇄물 사업도 겸하였다. 그가 지도 제작을 시작한 것은 1560년 초반부터였다. 1570년, 그는 『세계의 무대(Theatrum Orbis Terrarum)』를 출간하였다. 이 책은 근대적인 의미에서 세계 최초의 지도첩으로 인정받고 있다. 이는 동일한 크기로 제작된 지도들의 묶음이며, 측량에 기초한 것이기 때문이다. 이 지도첩에는 세계 지도 한 장이 앞에 있고, 그 뒤에 알려진 모든 대륙(아메리카, 아시아, 아프리카, 유럽)의 상세한 지도들이 연속된다. 아메리카와 유럽 대륙은 메르카토르의 도움을 받았다. 유럽 지도는 메르카토르의 1554년 지도와 매우 흡사하다. 원판의 아메리카 지도 역시 메르카토르의 지도(전하지 않음)를 빌려온 것으로 보이는데, 1587년에 새로운 것으로 대체된다. 남아메리카의 서쪽 해안은 부정확한 반면, 태평양 한가운데에는 존재하지 않는 대륙 하나가 모습을 드러내고 있다. 한편, 북아메리카는 그 이후의 지도들과 흡사한 형태이고, 캘리포니아도 반도로 옳게 표현되어 있다.

『세계의 무대』는 엄청난 상업적 성공을 거두었다. 출간된 지 몇 해 만에 라틴어 원본이 네덜란드어, 독일어, 프랑스어, 스페인어, 이탈리아어, 영어로 번역되어 출간되었다. 오르텔리우스 생전에 총 21개의 판본이 있었으며, 사후에 13개 판본이 더해졌다. 이런 성공 뒤에는 출판과 보급의 전 과정을 직접 맡은 오르텔리우스의 뛰어난 사업 수완이 있었다. 그러나 더 중요한 것은 바로 이 책에 실린 지도들이 질적으로 독보적이었기 때문이다. 오스텔리우스는 가장 유명하고 뛰어난 지도학자가 그린 최고의 지도만이 후대에 참고문헌으로 사용될 것이며, 그러한 업적은 올바르게 인정받을 것이라고 주장하였다. 뒤의 판은 앞의 판을 개정하거나 증보한 것이다. 1570년의 원본이 53장으로 구성된 반면, 1612년 이탈리아어 판본에서는 배로 늘어났다.

메르카토르의 투영법

오스텔리우스와 동시대를 살았던 플랑드르의 메르카토르는 그의 인생 마지막 수십 년간의 활동을 지배했던 위대한 세계 측량을 묘사하기 위해 "아틀라스(atlas)"라는 단어를 최초로 만들었다. 그가 그 단어를 선택한 이유는 "모리타니의 왕이자, 학식 높은 철학자이자, 수학자이면서 천문학자인 (그리스 신화 속 인물) 티탄족 아틀라스(Titan Atlas)를 경배하기 위해서"였다. 그의 『아틀라스(Atlas)』 출간은 1537년 성지를 판각하던 것에서 시작된 메르카토르의 길고도 출중한 지도 제작 이력의 정점이다. 여섯 장의 종이에 인쇄되었는데, 모두 이어 붙이면 상당히 큰 벽지도가 되었다. 메르카토르는 그의 첫 번째 세계 지도를 그 이듬해에 발간하였다(84쪽 참조). 다른 중요한 지도들도 곧이어 나왔는데, 특히 1554년 유럽 지도가 주목을 끈다. 이 지도 역시 동판에 판각되었는데 15장의 종이에 인쇄되어 전체 크기는 120×150cm에 달했다.

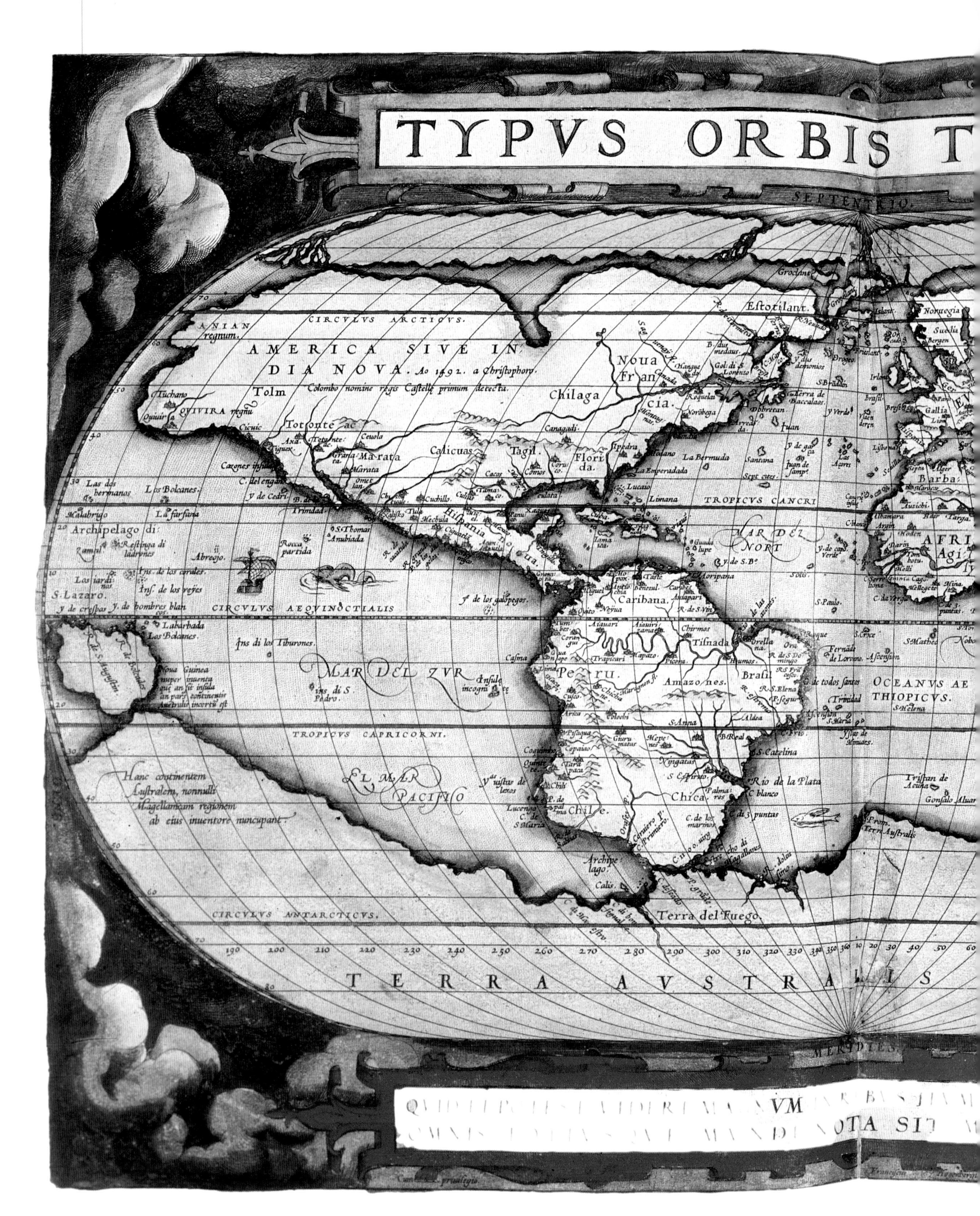
TYPVS ORBIS T
SEPTENTRIO
CIRCVLVS ARCTICVS.
ANIAN regnum
AMERICA SIVE IN DIA NOVA. Ao 1492. a Christophoro Colombo nomine regis Castellæ primum detecta.
Noua Fran cia.
Chilaga
Tolm
QVIVIRA regnu
Totonteac
Marata
Calicuas
Tagil
Florida.
Canagadi
Estotilant
Groclant
Noruegia
Suedia
Terra de Baccalaos
La Bermuda
Las Açores
Los Bolcanes.
La farfana
Archipelago di
Las dos hermanos
Malabrigo
TROPICVS CANCRI
Hispania
MAR DEL NORT
AFRI
S.Lazaro.
CIRCVLVS AEQVINOCTIALIS
Caribana.
Peru.
Amazones.
Brasil
MAR DEL ZVR
OCEANVS AE THIOPICVS.
Noua Guinea nuper inuenta quæ an sit insula an pars continentis Australis incertu est
TROPICVS CAPRICORNI.
Rio de la Plata
Chica
Chile.
EL MAR PACIFICO
Hanc continentem Australem, nonnulli Magellanicam regionem ab eius inuentore nuncupant.
Terra del Fuego.
CIRCVLVS ANTARCTICVS.
190 200 210 220 230 240 250 260 270 280 290 300 310 320 330 340 350 360 10 20 30 40 50 60
TERRA AVSTRALIS
MERIDIES
VM
OTA SIT

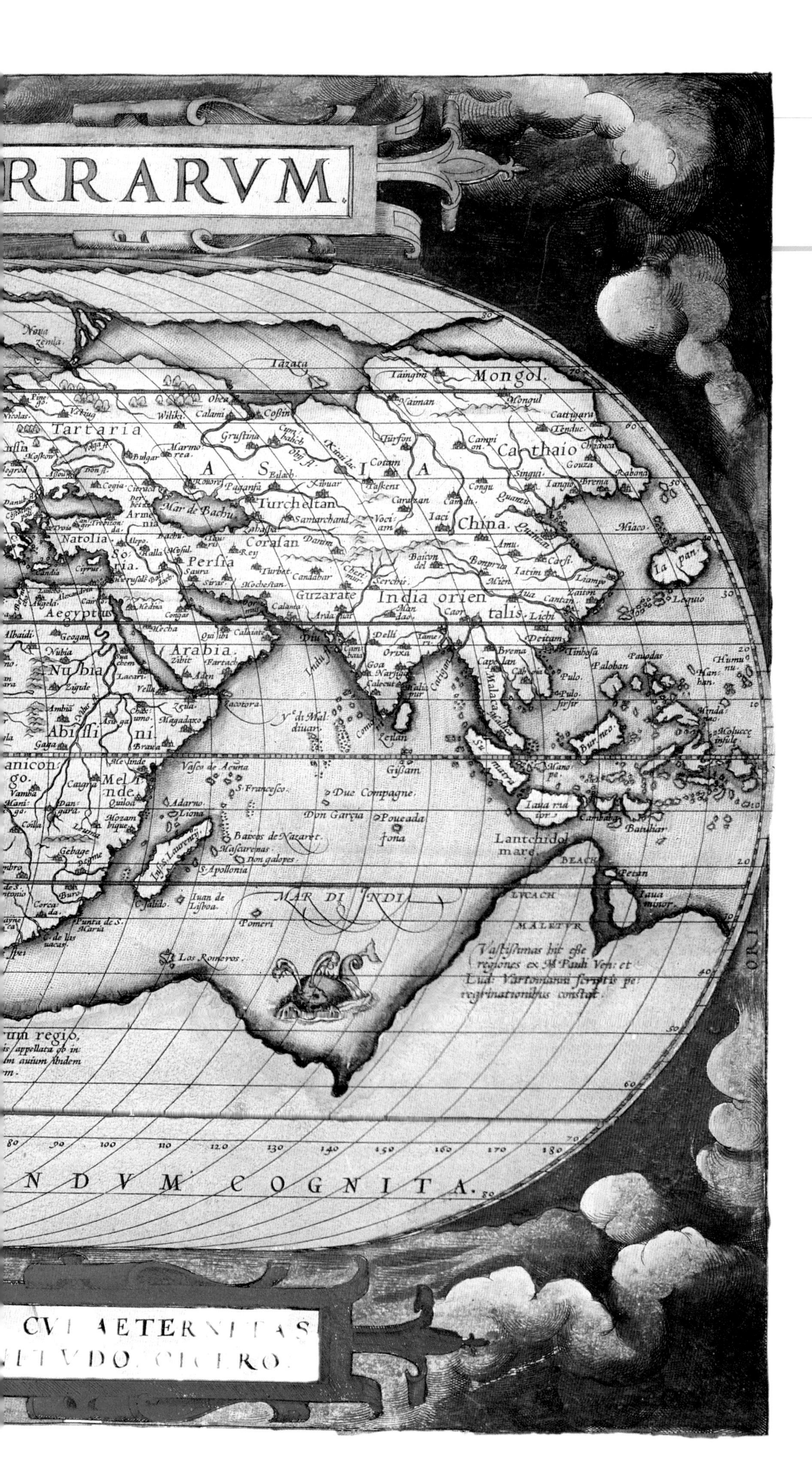

43

세계 지도, 『세계의 무대』, 아브라함 오르텔리우스, 저지국, 1584년

아브라함 오르텔리우스는 그의 위대한 책 『세계의 무대』(1570년 초판 출간)를 통해 거의 전 세계를 포괄하는 지도 모음집을 만들었다. 이것은 타의 추종을 불허하는 걸작으로, 세계 최초의 근대적 의미에서의 지도첩인 것으로 인정받고 있다. 동일한 크기와 형식으로 제작된 지도들을 포괄적인 서술과 함께 결합함으로써, 이후 지도첩의 형태와 내용에 대한 표준을 세웠다. 이 책은 지도첩이라는 용어를 처음으로 사용한 메르카토르의 『아틀라스』(1585)를 누르고 16세기에 최고의 판매량을 기록한 지도첩이 되었다. 총 34판을 기록했으며, 유럽의 모든 주요 언어로 번역되었다. 판본이 바뀔 때마다 새 지도나 개정한 지도들이 실렸다. 예를 들어, 1587년 판에서는 아메리카에 대한 더 좋은 지도로 원판의 지도가 대체되었다. 『세계의 무대』는 또 다른 최초의 포켓 지도첩의 탄생을 잉태했는데, 그것의 이름은 『세계의 거울(Spieghel der Werelt)』이었다(대부분의 판본은 『요약본(Epitome Theatri Orteliani)』으로 알려져 있다). 여기에는 오르텔리우스의 협력자인 필립 갈레(Philip Galle)가 새로이 그린 지도들도 실려 있다.

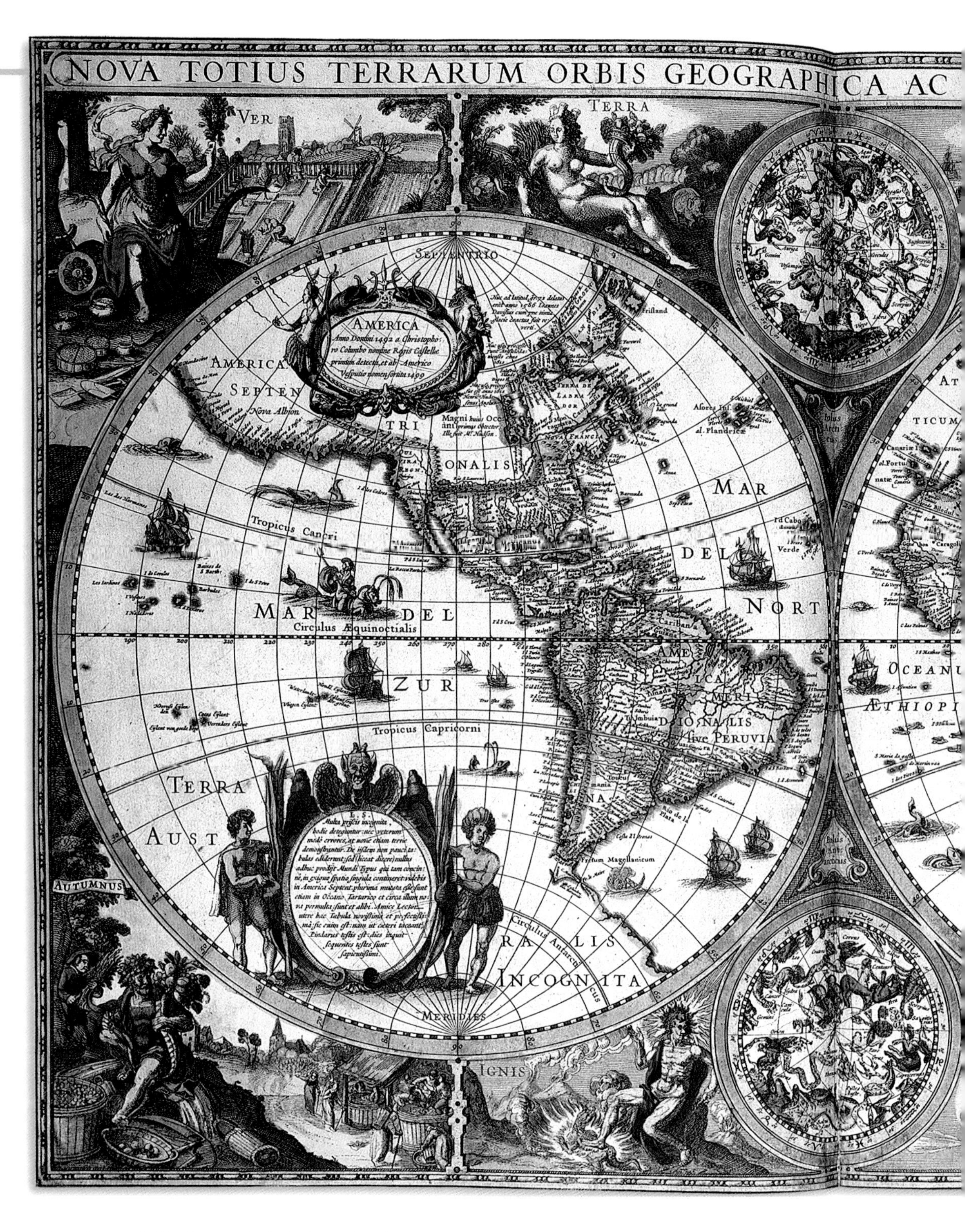

44 **세계 지도, 헤르하르뒤스 메르카토르, 저지국, 1538년**

그가 그린 최초의 지도(팔레스타인을 나타낸 지도)를 출판한 지 불과 일 년 뒤인 1538년, 헤르하르뒤스 메르카토르는 그가 그린 최초의 세계 지도를 출간한다. 이를 위해 프랑스의 수학자 오롱스 피네(Oronce Fine)가 1531년에 고안한 이중 심장형 도법(double cordiform projection)을 도입했다. 지구가 두 개의 심장으로 나뉘어 있는 것으로 묘사되는데, 하나는 북극 중심의 심장이고, 또 다른 하나는 남극 중심의 심장이다. 메르카토르는 이전에 이미 지도화된 해안선과 거의 탐험이 이루어지지 않은 지역의 해안선을 조심스럽게 구분하였다. 메르카토르가 자신의 두 번째 세계 지도를 출판한 1569년 무렵, 그의 지도화 방식은 엄청나게 변하한다. 자신이 새롭게 개발한, 그 혁명적인 지도 투영법을 적용하여 지도를 제작한 것이다. 그 투영법이 오늘날 메르카토르 도법으로 알려져 있다.

메르카토르의 첫 번째 전기 작가이자, 메르카토르가 1552년부터 죽을 때까지 살았던 독일 뒤스부르크의 이웃이기도 했던 발터 김(Walter Ghim)에 따르면, 메르카토르의 유럽 지도는 "각지의 학자들로부터 다른 유사한 지도들과는 비교도 안 될 정도로 뛰어나다는 열렬한 칭송을 받았다." 그러나 이 지도는 명백한 약점도 있었는데, 영국 지도에서 전형적인 예를 찾을 수 있다. 지명의 오류(예를 들어, 노퍽, 서퍽, 에식스와 같

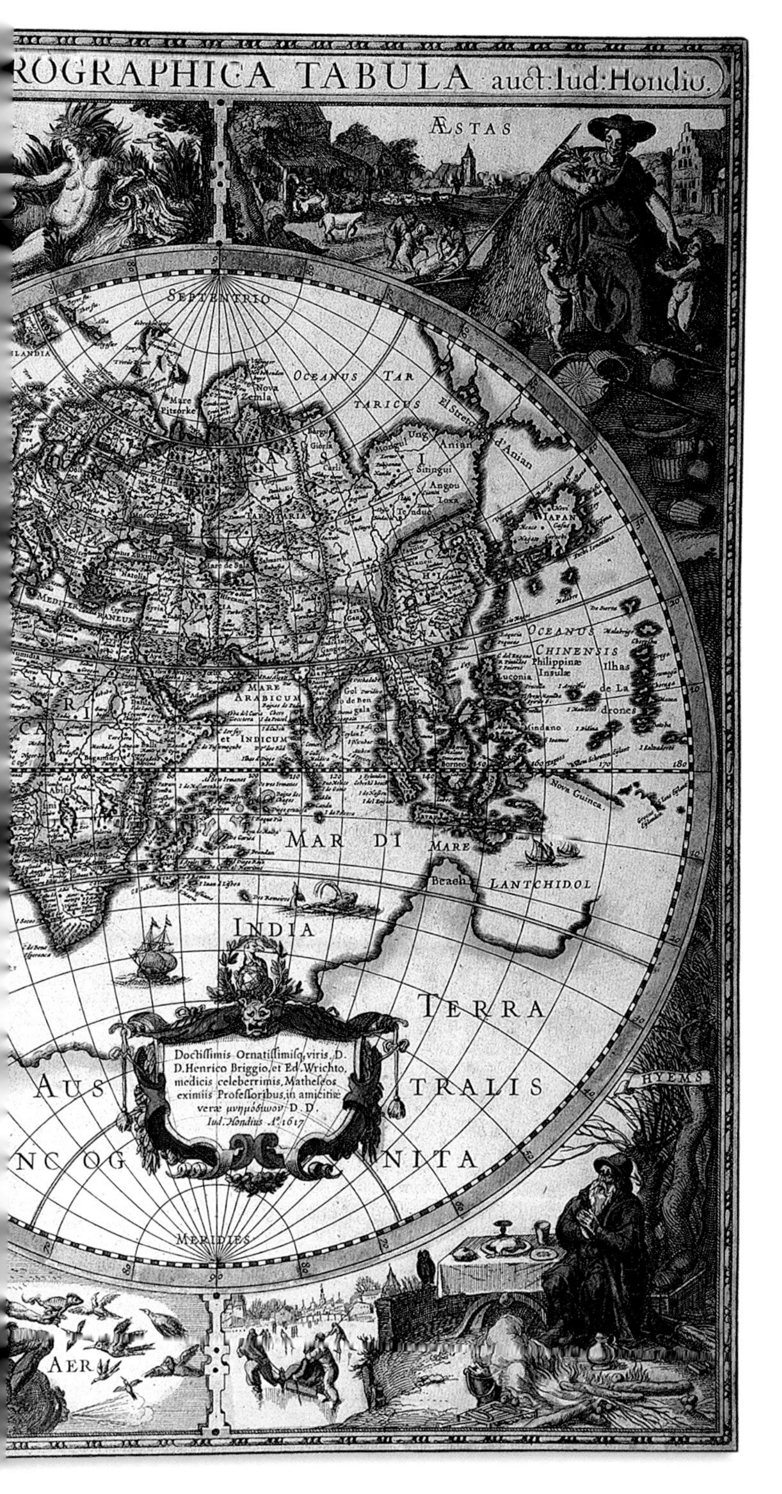

은 국가명이 마을명으로 기재되어 있다)와 스노든 산과 윈저 성과 같은 유명 지명의 치명적인 누락은 메르카토르가 영국에 대한 지식이 부족했음을 보여준다. 메르카토르 지도의 주요 원천 중 하나는 조지 릴리(George Lily)라는 영국의 지도학자가 1546년 로마에서 처음으로 출판한 지도로 보인다.

메르카토르가 10년 후에 제작한 잉글랜드, 스코틀랜드, 웨일스 지도는 훨씬 더 정확하다. 새로운 정보의 원천은 미스터리로 남아 있다. 이에 대해 김(Ghim)은 "잉글랜드에 있던 뛰어난 친구 한 명이 메르카토르에게 영국 제도 지도를 보냈는데, 이것은 그 친구가 누군가의 요구로 엄청난 정성과 극도의 정확성을 기해 편찬한 것이다."라고 말했다. 그 친구가 누구인지는 확실하지 않지만 아마도 평판이 좋지 않던 스코틀랜드의 가톨릭 성직자 존 엘더(John Elder)일 것으로 추측되고 있다. 엘더는 튜더 왕실 도서관에 접근이 가능했으며, 거기서 영국 측량가들이 만든 비밀 도면을 복제해, 1561년 추방당할 때 가지고 나온 것으로 보인다. 메르카토르가 엘더의 이야기를 꺼린 것은 당시의 종교적 격변 때문인지도 모른다. 프로테스탄트였던 메르카토르는 자신이 가톨릭 신자와 공모했다고 비쳐지는 것이 싫었을 것이다. 특히 스코틀랜드의 메리 여왕에 대한 열렬한 지지자이자 엘리자베스 1세의 전복을 지지했던 사람과의 연루설은 달갑지 않았을 것이다.

메르카토르가 그에게 지도학적 불멸성을 안겨준 새로운 유형의 세계 지도를 제작한 것은 1569년의 일이었다. 혁신의 본질은 지도가 무엇을 보여주느냐가 아니라 지도의 정보가 어떻게 보이느냐였다. 즉, 메르카토르는 새롭고도 혁명적인 지도 투영법을 고안했던 것이다. 그는 세계를 직사각형으로 재현했는데, 북극과 남극은 적도와 같은 길이의 평평한 선으로 표현되었다. 그는 "모든 장소의 위치들이, 방위와 거리뿐만 아니라 경도와 위도에 의거해서도, 모든 방향으로 서로에게 일치되도록 평면 위에 구체를 펼쳤다."라고 말했다.

항해사들은 메르카토르 투영법에 의거해 제작되는 지도와 해도의 가치가 무한하다는 사실을 쉽게 알 수 있었다. 그러한 지도들은 나침반 경로를 이전의 어떤 것보다도 더 정확히 설정할 수 있게 해 주었다. 새로운 투영법으로 제작된 지도 상에 선을 긋고, 나침반 방위를 사용해 그 선을 따라가기만 하면 되는 것이다.

속표지, 메르카토르의 『아틀라스』, 1595년
헤르히르뒤스 메르카토르는 지도를 묶어서 만든 컬렉션을 표현하기 위해 "아틀라스"라는 용어를 만들어 냈다. 1595년 판의 속표지에는 지구의를 잡고 있는 티탄족 아틀라스의 모습이 나타나 있다.

메르카토르의 아틀라스

메르카토르가 세계 지도첩 작업을 시작하던 때는 1578년에 완료된 프톨레마이오스의 『지리학』 판본을 만들던 때였다. 나이가 들면서 병마(1590년대 초 두 번의 뇌졸중을 겪었다), 자료들 간의 불일치에서 봉착한 난관, 판각 작업의 높은 노동 강도가 일의 진척을 막았다. 그래서 메르카토르는 그의 마지막이자 가장 위대한 지도학적 업적이 된 것을 조금씩 나누어 출판했다. 1585년 판에는 51개의 지도가 있는데 주로 저지국, 프랑스, 독일에 초점을 맞추었다. 1589년판에는 23개의 지도가 추가되었는데, 이탈리아와 그리스로 대상 지역이 확대되었다. 1595년 최종판에는 기존의 74개 지도에 새로운 지도 33개를 첨가했다. 최종적으로 부가된 지도들로 포르투갈과 스페인을 제외한 유럽 전역을 포괄하게 되었다. 포르투갈과 스페인은 대략적으로만 다루어졌다. 메르카토르의 셋째 아들 루몰두스(Rumoldus)와 세 명의 손자들이 나중에 세계 지도, 아시아와 아프리카 지역 지도, 아메리카 지도 한 장(58~59쪽)을 첨가하였다.

『아틀라스』가 처음 출판되었을 때는 상업적인 성공을 거두지 못했다. 그래서 메르카토르의 손자는 암스테르담에서 성공적으로 출판업을 하고 있던 혼디우스가(家)에 그 인쇄판을 팔아버렸다. 1606년, 혼디우스가는 37장을 첨가하여 『아틀라스』를 더 키웠고, 도안과 판각은 요도쿠스 혼디우스(Jodocus Hondius, 1563~1612년)가 맡았다. 지도의 크기를 줄인 저가판도 발행되었다. 이것에는 『소아틀라스(Atlas Minor)』라는 이름이 붙었는데, 1607~1738년 동안 25판이 제작되었다. 원판 『아틀라스』 역시 1606~1641년 동안 30쇄가 만들어졌고, 라틴어로 된 주석은 네덜란드어, 프랑스어, 독일어, 영어로 번역되었다. 메르카토르의 『아틀라스』는 네덜란드 지도학자들이 17세기가 끝날 때까지 제작했던 소위 "대형 아틀라스"에 대해 표준을 세웠다.

네덜란드 지도학의 발흥

1600년경, 새로운 국가가 국제사회에서 중요한 역할자로 빠르게 부상하고 있었다. 당시 연합주(United Provinces)라고 불린 곳의 프로테스탄트 시민들은 수십 년 간의 전쟁(휴전 기간 포함)을 치른 후, 1609년 마침내 가톨릭 스페인으로부터 독립하였다. 장기간의 분쟁은 당시 지도에도 고스란히 반영되었다. 1596년경 제작된 네덜란드의 선전용 세계 지도에 "그리스도 군인"이 일군의 악마와 싸우는 모습이 묘사되어 있는데, 지도를 만든 혼디우스는 그 악마들을 가톨릭 스페인 적과 동일시하였다. 군인들의 얼굴은 당시 프로테스탄트의 영웅 앙리 드 나바르(Henri de Navarre, 훗날 프랑스의 앙리 4세)와 비슷했다. 그 무렵 그려진 다른 지도에는 연합주가 사자로 표현되어 있는데, 이는 가톨릭 적과 싸우고 있는 오라녀(Orange) 가문의 상징이다.

17세기 초반 무렵 네덜란드 무역의 촉수는 지중해와 발트 해 주변을 돌아 대서양을 가로지르고, 남쪽으로는 아프리카에 닿고, 인도양을 건너서는 인도와 향료 제도(Spice Islands)가 있는 동남아시아로 뻗어 가고 있었다. 네덜란드가 지속적인 번영과 권력을 누리는 독립 국가로 남기 위해서는 국제 무역에서 성공을 거두고 바다와 관련된 지식과 능력을 구비해야 했다. 이 새로운 공화국의 네덜란드인들은 당대 최고의 지도 제작자

들을 유인하는 데 성공했는데, 많은 학자들이 기존의 지도학 중심부와 벨기에의 앤트위프 항구로부터 북쪽의 레이던, 암스테르담, 헤이그로 몰려들었다. 루카스 얀스존 바게나르(Lucas Janszoon Waghenaer, 1534년경~1605년)가 1584년 최초의 인쇄 해양 아틀라스인 『항해의 거울(Spiegel der Zeevaert)』을 출간한 것도 레이던에서였다(88쪽 참조). 1592년 무렵, 이 아틀라스는 5개국에서 출간되었다. 유럽의 북부와 서부 해안선이 상세하게 묘사되어 있었고, 유사한 해양 아틀라스의 이후 세대를 위한 표준이 되었다.

블라외가(家)와 그들의 지도

암스테르담은 세계 지도 제작의 수도가 되었다. 1655년 암스테르담 시청사의 시민 회관 대리석 바닥에 이중 반구 형태의 세계 지도가 음각되어 있었는데, 이는 암스테르담의 상업적, 해양적, 지도학적 중요성을 상징적으로 보여주는 것이었다. 암스테르담은 당시의 뛰어난 지도 제작자들의 본부였다. 주요 인물로 요하네스 얀손(Johannes Jansson, 1588~1664년), 니콜라우스 얀스 비셔(Nicholaus Jansz Visscher, 1618~1679년), 요하네스 반 쾰른(Johannes van Keulen, 1654~1717년) 등이 있다. 블라외가(Blaeus)가 지도 제작 사업을 그 도

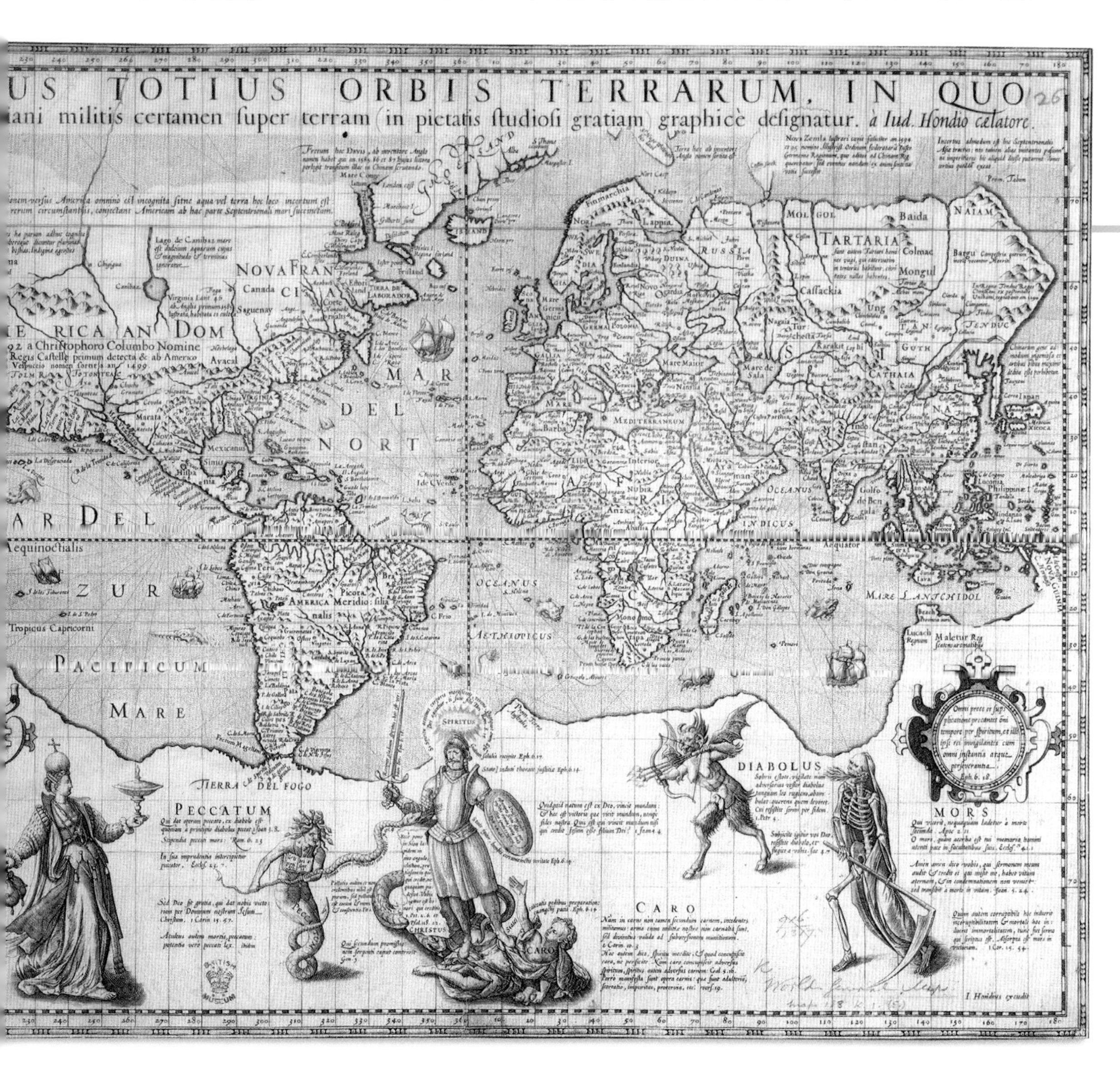

45

그리스도 기사 세계 지도, 요도쿠스 혼디우스, 네덜란드, 1596년경

당시 네덜란드의 지도 제작을 주도하던 인물 중 한 사람인 요도쿠스 혼디우스가 이 세계 지도를 만들 무렵, 프로테스탄트 네덜란드는 가톨릭 스페인과 수십 년에 걸친 독립 전쟁을 벌이고 있었다. 지도에서 혼디우스가 그 스스로를 네덜란드 군인과 동일시하는 것이 강하게 나타나 있다. 가운데 아래쪽에는 중무장한 프로테스탄트 기사가 보이는데, "허영", "죄악", "성적 빈약", "악마", "죽음"에 맞서 용감하게 싸우고 있다. 싸움의 대상에 붙여진 그 모든 단어들은 가톨릭교와 스페인 적에 상징적으로 연결되어 있다. 이 때문에 이 지도는 지도학적 정치 선전의 주목할 만한 예로 간주된다.

46 **『항해의 거울』, 루카스 얀스존 바게나르, 네덜란드, 1584년**

루카스 얀스존 바게나르의 이 위대한 해양 아틀라스는 이런 종류의 업적으로는 최초의 것으로 해도 제작의 서막을 열었다. 도선사와 동의어로 쓰이게 된 "바고너(waggoner)"라는 용어가 새로이 만들어졌다. 이 지도첩은 스페인에서 노르웨이에 이르는 유럽 연안을 포괄하고 있으며, 수로지와 여타의 관련 정보가 각 해도의 뒷면에 실려 있다. 여기에는 잉글랜드 시부 해안의 해도가 나타나 있다.

시에서 연 것은 1599년이었다. 블라외가의 수장은 빌렘 얀스존 블라외(Willem Janszoon Blaeu, 1571~1638년)로 1633년부터 사망 전까지 네덜란드 동인도 회사의 공식 수로학자였다. 그가 사망한 뒤에는 두 아들 중 한 명인 요안 블라외(Joan Blaeu, 1596~1674년)가 승계하였다. 빌렘은 메르카토르의 『아틀라스』의 인쇄판을 사들였고, 그것을 이용해 1630년 세계 아틀라스를 출간하였다. 뒤이어 1635년에는 『노부스 아틀라스(Novus Atlas)』 혹은 『세계의 무대』를 출간하였는데, 208개의 지도가 두 권에 수록되어 있었다(90~91쪽 참조). 시간이 지나면서 점점 더 많은 지도가 첨가되어 1655년 무렵에는 세트가 6권이었다. 1662년부터는 요안 블라외

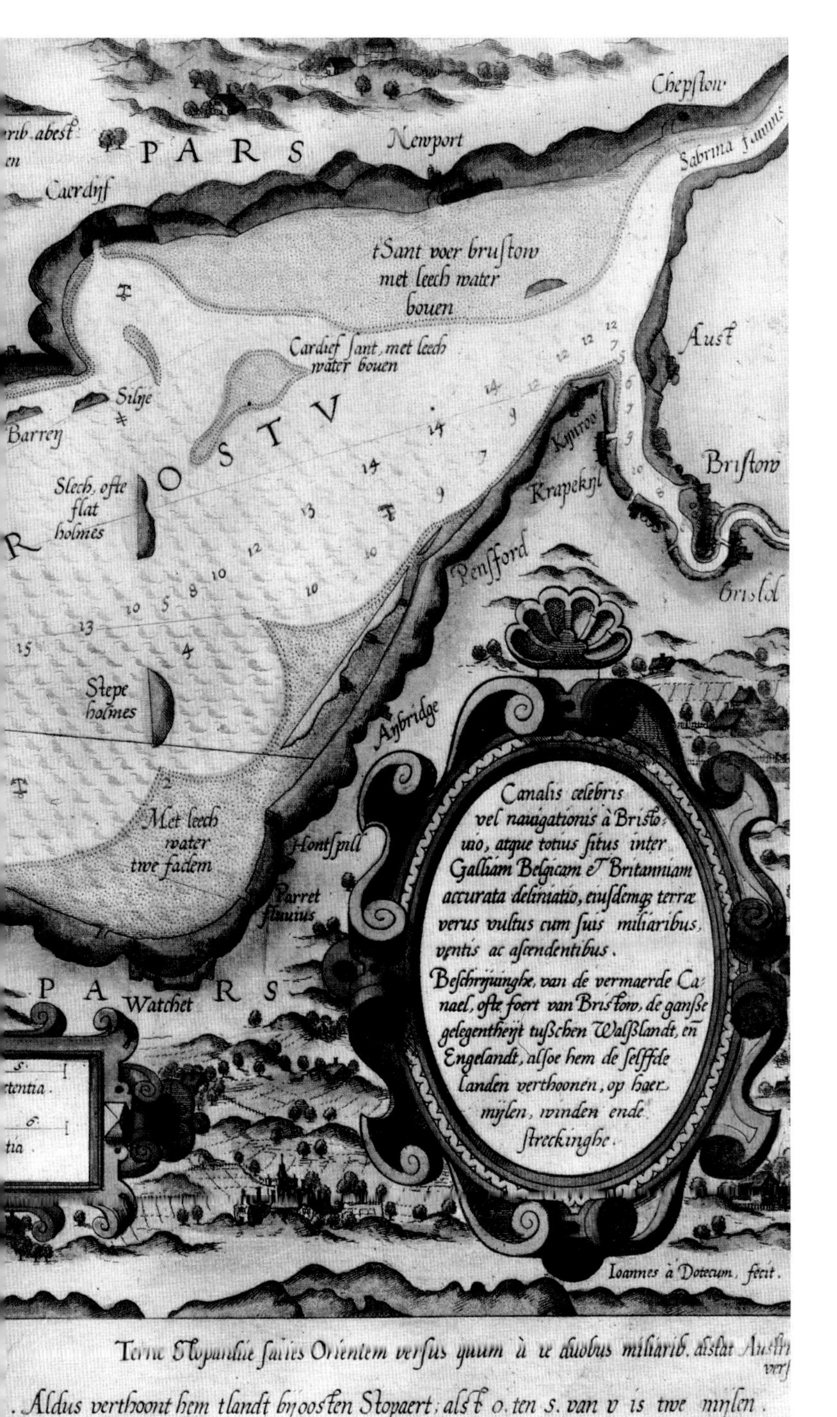

가 3,000쪽 분량에 600개의 지도를 수록한 『대아틀라스(Atlas Major)』를 출간했는데, 17세기 네덜란드 지도학의 최고봉으로 인정받고 있다.

뉴네덜란드

네덜란드의 우선 순위는 명백히 무역이었지만, 식민지 개척을 등한시한 것도 아니었다. 1609년 네덜란드 동인도 회사는 영국 탐험가 헨리 허드슨(Henry Hudson)에게 자금을 대고, 그가 동인도의 "향료 제도"라고 명명한 지역에 이르는 북동 항로를 찾도록 했다. 궂은 날씨와 열정이 부족한 선원들로 인해 회항해야 했지만, 네덜란드의 물주들에게 빈손으로 돌아가기 싫었던 허드슨은 메인 해안을 향해 서쪽으로 나갔다. 거기서 남쪽으로 가다가 다시 북쪽으로 방향을 틀어 북동 항로만큼 불분명한 북서 항로를 찾아 헤맸다.

결국 허드슨은 후대에 허드슨 강이라고 명명된 큰 강의 어귀에 도착했고, 그 강을 따라 240km를 거슬러 올라가 현재의 뉴욕 주 올버니에 도착했다. 거기서부터는 강이 너무 얕아져 더 이상 전진하지 못했다. 네덜란드로 돌아오는 여정은 순조롭지 못했다. 영국 데번 해안의 다트머스에 상륙하자마자 체포되어 영국의 왕 제임스 1세의 허가 없이 외교 활동을 한 것에 대해 처벌받았다. 그가 만든 지도는 해도와 함께 항해 일지도 몰수당했다.

허드슨은 결코 네덜란드로 돌아올 수 없었지만(1611년 항해에서 죽음을 맞았는데, 반란을 일으킨 선원들이 그를 바다에 던져 버렸다고 한다), 그가 발견한 것들에 대한 기록은 암스테르담에 전해졌다. 네덜란드 동인도 회사는 아드리아엔 블로흐(Adriaen Block, 1567~1627년)에게 돈을 대어 그 지역을 재탐사하고 지도를 만들도록 했다. 유럽의 다른 어떤 열강도 선점하지 못한 지역이었기 때문에 네덜란드인에게 상당히 매력적

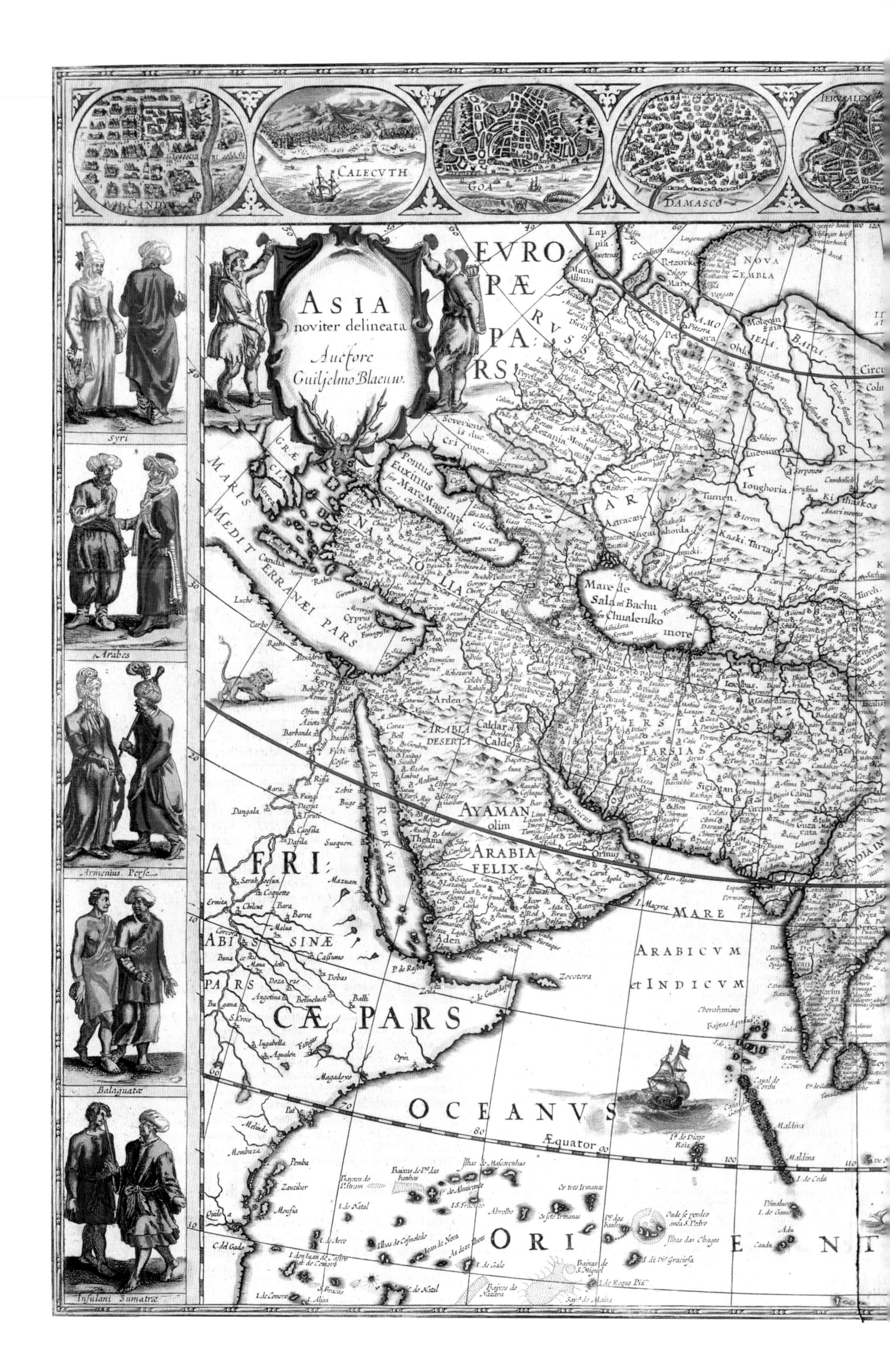
CANDY
CALECUTH
GOA
DAMASCO
ASIA
noviter delineata
Auctore
Guiljelmo Blaeuw.
Syri
Arabes
Armenius. Persæ
Balaguatæ
Insulani Sumatræ
EVROPÆ PARS
Pontus Euxinus five Mare Maggiore
MARIS MEDITERRANEI PARS
Mare de Sala vel Bachu seu Chualensko more
PERSIA
ARABIA DESERTA
AYAMAN olim
ARABIA FELIX
MARE RVBRVM
AFRICÆ PARS
ABISSINÆ
MARE ARABICVM et INDICVM
OCEANVS ORIENT
Æquator
NOVA ZEMBLA
TARTARIA

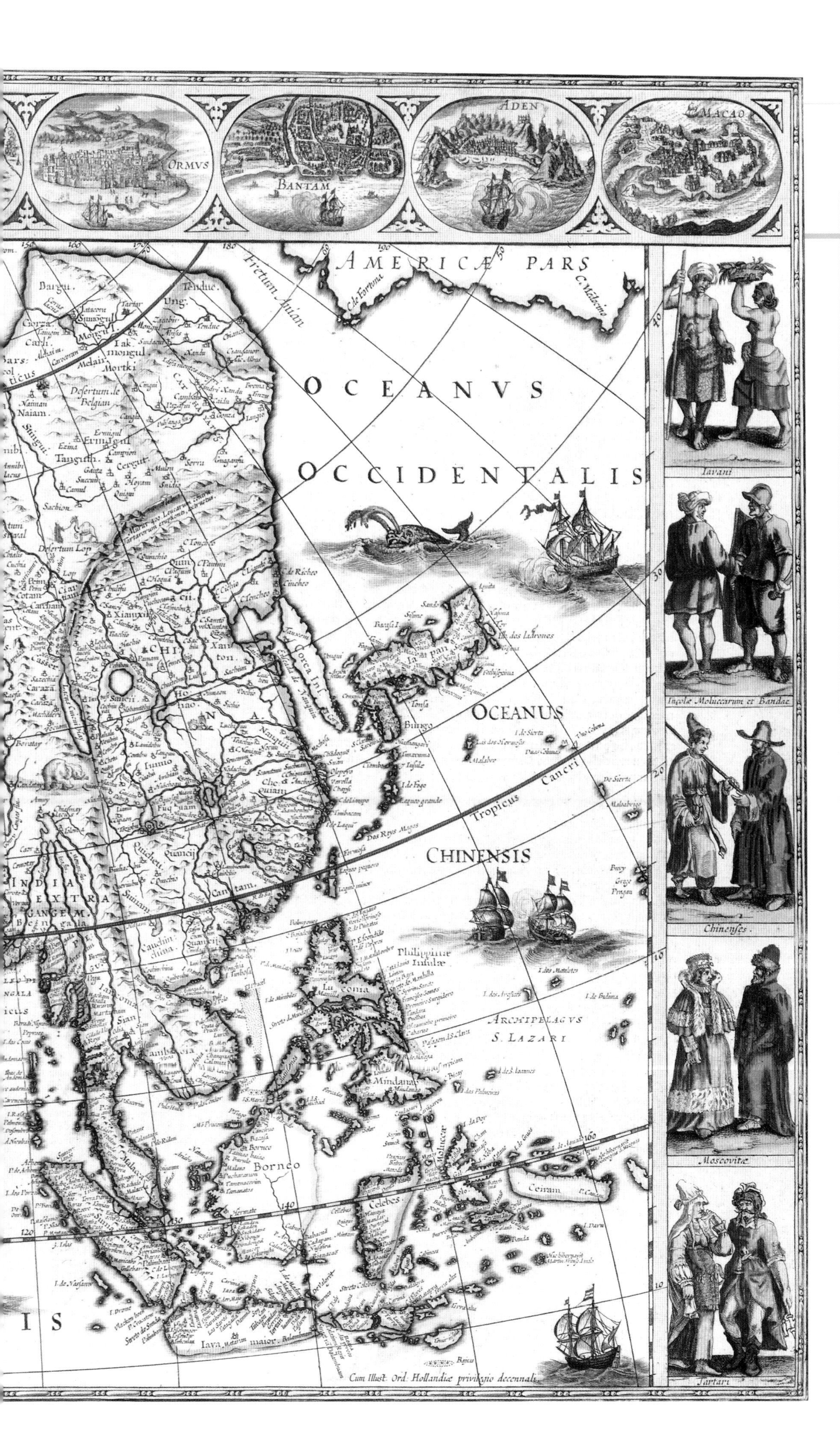

47 아시아, 빌렘 블라외, 네덜란드, 1635년경

기술적으로 말해 그림 지도(carte–a–figures, 말 그대로 "그림이 있는 지도")라고 불리는 이 지도는 위대한 지도학자 빌렘 블라외의 작품이다. 그는 17세기 중엽 거의 40년 이상 네덜란드의 지도학을 지배했던 블라외 왕조의 시조였다. 위편 끝에는 아시아의 주요 도시와 상업 취락이 나타나 있는데, 캔디, 캘컷, 고아, 다마스커스, 예루살렘, 호르무즈, 반탐, 아덴, 마카오가 그것들이다. 왼편과 오른편 끝에는 다섯 개씩의 그림판이 나타나 있는데 각각의 판 속에는 아시아의 여러 국가와 지역에 살고 있는 사람들을 대표하는 전통 의상을 착용한 한 쌍의 인물들이 들어가 있다. 블로외가 이 지도를 제작할 수 있었던 것은 1633년 네덜란드 동인도 회사의 수로학자로 지명되어 그 회사가 수집한 모든 지리적 정보에 접근할 수 있었기 때문이다. 빌렘의 아들도 아버지가 확립해 놓은 수준 높은 지도학적 전통을 이어갔다. 1662년, 요안 블라외는 그 유명한 『대아틀라스』를 출간한다. 알려진 세상 전부에 대한 600장의 지도를 수록한 이 아틀라스는 호화로운 승성본으로 제작되기도 했는데, 왕실 인사들에게 바치는 귀한 선물이 되었다.

인 곳이었다. 1614년, 블로흐와 선장 헨드릭 크리스티얀센(Hendrick Christiansen), 그리고 12명의 무역상은 네덜란드 국회에 진정서를 제출해 자신들에게 토지 및 무역에 관한 권리를 양도해줄 것을 요구하였다. 이렇게 하여 뉴프랑스와 버지니아 사이의 땅이 뉴네덜란드가 되었는데, 이것은 네덜란드 국회가 인가서에 "첨부된 구상적 지도"라고 명명한 것에 따라 정해졌다. 「블로흐 지도(Block Map)」라는 이름을 부여받은 이 지도는 맨해튼을 독립된 섬으로 묘사한 최초의 지도이며, "뉴네덜란드"라는 단어를 처음으로 사용한 지도이기도 하다. 이것은 미래를 위한 표준이 되었는데, 새로이 만들어지던 네덜란드 서인도 회사가 그 지역에 관심을 높여 가던 시기였기 때문에 특히 중요했다.

뉴네덜란드에 대한 많은 지도들이 제작되었다. 여기에는 요하네스 얀손과 니콜라우스 비셔가 제작한 지도도 포함되는데, 비셔는 얀손의 원본을 향상시켰다. 비셔의 1655년 지도는 맨해튼을 근거지로 하여 건설된 니우브 암스테르담(나중에 뉴욕이 됨)을 최초로 표시한 지도였다. 맨해튼을 포함한 그 땅은 뉴네덜란드의 총독 피터 미뉴잇(Peter Minuit)이 그 지역의 원주민에게 60길더 이치의 물품을 주고 구입한 것이다. 유럽인의 관점에서 이것은 단연 역사상 최고의 상거래 중 하나였다.

네덜란드의 태평양 항해

17세기 전반기에는 네덜란드가 태평양 지역의 가장 활발한 탐험가로서의 지위를 포르투갈과 스페인으로부터 물려받았다. 1618년, 네덜란드 동인도 회사는 네덜란드 동인도의 수도였던 바타비아(현재의 자카르타)에 탐험을 도울 목적으로 수로국을 설치했다. 1642년, 네덜란드 식민지 총독이었던 앤서니 반 디멘(Anthony van Diemen)은 네덜란드 항해사 아벨 타스만(Abel Tasman)에게 "지구에서 아직 알려지지 않은 땅을 찾는" 과업을 부여했다. 구체적으로는 당시의 많은 사람들이 태평양을 가로질러 뻗어 있다고 믿던 거대한 남쪽의 대륙, 즉 테라 아우스트랄리스 인코그니타(Terra Australis Incognita)를 발견하는 과업이었다. 그것의 존재 여부는 네덜란드인들이 풀어야만 하는 수수께끼였다. 또 다른 네덜란드인 선장 빌럼 얀츠(Willem Janz)는 1606년경 최소한 그 대륙의 일부를 육안으로 확인했던 것으로 보인다.

타스만은 도선사 프란스 야코브스존 비셔(Frans Jacobszoon Visscher)와 함께 항해했는데, 항해 가능한 세 개의 항로를 지도에 그렸다. 그들은 먼저 모리셔스에 닿았고, 이어서 남쪽으로 항해했다. 타스만은 그가 처음 본 육지를 반 디멘스 랜드(Van Diemen's Land)라고 불렀다. 후에 이 땅은 그를 기리기 위해 태즈메이니아로 바뀐다. 타스만은 동쪽으로 계속 항해해 뉴질랜드를 발견하였고, 돌아오는 길에 통가와 피지에 들렀다. 2년 뒤 두 번째 항해에서 타스만은 오스트레일리아 땅에 올랐고, 그것을 니우브 홀랜드(Nieuw Holland)라고 칭했다. 그 이름은 이후 150

넌간 이어졌다. 이 두 번의 항해 결과, 오스트레일리아의 북쪽, 남쪽, 서쪽 해안뿐만 아니라 불완전하지만 대즈메이니아의 서해안과 뉴질랜드를 지도에 표시할 수 있게 되었다.

국가도와 지역도

지도의 중요성에 대한 인식이 유럽을 지나 러시아까지 전해진 것은 표트르 1세(1682~1725년) 때였다. 봉건

48 시칠리아, 이냐지오 단티, 바티칸 교황청, 1502년경

볼로냐대학의 수학과 교수인 이냐지오 단티는 역법 개혁에 관해 교황 그레고리 13세에게 조언을 해주기도 했던 인물인데, 바티칸 왕궁의 지도 갤러리 조성을 총괄하였다. 원래의 의도는 교황의 영토를 보여주는 것이었지만, 종국에는 이탈리아 전체를 담도록 확대되었다. 통일된 이탈리아까지는 아직 먼 시점이었지만, 그 지도들은 교황의 권능과 야망을 여실히 보여준다.

주의가 쇠퇴하고 국민국가가 성장함에 따라, 지리상의 발견과 내셔널리즘의 탄생이 거의 동시에 발생했다. 통치자와 정부 관료들은 보다 효율적인 통치를 위해 지도가 어떻게 사용될 수 있는지를 따져보기 시작했다. 지도 사용의 잠재력을 보여준 일대 사건이 15세기 중엽 이탈리아에서 발생했다. 당대의 연대기 작가가 "출중한 지리학자"로 묘사했던 교황 비오 2세(1405~1464년)는 프톨레마이오스의『지리학』을 읽었으며, 위도와 경도에 관련된 수학의 중요성에 대해 상세한 글을 쓰기도 했다. 교황 율리우스 2세(1443~1513년)는 바티칸 왕궁의 우주의 주랑을 장식할 일련의 벽지도 제작을 의뢰했다. 이후, 교황 그레고리 13세(1502~1585년)는 학자 이냐지오 단티(Ignazio Danti, 1536~1586년)를 로마로 불러 역법 개혁에 대한 조언을 구했는데, 단티는 거기에 머물면서 새로 문을 연 지도 갤러리에 벽지도 그리는 작업을 하였다. 이 지도들은 "교황 국가의 진정한 재현"일 뿐만 아니라 아직 통일을 이루지 못한 이탈리아의 전체 모습을 담은 것이기도 했다.

베네치아, 나폴리, 플로랑스는 로마에 거의 근접해 갔다. 1460년에 이미, 베네치아의 통치 기관이었던 10인 위원회는 베네치아인들이 파두아, 브레시아, 베로나 근처에서 통치하고 있던 영토에 대한 지도를 제작하도록 지시했다. 16세기 후반에는 1583~1594년간 나폴리의 왕궁 측량사 마리오 카르타로(Mario Cartaro, 1540~1614년)가 나폴리 왕국에 대한 많은 지도를 제작했다. 그는 우선 왕국 전체의 지도를 만들었고, 뒤이어 각 주를 자세하게 그린 열두 장의 지도를 제작했다. 거의 같은 시기에 토스카나의 대공 페르디난드 1세(1544~1604년)는 플로랑스에 있을 때 생활하던 우피치 궁의 거의 한쪽 동 전체를 지도와 과학 기구로 가득 채움으로써 자신의 지도학에 대한 열정을 여실히 드러냈다. 통일된 이탈리아라는 개념이 없을 때이므로, 반도 전체를 담은 지도첩을 제작하기까지 오랜 시간이 걸렸다. 그 지도는 조반니 안토니오 마기니(Giovanni Antonio Magini, 1555~1620년)가 만들었는데, 그가 사망한 해에『이탈리아(Italia)』가 완성되었다.

카르타 마리나

르네상스 전 시기에서 가장 흥미로운 지도들 중 하나는 스웨덴의 가톨릭 성직자 올라우스 마그누스(Olaus Magnus, 1490~1557년)의 카르타 마리나(Carta Marina)이다. 1529년 베네치아에서 그려졌고, 지도 제작에 돈을 댔던 그 도시의 "가장 고결한 주군이자 총대주교"에게 헌정되었지만, 이탈리아 지도는 아니었다. 마그누스가「북쪽의 땅과 그것의 경이로움에 대한 해양 지도와 지지(A Marine Map and Description of Northern Lands and their Marvels)」라고 호기롭게 이름 붙인 이 지도에는 스칸디나비아 지역이 상세하게 묘사되어 있다(다양한 바다 괴물도 그려져 있다). 마그누스는 종교 개혁에 반대했고, 남부의 유럽인들에게 스칸디나비아 지역은 가톨릭교의 신봉 지역으로 남아야만 한다는 점을 보여주고자 했다.

마그누스는 프톨레마이오스의『지리학』에 삽화로 들어간 지도들에 의존했다(실질적으로 마그누스는 그 지도들이 부적절하다고 생각했고, 이 지도를 만드는 하나의 동기가 되었다). 마그누스는 다양한 원천을 사용했는데, 그가 정성 들여 수집한 해도들과 항해 중에 관찰한 것들을 망라했다. 최종적인 지도의 지리학적 정확성에서는 아쉬움이 많이 남지만, 마그누스의 지도는 북유럽 국가에 대한 최초의 상세 지도였다.

지도와 합스부르크가(家)

신성 로마 제국의 카를 5세(1500~1558년)는 그가 통치하는 광대한 영토를 효율적으로 관리하는 데 지도가 갖는 역할을 재빠르게 인식했다. 카를 5세는 크리스토퍼 콜럼버스의 셋째 아들인 페르난도 콜론(Fernando Colón)을 시켜『스페인 지지(Description of the Geography of Spain)』의 편찬을 시작했으나, 불행히도 1523

49

카르타 마리나, 올라우스 마그누스, 베네치아, 1539년

지도학자가 된 추방당한 성직자 올라우스 마그누스가 이탈리아에서 생활할 때 자신의 모국 스칸디나비아 지역을 생생하게 묘사한 이 지도를 만들었다. 북대서양에서 서부 러시아에, 그리고 북부 독일에서 북극권에 이르는 지역을 담고 있다. 당시에는 놀라운 정확성을 자랑하던 지도였는데, 다양한 상상의 동물이 그려져 있다. 예를 들어, 스코틀랜드의 앞 바다에는 드래건과 다른 바다 괴물들이 들끓고 있는데, 그중 많은 것들은 지나가는 배를 분주히 잡아먹고 있다.

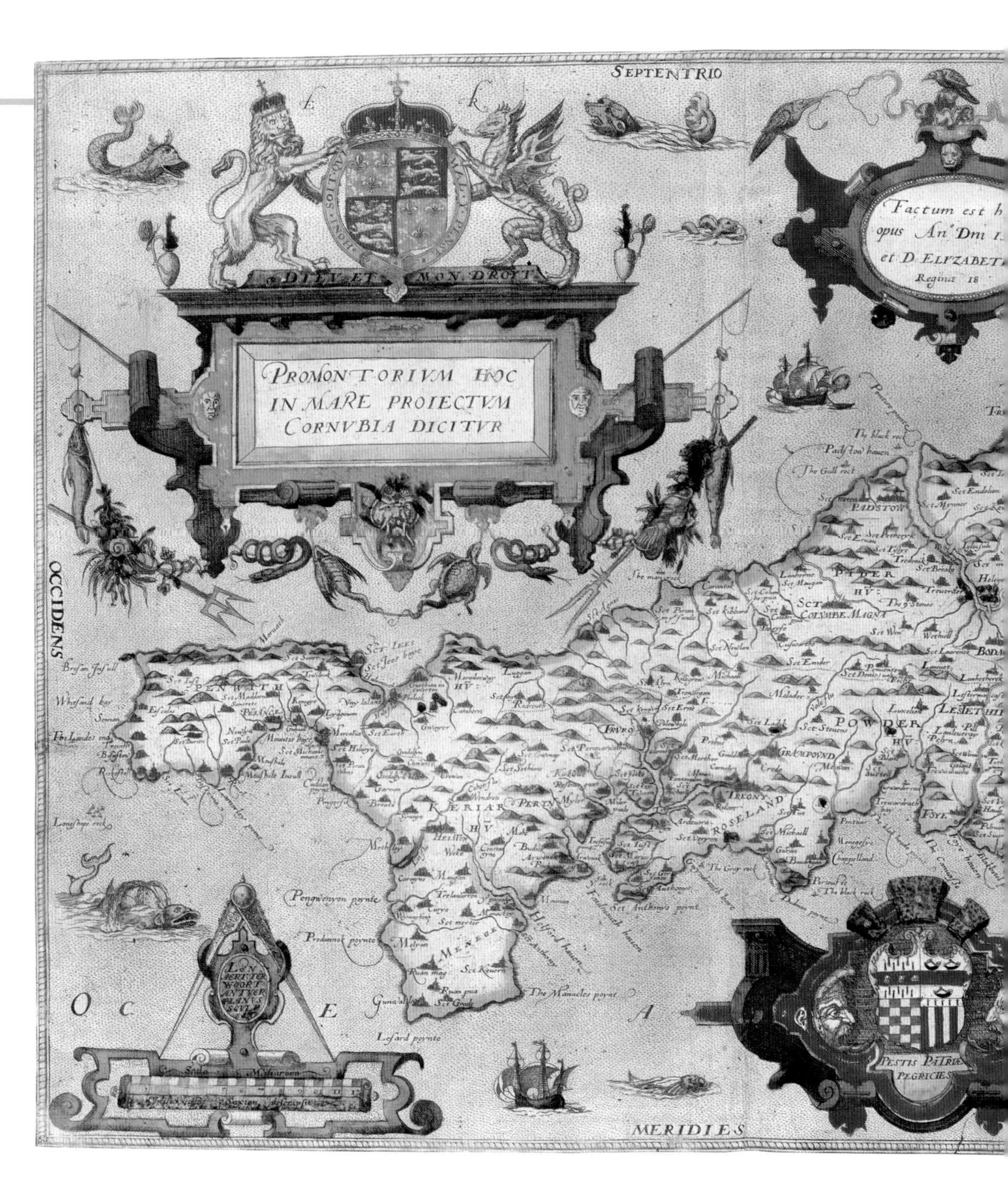

50 **콘월, 『잉글랜드와 웨일스의 카운티 지도』, 크리스토퍼 색스턴, 영국, 1579년**

1570년대 초반~1578년까지, 측량가 크리스토퍼 색스턴은 잉글랜드와 웨일스에 대한 그의 선구자적인 측량을 통해 34장의 지도를 만들었다. 여기에 보이는 것은 콘월 카운티의 지도인데, 전체적으로 정확하지만 랜즈엔드(Land's End) 반도는 예외이다. 이 지역은 동서 방향으로 달리는 것으로 표현되어 있지만 사실은 북동–남서 방향으로 달린다.

년 중단되었다. 또한 카를 5세는 저지국 전역에 대한 대규모 토지 측량 사업을 실시하도록 했고, 그 결과를 세금 부과 수준을 재조정하는 기초 자료로 사용했다.

카를 5세의 아들이자 계승자인 스페인의 필리프 2세(1527~1598년)는 아버지만큼 지도와 지도 제작을 열렬히 옹호했다. 1560년대, 그는 매우 야심찬 스페인 측량 사업을 벌였는데, 페드로 데 에스키벨(Pedro de Esquivel, 1575년 사망)이 총지휘하고, 후안 로페스 데 벨라스코(Juan López de Velasco)와 주앙 밥티스타 라반하(João Baptista Lavanha)가 완성했다. 후자의 인물들은 『에스코리알 아틀라스(Escorial Atlas)』의 편찬자이기도 하다. 이 지도첩의 핵심은 이베리아 반도 전체를 보여주는 지도이다(스페인과 포르투갈은 1580년에

통일되었다). 이베리아 반도 지역들의 지도 20장도 포함되어 있다.

프랑스의 국가도 제작

프랑스의 국가도 제작에 대한 이야기는 카트린 드 메디치(Catherine de Medici, 1519~1589년)로부터 시작된다. 앙리 2세의 미망인이자, 거의 반세기 동안 프랑스의 옥좌 뒤에서 실질적인 권력을 행사했던 그녀는 피렌체 출신으로 지도와 지도의 활용성에 대한 식견이 남달랐다. 1560년경, 카트린은 남편이 생전에 왕실 지리학자로 앉혔던 니콜라 드 니콜레(Nicolas de Nicolay, 1517~1583년)에게 "프랑스 왕국 모든 주에 대한 지도와 지지를 편찬할 것"을 지시했다. 니콜레가 일에 착수했지만, 6년이 지나도록 겨우 세 개 주의 지도만을 완성할 수 있었다. 이러한 지연은 프랑스의 가톨릭 세력과 프로테스탄트 위그노 교도들 간의 길고 긴 종교 전쟁으로 절정에 달한 국내 정치 불안과 관련되어 있을 수도 있지만, 단정짓기는 어렵다. 이유가 무엇이었건 그 기획은 무산되었다.

1594년에야 최초의 프랑스 지도첩인 『프랑수아의 무대(Le Théatre François)』가 모리스 부게로(Maurice Bougereau)에 의해 간행되었다. 그러나 이 책은 서로 다른 원천으로 만들어진 지도로 구성되었다. 따라서 축척이 서로 달랐으며, 모든 지역을 포괄하지도 못했고, 정확도도 천차만별이었다. 이런 사정에도 불구하고, 장 르 클러크(Jean Le Clerk)는 1619년 부게로의 지도첩을 약간 보완해 『프랑스 지리의 무대(La Théatre Geographique de la France)』라는 이름으로 재발간했다.

1632년 멜키오르 타베르니에(Melchior Tavernier, 1564년경~1644년)는 그가 프랑스의 역로(驛路)라고 부른 것의 지도를 제작했다. 어떤 경로는 브뤼셀, 바젤, 투린까지 이르지만, 당대 프랑스 최대의 정치적 적수였던 스페인으로 뻗은 경로는 일부러 프랑스-스페인 접경지인 피레네 산맥에서 끊긴 것처럼 표현하였다. 이 문제는 1661년 장 바티스트 콜베르(1619~1683년)가 루이 14세(1639~1715년)의 재무 장관이 되면서 해소되었는데, 이 지역에 대한 새롭고 철저한 측량에 기초하여 재정적·경제적 정책을 펼치겠다고 발표하였다.

콜베르의 요구에 반응해 니콜라 상송과 뒤이은 프랑스 지도 제작자들이 오늘날 프랑스의 기본도라고 부르는 것을 발전시켰다. 이 기본도의 지도학적 형판(形板)을 준거로 금융 지구, 종교적 관할구역, 하천 체계 등 모든 사항이 지도화된다. 이 개념은 전 세계 지도 제작자들에게 큰 영향을 끼쳤다.

영국 제도의 지도화

비록 엘리자베스 1세가 지도의 열렬한 옹호자는 아니었지만, 1558년부터 사망할 때까지 40년에 걸쳐 수상직 수행과 조언자로서의 역할을 담당했던 벌리 공 윌리엄 세실(William Cecil)과 1573~1590년 국무 장관

51 런던에서 브리스틀까지, 『브리타니아』, 존 오글비, 영국, 1675년

존 오글비는 1675년 영국 최초의 도로 지도첩을 완성했다. 이 지도첩은 잉글랜드와 웨일스의 모든 주요 도로를 망라한 100장의 지도로 구성되어 있다. 지도에서 도로는 줄무늬 형태로 표시되었는데, 한 페이지에 최대 7개의 줄무늬가 나타난다. 모든 지도가 1인치 대 1마일의 동일한 축척으로 그려졌다. 여기 보이는 지도는 런던에서 바스를 지나 브리스틀에 이르는 도로를 보여주고 있다. 이 도로 지도첩은 초판 이후 2년 만에 4판을 찍는 엄청난 상업적 성공을 거두었다.

을 역임한 프랜시스 월싱엄 경(Sir Francis Walsingham) 경은 지도를 많이 활용했다. 이들의 관심과 함께 영국의 지도학은 번창했고, 1570년대 초반에는 측량이 이루어졌다. 그 무렵 크리스토퍼 색스턴(Christopher Saxton, 1542년경~1606년)이 잉글랜드와 웨일스의 지방도를 편찬하기 시작했다.

색스턴은 영국 지도학의 아버지로 추앙받았지만, 그의 삶과 경력에 대해서는 알려진 바가 별로 없다. 그러나 측량과 지도 제작의 기초는 존 루드(John Rudd)에게 배운 것으로 보인다. 루드는 요크셔의 목사이자 지도 애호가로 1570년경에 색스턴을 견습생으로 고용했다. 색스턴은 벌리 공과 출납 공무원이었던 토마스 섹포트(Thomas Seckford)의 지원으로 잉글랜드와 웨일스를 측량하고, 1574년 그의 첫 번째 카운티(노퍽) 지도의 출간을 목전에 두었는데, 이 모든 것이 루드가 다리를 놔준 덕으로 생각된다. 1578년경, 색스턴은 잉글랜드와 웨일스의 카운티 지도 제작을 성공적으로 마쳤고, 그 이듬해 지도들을 묶은 지도첩을 출간했다.

모든 카운티가 지도첩의 종이 크기에 맞아야 했기에, 어떤 경우에는 하나 이상의 카운티가 한 장의 지도에 들어갔다. 이 경우, 지도의 축척은 일정하지 않았다. 예를 들어 요크셔는 다른 어떤 카운티보다 작은 축척으로 그려졌다. 경위선도 표시되지 않거나 개략적으로만 그려졌으며, 도로도 전혀 나타나 있지 않았다.

색스턴은 지도 제작 분야에서 독보적인 지위를 한동안 유지했다. 그런데 1611년, 존 스피드(John Speed, 1522~1629년)가 지도첩 『그레이트 브리튼 제국의 무대(The Theatre of the Empire of Great Britain)』를 역사서 『그레이트 브리튼의 역사(History of Great Britain)』와 함께 출간했다. 스피드의 카운티 지도 속 삽화로 상세한 시가도가 함께 실렸는데, 영국과 웨일스에 대한 최초의 포괄적인 시가도 모음집이었다. 예를 들어, 윌트셔 지도의 상단 왼쪽 구석에 솔즈베리의 시가도가 있고 상단 오른쪽 구석에는 스톤헨지가 그려져 있었다. 스피드가 색스턴, 1596년 『브리태니아의 거울(Speculum Britanniae)』을 편찬한 존 노든(John Norden, 1548~ 1625년)과 같은 선배 지도학자들의 업적에 크게 의존했지만 그가 그린 시가도 중 많은 것은 그가 쓴 것처럼 "잉글랜드와 웨일스의 모든 주를 답사하는" 동안 이루어진 조사와 측량에 기반을 두었다. 스피드는 판각을 위해 그의 초고를 네덜란드 지도 제작의 거장 요도쿠스 혼디우스에게 보냈고, 런던에서 인쇄되었다.

존 오글비(John Ogilby, 1600~1676년)는 길고도 화려한 인생 동안 많은 이력을 쌓았다. 댄스 교사로 시작해 조신(朝臣), 극장 주인, 왕의 천지학자이자 지도 인쇄가로 끝난 다양한 이력의 소유자였다. 그의 『브리타니아(Britannia)』는 잉글랜드와 웨일스의 도로 지도 모음집인데, 서유럽에서 생산된 최초의 국가 수준의 도로 지도첩 중 하나이다. 또한 동일한 축척(1인치 대 1마일의 축척)으로 지도를 만든 영국 최초의 지도첩이다. 이 지도첩에는 평행한 줄무늬로 표현된 73개의 주요 도로와 교차로 지도가 실려 있다. 오글비는 이 지도첩을 만들기 위해 42,000km의 도로를 측량했다고 주장했는데, 지도에는 12,000km만이 나타나 있다.

그럼에도 불구하고 오글비의 아틀라스가 잉글랜드와 웨일스의 지도 제작사에 한 획을 그었다는 것은 명확하다. 『브리타니아』 이후 출간된 지도들 중 오글비가 제공한 정보를 이용하지 않은 지도는 거의 없다. 오글비

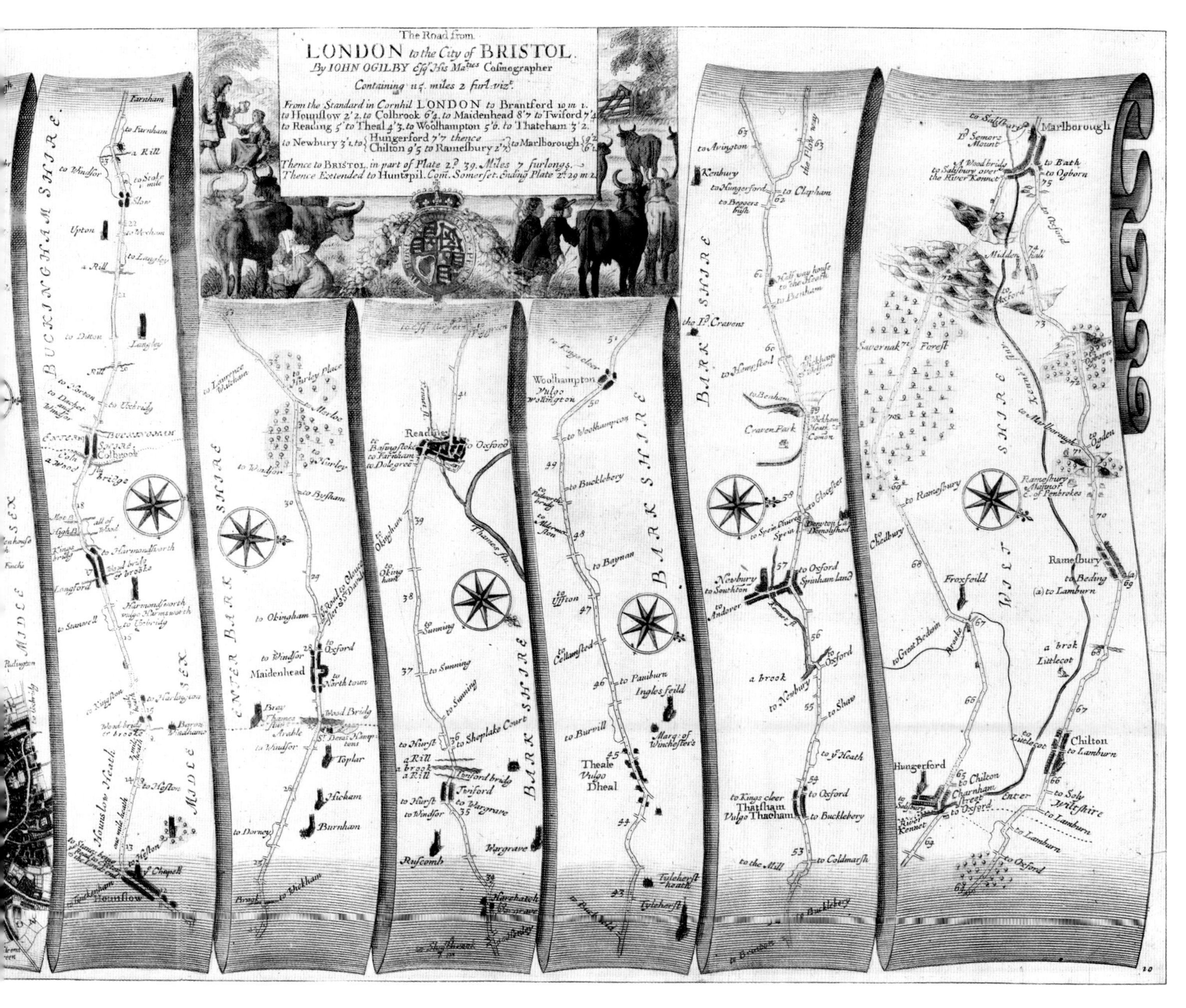

의 업적은 단지 도로에만 한정된 것이 아니었다. 도로 지도에는 길이 닿는 곳에 있는 도시나 마을, 강, 산, 다리와 같은 다른 지형 정보도 표시되어 있다. 오글비의 동시대 사람들이나 이후의 지도 제작자들이 재빠르게 그의 업적을 베낀 것은 전혀 놀라운 일이 아니다.

영국이 식민 열강으로 성장함에 따라, 지도학은 성장하는 제국의 힘을 표현하는 수단으로 활용되었다. 1676년 스피드의 『그레이트 브리튼 제국의 무대』가 재출간되었는데, 여기에는 뉴잉글랜드, 뉴욕, 캐롤라이나, 플로리다, 버지니아, 자메이카, 바베이도스에 있는 "그의 폐하의 통치권"을 표현하는 지도들이 더해졌다.

토지도의 제작

1570년대 이래 영국에서 완전히 새로운 형태의 지도가 등장했는데, 그것이 바로 토지도(estate map)이다. 토지도는 특정한 토지 소유자와 보유 토지에 대한 영구적인 기록임과 동시에 토지 소유자의 권력과 위신에 대

52 **베네치아, 자코포 데 바르바리, 베네치아, 1500년** 남서쪽으로부터 도시를 내려다본 조감도 형식으로 표현된 이 베네치아의 전경은 화가이자 판화 제작자인 자코포 데 바르바리에 의해 제작되었다. 세부 사항에 대한 정밀성과 정확도는 도시 지도 제작에서 새로운 표준을 세웠다. 이 지도가 토대로 하고 있는 철저한 측량은 여러 팀의 측량사들이 2년에 걸쳐 이룩한 것이다.

한 헌정으로서 만들어졌다. 토지 관리가 주목적이었기 때문에 경계 표시, 소유권 이전 등의 사항이 포함되었다. 또한 충분히 큰 축척으로 그려져 개별적인 필지와 건물이 보여주어야 했다. 이러한 지도는 19세기 중엽까지 생산되었는데, 그 이후는 육지측량국(Ordnance Survey)의 대축척 지도가 유사한 목적으로 사용된다.

토지도가 특별한 이유는 이름이 함축하듯, 토지 소유자의 보유 토지만을 표현하고 나머지 부분은 공백으로 남겨 둔다는 것이다. 만일 보유 토지가 여러 지역에 흩어져 있다면 지도는 완성된 조각보와 닮게 된다. 이러한 좋은 예가, 1640년 더비셔와 요크셔의 캐번디시 영지를 윌리엄 시니어(William Senior)가 측량하여 만든 지도이다. 존 노든(John Norden)은 1607년 버크셔, 서리, 버킹엄셔에 있던 왕실 토지의 지도 제작을 의뢰받았는데, 유사한 문제에 봉착했다. 최종 결과물이『윈저의 명예에 관한 묘사(Description of the Honor of Windsor)』인데, 17장의 지도를 묶어 지도첩으로 만든 것이다. 왕실 토지의 다양한 레이아웃을 보여주며, 개별 사슴 사냥터가 표현될 만큼 큰 축척으로 그려졌다. 심지어 사냥터 관리인의 이름과 사슴 수도 쓰여 있다.

토지도의 제작은 이후에 유럽의 다른 지역에서도 발달했다. 일례로 저지국 남부의 찰스 드 크로이(Charles de Croy, 1539~1613년)는 현재의 벨기에와 북부 프랑스 지역에 있던 자신의 토지 범위를 보여주는 토지도, 시가도, 그림의 제작을 의뢰했다. 18세기까지 독일, 프랑스, 이탈리아에서는 토지 지도가 발달하지 않았다. 아마도 30년 전쟁(1618~1648년)에 의한 격변과 그에 따른 시골 지역의 혼란에 기인한 것으로 보인다.

도시 지도

초기 르네상스 시대의 많은 이탈리아 통치자, 예술가, 과학자는 예술을 통하건 과학을 통하건 간에 세상을 가능한 한 실제적이고 정확하게 기록하는 새로운 수단을 알아내는 데 열정적으로 매달렸다. 이탈리아 도시들이 문화의 중심지였기 때문에 세상에 대한 자연주의적, 심미적 반영을 향한 욕망은 지도화의 새로운 유행을 이끌었다. 15세기 후반 이후, 도시 경관도가 점점 더 많이 생산되었는데, 주요 건물에 대한 작지만 현실감 있는 묘사와 정밀한 측량으로 만든 시가도를 결합함으로써 놀라운 전경을 창출했다. 다양한 형식의 경관도가 개발되었는데, 예를 들어 소위 조망관은 측면에서 보는 관점을, 평면관 혹은 공중관은 마치 위에서 바로 아래를 내려다보는 관점을, 조감관은 위에서 사선으로 아래를 바라보는 관점을 표현했다. 때때로 이러한 관점들 몇 개가 동시에 사용되기도 했다.

1470년 우르비노의 페데리고 데 몬테펠트로(Federigo de Montefeltro)가 만든 지도책은 이러한 새로운 정신이 깃든 전형적인 예이다. 이 지도책에는 밀라노, 베니스, 플로랑스, 로마, 콘스탄티노플, 예루살렘, 다마스쿠스, 알렉산드리아, 카이로, 볼테라에 대한 10개의 시가도가 수록되어 있다. 거의 비슷한 시기의 플로랑스에서는 프란체스코 로셀리(Francesco Rosselli, 1445년경~1527년)가 콘스탄티노플, 피사, 로마, 토스카나의 수도(피렌체)에 대한 4개의 대형 목판화를 제작하였다. 1484~1487년, 교황 이노센트 8세는 바티칸 교황청에 대한 도시 경관도 제작을 지시했는데 플로랑스, 제노바, 밀라노, 나폴리, 로마, 베네치아를 특별히 포함시켜 벽화로 제작하였다. 6년 뒤, 만투아의 후작 프란체스코 곤자가(Francesco Gonzaga)는 교황을 따라 자신의 왕궁을 장식할 유사한 벽화 제작을 지시했다. 여기에는 콘스탄티노플, 카이로, 플로랑스, 제노바, 로마, 베네치아가 포함되었다.

53

이몰라, 레오나르도 다빈치, 플로랑스, 1502년경

레오나르도 다빈치가 그린 이몰라 도시 지도는 르네상스 시대 최초의 기하학적 도시 경관도 중의 하나인 것으로 믿어지고 있다. 그가 이 지도를 아무런 사전 지식 없이 그린 것인지, 아니면 1473년 지도를 수정한 것인지에 대해서는 의견이 갈린다. 그러나 그가 손수 측량을 수행했고, 그러한 측정 결과의 정확성을 검토하기 위해 이전에 제작된 시가도를 활용했을 거라는 것에 대해서는 의견이 일치된다.

이탈리아 시가도

르네상스 시대 가장 훌륭한 도시 지도 중 하나는 베네치아에 대한 지도였다. 1500년 베네치아의 화가이자 판화 제작자인 자코포 데 바르바리(Jacopo de' Barbari, 1440년경~1515년)는 안톤 콜브(Anton Kolb)로부터 베네치아의 지도 제작을 의뢰받았다. 콜브는 베네치아를 생활의 근거지로 삼은 독일 뉘른베르크 출신의 실업가였다. 바르바리는 남서쪽에서 도시를 내려다보는 조감관으로 도시의 장관을 그려 냈다. 이 지도는 크기, 세세한 관찰에 의해 표현된 정보의 양, 지도 전

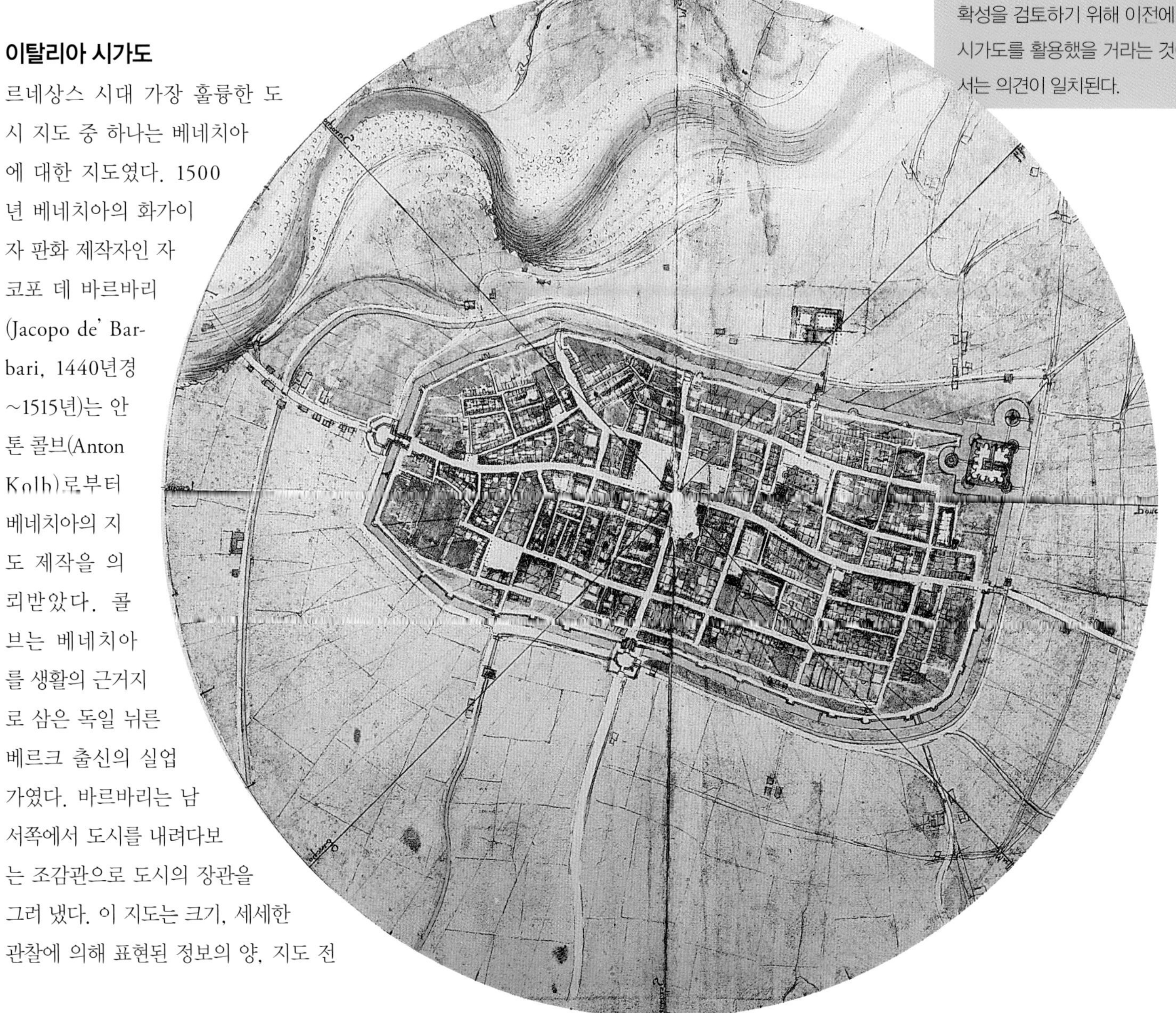

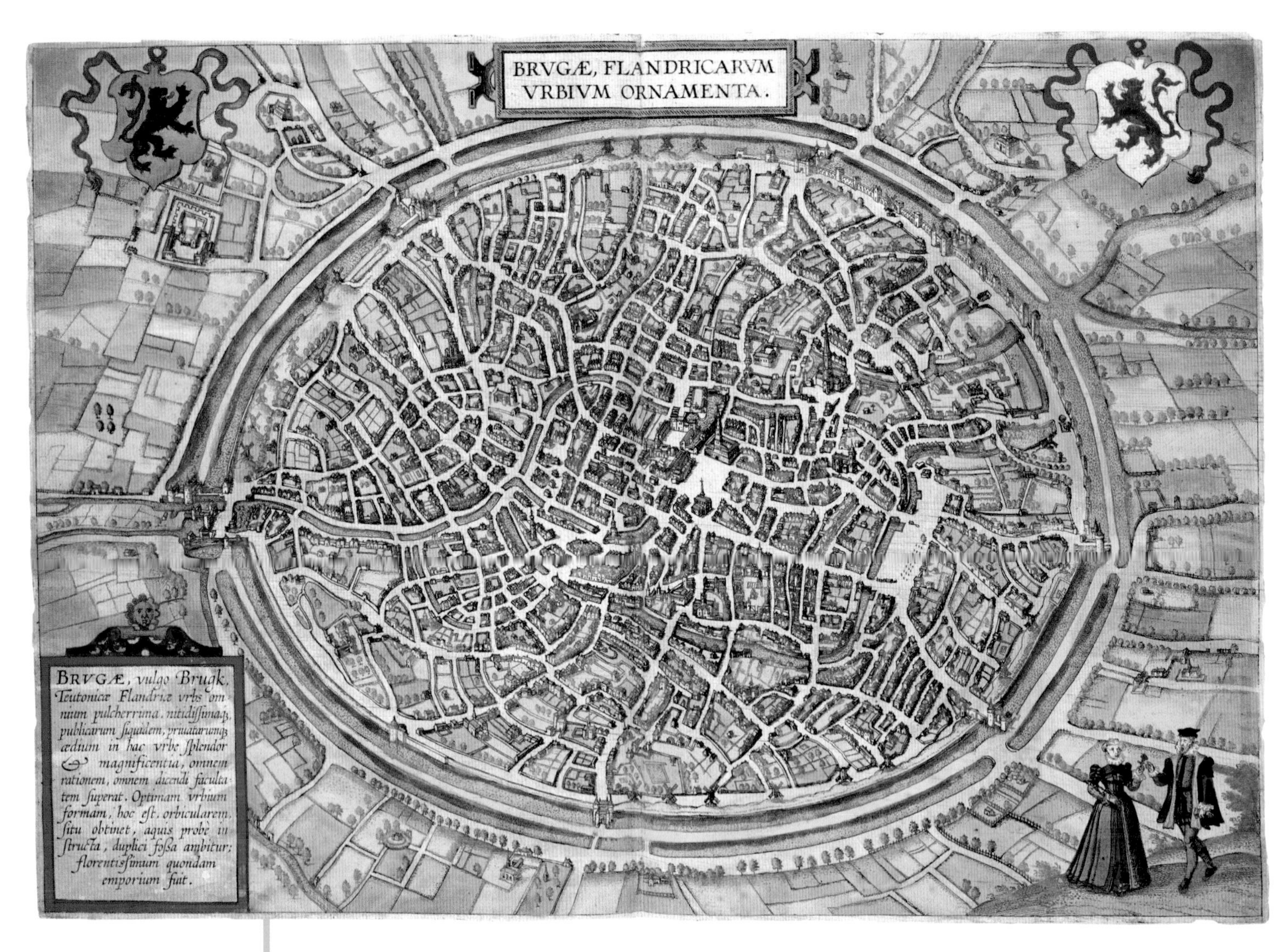
BRVGÆ, FLANDRICARVM
VRBIVM ORNAMENTA.
BRVGÆ, vulgo Brugk.
Teutonicæ Flandriæ vrbs om
nium pulcherrima, nitidissimaq;
publicarum siquidem, priuatarumq;
ædium in hac vrbe splendor
& magnificentia, omnem
rationem, omnem dicendi faculta
tem superat. Optimam vrbium
formam, hoc est, orbicularem,
situ obtinet, aquis probè in
structa, duplici fossa ambitur;
florentissimum quondam
emporium fuit.

54 **브뤼주, 게오르크 브라운과 프란츠 호헨베르크, 독일, 1572년**

성직자이자 지리학자인 게오르크 브라운과 판각사인 프란츠 호헨베르크가 만든 『세상의 도시들』은 기념비적인 세계 도시 지도의 컬렉션이다. 이것은 세계 최초의 도시 지도첩이었으며, 이후 만들어진 도시 지도첩의 본보기가 되었다. 야코프 반 데벤테르는 여기에 나타난 브뤼주 지도의 근간이 된 측량을 시행했다.

체에 들인 공이라는 측면에서 새로운 표준을 확립했다. 이 지도는 3년에 걸쳐 베네치아의 이곳저곳을 그린 그림들을 활용해 제작되었는데, 바르바리의 작업실에서 여섯 장의 목판으로 인쇄되었다.

3년 뒤, 레오나르도 다빈치(1452~1519년)는 당시 그의 후원자였던 체사레 보르자의 부탁으로 유명한 조감도 형식의 이몰라(Imola) 도시 지도를 만들었다(101쪽 참조). 지금까지 알려진 것을 토대로 보면, 이 지도는 도시를 평면도 형식으로 지도화한 최초의 르네상스 지도이다. 레오나르도의 밀라노 시가도는 스케치 형식이지만, 지도학적 천재의 전형적인 특징을 모두 보여준다. 그가 만든 토스카나 지도에는 200개 이상의 지명이 나타나 있으며, 북쪽으로는 포 강 계곡에서 남서쪽으로는 움브리아에 이르는 전 지역을 담고 있다.

도시 지도첩

1520년대 이래로, 독일의 주요 도시들은 대부분 도시 경관에 대한 파노라마 지도를 가지고 있었다. 그중 가장 눈에 띄는 것은 1521년 조감도 형식으로 만든 아우크스부르크 시가도이다. 아우크스부르크는 당시 타의 추종을 불허한 가장 부유한 도시로, 스트라스부르의 예술가 한스 바이디츠(Hans Weiditz)가 도시 경관도를 만들었다. 그는 그 도시의 금세공인이자 공병이었는데, 1514~1516년 동안 요르크 셀트(Jorg Seld)가 수행한 상세한 측량을 기초로 목판을 만들었다. 이 시가도 편찬을 후원한 사람들은 그 도시의 토박이로 비극적인 파산 전까지 유럽에서 가장 부유한 은행 집안이었던 푸거가(Fugger 家)일 개연성이 아주 높다.

도시 지도를 모아 하나의 지도첩 형태로 출판하는 아이디어는 독일인들이 처음으로 떠올렸다. 쾰른의 성직자 게오르크 브라운(Georg Braun, 1541~1622년)은 1560년대에 이 아이디어를 생각하고, 그의 동료인 판각사 프란츠 호헨베르크(Franz Hogenberg, 1535~1590년)가 거대한 『세상의 도시들(Civitates Orbis Terrarum)』의 첫 번째 권을 세상에 내놓았다. 1617년 무렵, 다섯 권이 더 제작되었는데, 모두 합쳐 약 550개의 도시 경관도가 실렸다.

내용의 다양성(그들은 심지어 베이징 시가도도 만들었다)과 정확성은 상상 이상이다. 이 지도첩은 라틴어, 독일어, 프랑스어로 된 총 46개의 판본이 있을 만큼 큰 성공을 거두었고, 이후 도시 지도첩의 본이 되었다.

시가도가 보여준 상세함의 정도는 다양했다. 어떤 것은 간단한 평면도였는데, 남부 벨기에의 보몬트 시가도가 그 예로, 야코프 반 데벤테르(Jacob van Deventer, 1575년 사망)의 그림에 기초해 제작되었다. 다른 것들은 엄격한 방위나 축척에 따른 것은 아니지만, 그 도시에 사는 사람들과 동물들의 모습이 그려져 있다. 영국 케임브리지 시가도가 그 예이다. 가로망은 개략적으로 표현되어 있지만, 주요 건물들은 단순히 위치만 표시하지 않고 매력적인 조감도 형식으로 세밀하게 그려져 있다.

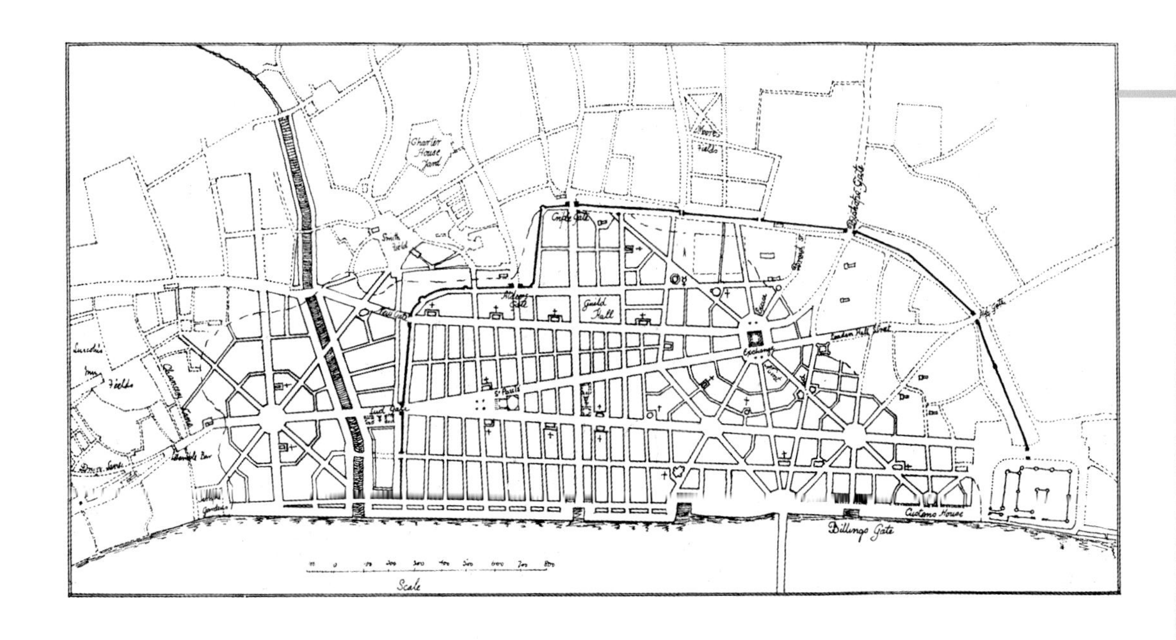

55 **런던 시가도, 크리스토퍼 렌, 런던, 1666년**

1666년 런던 대화재가 발생한 지 불과 2주도 되지 않아 크리스토퍼 렌은 파괴된 도시의 재건을 위한 상세한 계획도를 만들었다. 이 계획도는 결코 실행되지 못했지만 1749년 존 그윈(John Gwynn)은 그 제안의 장점에 대한 긴 해설서를 첨가해 계획도를 재식성했다. 또한 그윈은 "오래되고 쓸모 없는 건물을 조사하여 판정을 내리고, 새로운 건물의 건설을 규제하기" 위한 공식 기관의 설립을 제안하기도 했다.

계획 시가도

17세기 동안, 지도는 도시 계획과 함께 사용되기 시작했다. 예를 들어 위대한 건축가 크리스토퍼 렌(Christopher Wren, 1632~1723년)은 런던의 4/5를 파괴했던 1666년 런던 대화재가 발생한 불과 며칠 후 런던 재건을 위한 품격 있고 미래 지향적인 계획도를 만들었다.

불행히도 렌의 제안은 너무 원대하고 돈이 많이 들어 대부분이 실행에 옮겨지지 못했다. 그러나 나무가 양쪽에 늘어서 있는 넓은 대로와 사방으로 트여 있는 광장이 대화재가 삼켜 버린 복잡한 골목과 샛길을 대체하고, 렌의 거대한 "둥근 피자", "유용한 운하", 그리고 이 새로운 도시의 건설자 찰스 2세에게로 향하는 개선문 등 모든 것들이 실질적으로 건설되었을 때 이 도시의 모습이 어떠할지를 상상해 보는 것은 매우 흥미로운 일이 아닐 수 없다.

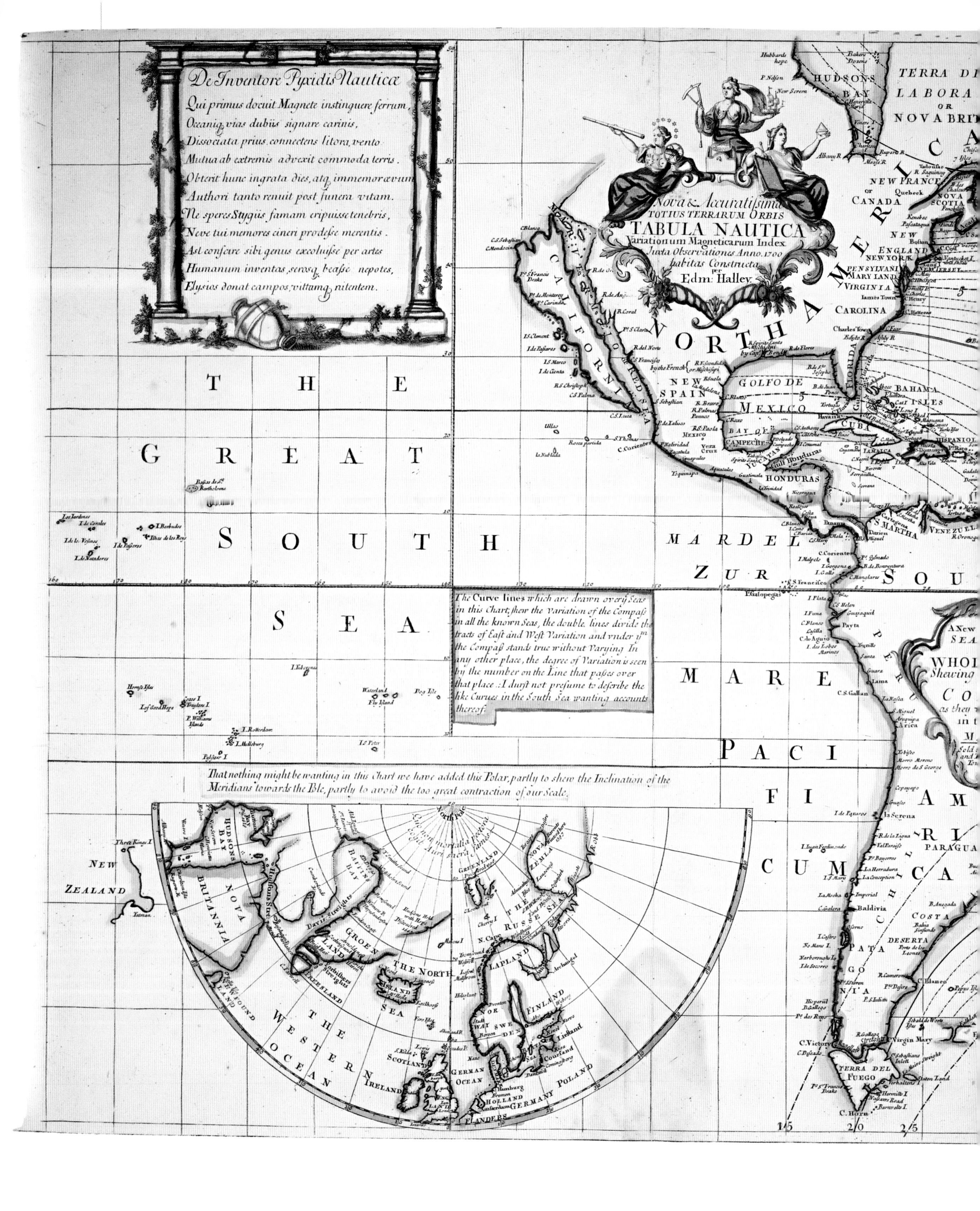
De Inventore Pyxidis Nauticæ
Qui primus docuit Magnete instinguere ferrum,
Oceaniq vias dubiis signare carinis,
Dissociata prius connectens litora vento
Mutua ab extremis advexit commoda terris.
Obterit hunc ingrata dies, atq immemor ævum
Authori tanto renuit post funera vitam.
Ne speres Stygiis famam eripuisse tenebris,
Neve tui memores cineri prodesse merentis.
Ast conscire sibi genus excolvisse per artes
Humanum inventas, serosq beasse nepotes,
Elysios donat campos, vittamq nitentem.
Nova & Accuratissima
TOTIUS TERRARUM ORBIS
TABULA NAUTICA
Variationum Magneticarum Index
Juxta Observationes Anno 1700
habitas Constructa
per
Edm: Halley
THE GREAT SOUTH SEA
NORTH AMERICA
MAR DEL ZUR
MARE PACIFICUM
The Curve lines which are drawn over ỹ Seas in this Chart, shew the Variation of the Compass in all the known Seas, the double lines divide the tracts of East and West Variation and under ym the Compass stands true without Varying. In any other place, the degree of Variation is seen by the number on the Line that passes over that place. I durst not presume to describe the like Curves in the South Sea wanting accounts thereof.
That nothing might be wanting in this Chart we have added this Polar, partly to shew the Inclination of the Meridians towards the Pole, partly to avoid the too great contraction of our Scale.
NEW ZEALAND
HUDSONS BAY
TERRA DI LABORA OR NOVA BRIT
NEW FRANCE OR CANADA
NEW ENGLAND
NEW YORK
PENSYLVANIA
MARY LAND
VIRGINIA
CAROLINA
FLORIDA
CALIFORNIA
RED SEA
NEW SPAIN
GOLFO DE MEXICO
BAHAMA ISLES
CUBA
JAMAICA
HISPANIOLA
CAMPECHE
YUCATAN
HONDURAS
VENEZUELA
PERU
CHILI
PARAGUA
COSTA DESERTA
PATAGONIA
TERRA DEL FUEGO
C. Horn
NOVA BRITANNIA
BAFFINS BAY
GROENLAND
GREENLAND
NOVA ZEMLA
LAPLAND
FINLAND
NORWAY
SWEDEN
THE NORTH SEA
THE WESTERN OCEAN
SCOTLAND
IRELAND
ENGLAND
GERMAN OCEAN
HOLLAND
GERMANY
POLAND
FLANDERS
North Pole

제국의 시대:
국경의 확장

미국 독립군과 그들의 동맹군 프랑스군에 굴복한 영국군이 포위된 요크타운을 떠나 퇴각하던 1781년, 그들의 군악대는 "세상이 뒤집어졌다"라는 곡을 연주하고 있었다. 그 곡은 실제로 벌어진 사건, 즉 미국 독립전쟁의 실질적 종결의 중요성을 나타내는 것이기도 했지만, 18세기 동안의 서구의 지적, 과학적, 정치적 세상을 완전히 바꿔 놓은 거대한 변화를 상징적으로 표현한 것이기도 했다.

과학계에서는 아이작 뉴턴(1642~1727년), 블레즈 파스칼(1623~1662년), 르네 데카르트(1596~1650년)와 같은 인물들이 과학 혁명의 토대를 다졌다. 사상계에서는 유럽의 존 로크(1632~1704년), 볼테르(1694~1778년), 장 자크 루소(1712~1778년), 아담 스미스(1723~1790년), 임마누엘 칸트(1743~1826년)와 미국의 토머스 페인(1737~1809년), 토머스 제퍼슨(1743~1804년), 벤저민 프랭클린(1706~1790년)이 오랜 통념들에 대해 공개적인 문제 제기를 할 수 있는 사회 분위기를 조성했다. 이들의 공통 분모는 모든 사회적, 정치적, 과학적 이슈가 합리적 원리의 분별 있는 적용으로 해결될 수 있다는 신념이었다. 18세기는 보통 계몽주의 시대 혹은 "이성의 시대(Age of Reason)"(이 용어는 토마스 페인이 1795년에 만든 말이다)라고 불린다. 지도학도 예외가 아니어서 이러한 새롭고도, 도전적인 지적 분위기에 심대한 영향을 받았다.

18~19세기는 서구 사회가 거침없는 팽창으로 나머지 세계를 압도하던 시대이기도 했다. 무역 외에 산업혁명과 증기 기관의 발명도 이 과정에서 중요한 기폭제 역할을 했다. 산업화는 당연히 새로운 통행로의 건설로 이어졌다. 처음에는 운하였고, 다음은 철도였다. 모든 통행로 건설에는 측량이 수반된다. 예를 들어, 프랑스의 모든 철도는 1842년 이후 국가 차원의 건설 계획에 맞추어 건설되었고 운하와 철도는 철저하게 지도화되었다. 노선을 건설하고 운영하는 회사가 이러한 지도들의 생산을 책임지며, 출판은 전문 지도 회사(미국의 경우, 대표적인 지도 회사로 랜드맥널리(Rand McNally)가 있다)가 맡았다. 모두가 교통 정보에 대한 새롭고, 팽창하는 시장을 선점하기 위해 분투하고 있었다.

정치적으로 보면, 19세기를 거치면서 내셔널리즘과 제국주의가 세상을 이끄는 쌍두마차가 되었다. 지도는 이

56 **세계 자기 측량 해도, 에드먼드 핼리, 영국, 1702년**

영국의 왕실 천문학자였던 에드먼드 핼리는 영국 해군함 파라모어호와 함께한 항해 중 지신이 관찰한 것을 바탕으로 이 대단한 해도를 만들었다. 그의 임무는 진북과 자북 간의 차이와 그 차이를 이용해 해상에서 경도를 정확하게 계측할 수 있는지를 조사하는 것이었다. 비록 경도 문제는 해결하지 못했지만(이 문제는 1761년이 되어서야 해결이 된다), 사람들은 핼리의 해도를 통해 훨씬 더 수월하게 항해할 수 있게 되었다. 핼리에게는 또 다른 임무도 있었는데, 이 완수되지 못한 임무는 바로 "미지의 세계의 해안"을 찾는 것이었다.

57 **프랑스, 자크 카시니, 프랑스, 1744년** 자크 카시니는 아버지 장 도미니크 카시니의 뒤를 이어 최초로 삼각측량을 토대로 프랑스 전역을 지도화하는 일에 매진했다. 카시니 가문은 1670년대에 이미 이 프로젝트를 시작했다. 자크 카시니는 아들 세자르-프랑수아 카시니 드 투리의 도움을 받아 1744년 마침내 18장으로 된 지도 프로젝트를 완수하였다. 이로써 세계 최초의 국가 전체에 대한 정확한 지도 측량이 이루어졌다. 3년 뒤, 세자르-프랑수아 카시니 드 투리는 175장으로 된 훨씬 더 정밀한 지도 제작 프로그램에 착수했는데, 1790년대가 되어서야 그 끝을 보게 되었다.

러한 제국의 시대의 요구에 순응했다. 정부는 행정 지도학이라고 불릴 수 있는 것의 형성에 주도적으로 개입했다. 이러한 경향성을 보여주는 최초의 예로 나폴레옹하에서 진행된 프랑스의 3만 개 코뮌에 대한 지도화였다. 나폴레옹은 앙시앵 레짐에 의한 행정 지리의 뿌리를 뽑고 싶어 했다. 또한 국가적 교육 시스템이 발달함에 따라 학교와 대학을 위한 지도 제작의 요구가 증대되었다. 빅토리아 여왕 시대의 학생들은 교실 벽에 걸려 있는 지도를 보면서 성장했다. 마지막으로, 매우 당연한 이야기이지만 제국 열강들은 새로운 해외 영토를 신속하게 지도화했다.

지도학은 사회적 변화뿐만 아니라 기술적 변화에도 깊은 영향을 받았다. 특히 뮌헨의 출판업자 알로이스 제네펠더(Alois Senefelder)가 1798년 발명한 석판 인쇄술과 같은 인쇄 기술의 혁신은 결정적이었다. 새로운 인쇄 방식의 도입은 지도 제작 산업이 완전히 탈바꿈하는 계기가 되었다. 비용 절감과 생산 시간의 단축이 이루어졌고, 새로운 유형의 데이터를 효과적으로 표현하는 것이 가능해졌다. 컬러 인쇄 비용도 저렴해져서 보이는 지도의 모습 자체가 혁신적으로 변화했다. 탐험이 진전될수록 지도 상에는 더욱 더 많은 지리적 정보가 정확하게 표현되어야 했다. 19세기가 마감될 때쯤, 지도의 여백은 신속하게 채워지고 있었다.

지도의 수와 종류가 증가함에 따라 그리고 이전과는 비교할 수 없을 정도의 청중을 갖게 됨에 따라, 지도를 제작하는 전통적인 방식은 탈바꿈하기 시작했다. 현장 측량사, 제도사, "지형 미술가"라고 불린 사람들, 사진사, 판각사, 인쇄공에 이르는 전문가들이 하나의 팀을 이루어 지도를 제작하게 된 것이다. 지도학의 세상 그리고 지도학이 세상에 영향을 미치고 반응하는 방식은 또 다시 완전히 달라졌다.

프랑스의 공헌

많은 지도 역사가들은 진실로 과학적인 지도학은 루이 14세(1643~1715년)가 통치하던 프랑스에서 탄생했다고 보고 있다. 1666년, 루이 14세의 재무 장관이었던 장 바티스트 콜베르(Jean Baptiste Colbert, 1619~1683년)는 왕립 과학 아카데미를 창설했다. 아마추어 과학자였던 콜베르는 프랑스가 예술과 전쟁에서뿐만 아니라 과학에서도 출중한 국가가 되기를 원했고, 아카데미를 통해 그 야심 찬 목표를 이루고자 했다.

루이 14세는 콜베르를 전폭적으로 지원했다. 당시 유럽의 다른 "계몽" 군주들과 마찬가지로, 루이 14세는 그러한 기획을 지원함으로써 자신이 지식의 진보를 이끌고 있다는 자부심을 갖고 싶어 했다. 유럽 전역의 석학들을 데려오기 위해 콜베르가 기획한 유치 프로그램을 승인했을 뿐만 아니라, 콜베르가 전례 없이 후한 금전적 보상(연금의 형태였고, 실제로 연금이라고 불렀다)을 석학들에게 확언할 수 있도록 해주었다. 처음부터 최우선 순위는 보다 정확하고 과학적인 지도 제작이었다. 루이 14세도 이 새로운 기관의 주된 과업들 중 하나가 지도와 해도를 "수정하고 향상시키는 것"이라고 선언하였다.

삼각측량

프랑스가 선도한 지도학적 진보 중 하나는 지도 측량의 토대로서 삼각측량을 채택해 보다 정확한 지도를 생산한 것이다. 삼각측량법의 이론적 토대는 1533년 네덜란드의 수학자 게마 프리시우스(Gemma Frisius, 1508~1558년)가 세웠지만, 삼각측량을 최초로 실행한 사람은 네덜란드의 빌레브로르트 판 로에이언 스넬(Willebrord van Roijen Snell, 1580~1626년)이었다. 그는 1615년 33개의 삼각망으로 네덜란드의 토지 128km^{2}를 측량했다. 그러나 삼각측량을 국가적 차원에서 채택한 최초의 국가는 프랑스였다.

삼각측량의 첫 번째 단계는 길이를 알고 있는 기선을 설정하는 것이다. 이 기선의 양 끝에서 해당 지형지물에 그은 두 선이 이루는 각도를 측정한다. 이 두 선의 길이는 다시 기선이 된다. 이 과정은 전 지역이 하나의 삼각 네트워크 혹은 삼각망을 통해 완전히 채워질 때까지 반복된다. 삼각망은 지형지물의 정확한 위치를 파악하기 위한 필수적인 골격이 된다.

프랑스 측량

1668년, 장 피카르(Jean Picard, 1620~1682년)는 결국 나중에 프랑스 전역을 아우르는 그 선구자적인 측량을 시작하였다. 파리에서 퐁텐블로까지 도로 상에서 11km 길이를 최초의 기선으로 삼아 삼각측량을 시작했

삼각측량을 하고 있는 프랑스 측량사. 카를 베르네(Carle Vernet), 1812년
프랑스 화가가 그린 이 그림은 세오돌라이트(theodolite)를 사용하고 있는 군 측량사를 묘사하고 있다. 16세기에 만들어진 세오돌라이트는 망원경을 이용하여 수평각과 수직각을 측정하는 장비이다.

고, 결국 최초로 경도 1도의 거리, 정확하게는 경선의 길이를 측정하게 되었다. 피카르는 이 기선으로부터 영국 해협의 해안까지 삼각망을 연결해 나갔다. 1681년에 종결된 이 측량으로 그 이전까지의 지도가 프랑스를 실제보다 더 크게 그렸다는 사실이 드러났다. 전해지는 말에 따르면, 측량 결과를 보고받은 루이 14세가 그 측량이 "내 땅의 많은 부분을 날려버렸다."라고 말했다고 한다.

피카르는 이탈리아 태생의 천문학자 장 도미니크 카시니(Jean-Dominique Cassini, 1625~1712년)의 도움을 받았다. 카시니는 1669년 콜베르의 감언이설로 프랑스에 오게 된 인물로, 1671년 새롭게 설립된 파리 천문대의 책임자로 임명되자 고국으로 돌아가지 않고 프랑스에 남기로 한다. 파리 천문대는 전 시대에서 가장 위대한 지도학 왕조들 중 하나가 되었는데, 카시니는 바로 그러한 왕조의 시조가 된 것이다. 카시니 일가는 4대에 걸쳐 프랑스 전역을 정확하게 측량하는 일에 헌신하였다. 아마도 세계 최초인 국가적 차원의 측량 및 지도 제작 프로그램이었던 이 거대한 사업은 그 완수까지 거의 18세기 전체를 잡아 먹었다.

카시니 지도

장 도미니크 카시니는 피카르와 함께 남쪽 피레네 산맥에서 최초의 측량을 했다. 하지만 여기에 만족하지 않고 측량을 프랑스 전역으로 확대하여 전국을 단일한 삼각망 체계로 연결하려는 야심을 갖게 된다. 그는 아들 자크 카시니(Jacques Cassini, 1677~1756년)와 함께 이 일을 진행했지만, 이 위대한 과업의 완성을 보지 못한 채 세상을 떠났다. 1744년 마침내 프랑스 전체에 대한 첫 번째 카시니 지도가 완성되었다(106쪽 참조). 모두 18장으로 구성된 이 지도는 국가 전체를 정확하게 측량해서 만든 역사상 최초의 일로 기록되었다. 지도의 바탕이 된 삼각측량을 위해 19개의 기선과 약 800개에 달하는 삼각형이 설정되었다.

자크 카시니와 그의 아들 세자르-프랑수아 카시니 드 투리(César-François Cassini de Thury, 1714~1784년)의 다음 수순은 이 삼각측량을 기초로 보다 향상된 지도를 만드는 것이었다. 이를 위해 왕실의 재정 지원은 필수적이었다. 1747년 루이 15세(1715~1774년)의 재정 지원이 이루어졌지만, 1756년 갑자기 중단되었다. 흥미로운 것은 계획된 총 175장의 지도 중 우선적으로 완성된 몇 장의 지도를 왕에게 제출한 직후에 재정 지원이 중단됐다는 점이다.

변심의 이유는 단순했다. 7년전쟁에 막 가담하던 시점이라, 20년이 걸릴 이 사업에 계속 자금을 대기에는 왕실의 재정이 너무 나빴다. 아버지로부터 프로젝트 책임자 직을 물려 받은 세자르-프랑수아는 단념하지 않고 새 자금줄을 찾아 나섰다. 새로운 회사를 설립하여 프랑스 귀족들에게 주식을 팔아서 자금을 충당하였다. 이 프로젝트에는 엄청난 돈이 들어 갔다. 가장 규모가 컸을 때를 기준으로 보면, 80명의 토지 측량사, 지형학자, 지도학자가 전일제로 이 프로젝트에 매달려야 했을 정도였다. 세자르-프랑수아 역시 끝을 보지 못하고 죽었다. 1790년대가 되어서야 이 프로젝트가 완성되었는데, 당시의 책임자는 장 도미니크 카시니 4세(Jean-Dominique Cassini IV, 1748~1845년)로, 이 왕조 창시자의 증손자였다.

이 시대는 격랑의 시대였다. 1789년의 프랑스 혁명과 뒤이은 부르봉 왕조의 전복 이후, 새로운 혁명 체제는 카시니 지도를 "국가 재산"으로 인식하고 그것의 장악을 국가적 선결 과제로 삼았다. 1793년, 혁명 체제는 카시니의 회사를 해체하고 그 자산을 수용했다. 카시니 4세는 체포되어 혁명 재판소에서 재판을 받았으며, 겨우 목숨만 구했다. 비록 나폴레옹 덕분에 복권되었지만(주주들도 보상을 받았다), 그의 가문이 많은 시간과 노력을 들여 만든 거대한 지도 자원의 통제권은 결국 회복하지 못했다.

북아메리카의 권력 투쟁

카시니 가문이 프랑스 지도 제작에 힘쓰는 동안, 프랑스 지도학자들은 해외의 프랑스 영토와 더 넓은 세상의 더 상세하고 정확한 지도를 만들고 있었다. 이러한 과학적 지도학의 신세대 중 가장 두드러진 인물은 기욤 드릴(Guillaume Delisle, 1675~1726년)일 것이다. 수석 왕실 지리학자였던 그의 아메리카와 아프리카 지도는 특히 영향력이 컸다.

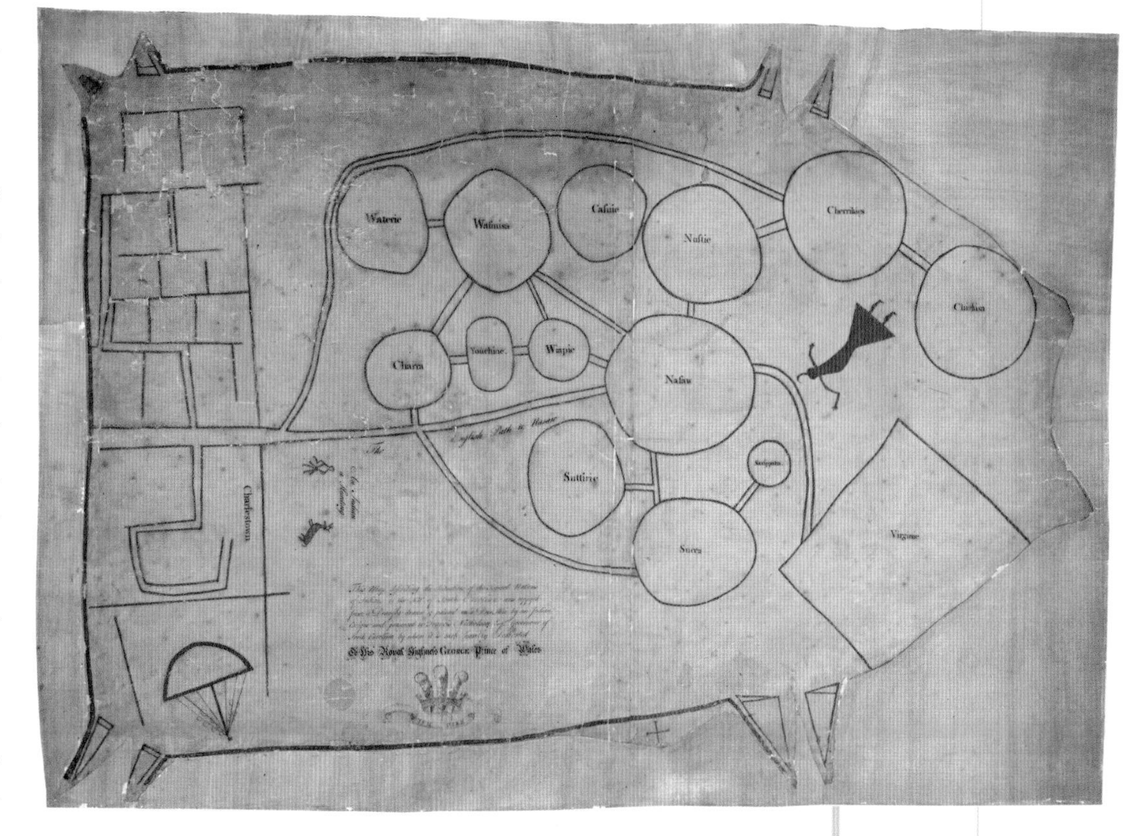

드릴이 1718년 제작한 「루이지애나와 미시시피 강의 지도(Carte de la Louisiane et du Cours du Mississippi)」는 1797년에야 다른 지도학자들이 사용했다. 이 지도는 1804~1806년 로키 산맥을 횡단하여 태평양에 도달한 루이스와 클라크 원정의 계획 수립 단계에서 참고한 지도들 중 가장 오래된 것이었다. 이 지도는 지형학적, 지리학적으로 정확성이 뛰어나 반세기 동안 미국 지도 제작의 교본이 되었으나 당시 논란이 된 지도들 중 하나이기도 하다. 그 이유는 드릴이 북아메리카의 프랑스 영토와 영국 영토를 편파적으로 표현했기 때문이다. 즉, 동해안을 따라 존재하던 영국의 식민지는 의도적으로 축소하고, 프랑스의 점유지는 애팔래치아 산맥 너머까지 과장하여 그린 것이다. 지도에 표현된 것은 프랑스의 확고한 지배하에 있는 광대한 하천 분지와 그곳에 살고 있는 아메리카 원주민들의 다양한 모습이었다. 영국이 주장하는 영토는 지엽적인 것으로 취급되었다.

58 **카토바 지도, 아메리카, 1721년**
시슴 가죽 위에 그려진 이 지도는 아마도 사우스캐롤라이나의 주지사였던 프랜시스 니컬슨에게 아메리카 원주민인 내서족의 추장이 그려준 것으로 보인다. 이 지역에서 내서족과 영국의 관계를 공고히할 의도로 그려졌다. 남부에서 가장 중요한 영국 식민지인 버지니아 식민지와 캐롤라이나 식민지가 지도의 말단부에 그려져 있고, 아메리카 원주민의 강력한 연합체가 둘 사이에 있다. 지도 상의 각 원은 부족 혹은 취락의 개략적인 위치를 나타낸다.

카토바 지도

드릴의 지도가 영국인들보다 아메리카 원주민들에 훨씬 더 주목한 것은 충분히 이해할 수 있다. 프랑스와 영국 모두 아메리카 원주민들과 힘들여 맺은 동맹의 가치를 인식하고 있었던 것이다. 아메리카 원주민은 두 열강 모두에게 보조 군인과 정찰병을 지원해주었고, 지방 지식과 지리 정보의 귀중한 원천이 되어주었다. 1721년 카토바(Catawba) 아메리카 원주민(카토바는 원래 버지니아 식민지와 캐롤라이나 식민지 사이에 살고 있던 아메리카 원주민에게 영국인들이 붙여준 이름이다)이 사우스캐롤라이나의 주지사였던 프랜시스 니컬슨(Francis Nicholson)에게 제공한 사슴 가죽 지도는 후자 동맹의 예이다.

이 지도를 만든 사람은 아마도 지도의 중심부를 차지하고 있는 내서족(Nasaws) 추장 혹은 촌장일 것이다. 현재 미국 남동부에 해당하는 지역이 표현되어 있는데, 버지니아, 사우스캐롤라이나, 조지아, 앨라배마, 미시시피, 테네시를 포괄한다. 다른 종족이 지배하는 곳은 동그라미로 표시되어 있다. 카토바인들이 이 지도를 만든 이유는 영국인들에게 지리적 요충지에 위치하고 있음을 보여줌으로써 자신들과 좋은 관계를 유지하는 것이 그 지역 영국 식민지 간의 원활한 육상 교통에 중요하다는 점을 부각시키기 위함이었다.

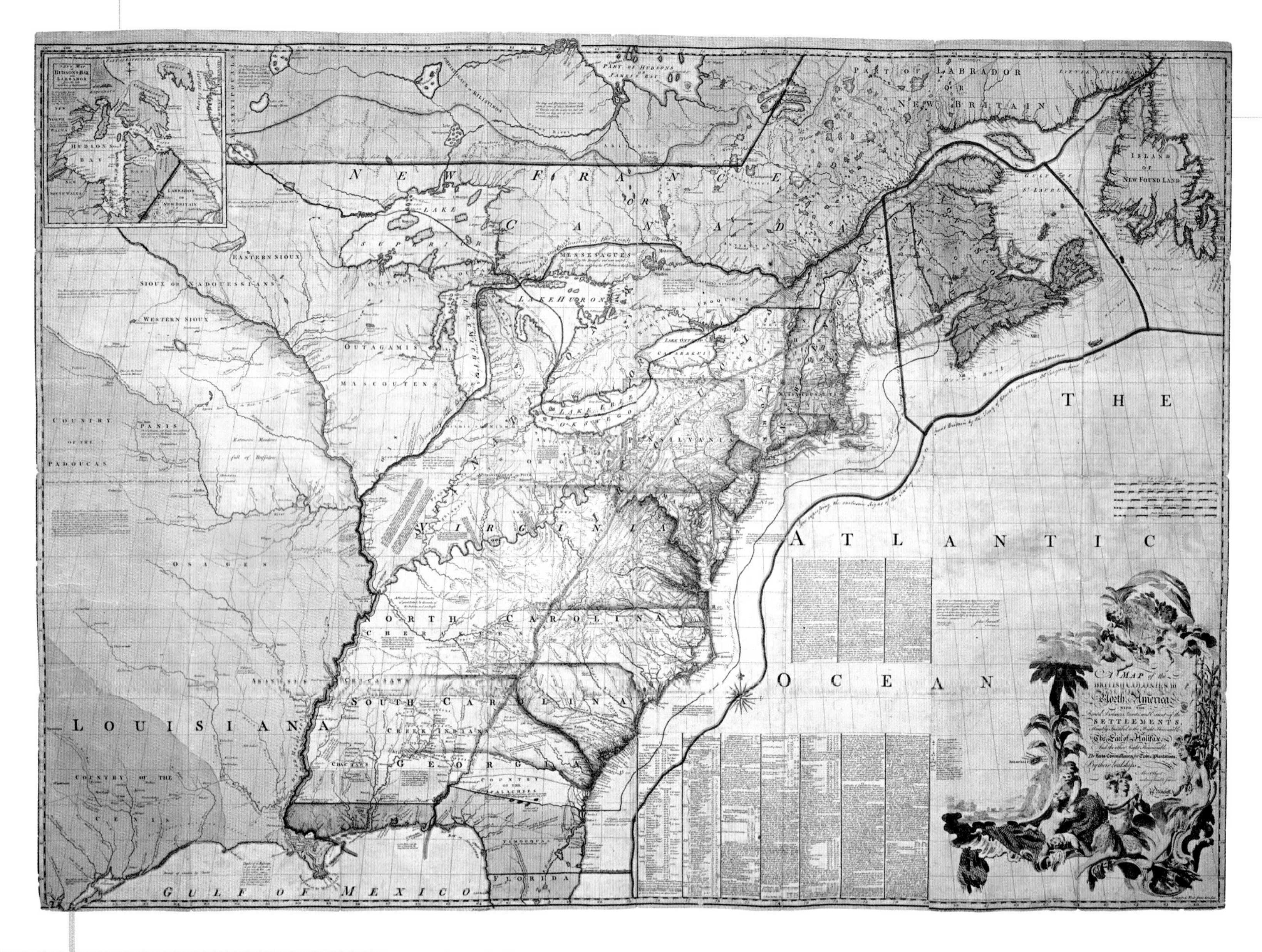

59

북아메리카의 영국과 프랑스의 영토, 존 미첼, 영국, 1775년

"붉은 선(Red Line)"이라고도 알려져 있는 미첼의 이 지도는 당대의 북아메리카에 대한 지도 중 가장 정확하고 상세한 것으로 간주되고 있다. 물론 제작자의 의도를 반영하여 영국의 영토가 프랑스의 영토에 비해 강조되어 있다. 지도 상의 붉은 선은 영국과 아메리카 식민지 주민들 간의 전쟁을 종식시킨 1783년 파리 평화 회담에서 협상가들이 그린 것이다. 영국의 수석 협상가였던 리처드 오스왈드(Richard Oswald)가 그은 붉은 선은 미국과 영국 통치하의 캐나다 간에 새롭게 합의된 경계를 나타내고 있다.

지도 전쟁

프랑스의 영토를 과장하고 영국의 영토를 위축해 표현하는 지정학적 장난을 친 것은 드릴이 처음은 아니었다. 니콜라 상송(1600~1670년)은 유명한 1656년의 지도「캐나다 혹은 누벨 프랑스(Le Canada, ou Nouvelle France, 76쪽 참조)」에서 동일한 행태를 보였다. 두 지도 사이에 달라진 것은 두 열강 간의 관계였다. 올리버 크롬웰(1653~1658년)과 찰스 2세(1660~1685년)의 시기에는 두 국가의 관계가 전체적으로 우호적이었다. 그러나 이것도 18세기 초에는 급변하게 된다. 당시 급성장하던 영국은 상업적, 제국적 이해관계에서 최대의 위협적 존재로 프랑스를 꼽았다. 영국은 스페인 왕위계승 전쟁(1701~1714년)에서 승리하면서 루이 14세의 야망에 제동을 걸었다. 두 나라는 1815년 나폴레옹이 워털루에서 패배할 때까지 지속적으로 마찰을 빚었다.

영국이 프랑스에 대항하여 북아메리카를 자신의 방식대로 그려줄 지도학자들을 재빠르게 동원한 것은 전혀 놀라운 일이 아니다. 드릴의 지도가 출판된 지 2년 만에 독일의 지리학자 헤르만 몰(Herman Moll, 1737년 사망)이「최신의 가장 정확한 관찰에 의거한 북아메리카 지도(The Map of North America According to Ye Newest and Most Exact Observations)」를 출판했다. 몰은 1678년에 영국에 들어와 1715년에 이미「북아메리카 대륙에 있는 그레이트브리튼 왕의 영토에 대한 새롭고도 정확한 지도(A New and Exact Map of the Dominions of the King of Great Britain on Ye Continent of North America)」를 출판한 인물이었다. 몰의 지도는 순전히 드릴의 주장을 정면으로 반박하기 위한 것이었다. 이 지도를 보면, 북아메리카의 영국 식민지들은 캐롤라이나에서 뉴펀들랜드까지 펼쳐져 있고, 래브라도 반도에는 "뉴브리튼(New Britain)"이라는 표식이 굳건하게 붙어 있다. 루이지애나와 뉴프랑스는 상대적으로 작게 표현했으며, 동부 해변의 대서양 이름이 "대영제국해(Sea of British Empire)"로 바뀌어 있다.

아메리카 셉테트리오날리스

이 시대 영국 지도의 핵심 아이디어는 신대륙의 기존 프랑스 영토는 왜소하게, 영국 식민지의 경계는 확장시켜 표현하는 것이었다. 동일한 아이디어에 기반한 교역 및 플랜테이션에 대한 국왕 자문단(Lords Commissioners of Trade and Plantations)은 영국의 지도 제작자 헨리 포플(Henry Popple, 1743년 사망)에게 아메리카에 있는 대영제국 영토의 대축척 지도와 "그 부근의 프랑스와 스페인 취락" 지도 제작을 의뢰했다. 그 결과, 1733년 『아메리카 셉테트리오날리스(America Septetrionalis, 북아메리카)』가 출간되었다. 이 지도첩은 한 장에 지도 하나씩 모두 스무 장의 지역도로 구성되었고, 카리브 해 지역을 포함한 대륙 전체를 보여주는 인덱스 지도가 첨가되어 있었다. 이 지도들은 18세기에 출간된 지도 중 가장 큰 것에 속한다. 포플은 북아메리카의 식민지에서 일하면서 수집한 1차 정보를 기초로 이 지도를 완성했는데, 드릴의 지도도 참고하였다.

포플의 지도는 높은 평가를 받았다. 나중에 미국의 두 번째 대통령이 된 존 아담스(John Adams)는 1776년 "포플의 지도는 내가 본 것 중 가장 큰 지도이며, 가장 독보적인 지도이다."라고 쓴 바 있다. 이러한 호평에도 불구하고, 이 지도는 의뢰인을 기쁘게 하지는 못했다. 영국과 프랑스의 라이벌 관계가 심화되면서 1756년에 결국 7년전쟁이 발발했다. 당시 영국은 포플의 지도가 영국의 입장을 대변하는 지도학적 도구 역할을 해내기에는 부족하다는 판단을 내렸다. 1755년, 영국 대표단은 영국과 프랑스의 영토 설정을 위한 회의에서 공식적으로 그 지도를 버리는 입장을 취한다. 정치성은 배제한 채 지도학적으로 부정확하다는 점을 부각했다. "그 지도는 영국에서 매우 부정확한 지도로 간주되며, 두 왕국 간 어떠한 협상에서도 그 지도가 정확하다거나 권위 있는 기관에서 만든 것이라는 주장을 편 적이 없다."라는 것이 그들의 공식 입장이었다.

포플의 지도가 폐기된 해에 만들어진 북아메리카의 새로운 지도는 의심의 여지 없이 영국 관료 집단으로부터 보다 우호적인 반응을 얻었다. 반갈리아주의 협회로부터 후원받아 출간된 이 지도는 윌리엄 허버트(William Herbert)와 로버트 세이어(Robert Sayer)가 만들었는데, 완전히 영국 편향이었다. 영국 영토의 면적이나 크기는 엄청나게 과장하고, 진한 색상으로 표현한 반면 프랑스의 영토(지도 상에 "프랑스 점령지와 침탈지"라고 비꼬아 표현했다)에는 색상이 사용되지 않았다.

미첼 지도

굉장한 영향력을 발휘한 또 다른 지도가 같은 해인 1755년에 발간되었다. 1750년 영국 상무부 장관이었던 핼리팩스의 백작(Earl of Halifax)은 의사이자, 식물학자이자, 지도학자였던 존 미첼(John Mitchell, 1711~1768년)에게 북아메리카의 영국 식민지의 새로운 지도를 만들어 달라고 했다. 이 과업을 완수하는 데 5년 걸렸는데, 초고를 고치고 또 고쳐 최소한 경위도에 관해서는 최고의 정확성을 기했다. 미첼은 자신이 생각하기에 이전의 지도학자들이 저지른 오류를 반복하지 않으려 노력했다. 이전의 선배들은 북아메리카 대륙의 지리를 "지극히 잘못 재현했다."고 본 것이다.

포플과 마찬가지로, 미첼은 개인적인 경험을 토대로 지도를 제작했다. 미첼은 1720년 버지니아로 이민을 갔다가 26년 후 영국으로 되돌아왔다. 미첼은 국왕 자문단이 보유하고 있거나 그들의 문서 보관소에 저장된 다양한 측량, 지도, 보고서의 접근권을 부여받았다. 또한 국왕 자문단은 식민지의 총독에게 통치하고 있는 영토의 새로운 지도와 상세한 지지를 미첼에게 제공하라고 명령했다.

60 메이슨–딕슨 라인, 찰스 메이슨과 제레마이어 딕슨, 아메리카, 1768년

메릴랜드의 캘버트가(家)(the Calverts)와 펜실베이니아 주민들 간의 토지 소유권 분쟁을 해결하기 위해 1765~1768년에 측량을 실시한 영국의 측량사 찰스 메이슨과 제레마이어 딕슨은 그들의 측량이 후대 미국 역사에서 그렇게 두드러진 족적을 남기게 될지는 전혀 알지 못했다. 그들이 그린 경계선이 여기 1850년 지도에 나타나 있다. 1820년 이래로 북위 36° 30′ 북쪽의 지역에서는 미주리협정으로 노예가 해방되었는데, "메이슨–딕슨 라인"이라는 용어는 노예 주와 해방 주를 구분하는 경계를 의미하는 것으로 사용되게 되었다.

미첼의 「북아메리카의 영국과 프랑스의 영토 지도(Map of the British and French Dominions in North America)」는 초기 미국사의 매우 중요한 유산 중 하나로 인정받고 있다. 이 지도는 남쪽으로는 허드슨 만에서 중앙 플로리다까지, 서쪽으로는 대서양 연안에서 현재의 캔자스-미주리 경계까지 펼쳐져 있어, 북아메리카 대륙의 거의 절반을 포괄하고 있다. 특히 눈에 띄는 것은 국왕 자문단의 요구를 만족시키기 위해(미첼은 "아메리카의 모든 부분에 존재하는 프랑스인들의 디자인"에 대한 자문단의 공포에 완전히 공감하고 있었다) 버지니아, 캐롤라이나, 조지아의 경계를 미시시피 강을 가로질러 서쪽으로 끝없이 펼쳐 놓았다. 영국 점령지는 소유권 개념이 강하게 드러나도록 강하고 짙은 색으로 두드러지게 표현했다.

미첼은 이 지도 속에 최대한 상세한 정보를 넣으려고 노력했는데, 특히 아메리카 원주민들에 대한 것에서 두드러진다. 아메리카 원주민 취락을 세 부류(촌락 및 요새, 마을, 버려진 마을)로 구분하여 지도에 나타냈다. 또한 짧은 기록과 주석도 붙였는데, 내륙 지역과 서부 지역에 대해서는 "인디언과 우리 국민들이 소유한, 광대한 면적을 가진 윤택하고 비옥한 국가"라고 묘사하였다.

미첼의 지도가 각광받은 가장 중요한 요소는 위치의 정확성이었다. 1755년의 첫 출간부터 마지막 출간까지 총 21개의 판본이 4개 국어(특히 프랑스어와 독일어)로 출간되었다. 이 지도는 북아메리카에 대한 이후의 지도학적 재현의 표준이 되었다. 1763년 7년전쟁을 종결한 파리 조약에서 영국과 프랑스의 경계를 설정할 때 준거가 될 만큼 출중한 지도였다. 전쟁에서 패배한 프랑스는 프랑스 캐나다를 잃었고, 대륙의 중심 내륙부에 대한 모든 영토권을 포기해야만 했다. 이 지도의 1775년판은 1783년 미국 독립전쟁을 종식시킨 제2차 파리 조약에서 새로이 독립한 미국과 그 주변 국가의 경계를 설정하는 데 참고 자료가 되었다.

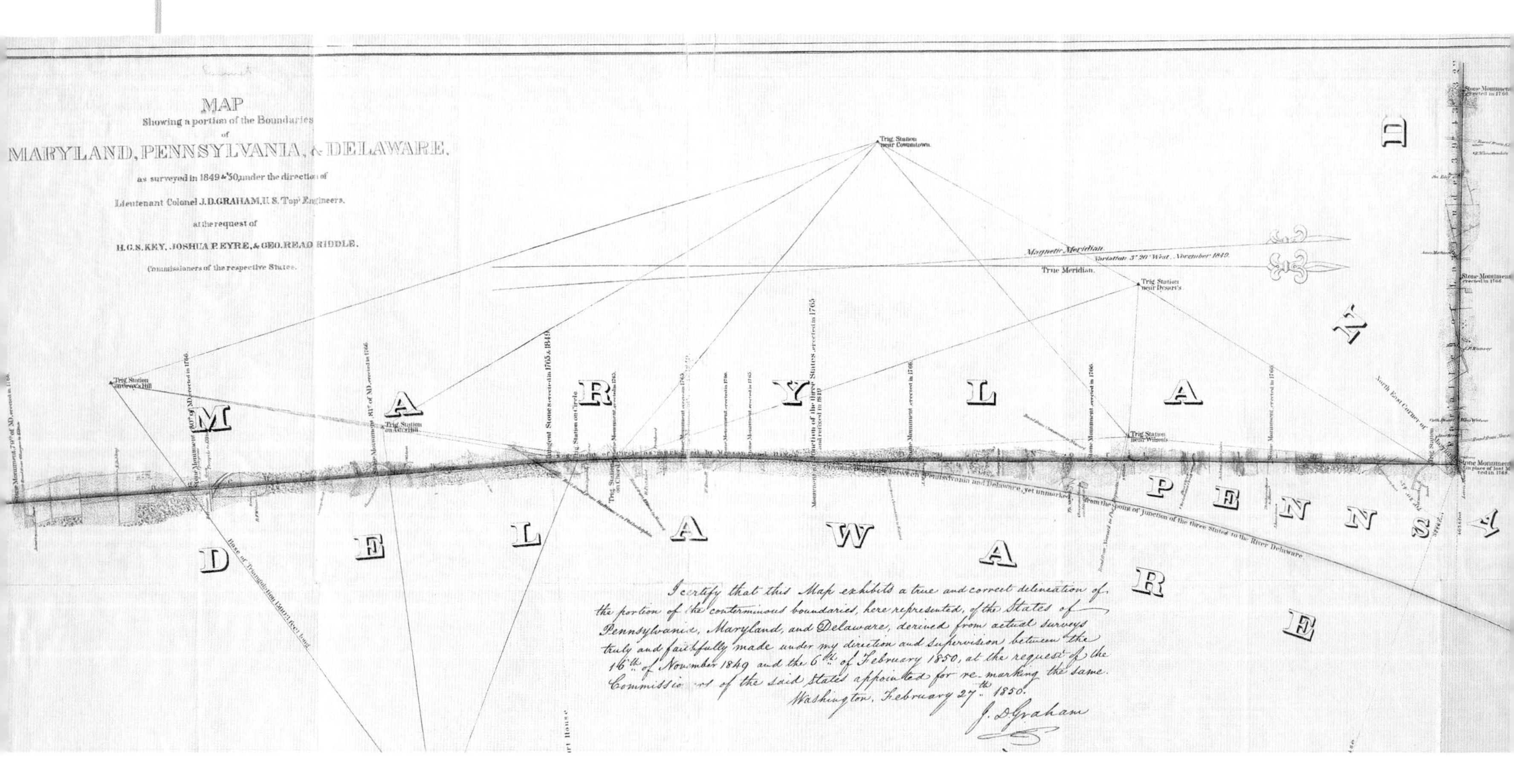

메이슨–딕슨 라인

1763년 보다 국지적인 차원의 국경 분쟁이 영향력 있는 지도를 탄생시켰다. 찰스 메이슨(Charles Mason, 1730~1786년)과 제레마이어 딕슨(Jeremiah Dixon, 1733~1779년)은 메릴랜드와 펜실베이니아의 토지 소유자들 간 분쟁을 해결해 달라는 요청을 받는다. 1768년에야 측량이 끝났는데, 아메리카 원주민들의 반대로 중요한 시기에 작업을 하지 못했기 때문이다.

현재 메이슨-딕슨 라인(Mason-Dixon line)으로 알려진 이것은 원래 델라웨어 경계로부터 서쪽으로 393km에 이르는 것이었다. 1773년 메릴랜드의 서쪽 끝까지, 1779년 다시 버지니아(현재의 웨스트버지니아)와 펜실베이니아의 동쪽 경계까지 확장되었다. 1861년 남북전쟁 발발 시점까지 "메인슨-딕슨 라인"이라는 용어는 노예 주와 해방 주를 구분하는 경계를 상징하는 것으로 널리 사용되었다. 오늘날에도 이 라인은 북부와 남부 지역을 구분하는 경계로 사용된다.

MASON AND DIXON LAYING OUT THE BOUNDARY LINE

경계선을 표시하고 있는 메이슨과 딕슨, 몽고메리(D.H. Mongomery)의 『미국사의 주요 사건들(The Leading Facts of American History)』에 수록된 그림, 1890년

메이슨과 딕슨의 경계선은 대중들의 머릿속에 각인되었을 뿐만 아니라 미국의 어휘 목록에도 등재되었다.

영국 지도 제작술의 발전

18세기에 들어서 영국은 지도 제작에서 세계의 선두 주자로 부상했다. 그런데 이는 매우 구체적인 사건, 즉 1745년 재커바이트 항거에 대한 반향에서 촉발된 것이었다. 이 반란이 거의 성공할 뻔한 직후, 영국 정부는 윌리엄 로이(William Roy, 1726~1790년)에게 1인치 대 1,000야드 축척의 상세한 스코틀랜드 측량을 지시하였다. 여기에는 미래의 잠재적인 반란에 효과적으로 대응하려는 의도가 들어 있었다. 또한 혁명 프랑스로부터의 잠재적인 군사 위협에 대응하기 위해서 1791년 미래에 육지측량국으로 발전한 부서를 창설하였다.

당시 삼각법 측량(Trigonometrical Survey)이라고 불렸던 것이 1791년 실시되었다. 이것은 런던 외곽의 그리니치 천문대와 파리 천문대를 연결시키기 위해 1784년에 이미 시작된 삼각측량에 토대를 둔 것이었다. 1795년 즈음, 런던과 콘월의 서쪽 끝에 있는 랜즈엔드 사이에 두 개의 삼각망이 완성되었다. 육지측량국이 공식적인 명칭을 얻은 1801년에는 1인치 대 1마일 축척의 지도의 첫 번째 도엽이 출판되었다. 이것은 켄트 지역의 지도였는데, 그곳은 프랑스 침략군의 목표물들 중 하나였다(114쪽 참조). 측량이 남서쪽으로 이동하면서 계속되었고, 1810년경 그 일대의 측량이 끝났다. 그리고 나서 천천히 그러나 굳건하게 영국의 나머지 지역에 대한 측량이 이루어졌다. 잉글랜드와 웨일스에 대해서만 이야기하면, 측량이 완전히 끝난 것은 1874년이었지만, 지역 전체 흑백 지도는 1870년대에 이미 출판되기 시작했다(맨 섬은 예외). 1897년부터는 컬러 지도가 흑백 지도를 대체했다. 육지측량국의 지도 제작이 국가도에 한정된 것은 결코 아니었다. 1855년 도시 지도 제작이 시작되었고, 1892년경에는 4,000명 이상 거주하는 모든 영국 도시들에 대한 1:500 축척의 지도가 제작되었다.

아일랜드와 스코틀랜드 지도 제작은 각각 1825년과 1837년에 시작되었다. 아일랜드 측량은 그 지역에 대한 최초의 상세한 측량이 아니었다. 이전 올리버 크롬웰 시대에도 측량을 했었다. 청교도 체제는 스튜어트 왕조를 지원한 아일랜드인들에게 야만적인 보복을 자행했는데, 그 일환으로 영토의 절반 이상을 몰수했다. 윌리엄 페티(William Petty, 1623~1687년)는 이 몰수한 땅에 대해 소위 다운 측량을 실시했다. 그는 13개월 만에 측량을 끝내겠다고 크롬웰과 그의 관료들을 설득했고 결국 승인을 받아냈다. 페티는 전문적인 측량사 대신, 콜롬웰의 군대를 제대한 군인들을 저렴한 가격에 고용해 측량을 시행했다. 측량 결과는 더블린으로 보내져 그곳의 숙련된 지도학자들이 제도 제작을 완성하였다. 이런 방식으로 페티는 많은 돈을 벌 수 있었다.

61 **에식스 카운티를 일부 포함한 켄트 카운티, 육지측량국, 영국, 1801년**
이 지도는 왕립 포병대의 대령이었던 윌리엄 머지(William Mudge)가 1799년 수행한 삼각망 측량을 토대로 하여 육지측량국의 "측량사"들이 완성한 것이다. 네 장으로 구성된 이 지도는 육지측량국이 생산한 최초의 지도이다. 지속적인 측량을 통해 1874년에는 잉글랜드와 웨일스 전체 지역에 대한 지도를 완성했다. 이 지도는 원래 조지 3세의 지리학자였던 윌리엄 페이든(William Faden)에 의해 사적으로 출판된 것으로, 육지측량국의 공식적인 출판은 아니었다.

인클로저 지도

대축척으로 제작된 육지측량국의 지도는 토지 소유권과 세금 부과에 특히 유용했다. 그러나 이러한 용도의 지도에 대한 수요가 격감하면서, 튜더 왕조 때부터 이어진 영국의 국가도 및 지역도 제작의 전통은 쇠퇴하였다. 그러나 여전히 토지도와 인클로저 지도에 대한 수요는 존재했다. 18세기 중엽~19세기 중엽 동안, 인클로저 지도는 제작을 의뢰한 사람들의 권력을 반영함과 동시에 그 권력을 공고히 하는 토지 재조직화의 기제였다. 다른 나라와 마찬가지로 영국에서도 광대한 농지와 공유지에 울타리를 치는 인클로저 과정이 농업 혁명에 의해 촉발되었다. 농업 혁명 이전의 농부들은 주로 공동 경작지의 작은 땅에 자급용 농작물을 경작했다. 18세기에 발생한 농업의 기계화로 말미암아 농경 기계를 사용하기에 적당한 대규모의, 담으로 에워싸인 경작지가 필요했다. 인클로저 운동은 1800년대에 계속 확산되었는데, 아마도 나폴레옹전쟁(1803~1815년)

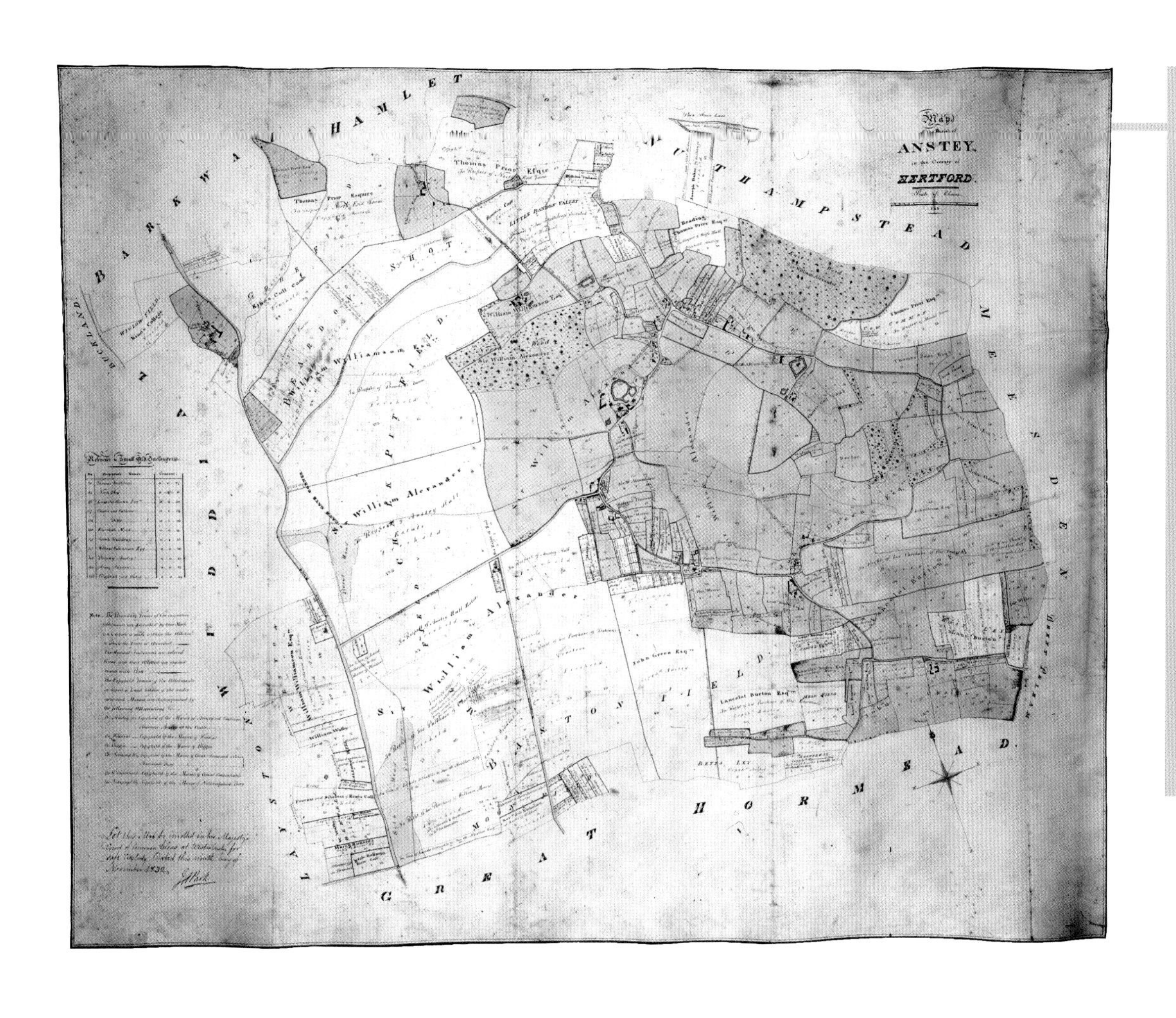

62 **인클로저 지도, 영국, 1829년**

영국에서 인클로저는 노지와 공동 경작지가 소규모의 사유지로 전환되는 수단이 되었는데, 19세기 초반에 최고조에 달했다. 1780년 이래로 인클로저 지도에는 그러한 과정의 일상적인 부분이 되었다. 인클로저 지도는 토지를 할당받은 사람, 토지를 구입한 사람, 경관의 모습, 인클로저의 결과가 반영된 토지의 모습 등이 담겨졌다. 여기에 나타나 있는 인클로저 지도에는 하트퍼드셔의 안스테이 마을 주변 토지의 소유권이 나타나 있다. 봉쇄된 "고대의 보도(步道)"도 지도에 표시되어 있다.

중에 최고조에 달한 것으로 보인다. 어떤 추정치에 따르면 전체 토지의 약 1/3이 인클로저 운동의 영향을 받았다고 한다. 인클로저 지도는 두 가지 범주로 나뉜다. 흔한 것은 아니지만, 측량사들은 종종 일종의 사전 측량을 하는데, 특정한 인클로저가 이루어졌을 때 땅의 모양이 어떻게 되는지 보여주는 지도이다. 그러나 다수의 지도는 인클로저가 발생한 이후의 모습을 지도로 보여주는 데 한정되었다.

인클로저는 영국만의 현상이 아니었다. 18세기 중엽 이래로, 유럽에서 발생한 대부분의 인클로저는 지도로 만들어졌는데 실로 수천 장의 지도가 만들어졌다. 개별적인 지도는 국지적인 의미만을 가지지만, 전체를 합쳐서 생각하면 인클로저 지도는 전 유럽 대륙의 삶의 방식(과 경관)을 완전히 바꾼 사회경제적 변화를 전형적으로 보여주는 것이다. 많은 국가(특히 프랑스, 이탈리아, 독일)의 지주들은 인클로저 지도가 토지 관리에 효과적이라는 사실을 깨닫게 되었다. 특히 프랑스의 경우, 18세기 중엽부터 많은 귀족들이 세습 토지의 생산성 극대화에 큰 관심을 갖게 되었다. 인클로저 지도를 통해 지주들이 매우 효과적으로 자신의 토지를 관리할 수 있기 때문에, 측량사들이 만드는 인클로저 지도는 소작농과 농업 노동자에게는 위협이 되었다. 농부들은 측량사들의 측량이 끝나면 반드시 지대가 인상될 거라고 예상했는데, 실제로 그러했다.

인클로저 지도는 질, 축척, 정보의 양 면에서 매우 다양했다. 가장 잘 만든 인클로저 지도에서는 당시의 농업 경관에 대한 통찰력을 얻을 수 있다. 십일조 대체법에 의해 법제화된 십일조 대체 토지 측량은 원래 매우 세밀해야 했지만, 교구별로 천차만별이었다. 이것은 대개 지도 제작 비용을 부담하지 않으려는 교구들의 저항 때문이었다.

에드먼드 핼리, 고드프리 넬러(Godfrey Kneller)(1646~1723년)의 그림
1698년 핼리는 영국 해군함 파라모어호의 선장으로 임명되어 지자기(地磁氣)를 측정하는 과업을 수행하게 된다. 이 과업은 2년에 걸친 항해를 통해 완수되었는데, 이 과정에서 북위 52°에서 남위 52°에 이르는 지역에 대한 해도가 완성되었다.

태평양 지역의 탐험

영국의 천문학자이자 지도 제작자인 에드먼드 핼리(1656~1742년)는 오늘날 그의 이름을 딴 핼리 혜성의 발견자로 더 잘 알려져 있다. 하지만 그는 유명한 지도 제작자였다. 그의 작품에는 성도(星圖), 세계 무역풍 지도 그리고 그의 가장 영향력 있는 지도로 여겨지는 자북과 진북 차이의 분포를 보여주는 세계 지도(104쪽 참조)가 있다. 1698년 핼리는 영국 해군성의 의뢰로 선상에서 경도를 보다 정확하게 계측하는 방법을 찾고자 노력한 결과 1702년 지도를 제작했다. 핼리는 이 지도를 그리기 위해 일부는 그의 인도양 남부 지역 원정에서 얻은 정보에 토대를 두고, 네덜란드 동인도 회사 소속의 항해사들이 만든 수많은 해도를 참조했다. 비록 경도의 문제는 1761년에야 해결되었지만, 그의 해도는 확실히 이후의 항해를 보다 용이하게 해주었다.

위대한 항해사들

18세기 중엽까지 오류로 가득 차 있었던 태평양 지역의 지도화는 18세기 가장 위대한 모험 이야기들 중 하나이다. 이 이야기에서 탐험가, 항해사, 지도 제작자가 각자의 역할을 한다. 포르투갈의 탐험가 페르디난드 마젤란(1480~1521년)은 태평양 해도 제작을 시도한 최초의 항해사들 중 한 명이었다. 해도 제작은 그가 스페인의 지원을 받아 최초로 세계 일주 항해를 하던 중 이루어졌다. 엘리자베스 여왕의 항해사 프랜시스 드레이크(1540~1596년)는 마젤란을 따라갔다. 네덜란드 항해사 아벨 타스만(1603~1659년)은 나중에 오스트레일리아로 알려진 곳에 최초로 도착한 유럽인이 되었고, 태즈메이니아, 뉴질랜드, 통가, 피지도 방문하였다.

영국과 프랑스가 그 횃불을 넘겨 받았다. 1760년대 이후 위대한 항해사들의 업적이 태평양 지역에 대한 유럽인의 지식과 이해를 완전히 바꿔 놓았다. 위대한 항해사들에는 1764년 프랑스 최초로 이루어진 남태평양 원정의 사령관 루이 앙투앙느 부갱빌(Louis-Antoine de Bougainville, 1729~1781년), 북서 태평양 지역을 탐험한 장 프랑수아 갈룹 라 페루즈(Jean-François Galoup La Pérouse, 1741~1788년), 1768년부터 세 번의 원정을 통해 태평양 지역의 정확한 해도를 제작한 제임스 쿡(1728~1779년)이 포함된다.

50년도 채 안 걸려, 전 세계의 1/3보다 더 넓은 이 광대한 지역에 더 이상의 수수께기는 남지 않게 되었다. 이 지역에 대한 철저한 측량을 바탕으로 정확한 해도와 지도가 만들어졌다. 이 과정에서 거대한 남쪽 대륙인 테라 아우스트랄리스(Terra Australis)의 존재를 믿었던 진부한 지리적 전통은 완전히 사라져 버렸다.

크로노미터, 트리거피시, 스틱 차트

유럽의 태평양 탐험가들(그리고 그들과 함께한 지도 제작자들)에게 도움을 준 가장 확실한 진보는 해상에서 경도를 결정하는 믿을 만한 수단을 발견한 것이었다. 1760년대까지 그 문제는 해결 불가능한 것처럼 보였다. 그런데 1761년, 링컨셔의 시계 제작자 존 해리슨은 영국의 경도 위원회가 그 문제의 해결을 위해 제시한 2만 파운드(현재 가치로 200만 파운드)의 상금을 받기 위해 노력하던 중, 그가 "해양 시간기록계(marine timekeeper)"라고 이름 붙인 크로노미터를 완성하게 된다. 해리슨이 만든 크로노미터의 정확성은 실로 놀라운 것이었다. 지방시 측정이 가능해졌을 뿐만 아니라 여타의 고정된 준거 지점에서의 시간도 알아낼 수 있었다. 제임스 쿡은 두 번째 태평양 항해에서 크로노미터를 사용했는데, 그는 출항 직전에 플리머스 시간에 크로노미터를 맞추었고, 이 정보를 바탕으로 그가 가는 곳의 경도를 비교적 수월하게 측정할 수 있었다.

물론 유럽인들이 미지의 태평양 지역을 탐험한 유일한 혹은 최초의 사람들은 아니다. 그들이 도착하기 한참 전에 서구인들이 오세아니아라고 부른 곳의 사람들이(전통적으로 이 지역은 크게 미크로네시아, 멜라네시아, 폴리네시아로 구분된다) 먼저 시작했다. 두 가지 이론이 이러한 이주의 설명을 위해 제안되었다. 첫 번째 이론은 사고에 기인한 우연 때문이라는 것이고, 두 번째는 의도적으로 계획된 탐험의 결과라는 것이다. 두 이론 모두 나름의 설득력을 가지고 있다.

확실한 것은 태평양의 섬 사람들의 항해 능력이 상당한 수준이었다는 것이다. 섬과 섬을 카누로 오가는 데 걸리는 정확한 시간을 기록하는 것은 그들에게 정말 중요한 일이었다. 이것은 해상의 유목민들이 중요하게 생각한 유일한 거리에 대한 측정치였다. 또한 오세아니아 전역에서 끈에 매듭을 지어 지형지물을 기록하고 기억하는 관행이 공통적으로 확인된 예는 그들이 자신들만의 지도화 형식을 발전시켰다는 것을 의미한다.

개별 종족들은 그들만의 독자적인 방법과 전통을 발전시켰다. 예를 들어, 캐롤라인 제도 사람들은 "거대한 트리거피시(triggerfish)"라고 알려진 지도학적 도구를 이용하여 자신들의 군도를 지도화했다. 이 지도는 대축척 지도로서 그 생김새가 열대어와 닮았기 때문에 그런 이름이 붙여졌다. 다섯 개의 장소가 표시되어 있는데, 그중 네 개는 다이아몬드를 형성하여, 머리, 꼬리, 등지느러미, 배지느러미를 나타낸다. 머리는 항상 동점이고 꼬리는 항상 서점이다. 그러나 등지느러미와 배지느러미는 북점과 남점 혹은 남점과 북점일 수 있다. 다섯 번째 장소는 다이아몬드의 중심에 있는데, 물고기의 척추를 나타낸다.

마셜 군도의 사람들도 자신들만의 지도화 형식을 발전시켰는데, "스틱 차트(stick chart)"로 알려져 있다. 스틱 차트는 교육용 항해 보조 기구인데, 세 가지 유형이 있다(마통, 레벨립, 메도, 117쪽 참조). 레벨립과 메

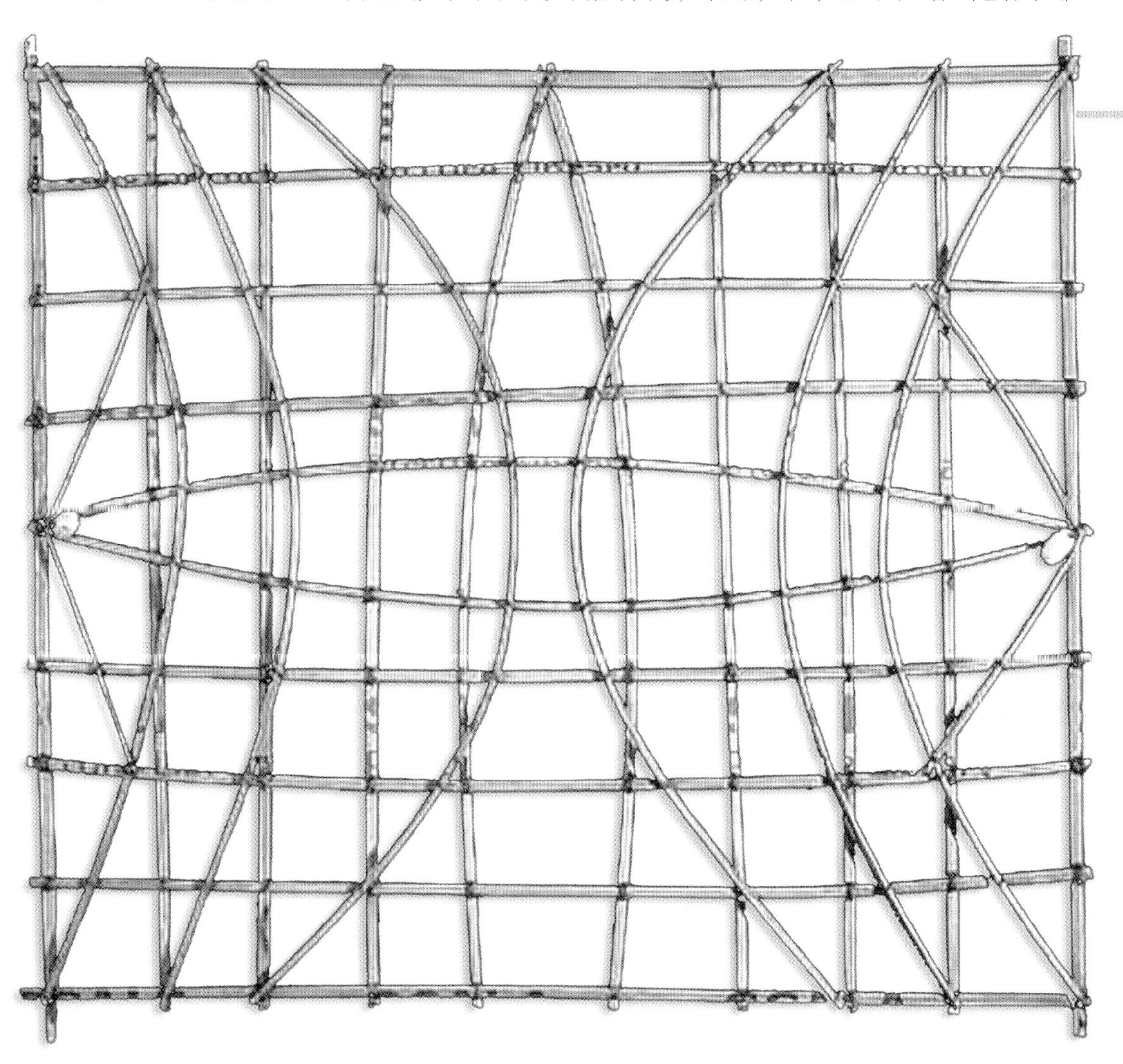

63 **스틱 차트, 마셜 군도, 20세기**

태평양의 심장부에 위치하고 있는 두 개의 평행한 섬의 체인에 살고 있는 마셜 군도 사람들은 소위 스틱 차트라고 불리는 이것을 섬 주변의 해류와 파도의 패턴, 그리고 산호초의 위치를 기록하기 위한 수단으로 사용했다. 가늘고 긴 나뭇조각들을 서로 엮는 방식들이 다양한 패턴을 나타내준다. 조개껍데기는 섬과 산호초를 표현하는 데 사용된다. 스틱 차트는 항해 도구라기보다는 항해를 도와주는 보조 기구이며, 실질적인 항해에서는 거의 사용되지 않았다.

도는 파도 패턴, 바다 너울의 방향, 그리고 특정한 섬이 카누로부터 얼마나 떨어진 것으로 보이는 지와 같은 현상에 대한 정보를 기록하는 데 사용된다. 조개껍데기 혹은 해도를 만들기 위해 사용된 가늘고 긴 나뭇조각들의 교차점은 섬 자체를 상징적으로 표현하고 있다.

쿡의 세 번의 항해

태평양의 미지의 세상 속으로 항해한 수많은 서구 탐험가들 중에 오직 한 사람만을 기린다면, 그것은 무척 부당한 일이겠지만, 태평양 지역에 대한 지도 제작을 가장 혁명적으로 바꿔 놓은 인물이 제임스 쿡이라는 사실에는 큰 이견이 없을 것이다. 세 번의 남태평양 항해를 통해, 그 전 혹은 그 이후의 어떤 탐험가보다 태평양 해역에 대해 더 많은 것을 발견했고 그것을 지도화했다.

쿡의 첫 번째 항해는 1768~1771년에 이루어졌다. 첫 도착지는 타히티였고, 거기서 금성 일식을 목격한다. 타히티로부터 항해를 계속해, 뉴질랜드와 동부 오스트레일리아의 지도화에 성공했고, 최종적으로 보터니 만에 도착했다. 쿡은 그 해역에 가오리가 많이 서식하는 것을 보고 스팅레이항(Stingray Harbour)이라는 이름을 붙였다. 나중에 현재 우리가 알고 있는 이름으로 바뀌었는데, 그 원정에 함께한 공식 식물학자였던 조지프 뱅크스(Joseph Banks, 1743~1820년)가 발견한 이국적인 식물 표본 때문이었다. 쿡은 거기에서 그레이트배리어리프까지 먼 길을 항해했는데, 거기서 탐험선 엔데버호가 산호와 부딪쳐 서둘러 해안에 정박해 수리해야 했다.

임시 방편의 수리가 끝난 후, 쿡은 바타비아에 있는 네덜란드 동인도 회사의 기지로 향했다. 거기서 엔데버호는 수리를 완전히 마칠 수 있었다. 쿡은 자신이 그린 가장 중요한 세 장의 해도를 그곳 사람에게 맡겼다. 첫 번째는 그가 "사우스시(South Sea, 남태평양)"라고 이름 붙인 것이었고, 두 번째는 뉴질랜드 지도였으며, 세 번째는 그가 뉴사우스웨일스(New South Wales)라고 이름 붙인 오스트레일리아 일부 지역의 지도였다. 쿡은 그 지도들을 유럽으로 돌아가는 네덜란드 무역 선단에게 주었고, 런던의 로열소사이어티에 전달된다. 결국 쿡의 가장 중요한 지도학적 발견 소식이 그 자신보다 빨리 영국에 도착하였다.

쿡의 두 번째 항해는 1772년에 시작해 1775년에 끝이 났다. 뉴질랜드, 타히티, 통가와 그 주변의 섬들, 이스터 섬, 마르키즈 제도, 뉴헤브리디스 제도, 뉴칼레도니아에 정박하였다. 이 두 번째 항해는 역사상 위대한 탐험 여행 중 최고로 인정받고 있다. 이 항해에서 이전의 그 누구도 가보지 못한 남쪽 아래 먼 곳까지 항해했다. 남극권을 통과하고 총빙이 나타나 어쩔 수 없이 되돌아와야 할 때까지 항해했다. 거기에서 쿡이 어쩔 수 없이 받아들여야 했던 결론은, 그와 수많은 항해사들이 그때까지 찾아 헤맨 전설 속의 거대한 남쪽 온대 대륙, 즉 테라 아우스트랄리스는 존재하지 않는다는 것이었다.

쿡의 세 번째이자 마지막 항해(1776~1779년)는 하와이의 발견으로 유명하다. 쿡은 하와이 원주민들과의 시비 중 사망하게 된다. 하와이의 발견이 계획된 탐험의 결과가 아니라 소시에테 제도에서 아메리카의 북서 태평양 해안을 향해 항해하다가 우연히 이루어졌다는 점은 확실하다. 쿡이 영국 해군성에서 받은 명령은 전설의 북서 항로를 찾는 것이었는데, 많은 사람들이 그 항로를 통해 대서양과 태평양을 넘나들 수 있다고 믿었다. 쿡은 아메리카 대륙의 대서양 쪽에서 북서 항로를 찾고 있는 또 다른 영국 원정대와 조우할 것으로 기대했다. 베링 해협을 통해 북극해까지 북진했지만 그가 찾고 있던 항로의 어떠한 흔적도 발견하지 못했다. 하지만 보다 정확한 해안의 경도 값을 구할 수 있었는데, 이를 통해 북아메리카 대륙이 사람들의 생각보다 훨씬 더 넓다는 것을 증명하였다. 이것은 이후에 이루어진 아메리카 대륙의 지도화에 엄청난 영향을 주었다.

하와이에 도착한 쿡의 배, 메노 하스(Meno Haas)의 판화, 1803년
쿡의 가장 유명한 업적은 오스트레일리아의 동부 해안의 발견, 하와이 제도의 발견, 그리고 최초의 세계 일주 항해와 뉴펀들랜드와 뉴질랜드에 대한 지도 제작이다.

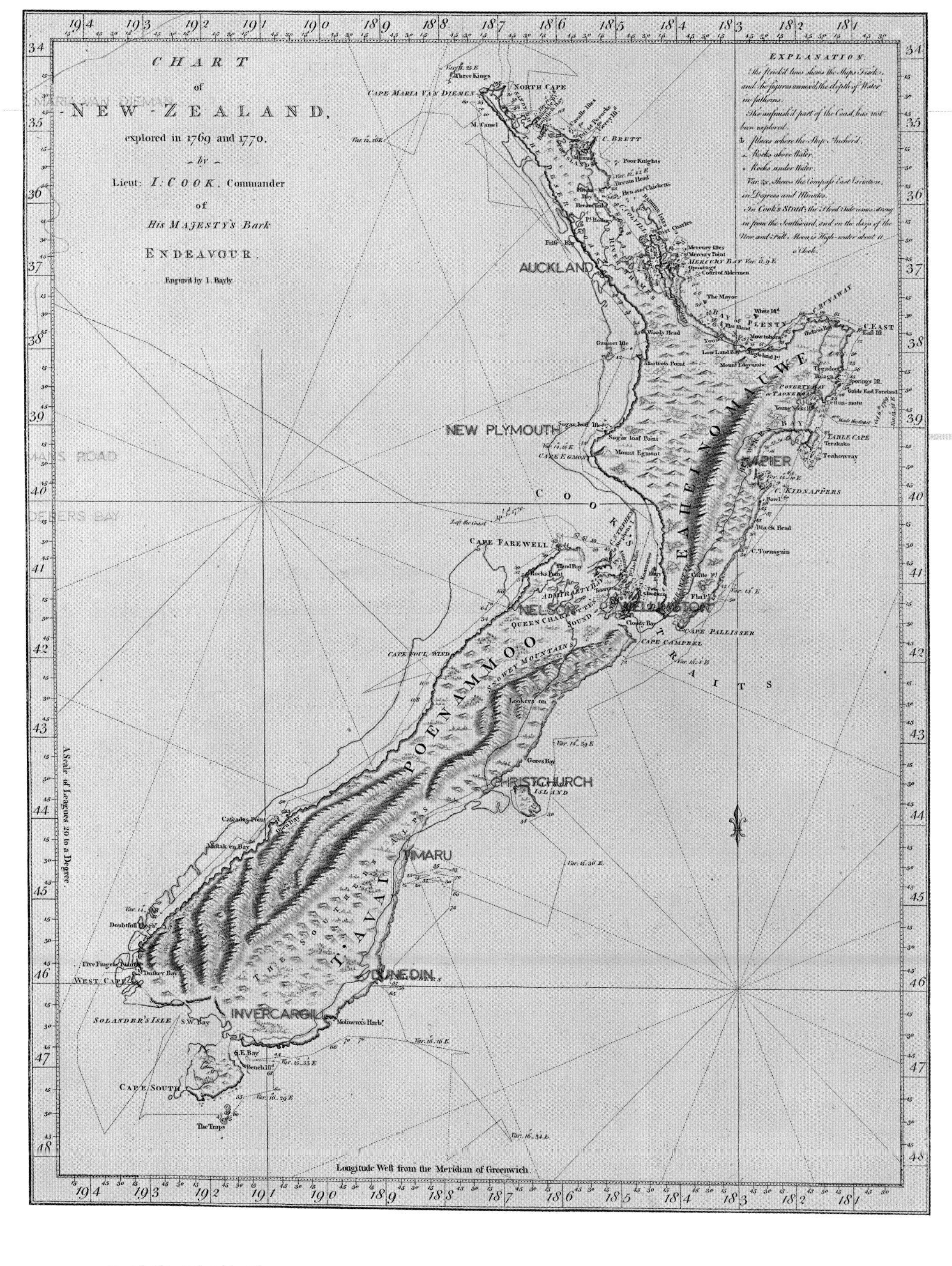

64 뉴질랜드, 제임스 쿡, 영국, 1773년

영국의 탐험가 제임스 쿡은 1768~1771년의 태평양 항해 중에 뉴질랜드의 해안선을 지도화했다. 그의 측량은 뉴질랜드가 북섬과 남섬의 두 개의 섬으로 구성되어 있으며, 두 섬은 쿡이 발견한 해협(현재는 그의 이름이 붙어 있다)에 의해 분리되어 있다는 것을 보여준다. 쿡의 배는 나쁜 기상 상황으로 인해 여러 번 바다 쪽으로 밀려 나갔고, 따라서 해안선의 많은 부분은 짐작과 추측에 의존해 그려질 수 밖에 없었을 것이다. 이 점을 감안하면 그가 이룬 업적이 훨씬 더 대단하게 느껴진다.

뉴질랜드의 지도화

태평양 오디세이(Pacific Odyssey)를 하기 훨씬 전부터 쿡은 이미 지도학자로서 명성을 떨쳤으며, 그러한 명성은 특히 그가 제작한 북아메리카의 세인트로렌스 강과 캐롤라이나 해안의 지도 때문일 것이다. 그의 기술은 태평양에서 완전히 검증되었다. 1769년 뉴질랜드에 도착하자 거침없이 측량을 진행했다. 쿡의 목적은 이 이상하고 새로운 땅이 남부 대륙의 일부인지를 밝혀 내는 것이었다. 처음 도달한 랜드폴에 파버티(Poverty) 만이라는 이름을 붙였는데, "왜냐하면 그 만이 우리가 원하는 아무 것도 주지 못했기 때문이다." 파버티 만을 육안으로 처음 발견한 그 배의 심부름하던 소년 니콜라스 영(Nicholas Young)은 럼주 1갤런을 상으로 받았고, 그 만의 남서쪽 끝 지점을 그 소년의 이름을 따서 영닉스헤드(Young Nick's Head)라고 이름 붙였다.

65 **하구 지도, 데이비드 말랑이, 오스트레일리아, 1983년**

오스트레일리아의 애버리지니 예술가 데이비드 말랑이(David Malangi, 1927~1999년)는 노던 준주의 센트럴아넘랜드에 있는 글라이드 강 하구를 표현한 이 수피화를 그렸다. 이 그림은 말랑이가 그의 세상과 그 속에 있는 그의 장소에 대해 이해한 바를 반영하고 있다. 이 그림은 지리적 참조물(강이 그림 하단의 바다를 향해 흘러가고 있다)과 주제적 참조물을 포함하고 있다. 현대의 많은 애버리지니 예술가들은 전통적인 형식으로 예술 활동을 계속하는데, 이는 커뮤니티의 예술과 사회적 전통 모두를 유지하는 데 공헌한다.

쿡은 파버티 만에서부터 남쪽으로, 다시 북쪽으로 항해했는데, 해안선을 따라 이동하면서 유입구, 만, 곶, 갑 등을 지도로 만들었다. 그가 이러한 지형들에 붙인 이름들 중 몇몇은 누구나 그 이유를 쉽게 알 수 있다. 예를 들어 호크스(Hawkes) 만은 첫 번째 해군 장관이었던 호크 장군(Lord Hawke, 1705~1781년)을 기리는 것이다. 그러나 다른 이름들은 개인적인 것이다. 예를 들어, 키드내퍼스(Kidnappers) 곶은 쿡의 배에 자원하여 승선한 타히티 소년을 한 마오리족이 유괴하려고 한 사건에서 유래된 이름이다.

쿡은 자신이 측량하고 있는 것이 섬이라는 사실을 상당히 이른 시점에 파악하였다. 아마도 높은 곳에서 측량하려고 언덕을 오르면서 그 사실을 알게 되었을 것이다. 문제는 남쪽 방향 멀리에 보이는 육지가 또 하나의 섬인지 아니면 그가 찾던 거대한 남부 대륙의 일부 인지의 여부였다. 끊임없는 연구, 주의 깊은 관찰, 우호적인 마오리족 사람들로부터 받은 정보를 종합적으로 판단한 결과, 결국 후자가 아니라 전자가 진실이라는 것을 알아차리게 된다. 쿡은 뉴질랜드가 북섬과 남섬으로 구성되어 있다는 점을 밝혀낸 것이다.

북섬에 대해서 쿡은 그의 해도가 "상당히 정확하다."라고 믿었다. 그러나 남섬에 대해서는 그만큼의 확신을 갖지 못했다. 쿡은 일기에 다음과 같이 썼다.

> "그해의 계절적 특성과 항해 상황은 다른 섬에서 가졌던 만큼의 시간을 이 섬에서는 가질 수 없게 만들었고, 우리가 빈번하게 맞이한 거친 날씨는 해안을 따라 항로를 유지하기 어렵고 위험하게 만들었다."

이러한 의구심에도 쿡은 그의 주된 임무를 성공적으로 완수했다. 그가 그린 남섬과 북섬의 해안선의 상세한 해도로 불과 6개월도 안 되는 시간에 뉴질랜드에 대한 기존의 지도학적 표상은 완전히 바뀌었다.

애버리지니 지도

쿡은 그가 보터니 만에서 만난 애버리지니 사람들이 유럽 방문객들에 대해 상당히 무관심했었다고 적고 있다. 예를 들어, 철을 획득하는 데 관심이 없는 것을 보고 쿡은 상당히 놀랐다고 한다. 그 이후의 많은 유럽인들이나 그 이전의 네덜란드인들과 마찬가지로 쿡은 애버리지니 문화에 대해 진정한 이해를 가지고 있지 못했다. 애버리지니와의 만남 기간이 짧았다는 점을 감안하면 그가 전혀 이해가 안 되는 것도 아니다. 상대적으로 최근까지 애버리지니 지도학은 상당히 잘못 이해되었고, 제대로 된 평가를 받지 못했다. 애버리지니 지도는 방향과 일정한 축척이 없어서 대부분의 서구인들은 무가치한 것으로 무시해 버린다. 그러나 지금은 무엇이 지도이고 무엇이 아닌지에 대한 정의적 편협성은 많이 완화되었다. 셀 수 없이 많은 세대를 내려오면서 애버리지니 예술가들이 만든 지형에 대한 재현물은 그것의 형태와 상관없이, 바로 지도인 것이다.

애버리지니 지도는 두 가지 주요 유형으로 나뉜다. 오스트레일리아의 열대 북부와 북서부 지역에 대한 수피화(樹皮畵)와 아웃백, 특히 노던 준주의 앨리스스프링스 부근의 "점 그림(dot painting)"이다. 두 유형 모두 기원과 목적을 공유하며 보다 범위가 넓은 의미 체계의 일부분인데, 이 의미 체계에서는 현재와 과거의 명확한 구분이 없다. 이 지도들은 지형적 재현을 초월한다. 이 지도들은 무엇이 어디에 있는지 보여주는 것을 넘어, 애버리지니의 꿈의 시대, 즉 세상이 창조되던 때의 한 부분으로서 그것들이 갖는 깊은 의미를 기린다.

꿈의 시대의 초자연적인 존재는 땅 위의 물리적 지형지물들의 형태를 만들고, 거기에 생명을 불어넣었으며, 그 속에서 살고 있다. 영혼을 이해하고 그것과 소통하는 데 실패하는 것은 치명적이다. 애버리지니 지도는 꿈의 시대의 신화와 그것이 지니는 영적이고도 실질적인 지혜를 전승하는 수단이다. 이런 가르침은 한 샘물에서 다른 샘물로 이동하는 가장 안전한 경로일 수도, 사회적 관습과 규범을 전승하는 것일 수도 있다.

오스트레일리아 해안의 측량

애버리지니는 쿡의 방문 이후 몇 년간 평화로운 나날을 보냈다. 1780년대에야 영국이 자기 영토라고 선언한 것들의 효용성을 깨닫기 때문이다. 아메리카의 식민지를 상실한 후, 영국은 죄수들을 위한 새로운 수감지를 찾았고, 1788년 최초의 보터니 만 식민지를 건설했다. 정부의 결정에 이 이슈를 다루던 하원위원회의 쿡의 식물학자 조지프 뱅크스의 보고서가 큰 역할을 했다. 뱅크스는 식민지는 스스로 비용을 충당할 수 있도록 건설되어야 한다는 생각에 확신을 갖고 있었다. 또한 죄수들을 염두에 두고 "그 국가는 유럽인이 거주하는 지구 상의 어느 부분에서도 멀리 떨어져 있어 탈출은 매우 어려울 것"이라는 의견도 피력했다.

정착은 조금씩 진전되었지만 오스트레일리아에 대한 지도학적 지식은 상대적으로 더디게 확대되었다. 예로, 1798년까지 태즈메이니아는 섬이 아니라 오스트레일리아 본토에 붙어 있다고 믿어졌다. 이런 믿음은 조지 배스(1771년~1803년경)와 매튜 플린더스(1774~1814년)가 두 섬 사이의 해협을 통과함으로써 무너졌다.

1801~1803년 플린더스는 오스트레일리아의 남부와 서부 해안을 측량했다. 그러나 그의 지도 출판은 미루어졌다. 영국으로 돌아오던 중 배가 파손되어 프랑스 점유 모리셔스 섬으로 들어가야 했다. 당시는 나폴레옹전쟁이 한창이라 즉시 스파이로 의심받아 억류되어 1810년에야 풀려났는데, 그때는 경쟁 관계였던 프랑스 원정대가 그 지역의 지도 편찬을 끝낸 시점이었다. 이 지도들은 1811년에 세상에 나왔고, 그보다 3년 뒤에야 플린더스는 자신의 해도를 인쇄할 수 있었다. 플린더스와 경쟁자인 프랑스의 니콜라-토마 보댕(Nicholas-Thomas Baudin, 1754~1803년)은 탐험 중에 절묘하게 맞아떨어지는 이름의 엔카운터(Encounter) 만에서 만났다. 루이스 드 프레이시넷(Louis de Freycinet, 1779~1842년)에 의해 마지막으로 편찬된 프랑스 지도는 철저하게 나폴레옹의 냄새가 났다. 예를 들어, 현재의 스펜서 만과 세인트빈센트 만에 각각 보나파르트, 조제핀의 이름이 붙여졌고, 오스트레일리아 남부 해안의 동쪽은 프랑스 황제를 기리기 위해 나폴레옹의 땅(Terre Napoleon)이라고 명명되었다.

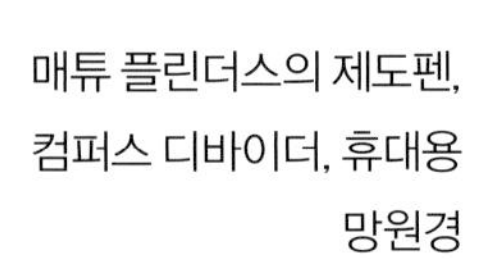

매튜 플린더스의 제도펜, 컴퍼스 디바이더, 휴대용 망원경
플린더스는 당대 가장 기량이 뛰어난 항해사이자 해도 제작자였다. 오스트레일리아를 일주했으며, 나침반 독도에 철선이 가지는 효과를 확인했고, 오스트레일리아 탐험에 대한 중요한 저작, 『테라 오스트랄리스로의 항해(A Voyage To Terra Australis)』를 발표했다.

오스트레일리아 내륙 속으로

오스트레일리아 해안가나 그 근처에 산재하던 영국의 취락지들로부터 멀리 떨어진 오스트레일리아의 내륙 지역 안에 무엇이 있을까에 대한 다양한 이론이 있었지만, 대개 알려지지도 지도화되지도 않았다. 가장 유명한 것은 그곳에 거대한 내륙 바다가 있다는 설이었다. 예를 들어, 1827년 『오스트레일리아의 친구들(Friends of Australia)』이라는 책에 수록된 지도에 그 내륙 바다와 거기서부터 북서 해안으로 흐르는 "가정된 거대한 강의 출입구(the supposed entrance of the Great River)"가 있었다.

1854년 빅토리아 여왕의 공식 지리학자 제임스 윌드(James Wyld, 1812~1887년)가 제작한 『현대 지리학 신일반 지도첩(The New General Atlas of Modern Geography)』에는 남부 오스트레일리아 지도가 수록되어 있는데, 정확도가 훨씬 더 향상되었다. 아마도 그 지도는 당시까지 그 지역에서 이루어진 가장 정확한 측량을 기초로 만들어졌을 것이다. 1851년에 시작된 오스트레일리아 골드러시가 이 지도 제작의 추동력이었다는 것은 분명한 사실로 보인다. 그 지도에는 알려진 금광의 위치가 표시되어 있다.

윌드의 지도는 이전의 다양한 탐험 측량으로 만든 지도의 도움을 많이 받았다. 1813년 블루마운틴스를 가로지르는 길이 마침내 발견되었다. 더 많은 측량 탐사가 존 옥슬리(John Oxley, 1785년경~1828년경)와 토머스 미첼(Thomas Mitchell, 1792~1855년)에 의해 주도되었다. 존 옥슬리는 라클런과 매콰리(Macquarie) 강을 발견하고 이름을 붙였다. 토머스 미첼은 네 번의 원정을 통해 남동부 오스트레일리아의 알려지지 않은 지역을 탐사했고, 현재 빅토리아 주의 남부 지역에 해당하는 곳에 새로운 방목지 개발을 주도하였다. 미첼은

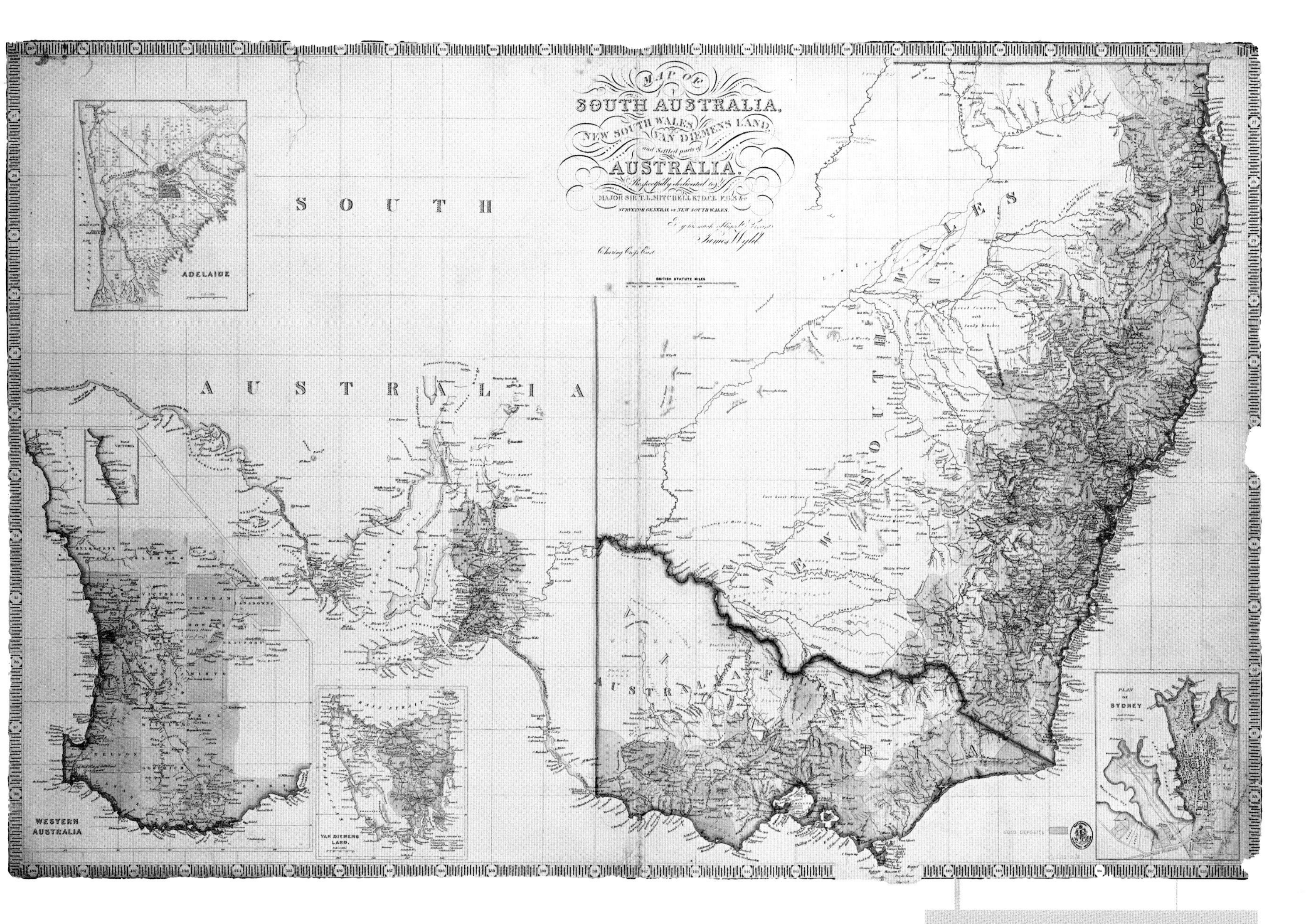

이 새로운 땅에 "오스트레일리아 펠릭스(Australia Felix)"라는 이름을 붙였다. 또 다른 탐험가로 에드워드 에어(Edward Eyre, 1815~1901년)와 찰스 스터트(Charles Sturt, 1795~1869년)가 있는데, 에드워드 에어는 남부 오스트레일리아를 동에서 서로 횡단한 최초의 인물이었고, 찰스 스터트는 시드니에서 애들레이드에 이르는 육로를 개척해 오스트레일리아 내부 지역의 지도학적 지식을 크게 넓혔다.

한편 다른 세 탐험가의 노력은 비극으로 끝났다. 루트비히 라이히하르트(Ludwig Leichhardt, 1813~1848년)는 1848년 브리즈번에서 퍼스에 이르는 원정 중 동료들과 함께 실종되었다. 이는 오스트레일리아 지도사의 풀리지 않는 수수께끼 중 하나로 남았다. 로버트 오하라 버크(Robert O'Hara Burke, 1821~1861년)와 윌리엄 존 윌스(William John Wills, 1834~1861년)에게 벌어진 일은 미스터리는 아니지만 비극적인 사건이다. 그들은 오스트레일리아를 남에서 북으로 횡단한 최초의 인물이 되었지만 복귀하던 중 기아로 사망했다.

영국에 의한 인도의 지도화

인도 지도 제작은 영국 지도학자들에게 벅찬 과제였다. 18세기 중엽까지, 인도 대륙 내부에 대한 영국의 지도학적 지식은 일천하기 그지 없었다. 동인도 회사는 벵골의 마지막 자치 나와브(Nawab, 통치자)인 시라즈 웃 다울라(Siraj Ud Daulah)를 1757년 플라시 전투에서 패퇴시킴으로써 인도 대륙에서 막강한 힘을 행사하

66

남부 오스트레일리아, 제임스 윌드, 영국, 1854년

빅토리아 여왕의 지리학자 제임스 윌드는 빅토리아 중기 시대에 가장 많은 지도를 편찬한 인물로 명망있었던 지도 제작자들 중 한 명이었다. 크림전쟁의 전투와 런던 및 남서 철로의 노선에 이르는 모든 것을 지도로 만들었다. 남부 오스트레일리아의 지도는 최신의 발견을 모두 반영하고 있었는데, 1851년의 오스트레일리아 골드러시에 영감을 받아 제작된 것이다. 삽입도의 지역은 서부 오스트레일리아와 반디맨즈 랜드이며, 더 작은 삽입도에는 애들레이드와 시드니의 시가도가 나타나 있다.

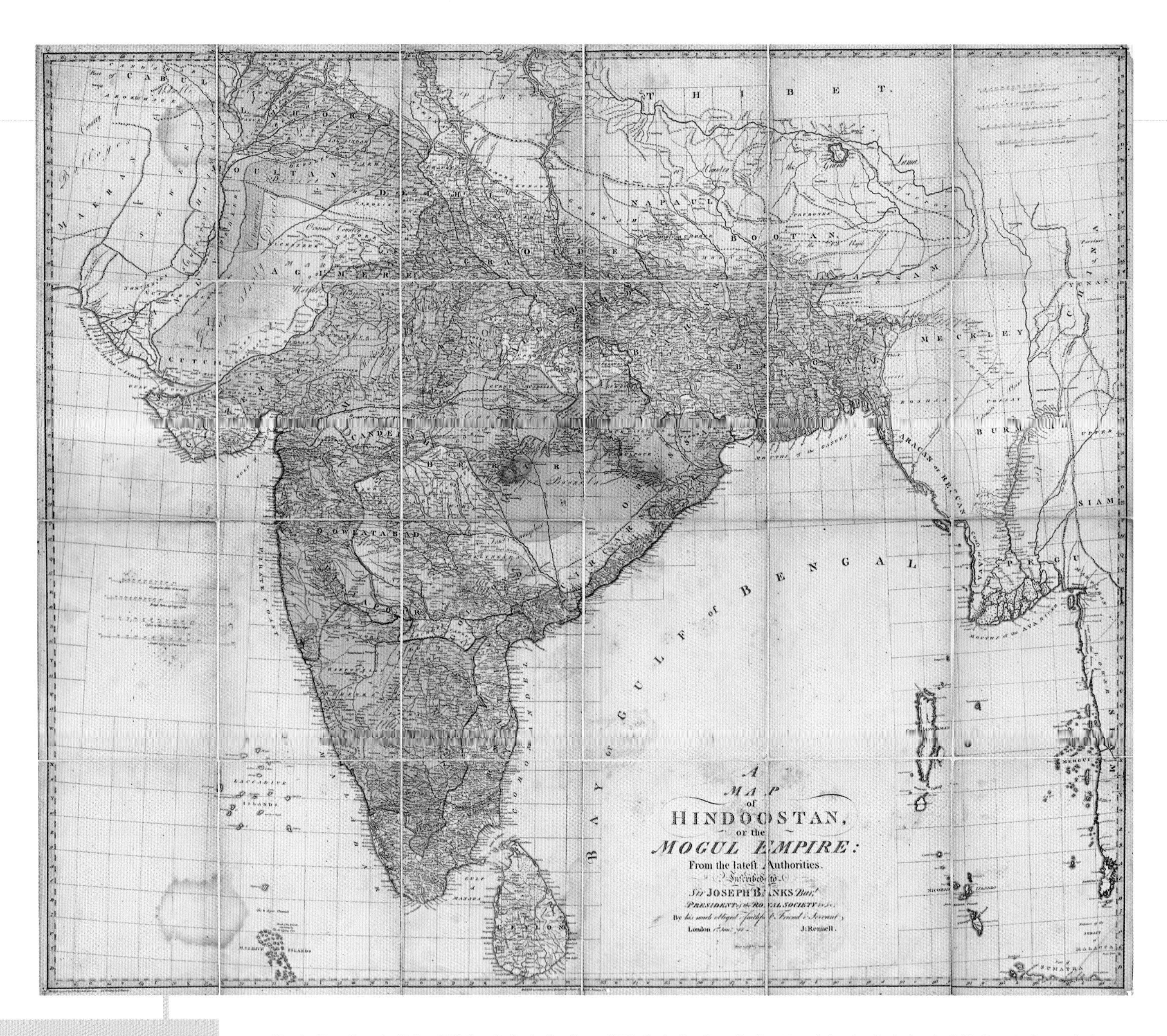

67 힌두스탄, 제임스 리넬, 영국, 1788년

1767~1777년 동안 최초의 벵골 측량 감독관을 지냈던 제임스 리넬은 선구자적인 업적으로 인해 인도 지리학의 아버지로 불린다. 리넬이 제작한 힌두스탄 지도에는 과거 악바르 황제(Emperor Akbar, 1556~1605년)의 통치 기간 중에 반포된 무갈의 주(州) 분할이 그대로 사용되고 있다. 이 지도에는 화려한 채색의 아름다움과 함께 상세성을 향한 그의 열정이 잘 드러나 있다. 이 지도는 거의 탐사되지 못한 북쪽의 "히말라 지역"에서부터 남쪽의 실론 섬과 서쪽의 "그레이트 샌디 사막"까지 포괄하고 있다.

게 되었는데, 이러한 상황을 감안하면 인도 대륙에서의 지도학적 무능력은 용납되기 어려웠다. 동인도 회사는 무엇을 통제하고 있고 무엇을 통제하지 못하는지, 외부의 공격으로부터 보유 영토를 방어할 최상의 방법을 보여주는, 명확한 지도학적 근거를 가진, 정확한 측량의 시행을 긴급히 원했다.

영국인들은 답보 상태에 빠져들 수 밖에 없었는데, 고대 인도가 수학의 발전에 큰 공헌을 했음에도 상대적으로 매우 적은 수의 지도만이 남아 있었기 때문이다. 1619년 무갈 제국에 대한 최초의 상세한 지도가 영국인 토머스 로(Thomas Roe, 1581년경~1644년)와 윌리엄 배핀(William Baffin, 1584년경~1622년)에 의해 편찬된다. 이 지도는 로가 아그라의 대무갈 제국 궁궐에서 4년간 체류하며 경험한 것들에 기반하고 있다. 한편 천지도는 매우 다양하고 풍부하게 존재했는데, 세 개의 토착 종교인 불교, 힌두교, 자이나교 모두 천지도의 원천이 되었다. 인도 대륙의 측량은 제임스 리넬(James Rennell, 1742~1830년)이 시작했다. 1767년 그는 10년 임기의 벵골의 측량 감독관 직을 맡게 된다. 벵골의 식민지총독 로버트 클라이브(Robert Clive)의 "탐사를 통해 벵골의 일반 지도를 제작할 토대를 확립하라."라는 명령에 따라 1766년 갠지스 강과 주변 지역 측량을 시작했다. 스스로 "루트 측량"이라고 부른 방법론은 도로를 따라가면서 거리와 방향을 측정하는 방식이다. 주요 지형지물의 경위도 값을 표로 작성하는 일도 함께 이루어졌다. 그 결과, 최소 500개의 측량에 기초한 1779년『벵골 지도첩(Bengal Atlas)』이 탄생했다. 1782년에는 그가 만든 최초의 지도「힌두스탄 지도(Map of Hindoostan)」가 출판되었다.

대삼각측량

18세기, 동인도 회사는 인도 대륙에 대한 체계적인 삼각측량과 지도 제작을 시작한다. 담당자 윌리엄 램턴(William Lambton, 1756년경~1823년)은 인도의 남쪽 끝으로부터 북쪽의 히말라야 산맥까지, 봄베이에서 캘커타에 이르는 인도 대륙 전체를 측지 삼각망으로 덮는 거대한 일을 맡게 되었다. 완수하는 데 족히 1세기는 걸릴 과제였다. 측량은 두 지점 간의 기선(보통 11km) 거리 측성에서 시작한다. 이 작업은 나무 트레슬(trestle)에 고정된 체인의 도움을 받는데, 그 체인의 길이는 정확하게 알려져 있다. 여기에만 몇 주가 걸린다. 그다음에는 기선의 양 끝으로부터 제3의 지점을 향한 시선이 이루는 각도를 세오돌라이트로 측정한다. 시선 설정을 위한 언덕이 없을 경우에는 대나무로 만든 비계(飛階)의 꼭대기에 위태롭게 앉은 신호 기수가 대신했다. 많은 사람들이 떨어져서 죽었다. 진전이 늦은 또 다른 이유는 질병 때문이었다. 말라리아와 다른 열대의 병들이 측량대 전체를 덮치곤 했다. 이러한 어려움에도 램턴이 사망한 1823년 무렵에는 삼각망이 인도의 절반 정도에 달했다. 조지 에베레스트(George Everest, 1790~1866년)가 램턴을 대신해 대삼각측량(Great Trigonometrical Survey)의 감독관(1817년부터 이 직함이 사용되었다) 자리에 올랐고, 과제 진전에 박차를 가했다. 1843년 그의 퇴임 무렵에는 측량대가 델리 북쪽의 작은 언덕에 있는 데라둠에 이르렀다. 삼각망의 양팔이 동쪽과 서쪽 양 방향에서 히말리야의 완만한 경사면을 오르고 있었다.

1860년대 무렵, 측량은 격동하는 인도의 북서 국경 지역까지 이르게 되었다. 이 지역에 대한 정확한 지도화는 팽창주의를 추구하고 있던 제정러시아의 위협으로부터 "대영제국의 보석"이라는 시적인 이름의 인도 보호를 위해 필수적이었다. 1825~1906년에는 지형 측량도 함께 이루어졌다. 그 결과 358장에 이르는 상세한 지도 컬렉션이 완성되었는데, 모든 지도에 1인치 대 4마일의 동일한 축척이 적용되었다.

68 **버마–중국 국경, 샨족 예술가, 버마, 1889년**
이름이 알려지지 않은 샨족(Shan)의 예술가가 영국 보호하에 있던 몽 마오(Möng Mäo)의 샨족 국가와 중국 제국 간의 국경 분쟁을 해결하는 데 도움을 주기 위해 이 템페라(tempera) 지도를 그렸다. 19세기 샨족의 영토는 버마와 중국 국경 양쪽에 걸쳐 있었다. 몽의 영토는 빨간색으로, 중국의 영토는 노란색으로 채색되어 있다. 이 지도는 남마오 강을 따라 약 75㎢에 달하는 지역을 나타내고 있다. 지도에 나타난 타원형들은 마을의 위치를 표시하고 있고, 불규칙한 녹색 모양은 남칸 시를 나타낸다.

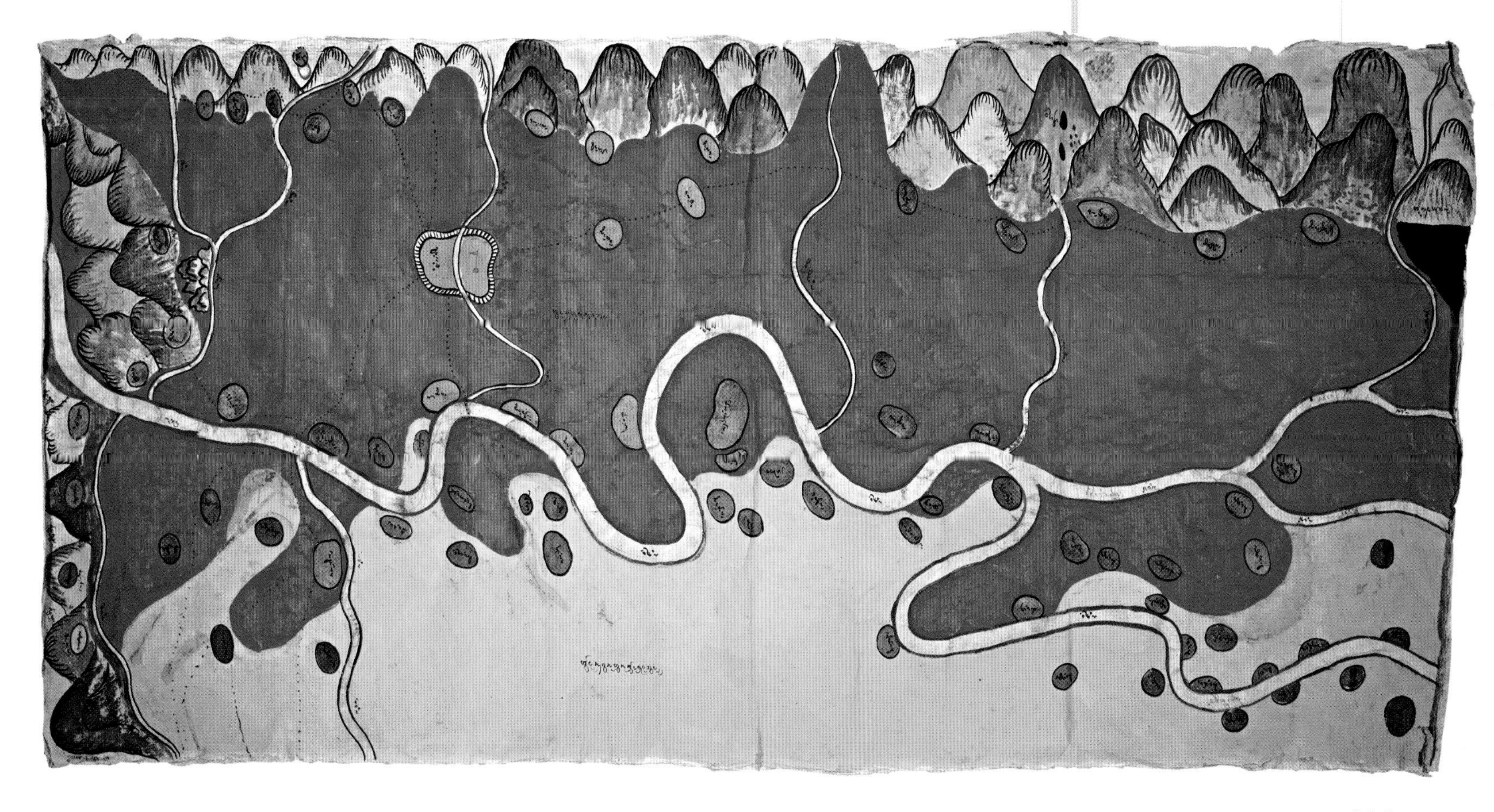

69 세계 지도, 일본, 1853년

1853년에 그려진 이 세계 지도는 아마도 페리 제독(Commodore Perry)이 이끄는 미국의 함대가 일본의 쇄국 정책을 종식시키기 전에 간행된 마지막 지도일 것이다. 다른 많은 지도들과 마찬가지로, 이 지도는 17세기에 만들어진 원본 지도, 곤여만국지도(坤輿萬國地圖)에 기초한 것인데, 곤여만국지도는 예수회 선교사였던 마테오 리치(Matteo Ricci, 1552~1610년)가 17세기 초반 제국의 궁궐에 머물던 시기에 중국의 황제 만력제(萬曆帝, Wanli Emperor)를 위해 만든 것이다. 이 지도는 에도 시대 초기에 중국을 통해 일본에 전해졌다. 에도 시대는 1603~1867년까지 지속되었는데, 그 마지막 해에 지배자 쇼군(將軍)이 축출되고 황제가 권력을 다시 장악했다. 이 지도는 일본이 만든 세 가지 유형의 세계 지도 중 한 가지를 보여주는 것이다. 세 가지 유형 중 가장 오래된 것은 불교와 불교적 전통을 반영한 것으로 세상의 중심에는 수미산(須彌山)이라고 불리는 거대한 산이 우뚝 솟아 있다. 에도 시대 중엽에 만들어진 가장 최근의 것은 당시의 네덜란드에 영향을 받은 것인데, 무역상을 통해 일본에 전해진 것이다. 서로 다른 세계관이 에도 시대에 공존했던 것이다.

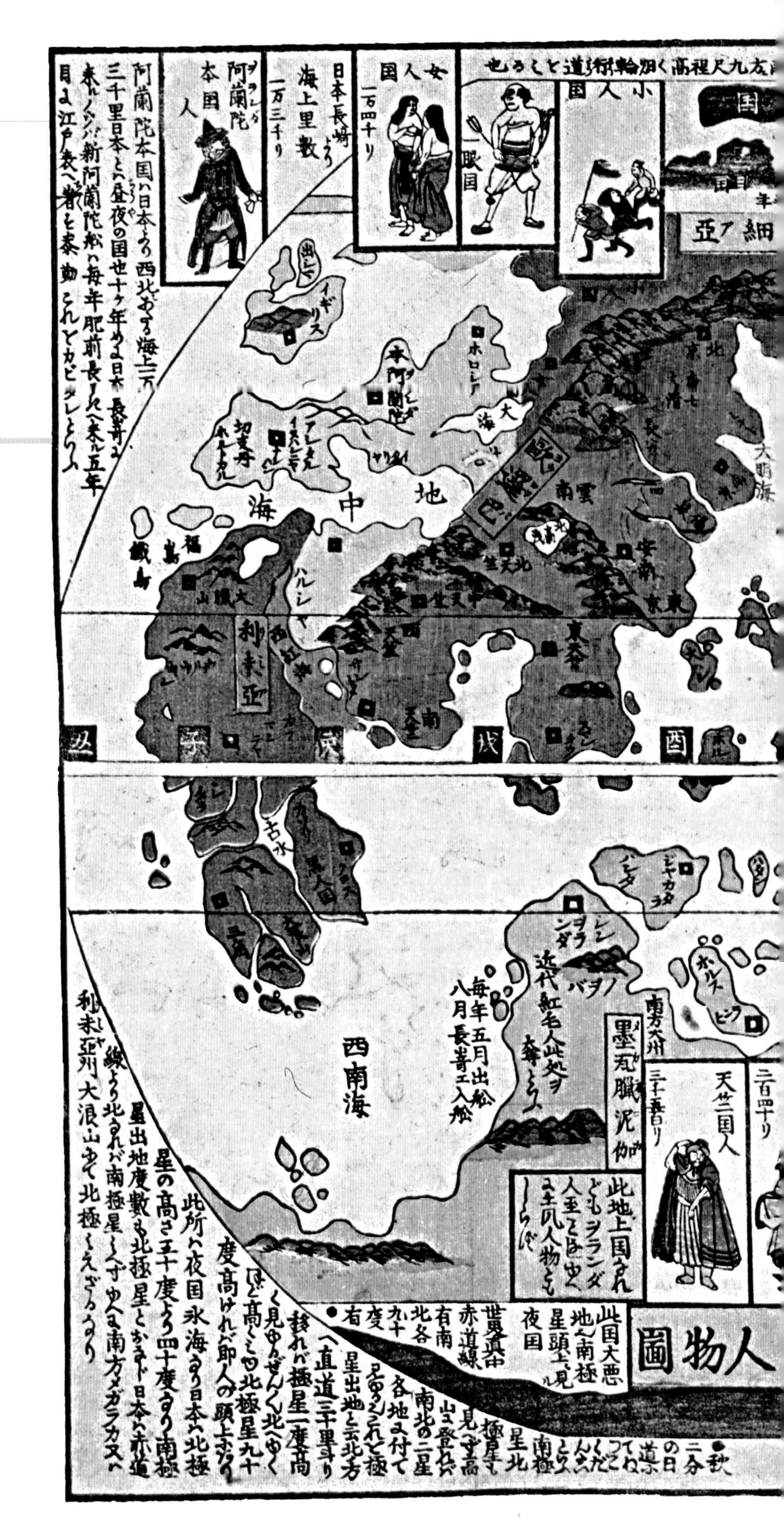

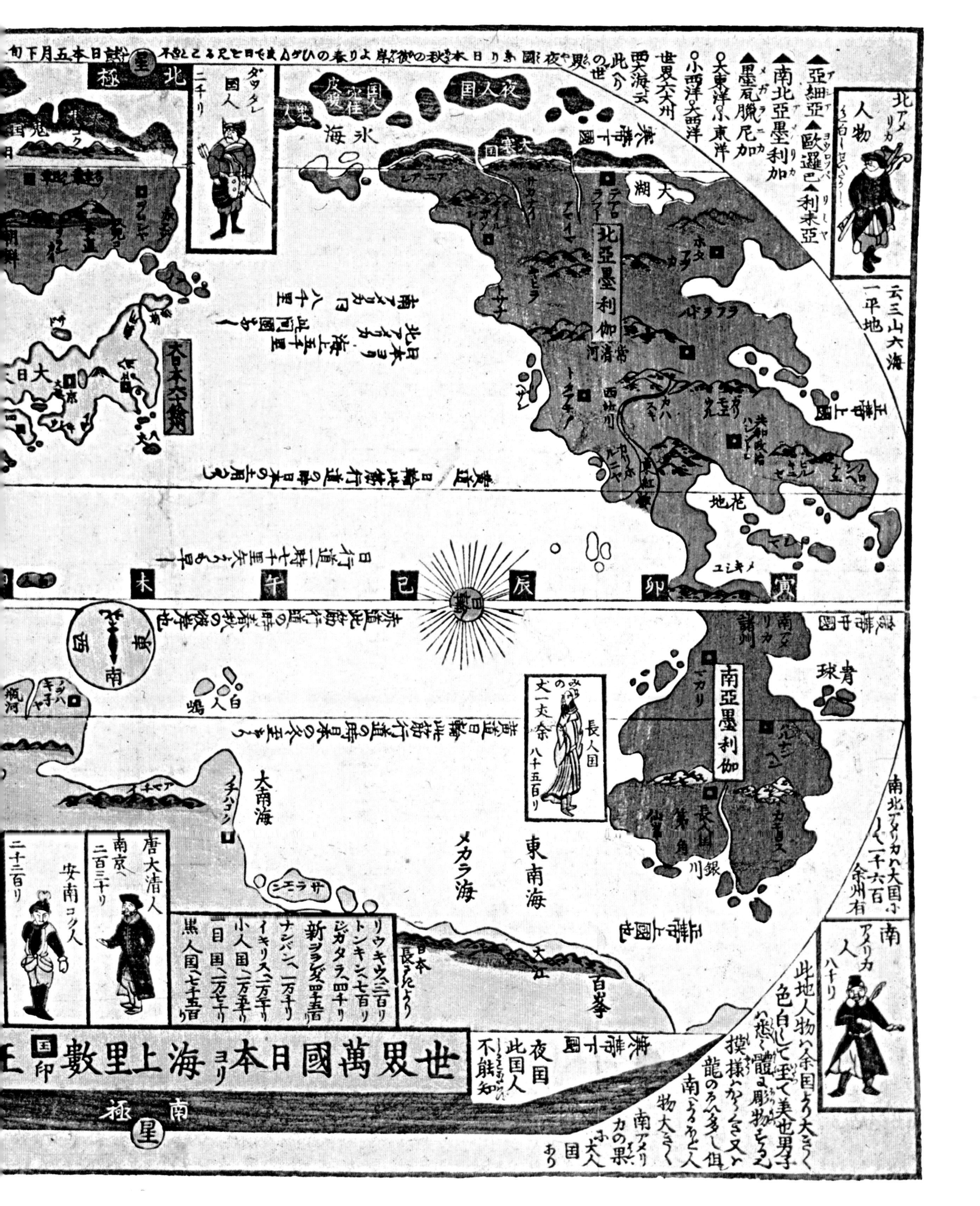

世界萬國日本ヨリ海上里數
北極
南極
北亞墨利加
南亞墨利加
亞細亞
南北亞墨利加
歐邏巴
利未亞
墨瓦臘尼加
大東洋
小東洋
小西洋
大西洋
世界六大州
氷海
夜人国
大湖
大南海
東南海
メカラ海
長人国
唐大清人
安南コク人

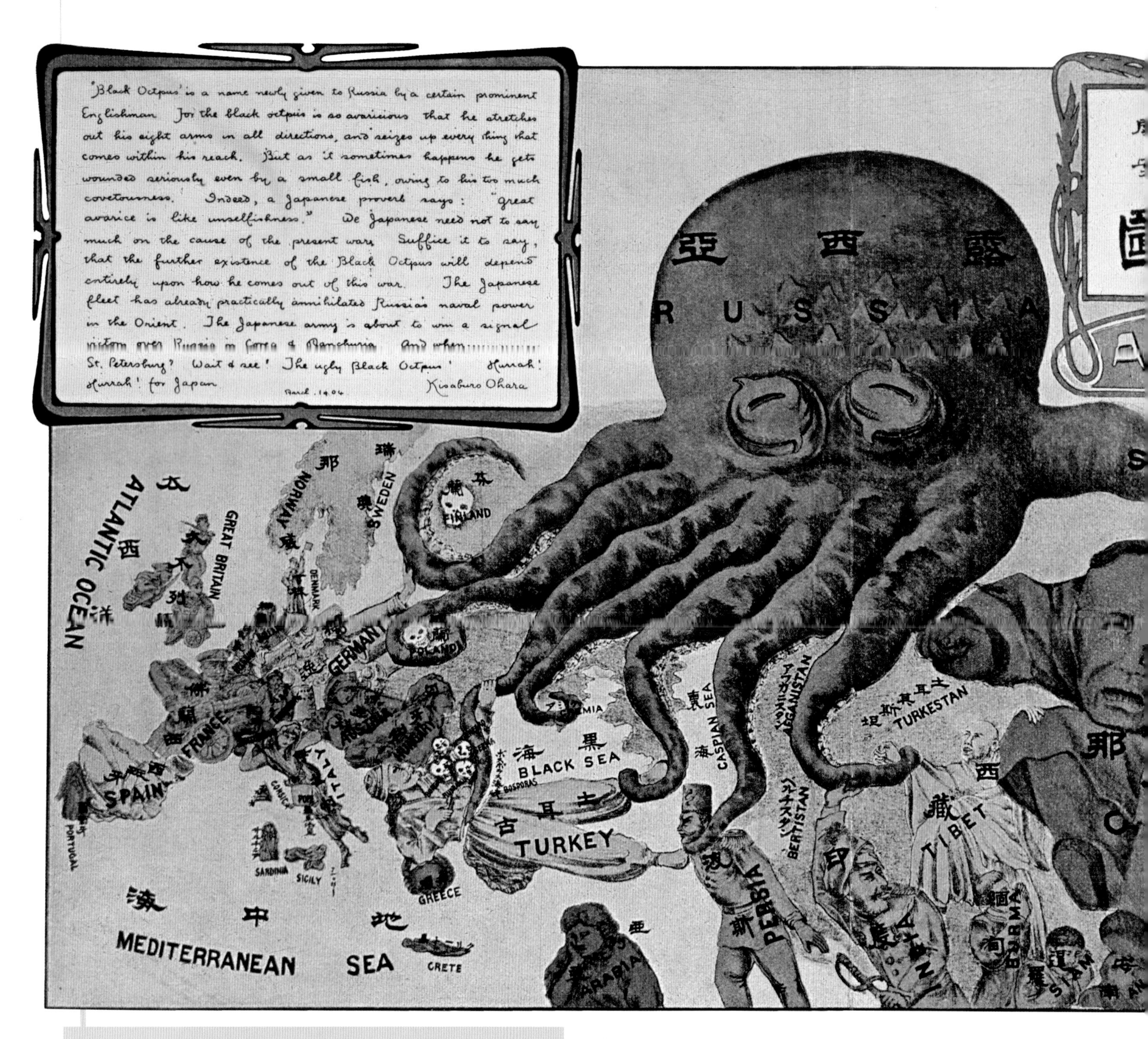
"Black Octpus" is a name newly given to Russia by a certain prominent Englishman. For the black octpus is so avaricious that he stretches out his eight arms in all directions, and seizes up every thing that comes within his reach. But as it sometimes happens he gets wounded seriously even by a small fish, owing to his too much covetousness. Indeed, a Japanese proverb says: "great avarice is like unselfishness." We Japanese need not to say much on the cause of the present war. Suffice it to say, that the further existence of the Black Octpus will depend entirely upon how he comes out of this war. The Japanese fleet has already practically annihilated Russia's naval power in the Orient. The Japanese army is about to win a signal victory over Russia in Corea & Manchuria. And when St. Petersburg? Wait & see! The ugly Black Octpus! Hurrah! Hurrah! for Japan
Kisaburo Ohara
露西亞
RUSSIA
ATLANTIC OCEAN
GREAT BRITAIN
NORWAY
SWEDEN
FINLAND
DENMARK
GERMANY
POLAND
FRANCE
SPAIN
PORTUGAL
ITALY
CORSICA
SARDINIA
SICILY
GREECE
CRETE
CRIMIA
BLACK SEA
黑海
BOSPORAS
TURKEY
CASPIAN SEA
AFGANISTAN
BERTISTAN
TURKESTAN
PERSIA
TIBET
INDIA
BURMA
SIAM
ARABIA
MEDITERRANEAN SEA
地中海

70

진지하기도 하고 우습기도 한 전쟁 지도, 프레드 로즈, 영국, 1877년

풍자 만화가 프레드 로즈는 1877년에 이 만화 지도의 원본을 그렸다. 당시는 위태로운 오토만 제국을 포기하면서까지 발칸 반도에 대한 야욕을 불태우고 있던 러시아에 대한 영국의 적의가 최고조에 달했던 시기였다. 영어와 일본어로 쓰여 있는 주석을 읽어 보면, 이 지도가 러일전쟁 발발 직전인 1904년 3월에 일본인 예술가가 그린 동일한 주제의 지도를 재작업한 것임을 알 수 있다. 탐욕스러운 문어의 촉수가 북유럽, 동유럽, 중동, 아시아로 뻗쳐 있는데, 중국은 곧 문어의 손아귀에 들어가 희생될 처지에 놓여 있다.

지배의 문어

영국이 러시아의 영토 확장 야심에 저항한 곳은 인도만이 아니었다. 1877년 발칸 위기 때 러시아에 맞서 오토만 제국 편에 섰고, 이는 빅토리아 여왕 시대의 유명한 그래픽 아티스트이자 풍자 만화가 프레드 로즈(Fred W. Rose)가 그린 「진지하기도 하고 우습기도 한 전쟁 지도(Serio-Comic War Map)」의 출판으로 이어졌다. 이 지도는 세계 지배 야욕에 불타는 러시아 문어가 영국의 이익을 위협하는 상황을 묘사하고 있다. 로즈는 19세기 말까지 사람들의 눈길을 끄는 지도학적 흥밋거리를 지속적으로 제공했다. 그중 하나가 걸작인 「격랑 속에서 낚시하기: 진지하기도 하고 우습기도 한 유럽 지도(Angling in Troubled

Waters: A Serio-Comic Map of Europe)」이다.

로즈는 장대한 세계 제국을 창조했는데, 그 제국은 1880년대에는 명백하게 "해가 지지 않는" 제국이었다. 이 생각은 1886년 컬러로 출간된 지도에 그대로 나타나 있다(130~131쪽 참조). 이 지도는 범례에서 밝힌 것처럼, "존 콜롬이 제공한 통계적 정보"에 기초해 제작되었다. 존 콜롬(John Colomb, 1838~1909년)은 당대의 저명한 제국주의 사상가로 제국 방위 체제의 가장 중요한 최전선 컴포넌트가 해군이라는 주장을 편 인물이다.

아프리카의 분할

19세기 중후반, 유럽 제국 열강들이 가장 흥미를 가진 지역은 아프리카의 내륙이었다. 이 지역은 거의 지도화되지 않은 채 남아 있었다. 아프리카 대륙의 지도화는 영국 빅토리아 여왕 시대의 탐험가들에게는 또 다른 도전이었다. 예를 들어, 1857년 런던에서 활동하던 지도 제작자이자 출판인이었던 존 애로스미스(John Arrowsmith, 1790~1878년)는 「남아프리카 지도(Map of South Africa)」를 출판했는데, 그 지도에는 "1849~1856년까지 리빙스턴 목사의 루트"가 표시되어 있다(132쪽 참조).

스코틀랜드 블랜타이어의 구멍가게 주인의 아들이었던 데이비드 리빙스턴(David Livingstone, 1813~1873년)은 빅토리아 시대의 가장 유명한 아프리카 탐험가였다. 그는 1840년 런던 선교회를 대표해서 남부 아프리카를 향해했다. 그 이듬해에는 중앙아프리카를 향해 꾸준히 이동했고, 1851년에 잠베지 강에 도착했다. 거기로부터 당시 아랍의 노예무역 국가 이곳저곳을 탐험했는데, 그 과정에 샹웨 폭포를 발견하게 된다. 이 폭포는 나중에 영국 여왕을 기리기 위해 빅토리아 폭포로 이름이 바뀐다. 1870년대 무렵에는 나일 강 유역에 도착했고, 1873년 거기에서 이질로 사망했다. 그의 측량, 그림, 관찰 기록은 그의 아프리카인 탐험 동료들에 의해 해안으로 옮겨서 영국으로 보내졌다.

다른 세 영국 탐험가들도 그때까지 여진히 "암흑 대륙"으로 알려져 있던 곳의 문을 열어 유럽인들에게 알리는 데 큰 공헌을 했다. 리처드 버튼(Sir Richard Burton, 1821~1890년)은 탕가니카 호를, 존 해닝 스피크(John Hanning Speke, 1827~1864년)는 빅토리아 호를, 새뮤얼 베이커(Sir Samuel Baker, 1821~1893년)는 앨버트 호를 발견하였다. 헨리 모턴 스탠리(Henry Morton Stanley, 1841~1904년)가 1878년 『암흑 대륙을 통하여(Through the Dark Continent)』를 발표했을 즈음에는 아프리카 지도의 빈 영역이 채워지고 있었다.

1880~1890년대의 아프리카에서는 악명 높은 쟁탈전이 벌어지고 있었다. 아프리카 내륙은 원주민에 대한 아무런 고려도 없이 유럽의 식민지, 보호령, 세력권으로 분할되었다. 제국 열강과 그들의 지도 제작자들은

71 대영제국, 존 콜롬, 영국, 1886년

존 콜롬에 의해 수집된 통계적 정보에 기초해 만들어진 이 지도는 최고조에 도달한 대영제국을 표현하고 있다. 물론 이 지도가 10년 후에 만들어졌다면 아프리카 대륙의 상당히 많은 부분 역시 분홍색으로 채색되었을 것이다. 이 지도는 당시 전 세계에서 영국이 차지하고 있는 부분을 1세기 이전의 상황(삽입도에 나타나 있다)과 대조시킨다. 검은 선은 대륙을 서로 묶어주는 주요 항로를 표시하고 있다. 이 지도는 제국 연방 리그에 의해 출판되었는데, 이 단체는 지도 출판 2년 전에 자유주의적 제국주의 정치가인 로즈베리 경(Lord Roseberry)의 주도로 설립된 것으로 전 제국에 걸쳐 빠르게 지사를 만들어 나가고 있었다. 이 지도는 주간 신문 그래픽(Graphic)지에 실렸는데, 빅토리아 여왕의 50주년(Golden Jubilee)을 기념하는 특별 컬러 증보판에 게재되었다. 이러한 지도들은 독자들에게 대영제국의 권력과 그 실존성에 대해 강한 인상을 심어주었다. 콜롬은 당대의 저명한 사상가이자, 저술가이자, 정치인이었으며, 제국 안보의 통합 시스템에 대한 열렬한 주창자였다.

FRATERNITY
FEDERATION
ARCTIC OCEAN
GREENLAND
Arctic Circle
BRITISH ISLANDS
NORTH SEA
NORTH ATLANTIC OCEAN
EUROPE
ASIA
AFRICA
MAP OF THE WORLD,
SHOWING THE EXTENT OF THE BRITISH TERRITORIES IN 1786.
BERING SEA
JAPAN
PORT HAMILTON
CHINA
NORTH PACIFIC OCEAN
GIBRALTAR
MALTA
MEDITERRANEAN SEA
CYPRUS
INDIA
BURMAH
ARABIAN SEA
BAY OF BENGAL
PERIM
ADEN
CEYLON
CHINA SEA
LABUAN
STRAITS SETTLEMENTS
NORTH BORNEO
PAPUA OR NEW GUINEA
BATHURST
SIERRA LEONE
GOLD COAST
GAMBIA
ASCENSION
ST HELENA
WALVISCH B.
INDIAN OCEAN
MADAGASCAR
MAURITIUS
RODRIGUEZ
KEELING IS
CAPE COLONY
SOUTH ATLANTIC OCEAN
TRISTAN D'ACUNHA IS
NEW AMSTERDAM
ST PAUL
AUSTRALIA
TASMANIA
NEW ZEALAND
SOUTH PACIFIC
FIJI IS
NEW CALEDONIA
WORLD
ATLAS
HUMAN LABOUR

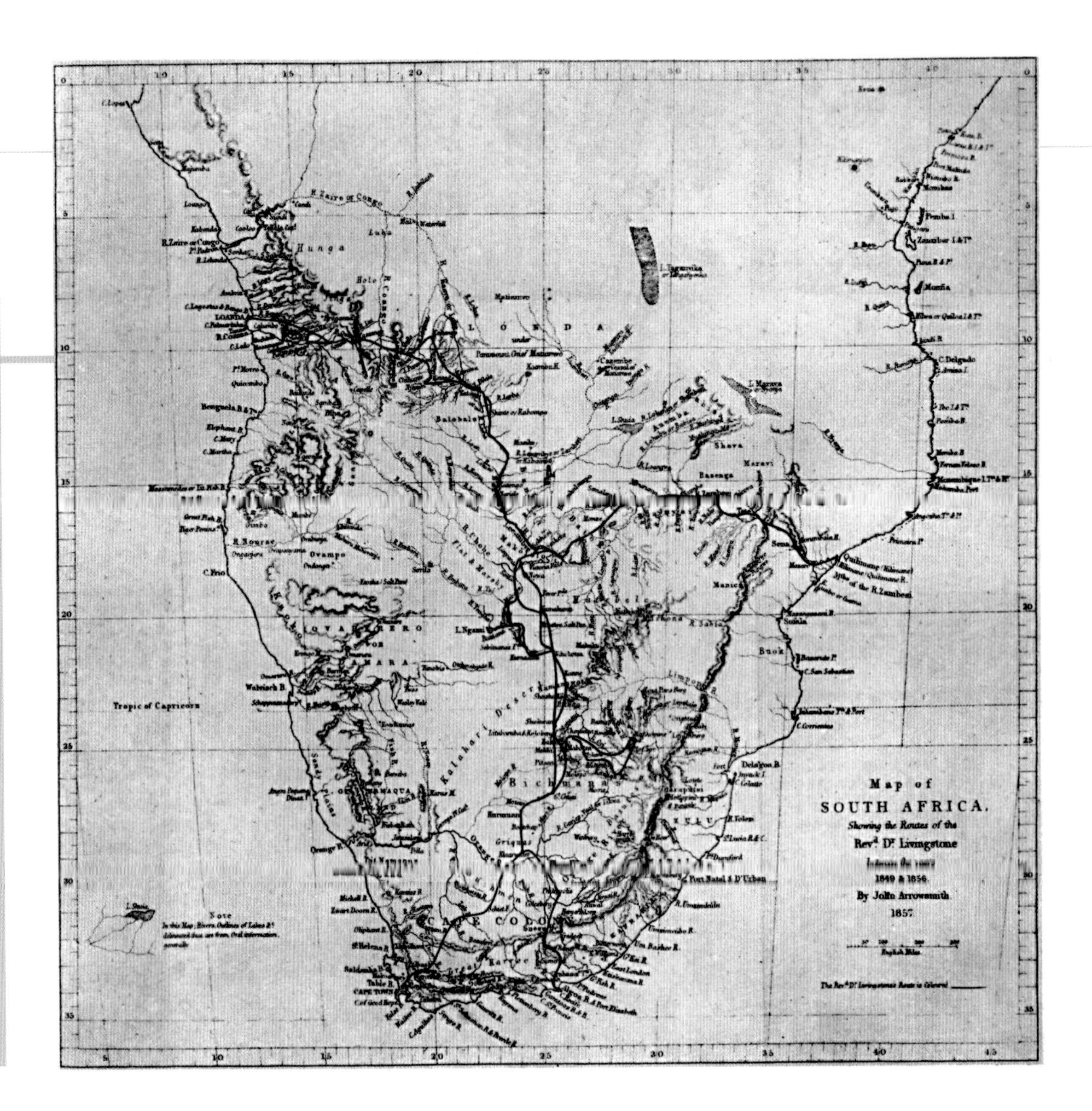

72 남부 아프리카, 존 애로스미스, 영국, 1857년

빅토리아 시대의 지도 제작자 존 애로스미스는 당시의 가장 유명한 아프리카 탐험가였던 데이비드 리빙스턴의 모험에 대한 대중의 관심에 편승해 이 지도를 출판하였다. 그의 아버지 아론(Aaron)이 설립한 지도 출판 회사의 총수였던 애로스미스는 1834년 그가 최초로 제작한 남부 아프리카 지도를 발간했다. 이 지도에는 리빙스턴의 여정이 나타나 있는데, 점선으로 표시된 강과 호수는 "대개 구술 정보에 의거하였다."

종이 위에 선을 긋는 것 외에는 다른 그 무엇에도 관심이 없던 것처럼 보인다. 1884~1885년 베를린 회의 결과로 나타난 새로운 국경선을 보면 많은 선들이 원주민 부족의 땅, 영토, 왕국을 깔끔하게 분할하고 있다.

아프리카 원주민 지도

아프리카가 지도 제작의 전통이 풍부했다는 사실은 빅토리아 시대에는 물론, 그 이후에도 잘 알려지지 않았다. 다양한 시대와 장소에서 아프리카 문화는 천지도, 원 신화의 개작을 돕는 연상 지도(mnemonic map), 바위 지도, 모래 지도, 마을 시가도, 왕국 지도 등을 제작했다. 또한 하천 유로와 대상(隊商)의 경로 지도도 만들었다. 주로 유럽 탐험가의 요청으로 모래 위에 그렸다.

서카메룬의 바뭄 왕국에서는 가장 야심 찬 지도 제작 활동이 벌어졌다. 술탄 은조야(Sultan Niova)의 영도로 바뭄 사람들은 왕국의 지형 측량을 실시했고, 은조야 왕은 그것을 1916년 영국에 바쳤다. 이는 60명의 바뭄 측량사들이 두 달을 꼬박 일해서 만든 것이다. 지도 제작의 목적은 은조야의 왕권을 강화하기 위한 것이다. 지도 상의 작은 장식 표식도 이러한 이미지를 향상시키기 위해 디자인된 것으로 보인다.

미국의 지도화

1783년 영국으로부터 독립을 쟁취한 후, 새로운 국가 미국은 영토 확장을 시작했다. 이것은 느렸지만 확실하게 "바다에서 빛나는 바다까지(from sea to shining sea)" 펼쳐져 있는 강대한 국가의 창조로 이끌었다. 19세기 동안, 수백 만 명의 유럽인들이 자유와 기회를 찾아 미국으로 몰려들었다. 정착자들의 물결이 더 먼 서쪽을 향해 계속해서 이어졌고, 이에 따라 미국의 프런티어는 급속도로 팽창해 나갔다. 영토 획득은 다양한 방식으로 이루어졌다. 루이지애나는 1803년 프랑스에서 사들였고, 캘리포니아와 현재의 미국 남서부는 1848년 텍사스 합병과 뒤이은 멕시코와의 전쟁에서 승리하여 통제권을 얻게 되었다. 1867년 러시아로부터 알래스카를 구입했고, 한때 전쟁 위기까지 갔던 캐나다와 국경 분쟁은 영국이 평화 협정에 동의하여 일단락되었다. 이러한 팽창이 계속되는 동안, 미국 지도 제작자의 후손들은 이 광대한 새 영토를 지도화하는 도전에 직면하였다. 벤저민 프랭클린과 조지 워싱턴의 친구인 지리학자 제디디아 모스(Jedidiah Morse, 1761~1826년)는 그런 노력이 국가 성립 초기에 반드시 이루어져야 한다고 강력하게 주장했다. 1789년 출간된『미국 지리(The American Geography)』는 무수히 팔려 나갔으며 큰 영향력을 행사했다. 첫 판에는 두 장의 지도만 실려 있었는데, 북부 여러 주와 남부 여러 주였다. 모스는 서장에서 다음과 같이 지적하였다.

> "유럽인들은 미국 지리에 대한 유일한 저술가였고, 사실만을 제공하고 있다는 환상에 빠져 있었다. 그래서 무지를 제거해 나가자고 말은 하면서도, 실질적으로는 독자들을 미망의 길로 인도해 왔다."

미국 헌법이 공식적으로 비준되기 이전에 이미 지도는 제작되고 있었다. 지도 제작 계획을 다루는 국회 위원회의 의장 토머스 제퍼슨의 도움으로, 대륙 회의는 1785년 공유지 불하 조례, 전체 명칭을 다 쓰면, 서쪽 영토의 공유지 처분 양식을 확정하기 위한 조례를 제정했다. 새정부는 자금이 필요했고, 자금을 모으는 가장 빠른 방법은 당시 이론적으로 통제한다고 믿어지는 영토를 판매하는 것이었다.

이에 땅을 정사각형 조각으로 분할하기로 했는데, 분할된 토지는 타운십이나 레인지로 불렸다. 그런 방식의 분할은 이해·취급·측량이 쉬운 것으로 생각되었다. 조례와 이후의 공유지 불하법(Homestead Act)과 같은 법 제정으로 공적 토지가 사유 재산이 되는, 인류 역사상 가장 큰 규모의 전환이 일어났다. 이 과정에서 토지 소유권 주장에 필요한 지도가 중요한 역할을 했다. 약 9200만ha의 땅이 이 전환 과정에 개입되었다.

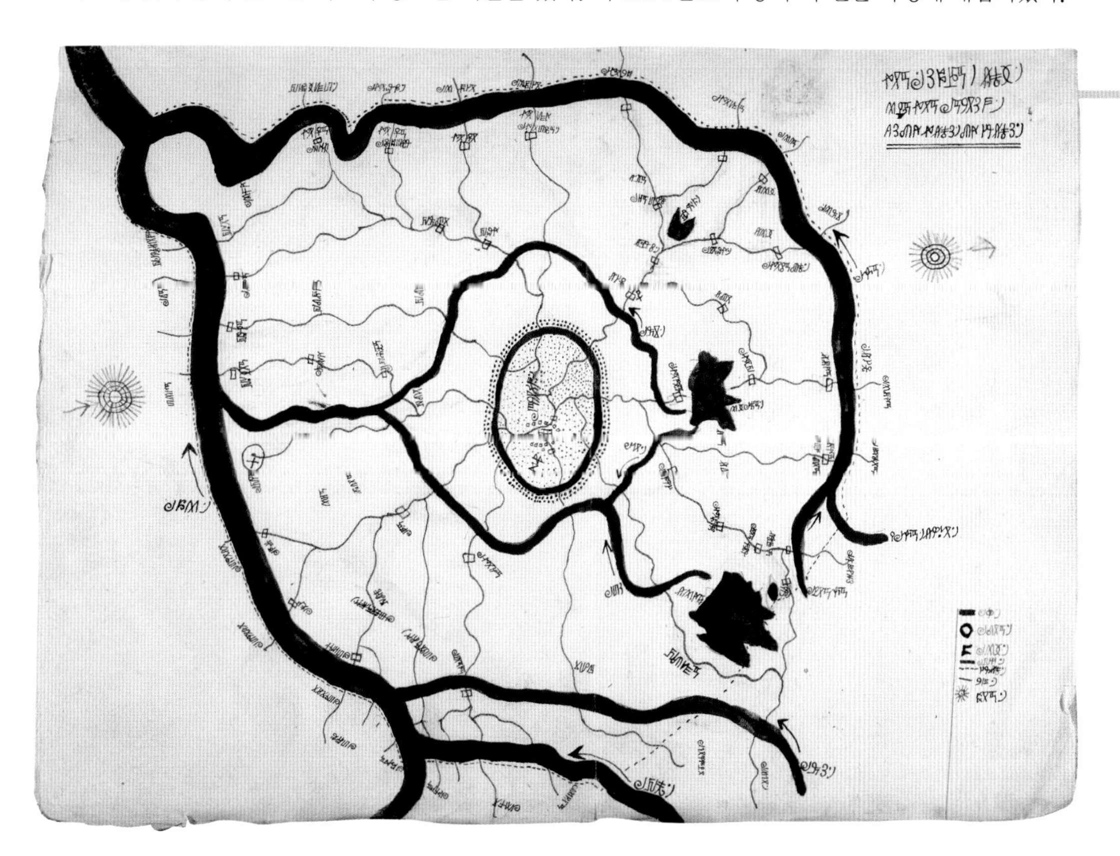

73 술탄 은조야의 지도, 카메룬, 1916년

술탄 은조야는 20세기 초반 자신의 왕국을 측량하고 지도로 만들 것을 지시했다. 이것은 아마도 백성들과 그 지역의 식민 권력들에게 자신의 중요성에 대해 깊은 인상을 심어주고 싶어서였을 것이다. 이 지도는 권력 투쟁을 감추고 동일감을 창출함으로써 안정적 국가의 이미지를 표상하고 있다. 다른 유사한 아프리카 지도와 마찬가지로, 정보 선정의 누락, 위치 설정이 특정한 사회적·정치적 상황에 영향을 끼치려는 지도 제작자의 의도에 의해 크게 영향 받은 것은 자명해 보인다.

루이스와 클라크의 원정

측량은 지방 혹은 주의 몫이었고, 보통 민간 업체의 손에 맡겨졌다. 1830년대 후반까지 연방 차원의 지도 제작은 부정기적이었고, 그것도 주로 비공식적이며, 임시방편으로 육군 측량병들에 의해 이루어졌다. 그러나 지도의 질이 낮았을 것으로 생각한다면 오산이다. 이러한 지도들 중 가장 유명한 것은 메리웨더 루이스(Meriwether Lewis, 1774~1809년)와 윌리엄 클라크(William Clark, 1770~1838년)가 제작한 지도들이다. 그들은 미주리 강을 거슬러 올라가고, 로키 산맥을 넘어서, 대륙의 서부를 지나, 마침내 태평양에 다다른 위대한 원정을 성공적으로 완수했다. 대통령 토머스 제퍼슨(1801~1809년)의 지원하에(루이스는 제퍼슨의 개인 비서였고, 클라크는 전 부대장이었다) 1804년 5월 원정이 시작되었다. 1805년 11월에 태평양에 도달했고, 1806년 9월에 세인트루이스로 돌아왔다. 클라크는 원정대의 지도학자로서 143장의 지도 중 140장을 그렸다. 그 지도들의 초고는 원정 중에 만들어졌다. 클라크는 매일매일 그날의 행로를 스케치했다. 이후 겨울이 오고 안전한 곳에 머물게 되었을 때, 그 스케치들과 아메리카 원주민의 다양한 지도에서 이끌어낸 정보를 결합해 복합 지역 지도를 만들어 냈다. 동시에 원정의 대서사를 기록으로 남겼다. 아메리카 원주민 지도 중 가장 주목할 만한 것은 블랙피트족 족장 악코 목키(Ackomokki)가 만든 지도일 것이다. 이것은 1802년 허드슨베이 사의 무역상을 위해 만들어진 것이다. 클라크는 원정에서 돌아온 후 서부 전체를 담는 대형 지도(약 91×151cm의 크기)를 기획했다. 그는 그 지도에 원정 이후 사냥꾼, 무역상, 아메리카 원주민에게 얻은 정보를 더하였다. 원본을 축소 및 재편집한 버전이 인쇄될 때까지 10년이 흘렀다. 1814년 그 지도가 세상에 나왔을 때, 사람들은 그 중요성을 바로 알아차렸다. 이 지도는 미국 서부에 대한 향후 제작의 초석이 되었다.

지형 공병대

루이스와 클라크 원정의 성공을 뒤이어 몇몇 다른 원정이 있었다. 미국 지도학사에 큰 영향을 준 두 개의 원정에 특히 주목할 필요가 있다. 하나는 스티븐 롱(Stephen Long, 1784~1864년)의 로키 산맥과 미시시피 강 사이 지역의 탐험이고, 또 다른 하나는 헨리 스쿨크래프트(Henry R. Schoolcraft, 1793~1864년)와 제임스 앨런(James Allen, 1806~1846년)의 미시시피 강의 시작점을 찾아나선 원정이다. 스쿨크래프트와 앨런은 1832년 소기의 목적을 달성했다. 비록 미의회의 인색한 지원으로 단 하나의 나침반뿐이었지만 앨런은 정확히 원정 경로를 추적해 마침내 미시시피 강의 기원이 되는 호수 지역을 최초로 지도에 담을 수 있었다.

정말로 위대한 진보는 1838년에 이루어졌다. 미의회가 인력이나 자원의 측면 모두에서 적절하지 못했던 기존의 지형국을 확대 재편한 지형 공병대(Army Corps of Topographical Engineers)의 설립을 승인한 것이다. 이후, 측량과 지도 제작은 견고한 토대 위에 서게 되었고, 결과물은 거의 즉각적으로 그리고 수준 높게 산출되었다. 1842~1845년, 소위 "서부의 경로표시자(Pathmarker of the West)"로 불린 존 찰스 프리몬트(John Charles Freemont, 1813~1890년)가 로키 산맥, 오리건, 캘리포니아, 어퍼 캘리포니아에 대한 세 번의 대규모 측량 원정을 지휘했다. 이 원정대는 1846~1848년 사이에 발발한 멕시코-미국 전쟁을 위한 지도 제작의 임무와 전쟁이 끝나고 난 뒤에는 두 국가 사이의 국경선에 대한 측량을 조직하고 수행하는 임무도 부여받았다. 후자의 임무는 1848~1853년에 수행되었다.

1853년 원정대는 가장 힘든 도전 과제 중 하나와 맞닥뜨리게 되었다. 미시시피 강에서 태평양에 이르는 대륙 간 횡단 철도의 가장 적절한 노선을 결정하고 측량하는 것이었다. 네 개의 측량단이 투입되었다. 하나는 북위 47° 선과 49° 선에 집중한 북쪽 측량을 맡았고, 또 하나는 북위 38° 선에 집중했으며, 나머지 두 개는

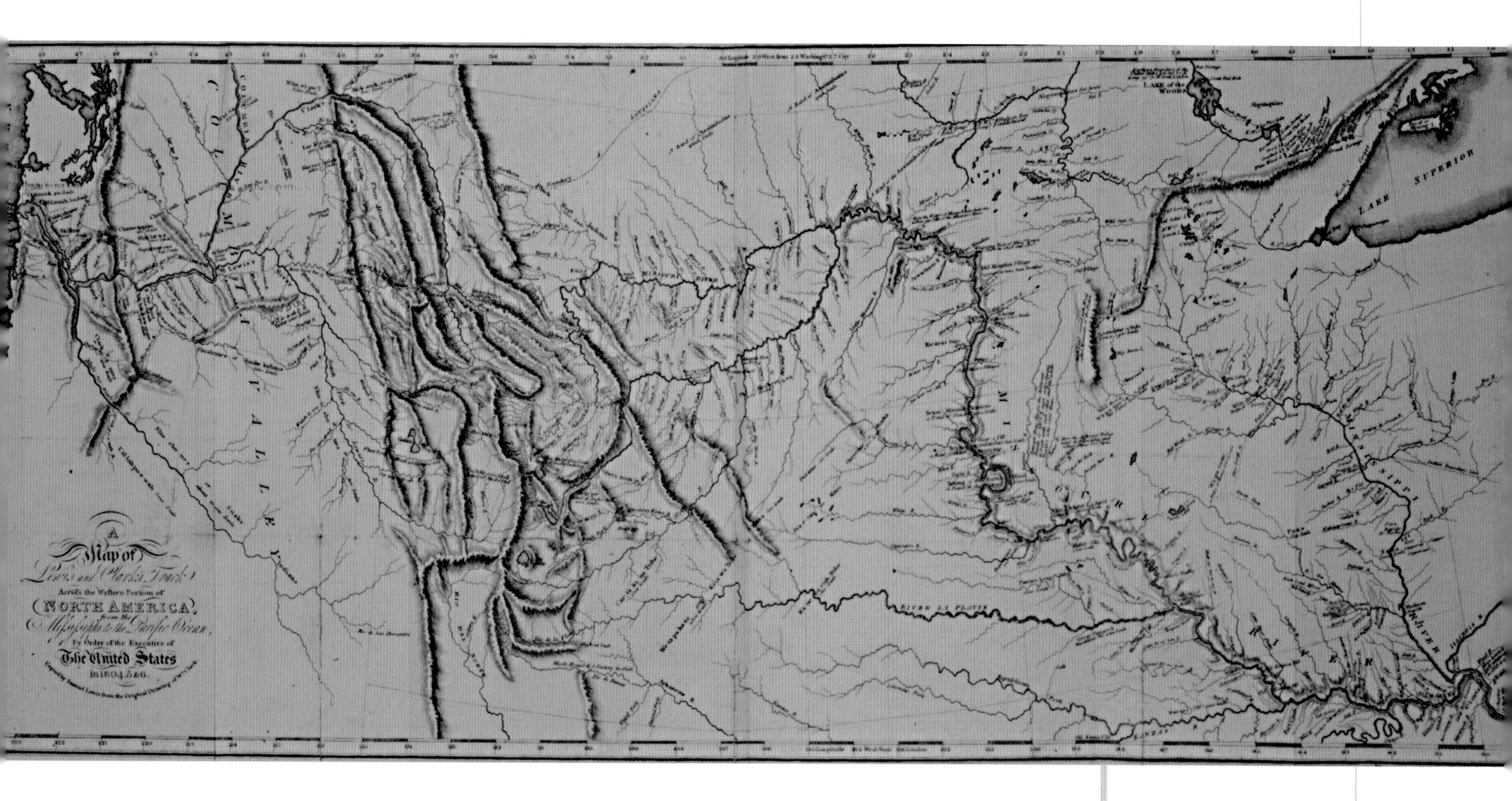

북위 35° 선 상에서 서쪽과 동쪽을 각각 측량하게 되었다. 이 거대한 측량은 멕시코 국경 측량과 다른 철도 노선 측량과 함께 미국 서부의 지도화에서 결정적 순간이 되었다.

지형도

비록 남북전쟁(1861~1865년)의 발발로 대륙의 지도 제작에 일시적인 제동이 걸렸지만, 재개되는 데 오랜 시간이 걸리지는 않았다. 전쟁이 끝나고 2년 뒤인 1867년을 기점으로 1870년대로 들어서면서, 연방 정부는 네 개의 추가적인 대규모 측량단의 서부 파견을 승인해 달라고 의회에 요청했다. 지도 역사가들은 보통 측량단을 이끈 네 사람의 이름으로 네 개의 측량단을 나타낸다. 그들은 각각 클래런스 킹(Clarence King, 1842~1901년), 조지 휠러(George Wheeler, 1842~1905년), 퍼디낸드 헤이든(Ferdinand Hayden, 1829~1887년), 존 웨슬리 파월(John Wesley Powell, 1834~1902년)이었다.

이 미국 서부 대측량(Great Surveys of the American West)의 첫 번째는 클래런스 킹이 이끌었다. 킹과 그의 원정대는 북위 40° 선을 따라 로키 산맥과 시에라네바다 산맥 사이를 측량하는 과제를 부여받았다. 측량의 주안점은 그 지역의 지질이었다. 하지만 킹은 태평양 철도를 위해 가능한 대안적 노선을 알아내는 과제도 함께 부여받았다. 조지 휠러와 그의 팀은 훨씬 넓은 지역인 캘리포니아, 콜로라도, 몬태나, 아이다호, 네브래스카, 뉴멕시코, 유타, 와이오밍을 포괄하는 측량을 해야 했다. 휠러는 서경 100°의 서쪽에 있는 모든 영토의 상세한 지형도를 만드는 것을 그의 개인적인 목표로 삼았다. 측량이 완성될 무렵, 총 비용은 69만 1,444.45 달러에 달했다. 총 164장의 지도가 만들어졌고, 그중 71장은 다양한 축척의 지형도였다. 이 지도들은 한데

74 **미국 서부, 루이스와 클라크, 미국, 1814년**
이 지도는 육군 대령 메리웨더 루이스와 윌리엄 클라크의 탐험대가 1804년에서 1806년까지 미국 미시시피 강 서쪽의 미국 서부 지역을 탐사인 길파를 표현하고 있다. 이 지도는 미국 서부에 대한 이후의 지도 제작을 위한 초석을 다졌다. 이 지도는 원정 중에 클라크가 만든 매일매일의 이동 경로에 대한 스케치와 지역도들에 기반하고 있다. 1814년에 축소, 재편집 버전으로 출간된 이 지도는 미주리 강과 컬럼비아 강을 상당한 정확성을 가지고 측량한 최초의 지도였고, 동시에 로키 산맥의 북쪽 지역을 나타낸 최초의 지도이기도 하다.

NEBRASKA
IOWA
KANSAS
MISSOURI
ILLINOIS
INDIANA
OHIO
KENTUCKY
TENNESSEE
ARKANSAS
MISSISSIPPI
ALABAMA
GEORGIA
FLORIDA
LOUISIANA
TEXAS
INDIAN TERRITORY
CHEROKEE COUNTRY
CREEK COUNTRY
LAKE MICHIGAN
LAKE HURON
GULF OF MEXICO
Voyage of Duck Boat
SPECIAL RAILROAD MAPS
To accompany reports &c., prepared at short notice, and in the best style.
Address GAYLORD WATSON,
End of boat voyages

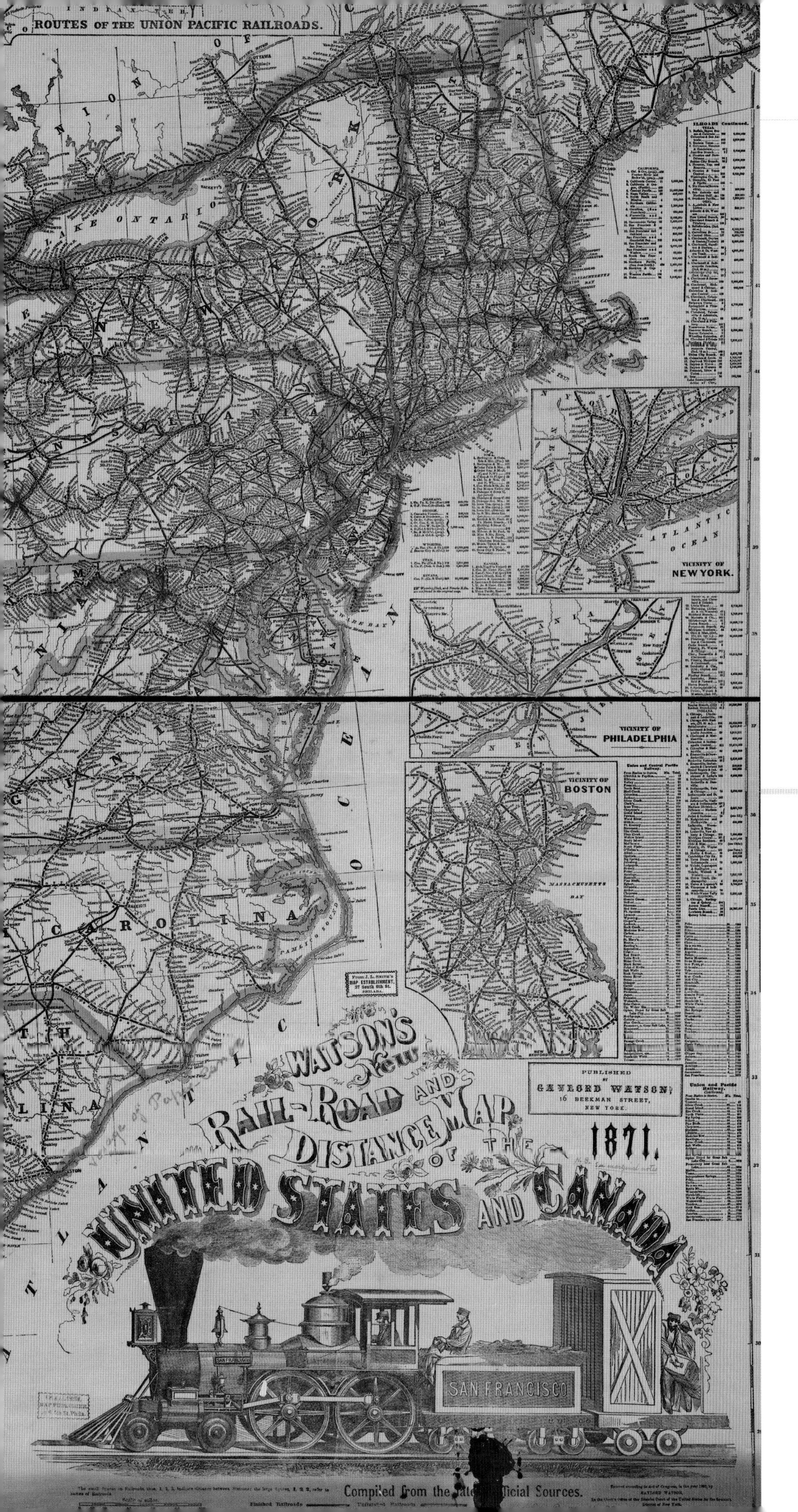

75 철로와 거리 지도, 게일로드 왓슨, 미국, 1871년

1869년 역사적인 대륙 횡단 철도가 완성된 지 단지 2년 뒤에, 이 벽지도가 미국 뉴욕 시의 지도, 해도, 인쇄 출판가였던 게일로드 왓슨(Gaylord Watson)에 의해 만들어졌다. 이 지도는 철도의 도래가 미국의 교통과 통신을 혁명적으로 바꾸어 놓을 것이라는 점을 반영하고 있다. 이 지도는 이제 여행자가 대륙의 한 편에서 다른 한 편으로 이동하는 데 몇 주가 아니라 며칠밖에 걸리지 않으며, 이것이 태평양 주들의 경제와 미래 전망을 완전히 바꿀 것이라는 사실을 알리고 있다. 이 회사는 더 많은 철도 지도를 생산했는데, 『미국의 철도 지도첩(Railroad Atlas of the United States)』에서 그 정점에 달했다. 이 회사가 다른 경쟁 회사만큼의 상업적 이윤을 획득하지는 못했지만, 이 회사의 지도들(특히 캘리포니아와 네바다 지도)은 당시의 가장 자세한 지도들에 속하는 것들이었다.

묶여『지형 지도첩(Topographical Atlas)』으로 출간되었다. 이 지도들이 유독 특별한 것은 눈을 사로잡는 지표 기복의 표현 방법(기복은 우모(羽毛)로 표현되어 있다) 때문이었다. 서부 지형 상의 노선을 표시하는 특별한 방식(노선을 따라 이동하는 것의 용이성에 따라 등급을 부여해 표현하였다)도 한몫했다.

이 지도첩은 1874년에 출간되었다. 이것은 8권으로 이루어진 휠러의 광대한 최종 보고서 중의 한 권이었는데, 휠러가 병에 걸려 1887년까지는 완성되지 못했다. 지도첩 외에 지질학, 동물학, 고생물학, 식물학, 고고학, 천문학, 기압을 망라하였고, 최종 지리 보고서로 끝난다. 그 무렵, 육군은 측량에 대한 통제권을 놓고 벌인 정치적, 과학적 전투에서 패한다. 그 결과, 육군성은 측량 관할권을 내무부에 넘겨주게 되었다.

대륙 횡단 철도의 완성, 미국, 1869년

1869년 5월 10일, 동쪽 방향으로 건설되던 센트럴퍼시픽(Central Pacific)의 철도와 서쪽 방향으로 건설되던 유니언퍼시픽(Union Pacific)의 철도가 유타의 프로몬토리포인트(Promontory Point)에서 만났다. 이것은 미국 최초의 대륙 횡단 철도가 완성된 것을 의미한다.

민간 측량

퍼디낸드 헤이든의 콜로라도 측량은 내무부의 지원을 받은 최초의 지도였다. 측량은 1876년에 완수되었고, 결과물인『콜로라도 지도첩(Atlas of Colorado)』은 그 이듬해에 출판되었다. 이 지도첩에는 1인치 대 12마일의 축척으로 콜로라도 주 전체를 포괄하는 4장의 지도와 1인치 대 4마일의 축척으로 그려진 12장의 지도(지질도 6장, 지형도 6장)가 수록되어 있다. 이 지도첩이 유명해진 이유 중 하나는 경제 지도가 포함되었기 때문인데, 이 경제 지도에 농경지, 목초지, 산림지, 금, 은, 석탄 매장지 위치가 나타나 있었다.

또 다른 민간 측량은 존 웨슬리 파월의 주도로 이루어졌는데, 1871년에 시작해 1879년에 종결되었다. 파월의 목적은 콜로라도 강 지역에 대해 이미 가지고 있는 측량 성과를 바탕으로 그랜드캐니언의 북쪽까지 측량하는 것이었다. 그의 성공은 새로 설립된 미국 지질조사국의 수장이 되었다는 사실에서 엿볼 수 있다. 미국 지질조사국은 미국 전역의 측량에 대한 전권을 위임받았다.

철도 건설

측량사가 이끄는 곳에 "철마(鐵馬)"(아메리카 원주민이 새로 건설한 철도 위를 달리는 기차를 보고 붙인 이름이다)가 뒤따랐다. 한 번 건설된 뒤, 철도는 걷잡을 수 없이 팽창했다. 1861년에 사용 중인 철도의 총 연장이 50,350km에 불과했지만, 1871년에는 97,030km로 증가했고, 19세기 후반에는 무려 30만 640km에 이르렀다. 이로써 미국은 세계 최장의 철도 시스템을 가지게 되었다.

미국의 지도 제작 회사들, 특히 랜드맥널리는 재빠르게 철도 붐에 편승했다. 이 회사는 1868년, 시카고의 인쇄업자 윌리엄 랜드(William Rand, 1828~1904년)가 동료 인쇄업자 앤드루 맥널리(Andrew McNally, 1905년 사망)와 동업하면서 창설되었다. 이 회사의 첫 작품은『시카고, 록아일랜드, 퍼시픽레일웨이의 회장과 임원들의 연례 보고서(Annual Report of the President and Directors of the Chicago, Rock Island, and Pacific Railway)』였다. 랜드맥널리는 성장을 거듭해 미국에서 가장 큰 지도 출판사가 되었다. 이 성공은 미국의 부상하던 철도 회사를 위한 보고서, 티켓, 지도, 가이드북 출판에 토대를 두고 있다.

시카고는 철도의 자연적인 근거지였으며, 팽창을 지속하던 철도 네트워크의 허브였다. 최소 11개의 철로가 시카고로 수렴했고, 1870년 무렵에는 15분에 한 대꼴로 기차가 시카고를 출발했다. 랜드맥널리의 첫 번째 미국 철도 지도는 1873년에 출판되었고, 그 이후 많은 철도 지도가 뒤를 이어 시중에 나왔다. 1876년 랜드맥널리는 첫 번째의 대형 철도 벽지도를 생산했는데, 이름은「새로운 미국의 철도 및 카운티 지도(New Railroad and County Map of the United States)」였다. 미국 독립 100주년에 맞추어 출간하기 위해, 10명의 편찬자와 2명의 판각사로 이루어진 팀이 2년이 걸려 완성했으며, 생산비로 총 2만 달러가 들었다.

군사 지도 제작

미국뿐만 아니라 대영제국의 지도 제작도 군 측량사 및 지도 제작자들에게 엄청난 빚을 졌다. 헌신적인 군사 지도학자들의 뿌리는 15세기 말엽까지 거슬러 올라간다. 당시 프랑스의 샤를 8세(1483~1498년)는 지도학사 사세 시뇨(Jacques Signot)에게 포병내가 프랑스 알프스 산맥을 너머 이탈리아로 진격하는 최적의 경로를 보여주는 지도의 제작을 주문했다.

16세기 후반부터, 지도 제작은 군사 학교의 교육과정에 포함되었다. 예를 들어, 육군 후보생은 "요새를 디자인하고 군 작전 계획을 지도로 표현하기에 충분할 만큼의 작도 능력"을 갖추어야 했다. 그러나 18세기 중엽까지 전장의 사령관은 그래픽 정보와 구술 정보 모두에 의존한 것으로 보인다.

컬로든 전투

스페인 왕위계승전쟁 당시, 프랑스의 루이 14세의 장군들이나 그들의 주적이었던 말버러(Marlborough) 공작(1650~1722)과 사보이의 외젠공(Prince Eugene of Savoy, 1663~1736년)에게는 공통의 표준 전투 관행이 있었던 것으로 보인다. 그것은 주어진 지역에서 이용 가능한 최고의 지도를 획득하고, 스파이와 정찰대를 파견하거나 거주민들에게 국지적 상황 정보를 수집함으로써 지도의 내용을 향상시키는 것이었다.

전장에 없었던 민간 지도 제작자들이 전투나 군사 작전을 지도화하지 못한 것은 아니었다. 예를 들어, 1705년 영국에서 「적의 전선의 규모를 올바르고 정확하게 표현한 브라반트와 플랑드르 전장 지도(True and Exact Map of the Seat of War in Brabant and Flanders with the Enemies Lines in their Just Dimensions)」라

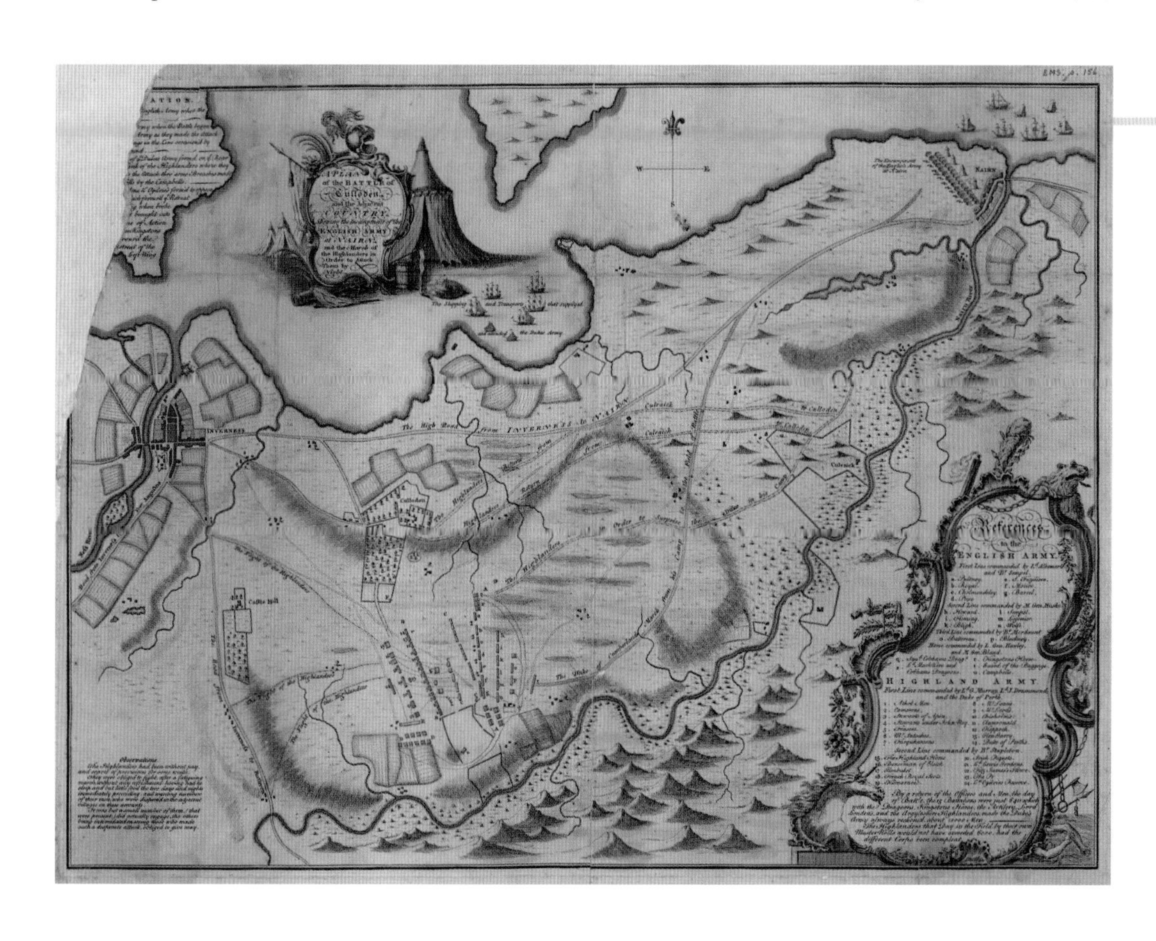

76 컬로든 전투도, 제임스 핀레이슨, 1746년

제임스 핀레이슨은 보니 프린스 찰리(Bonnie Prince Charlie) 군의 측량관으로 복무했다. 그의 컬로든 전투 지도는 당시 사람들에게 다른 많은 경쟁 지도들에 비해 훨씬 더 정확하다는 평가를 받았다. 핀레이슨은 결정적 조우 그 자체를 지도화했을 뿐만 아니라 컴벌랜드의 공작(Duke of Cumberland) 진영에 대해 하일랜드 사람들(Highlanders)이 행한 공격이 어떠했는지도 보여주었다. 이 공격은 수포로 돌아갔고, 바로 그 다음날의 재커바이트의 궤멸에 직접적인 원인이 되었다. 컬로든 전투도는 핀레이슨의 당대 사람들과 현대의 군역사가들에게 전쟁의 작전 상황과 실제성에 대한 생생한 통찰력을 제공해준다.

는 이름의 상세한 지도가 출판되었는데, 말버러 공작과 프랑스 적군의 전략 기동 상황이 그려져 있다.

또한 특정한 육지전이나 해전이 끝나면 지도를 그려 그 전투가 이루어진 맥락과 전투 상황 동안 무슨 일이 발생했는지 등을 되짚어 보았다. 영국의 예로, 하노버 왕가(Hanoverian)의 통치에 반기를 든 재커바이트의 1745년 봉기 때 발생한 폴커크 전투(Battle of Falkirk)가 1746년 컬로든 전투(Battle of Culloden)에서 재커바이트가 격퇴당한 직후 재빠르게 지도로 만들어졌다. 컬로든 전투 역시 지도로 만들어졌는데 이러한 종류의 지도 중 가장 유명한 지도가 되었다. 이 지도의 제작자는 재커바이트 포병의 측량관 제임스 핀레이슨(James Finlayson)이었다. 전문적인 수학 도구 제작자이기도 했던 핀레이슨은 찰스 에드워드 스튜어트 왕자(1720~1788년)의 기술자이자 정치 위원이기도 했다. 지도에 담겨 있는 것들은(특히, 장식용 카르투슈(cartouche)) 필레이슨의 재커바이트에 대한 연민을 잘 보여준다.

군 내부에서의 지도 제작 혁명

군사 지도 제작은 컬로든 전투가 있던 무렵에 변화하기 시작했다. 전문적인 제도사들이 군대의 사병이 되면서 훨씬 더 체계화, 전문화되었다. 이러한 변화는 특히 영국, 프랑스, 프로이센에서 두드러졌다.

프로이센에서는 군인왕으로 유명한 프리드리히 대왕(1712~1786년)이 플란캄머(Plankammer)라는 이름의 새로운 기관을 만들었다. 이 기관은 군사 작전 시 현장에 함께 투입되는 일종의 이동 지도국이었다. 프리드리히 대왕은 오스트리아 왕위계승전쟁(1741~1748년)에서 자신이 배운 교훈을 담은 책 『장군을 위한 훈령(Instructions for His Generals)』에서 "구할 수 있는 가장 세밀하고 정확한 지도"를 참조하는 것의 중요성을 강조하였는데, "그 국가에 대한 지식이 장군에게 의미하는 것은, 총이 보병에게 의미하는 바나 산술 법칙이 기하학자에게 의미하는 바와 같기" 때문이다. 군 지도 제작이 무엇을 제공해야 하는가에 대한 인식이 높아짐에 따라 훈련된 일반 참모직의 도입과 같은 또 다른 발전의 계기가 마련되었다.

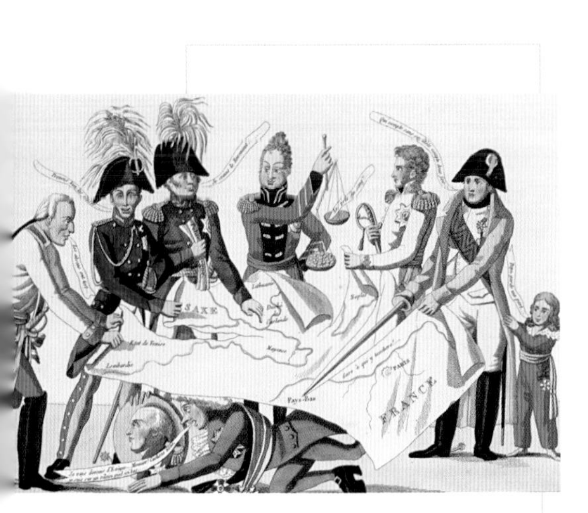

빈 회의에서 절단되고 있는 왕의 케이크, 1815년
이 한 장의 프랑스 정치 만화에는 빈 회의에서 만난 유럽의 통치자들이 게걸스럽게 유럽의 지도를 재작성하고 있는 모습이 나타나 있다. 이때는 나폴레옹이 1815년 2월 엘바 섬을 탈출하기 전이다.

워털루의 지도화

군이 점점 더 커짐에 따라, 지도도 점점 더 효과적으로 사용되었다. 나폴레옹(1769~1821년)과 웰링턴의 공작(Duke of Wellington, 1769~1852년) 모두 지도 참모에게 많이 의존했다. 1809년 나폴레옹은 90명 규모의 측량대를 창설했다. 이에 뒤질세라 웰링턴 공작도 반도전쟁(1808~1813년) 중 스페인으로 진군할 때 이동 인쇄기를 들고 가 새 지도가 빨리 편찬되고 인쇄될 수 있도록 했다. 나폴레옹 역시 군사 작전 시 이동 지도 컬렉션을 특수한 수레에 담아 항상 가지고 나갔다. 당시의 기록에 따르면, 나폴레옹은 특히 그의 지도 전문가이자 저명한 지도학자 루이 바클레르 달브(Louis Bacler d'Albe, 1761~1824년) 장군이 그를 위해 제작해 준 지도들과 프랑스 대육군의 지도창에서 제작된 지도들을 살펴보는 데 많은 시간을 할애했다고 한다. 나폴레옹은 아군과 적군의 군사 배치에 이러한 지도들을 이용했다.

한편, 1815년 웰링턴은 나폴레옹의 마지막 전장이 된 워털루에서 그와 마주하기 직전에 그의 지도 참모들에게 제작하게 한 지도들을 매우 효과적으로 사용했다. 웰링턴은 프랑스 군대가 전열을 재정비할 여유도 없이 브뤼셀에 집결해 있던 영국군과 동맹국과 싸우려면 북쪽으로 진군할 수 밖에 없다는 점을 알고 있었기 때문에 네다섯 개의 가능한 전장에 대한 지도를 그리게 해 아군의 병력 배치 계획을 미리 세울 수 있었다. 워털루 전쟁이 끝난 후 「워털루 전장의 스케치(Sketch of the Ground Upon which was Fought the Battle of Waterloo)」라는 이름의 지도가 그 전투에서 결정적이었음이 드러났다. 원본에는 웰링턴의 것으로 보이는 연

필 표식들이 있는데, 그 위대한 전투의 병력 배치에 대해 그가 어떠한 생각을 가졌는지를 보여준다. 워털루 전투가 끝난 후, 영국 육군 공병대의 한 장교가 그 전투를 기록하기 위해 이 지노를 사용했다. 그가 세심하게 작성해 둔 색 코드를 살펴보면, 프랑스군이 공세를 취하고 있을 때 동맹국의 주력 부대는 꼼꼼한 검토 끝에 선정된 산등성이의 수비 지점에서 그들을 기다리고 있었던 것을 알 수 있다.

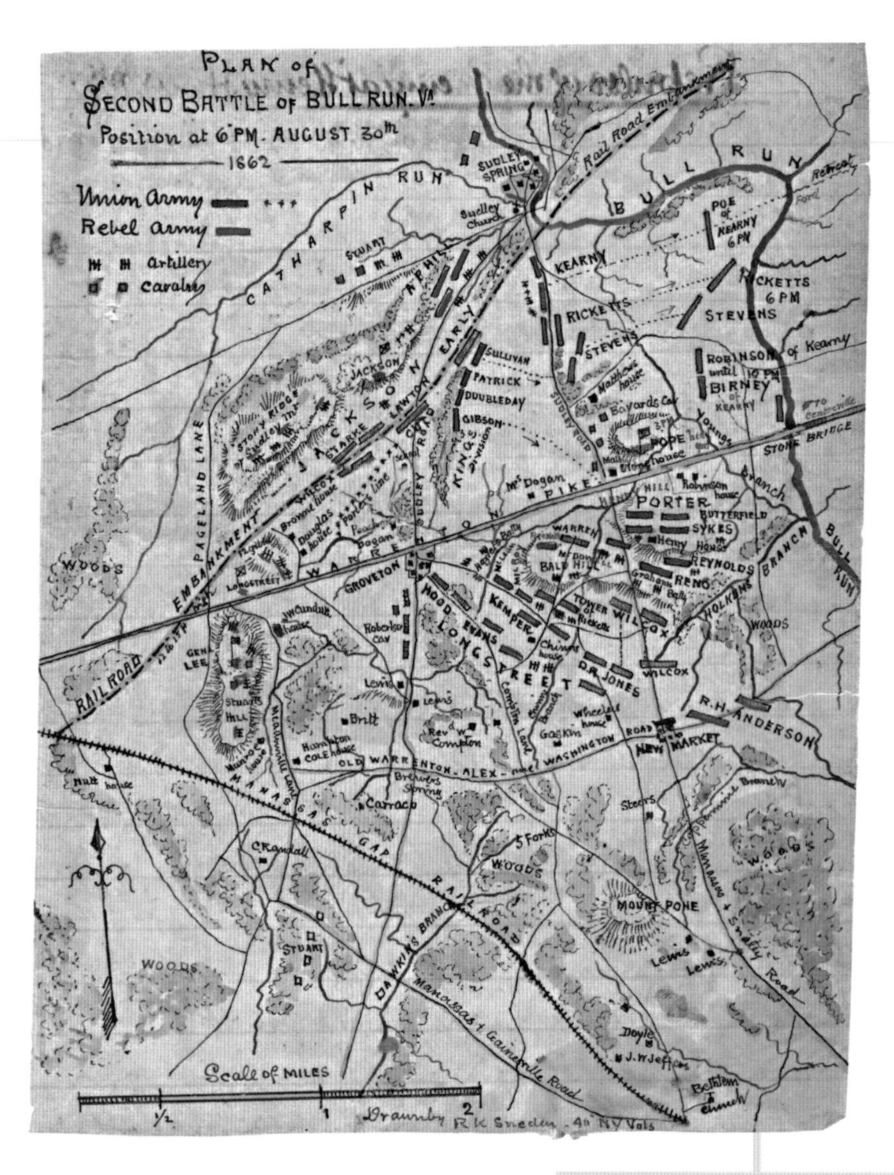

77 **제2차 불런 전투, 로버트 녹스 스네든, 미국, 1862년**

전장에서 그려진 이 지도는 두 번째 불런 전투가 한창이던 1862년 8월 30일 저녁의 북군과 남군의 위치를 보여준다. 제1차 전투와 마찬가지로 북군의 엄청난 패배로 끝났다. 지도 상의 색 부호는 북군과 남군의 위치를 나타낸다. 로버트 녹스 스네든(Robert Knox Sneden)은 포토맥군의 일개 사병으로 입대했는데, 나중에는 북군의 지도 제작자가 되었다. 남군에게 잡힌 뒤에는 전쟁 포로가 되어 앤더슨빌에 있는 남군의 가장 악명 높은 포로 수용소에서 수감 생활을 했다. 그의 멋진 지도와 그림은 1990년대가 되어서야 재조명받을 수 있었다.

남북전쟁

논란의 여지가 있지만, 19세기의 전쟁은 지도에 대한 대중의 인식을 높이는 데 일조하였고, 남북전쟁도 예외는 아니었다. 1861년부터 남부가 항복한 1865년까지, 북부 연합과 남부 연합의 측량 공병대는 남부의 수천 마일을 측량했다. 대부분 이전에 한 번도 측량된 적이 없는 지역이었다. 로버트 리 장군의 지형국의 수장 알버트 캠벨(Albert Campbell)과 북부버지니아군의 수석 지도학자가 된 뛰어난 아마추어 측량사 제디디어 호치키스(Jedediah Hotchkiss)는 아마도 가장 널리 알려진 남부 연합의 지도학자일 것이다. 반면 북군의 경우는 컴벌랜드군의 수석 지형 담당관이었던 윌리엄 메릴(William E. Merrill)이 남북전쟁 당시 양 진영을 통틀어 가장 수준 높은 야전 지도 제작 부대를 통솔했다.

이와 동시에 양 진영의 지도 제작 회사와 신문사는 전투, 군사 작전, 일반적인 전쟁 위협 등과 관련된 지도들을 일반 대중에게 제공했다. 예를 들어, 1861년 4월~1865년 4월까지 북부의 일간지들은 최소한 2,045개의 전쟁 관련 지도를 실었다. 남부의 경우는 그 수가 훨씬 적었는데, 지도의 제작과 인쇄를 위한 숙련된 노동자와 인쇄 원료가 부족했기 때문일 것이다.

그러한 지도들은 오로지 한 가지 목적으로 만들어진 것이다. 집에 있는 사람들에게 단순히 친척이나 친구가 전쟁에 참가하고 있다는 것을 상기시키는 정도가 아니라, 그들에게 실질적으로 전쟁에서의 기동과 사건을 알려주는 것이었다. 때때로 대중에게 전쟁 정보를 지속적으로 제공해야 한다는 욕망 때문에 군의 견해가 과도하게 강조되기도 했다. 예를 들어, 1861년 12월, 워싱턴의 북군 수비대와 그들을 공격하는 남군에 대한 상세 지도가 『뉴욕타임스』의 1면을 장식했다. 포토맥군의 사령관 조지 매클렐런(George B. McClellan, 1826~1885년) 장군은 남군을 이롭게 했다는 이유로 『뉴욕타임스』에 대한 즉각적인 제재 조치를 요구했다.

주제도 제작

제국의 시대는 주제도라는 이름으로 가장 잘 묘사되는 지도의 제작이 성장한 시대였다. 주제도는 인구통계학(demographics)과 같은 새로운 과학적 주제의 재현이나 지도로 표현 가능한 여타 다양한 정보의 재현을

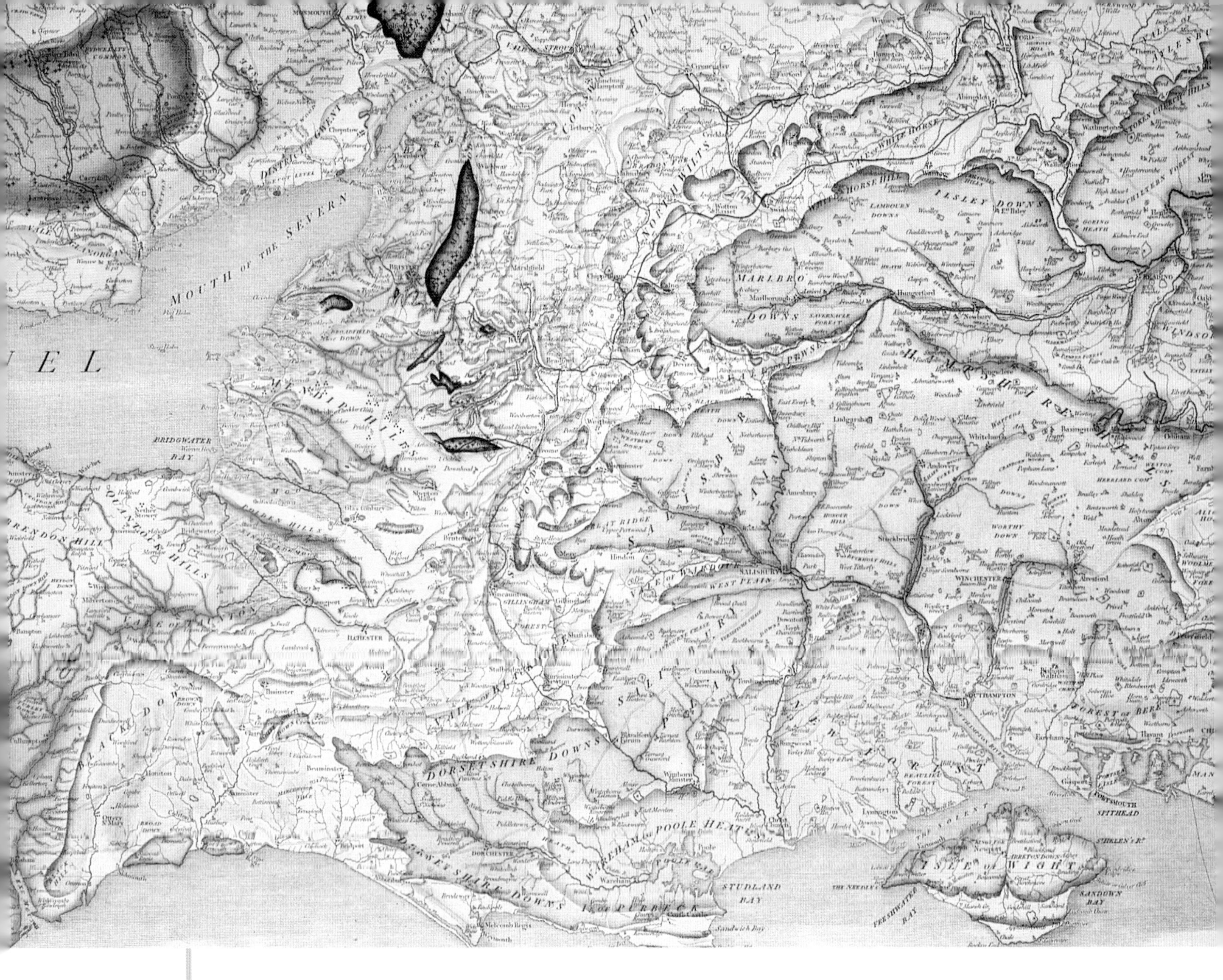

78 **잉글랜드와 웨일스 그리고 스코틀랜드 일부의 지층도, 윌리엄 스미스, 영국, 1815년**

윌리엄 스미스는 1805년 잉글랜드와 웨일스에 대한 최초의 지질 측량을 시작했다. 그의 방법론은 한 암석층의 화석 성분을 다른 암석층의 화석 성분과 기록하고 비교하는 매우 고된 작업이었다. 서로 다른 암석층은 색상에 따라 구분된다. 톤의 차이가 암석층의 상이한 수준을 나타낸다. 톤이 흐릴수록 더 깊은 곳에 있는 암석층이다. 스미스의 노력과 왕립협회의 지원에도 불구하고, 1815년 출판되었을 때 상업적 성공을 거두지는 못했다. 이 업적이 지도 제작에서 획기적인 사건이라는 점을 인정받기까지는 상당히 오랜 시간이 걸렸다.

다룬다. 지도는 특정 요소를 개재(inclusion) 혹은 배제(exclusion)한다는 의미에서 본질적으로 주제적이다. 그러나 과학적인 주제도 지도학의 성장은 우리가 정보를 제시하고 이해하는 방식을 완전히 바꿔놓았다.

예를 들어, 벤저민 프랭클린(1706~1790년)은 걸프 해류 지도에서 화살표로 해류의 방향을 표시했다. 미국의 해양학자 매슈 모리(Matthew F. Maury, 1806~1872년)가 제작한 바람과 해류에 대한 세계 지도와 항적도(航跡圖)도 주제도인데, 수 세대에 걸쳐 수많은 항해사들에게 큰 도움을 주었다. 그의 세계 지도에는 해양의 탁월풍, 무풍 지대의 계절적 이동, 가장 유리한 바람을 만나는 최상의 항로가 표현되어 있다.

초기 주제도 제작의 또 다른 중요한 예는 90장의 주제도에서 찾을 수 있는데, 기상학, 기후학, 수문학, 수로학, 지질학, 지구자기학, 식물지리학, 동물지리학, 인류지학, 민족지학 등의 주제를 망라하고 있다. 이 지도들은 알렉산더 폰 훔볼트(1769~1859년)에 영감을 받은 독일의 지리학자 하인리히 베르크하우스(Heinrich Berghaus, 1797~1884년)가 자신의 『자연 지도첩(Physikalischer Atlas)』에 수록한 것이다. 이 지도첩의 초판은 1845년에, 2판은 3년 뒤에 출간되었다. 이 지도첩은 현재까지 만들어진 것들 중 가장 포괄적이고, 가장 상세한 지도첩들 중 하나로 인정받고 있다. 찰스 다윈(1809~1882년)이 "역사상 가장 위대한 과학적 여행가"로 칭송하였고, 이론의 여지없는 근대 지리학의 창시자들 중 한 명인 훔볼트도 그가 행한 탐험 중에 여러 장의 주제도를 그렸다. 열대 식물의 "고도 프로파일"이라는 이름의 주제도도 그중 하나이다.

주제도 지도학은 인구학의 새로운 분야가 탄생하는 데에도 주된 역할을 했다. 인구통계학의 선구자에 프랜시스 아마사 워커(Francis Amasa Walker)와 같은 논객도 포함되는데, 미국 통계국의 수장으로 그가 관장한 『1870년 센서스 보고서(Report of the 1870 Census)』에 처음으로 지도를 포함시킨 인물이다. 한발 더 나아가 『미국의 통계 지도첩(Statistical Atlas of the United States)』을 발간하기도 했다.

지질도

지질도 제작은 주제도 제작의 발전을 잘 보여준다. 윌리엄 스미스(William Smith, 1769~1839년)는 기술적인 용어로 화석선택법이라는 것을 도입했다. 한 암석층의 화석 성분을 다른 암석층의 화석 성분과 비교하는 이 방법을 이용해 최초의 영국 지질 기록물 「잉글랜드와 웨일스 그리고 스코틀랜드 일부의 지층도(Delineation of the Strata of England and Wales with Part of Scotland)」를 만들었다. 이것은 대규모 프로젝트로, 1인치 대 5마일 축척의 최종 지도가 인상 깊다. 총 15장 구성으로 모두 붙이면 크기가 182×274cm에 달했다.

스미스가 화석에 매혹된 것은 그가 아주 어렸을 때 옥스퍼드셔의 삼촌집에 머물 때부터였다. 나중에 거의 독학으로 측량사가 되었고, 측량 업무를 위해 잉글랜드의 이곳저곳을 돌아다녔다. 그러다가 1796년 바스에서 그 지방의 지질도를 그리기 시작했고, 10년도 채 되지 않아 영국 전체의 암석층에 대한 지도 제작에 착수했다. 그의 작업은 화석 관찰에서 시작된다. 진전은 더뎠고, 지도 제작 과정과 최종 출판에 소요되는 돈을 충당한다는 것은 지극히 어려운 일이었다. 하지만 왕립 협회의 조지프 뱅크스(Sir Joseph Banks)와 당시 가장 중요한 영국의 지도 출판업자 중 한 사람인 존 캐리(John Cary)의 지원을 받기는 했다. 스미스의 지질 측량도 제작에 필수적인 전제 조건이었던 지형 기본도를 제공한 것도 바로 캐리였다.

1812년 지도가 생산되었고, 3년 뒤 400부 한정판으로 출판되었으나 판매되지는 못했다. 모금을 위해 화석 컬렉션을 영국박물관에 처분해야 했고, 채무자 감옥에 가기도 했다. 그러다가 1819년 지도 제작에 재착수하여 원 지도를 줄인 축소판을 출판했고, 영국의 카운티별 지질도 시리즈도 만들었다. 그러나 지질학에의 공헌을 인정받은 것은 말년에 와서였다. 1831년 런던지질학회는 그에게 최초의 월라스톤 메달(Woolaston Medal)을 수여했다. 이는 현재까지 학회가 지질학적 업적에 수여하는 최고 명예이다. 그의 발자취를 따라 1830년대에 공식적인 지질도 제작이 이루어졌고, 1890년경에는 잉글랜드와 웨일스의 지질도가 완성되었다.

통계를 표현하는 새로운 방법

1861년 프랑스의 통계학자 샤를 미나르(Charles Minard, 1781~1870년)는 1812년의 라폴레옹의 모스크바 행군과 뒤이은 퇴각을 지도로 표현했다. 이 지도는 엄청나게 많은 양의 통계 정보를 그래픽적으로 표현하고 있었다. 이 지도는 미나르가 1840년 중반 이후 쭉 그려오던 일련의 구상(具象) 지도(Cartes figuratives) 중 하나였다. 미나드의 다른 지도들 중 유명한 것에는 1862년 유럽인들의 이민을 표현하기 위해 그가 고안한 유선도, 프랑스의 수출량을 나타낸 지도, 유럽으로의 면화 수입량을 나타낸 지도 등이 있다.

미나르의 지도는 지리적 실제를 무시하거나 왜곡하는 경향이 있다. 원면 교역량의 변화를 남북전쟁 이전,

당시, 이후로 나누어 나타낸 1831년 지도에 잘 나타난다. 이에 미나르는 호된 비판에 직면해야 했다. 그는 자신의 접근법을 이렇게 요약했다. "통계적 결과를 그냥 제시하는 경우에는 숫자가 더 낫겠지만 관련성을 보여주어야 하는 경우에는 시각화가 더 효과적이다."

사회상의 지도화

주제도 제작은 모든 시대의 사회경제적 동인인 산업화 과정에 대한 지도학적 응답이었다. 다양한 주제도들은 도시 성장과 사회적 층화와 맞물려 발생한 많은 사회적 문제들에 대한 응답이었다. 이촌향도적 인구이동의 급격한 진전은 결과적으로 도시 계획을 필요로 하는 상황을 만들었다. 물론 이러한 상황은 처음에는 당시의 자유방임주의적 자본주의에 의해 거부되었다.

영국의 예를 들면, 비통제적, 비계획적, 비지도적(지도로 표현되지 않은) 확장으로 말미암아 급격하게 번창하던 리버풀이 영국에서 최악의 생활 여건을 가진 도시로 전락해 버렸다. 그러나 이런 와중에서도 거대한 시청 건물을 세워야만 하는 빅토리아 시대적 욕망은 그대로였다. 이 사례는 개발이라는 것이 일반인들의 영토를 더 좋게 만드는 데는 아무런 공헌도 못하지만, 도시의 목적성이라는 것은 늘 존재하고 있음을 반영한다. 도시 계획가들이 이 문제를 해소할 도구를 갖추게 된 것은 세기가 바뀌고 나서이다. 1909년에 주택 및 도시 계획법이 통과되었다. 이 법에 따라 각 지방 정부는 도시 근방 토지에 대한 개발 계획을 수립할 수 있게 되었다. 19세기의 자선가들이 특히 주목한 것은 사회적 환경이 공공 보건에 미치는 영향에 관한 것이었다. 그리고 지도가 질병의 발생을 지도화하는 수단으로서, 질병과 싸우는 수단으로서 채택되기 시작했다. 1789년 밸런타인 시맨(Valentine Seaman, 1770~1817년)은 발병 분포를 보여주기 위해 처음으로 지도를 사용하였다. 점과 원을 사용하여 뉴욕의 해안가 지역에서의 황열병 발병 상황을 표현하였다.

영국의 경우, 구민법 위원회가 1832년에 『근로 계급의 보건 상태에 관한 보고서(Report on the Sanitary Condition of the Labouring Population)』를 출간하였다. 그 보고서에는 리즈, 요크셔, 베스널그린, 런던의 주택 유형에 대한 지도와 그 도시들에서의 발병 위치를 보여주는 지도가 포함되어 있었다. 같은 해에 미국 지도 제작자 헨리 솅크 태너(Henry Schenck Tanner, 1786~1858년)는 1817년 인도에서 시작되어 미국까지 건너온 세계적인 콜레라 확산에 대한 상세한 연구를 수행했다. 태너는 콜레라 확산 과정을 세계 지도 상에 나타냈는데, 콜레라의 집중 발병지를 보여주는 미국과 뉴욕에 대한 보다 상세한 지도를 함께 고려한 결과, 콜레라 확산의 기저에는 지리적 관련성이 있다는 사실을 밝혀 냈다.

콜레라는 19세기의 주요 사망 원인 중 하나였다. 의사들이 직면한 문제는 콜레라에 걸리는 과정에 대한 실질적인 지식이 없다는 것이었다. 그런데 1855년 런던의 저명한 의사 존 스노(John Snow, 1813~1858년)는 『콜레라의 전파 방식에 관하여(On the Mode of Communication of Cholera)』를 출간하였다. 여기에는 두 장의 지도가 수록되어 있는데, 발병의 분포가 런던 소호 내 특정 지역(1년 전 콜레라 확산이 시작된 곳으로 특정 회사가 물을 공급한다)과 관련되어 있음을 보여주었다. 또한 콜레라 발병 지점들이 특정 공공 물 펌프 주변에, 특히 브로드 가에 있는 물 펌프 주변에 집중적으로 분포하고 있다는 점도 보여주었다. 스노는 그 지역을 집집마다 찾아 다니면서 음료수를 어디에서 구했는지 조사하고 이 정보를 콜레라 희생자들의 주소와 관련지어 살펴보았다. 그 결과는 결정적이었다. 브로드 가 물 펌프의 물이 오염되어 있던 것이다. 그 펌프에 오염된 물을 공급한 회사는 서더크앤복스홀워터 사였고, 도시의 주 하수관이 템스 강으로 폐수를 쏟아 내는 곳과 멀지 않은 곳에서 그 물을 끌어왔다.

인구통계학의 힘

사회적 변혁은 보건적 변혁과 함께한다. 19세기 후반, 인구 400만의 런던은 세계 최고의 부유한 도시였다. 그러나 마르크스가 주목했듯, 많은 거주민들은 끔찍한 생활 환경과 극심한 빈곤 상태였다. 해운 거물이자 사회 변혁가인 찰스 부스(Charles Booth, 1840~1916년)는 가난과 부를 표현하는 지도 제작을 의뢰했다.

런던 인구의 1/4이 빈곤에 허덕인다는 사실을 믿지 못한 부스는 런던을 광범위하게 조사하기로 결심했다. 이 조사에서 부스는 통계적 방법과 직접 관찰 자료를 결합했다. 결과는 빅토리아 시대 말미의 사회상에 대한 기념비적인 분석이었다. 부스는 이 분석에 기초하여 1889년 『사람들의 생활과 노동(Life and Labour of the People)』을 저술했는데 런던의 이스트엔드 지역에 관한 것이었다. 1891년에 출간된 두 번째 저서 『런던 사람들의 노동과 생활(Labour and Life of the People of London)』은 런던의 나머지 지역들에 관한 것이다.

부스의 책에는 지도가 매우 많다. 지역의 사회 계층에 따라 상이한 색 코드를 할당했는데, 최하위 계층은 검은색, 매우 낮은 계층은 밝은 청색, 중간 계층은 빨간색, 최상위 계층은 노란색을 사용했다(146~147쪽 참조). 이 지도에서 부스와 독자들이 놀란 것은 런던 주민의 무려 35%가 빈곤층에 속하고, 부스가 "최하위 계층"과 "악한 반(半)범죄인"으로 규정한 사람들이 부유층 근처에 살고 있는 경우가 많다는 점이었다.

부스의 위대한 업적은 이후의 유사한 사회 조사 연구의 원형이 되었다. 그의 계몽주의적이고 도덕주의적 결론은 빅토리아 시대의 가장 큰 사회 문제인 범죄를 줄이는 유일한 방법은 빈곤 타파라는 것이었다. 빈곤은 실업의 한 결과로, 연령과 관련해 불가피하게 발생한다고 결론지었다. 이를 바탕으로 부스는 노인층을 위한 국가 연금 시행의 열렬한 주창자가 되었고, 생전에 그것이 실현되는 것을 보았다.

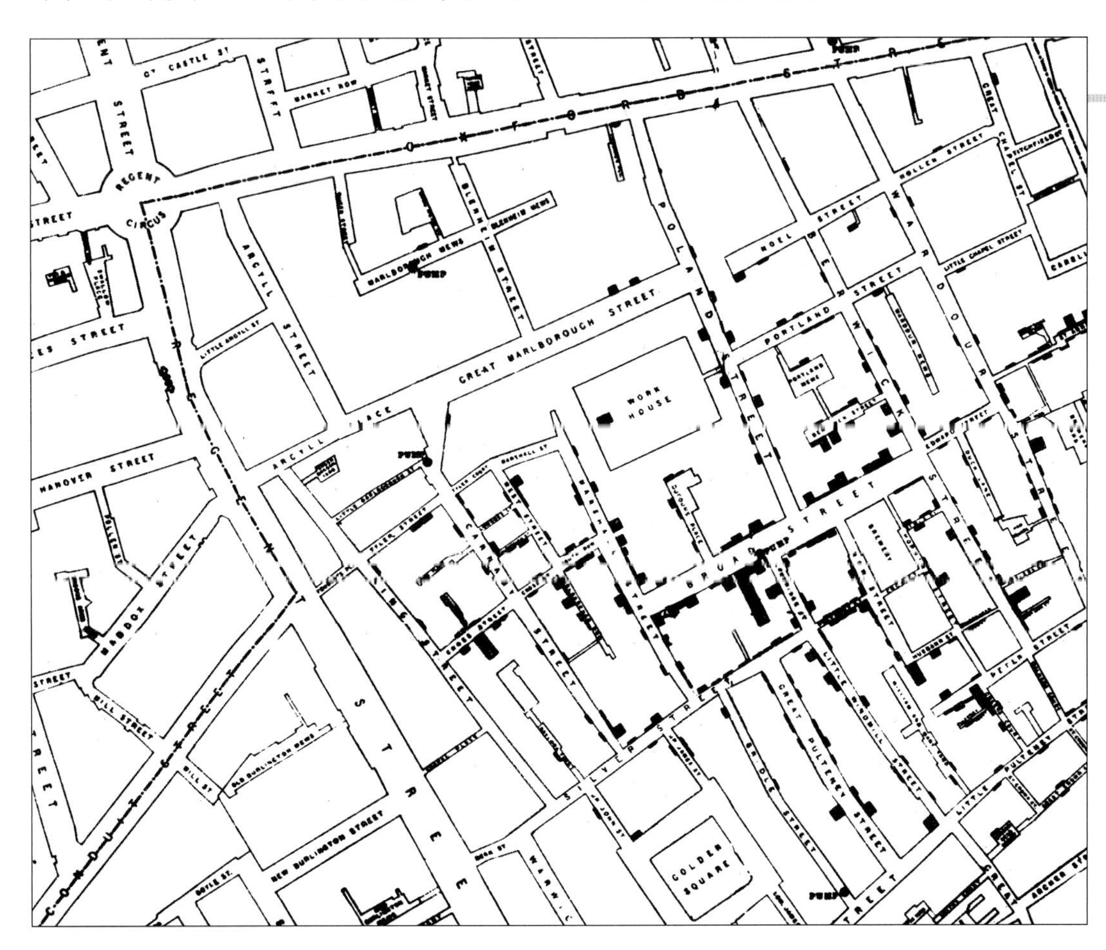

79 **콜레라의 전파 방식에 관하여, 존 스노, 영국, 1855년**

저명한 런던의 내과 의사였던 존 스노는 콜레라 확산의 이유를 규명한 그의 고전적 논문에서 소호 지역에 대한 두 장의 지도를 사용했다. 그 지도들은 콜레라 발병의 분포가 그 지역에 있는 특정한 공공 물 펌프의 위치 및 물 공급의 원천과 직접적으로 관련되어 있음을 보여주었다. 발병의 위치는 지도에서 검은색 막대로 표시되어 있다. 스노가 지도로부터 발견한 것은 오염된 음료수의 분포가 콜레라 발병과 확산의 핵심적 이유라는 그의 이론을 결정적으로 증명해주었다.

BOROUGH ROAD
BETHLEHEM LUNATIC ASYLUM
KENT ROAD
Tannery
B E R M O N D S E Y
Bricklayers Arms Extension
PECKHAM NEW
Drill Ground
SOUTH LONDON RAILWAY
TOWN
8
9
11
12
G
H
J
THE STREETS ARE COLOURED ACCORDING TO THE GENERAL CONDITION OF
Lowest class. Vicious, semi-criminal.
Very poor, casual. Chronic want.
Poor. 18s. to 21s. a week for a moderate family.
Mixed. Some comfortable, others
A combination of colours—as dark blue and black, or pink and red—indicates that the street contains a fair proportion o

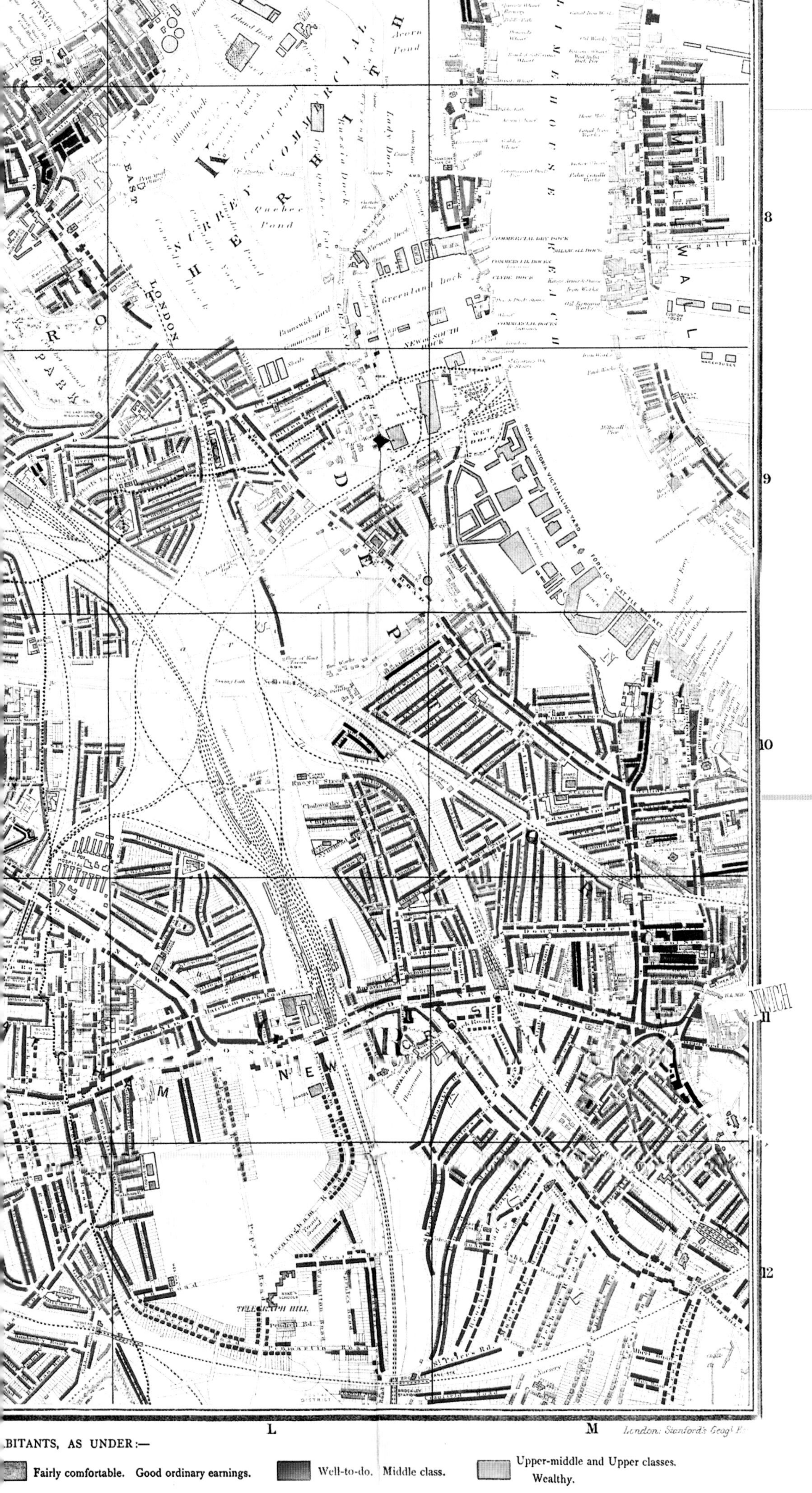

80

런던의 빈곤 지도,
찰스 부스, 영국, 1889년

빅토리아 시대 사회 변혁가이자 해운업계의 거물이었던 찰스 부스는 이 지도를 그의 획기적인 사회 조사의 결과물인 『런던 사람들의 노동과 생활』에 수록하였다. 이 책은 수백만 명의 런던 사람들 속에 존재하던 빈곤의 만연을 들추어내었다. 지도에는 부스가 도시 거주민의 "일반 상태"라고 정의한 것에 따라 각 지역과 거리가 채색되어 있다. 부스는 "악한 반범죄인"에서 "중상류 및 상류층, 부유층"에 이르는 일곱 개의 서로 다른 계층을 구분하였다. 세심하게 수집된 다량의 통계에 기반하여, 런던 인구의 35%가 자신이 규정한 빈곤선 이하에서 살고 있다는 사실을 밝히고, 사회 계층의 분포도를 제시함으로써, 빈곤이 근본적인 사회 문제라는 사실을 명쾌하게 보여주었다.

IT'S A LONG WAY

TO

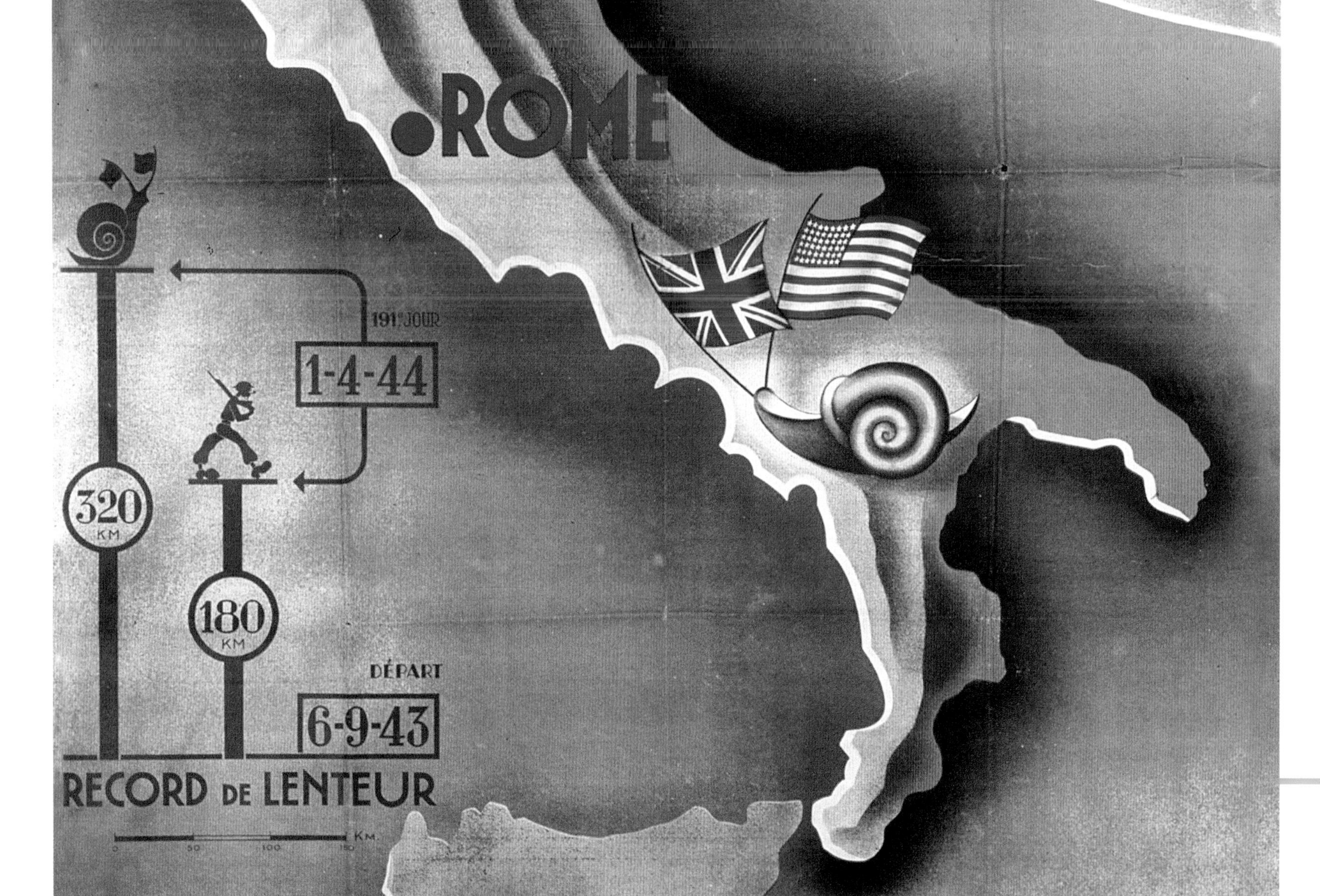

la plus grande vitesse atteinte par l'escargot est de 0.m80 à la minute.

현대:
새로운 관점

지도 제작은 20세기 동안 엄청난 변화를 겪었다. 지도를 만드는 데 드는 비용이 줄어들고 재생산하는 것이 쉬워짐에 따라, 지도는 일상생활의 깊숙한 곳까지 파고들었다. 이는 전 세계를 가로질러 지도의 청중이 폭발적으로 늘어난 것과 관련되어 있다. 역사상 이전의 어떤 시기와도 비교할 수 없을 정도로 많은 지도들이 쏟아졌다. 시장에서 소비자의 요구를 충족시키는 동시에, 새로운 요구에 부응해야만 했다.

컴퓨터 시대는 새로운 지도들의 탄생을 부추겼다. 어떤 사람들은 컴퓨터화가 지도 관련 하드웨어와 소프트웨어 패키지의 개발과 함께 새로운 지도학적 혁명을 촉발시킨 기폭제가 되었다고 말한다. 그러한 기술의 도래는 복잡한 대량의 데이터가 개입되는 경우에도 지도가 더 빨리, 더 많이 만들어질 수 있다는 것을 의미한다. 지도학자들의 관점에서 정보의 디지털화는 지도 제작 과정 전체가 훨씬 더 용이해졌다는 것을 의미한다. 개별 요소들을 수집, 정리, 전사하는 고된 과정이 필요 없게 되었으며, 필요한 데이터가 어디에 있는지를 확인하고, 그것을 데이터베이스로부터 다운로드하는 데 수분이면 족하다. 또 어떤 사람들은 컴퓨터화가 지도를 덜 예술적이게, 따라서 덜 매력적이게 만들었다고 주장한다.

컴퓨터의 도움을 받아 만든 최초의 지도는 날씨 지도로, 1950년대에 모든 컴퓨터의 조상 에니악(ENIAC, Electrical Numerical Integrator Computer)이 만들었다. 날씨 지도 제작은 굉장히 중요한 진보로 받아들여졌다. 날씨를 지도로 나타내는 능력이 향상되었음은 허리케인, 토네이도, 사이클론과 같은 극심한 폭풍우를 예측하는 능력의 향상을 뜻하기 때문이었다. 단 20년 후 최초의 전자 지도첩의 원형이, 뒤이어 1989년 첫 시디롬(CD-Rom) 세계 지도가 만들어졌다.

레저와 여행

서구 사회의 번영으로, 합리적 가격의 자동차가 등장하고 (특히 20세기 후반) 항공 요금이 지속적으로 하락함에 따라 점점 더 많은 일반 대중이 더 멀리, 더 빠르게, 더 자주, 더 편리하게 여행을 즐길 수 있게 되었다. 이것의 즉각적인 결과는 대중 관광의 급격한 성장과 그에 따른 레저용 여행 지도에 대한 수요의 증대였다.

81 이탈리아에 대한 정치 선전 지도, 독일, 1943년

독일 나치스가 만든 이 지도는 프랑스 점령지에서 출판되어 이탈리아 상공에서 비행기로 살포되었다. 당시 프랑스 망명정부군은 이탈리아에서 연합 공습군의 일원으로 전투를 벌이고 있었다. 이 지도는 연합군의 최초 상륙지점인 나폴리 만에서 북쪽으로 이탈리아 반도를 거슬러 진격하는 속도가 매우 느리다는 점을 강조하고 있다. 즉, 로마에 도착하려면 아직 멀었다는 것이다. 1943년 가을 이탈리아에 상륙한 연합군은 1944년 6월 5일(디데이 전날)에야 몬테카시노를 함락했고, 독일의 구스타프 라인을 뚫고, 마침내 이탈리아의 수도에 진입했다. 이 같은 지도는 세2차 세계대전 당시 수도 없이 만들어졌다. 이 지도가 살포 지점에 있는 군대에 던지는 선전 메시지는 "진정한" 전술적, 작전적 위치는 현 위치가 아니라 로마이며 그곳은 아직 멀었다는 것이다. 또 다른 예로, 1940년 5월 독일군은 뒹케르크에서 영국군과 프랑스군이 처한 상황을 보여주는 지도를 제작했는데, 포위당해 투항을 요구받는 상황이 표현되어 있다.

컴퓨터의 조상, 에니악, 1946년
이것을 만든 장본인인 프레스퍼 에커트(J. Presper Eckert)와 모클리(J. W. Mauchly)가 펜실베이니아대학의 무어전기공학부에서 에니악을 작동시키고 있다.

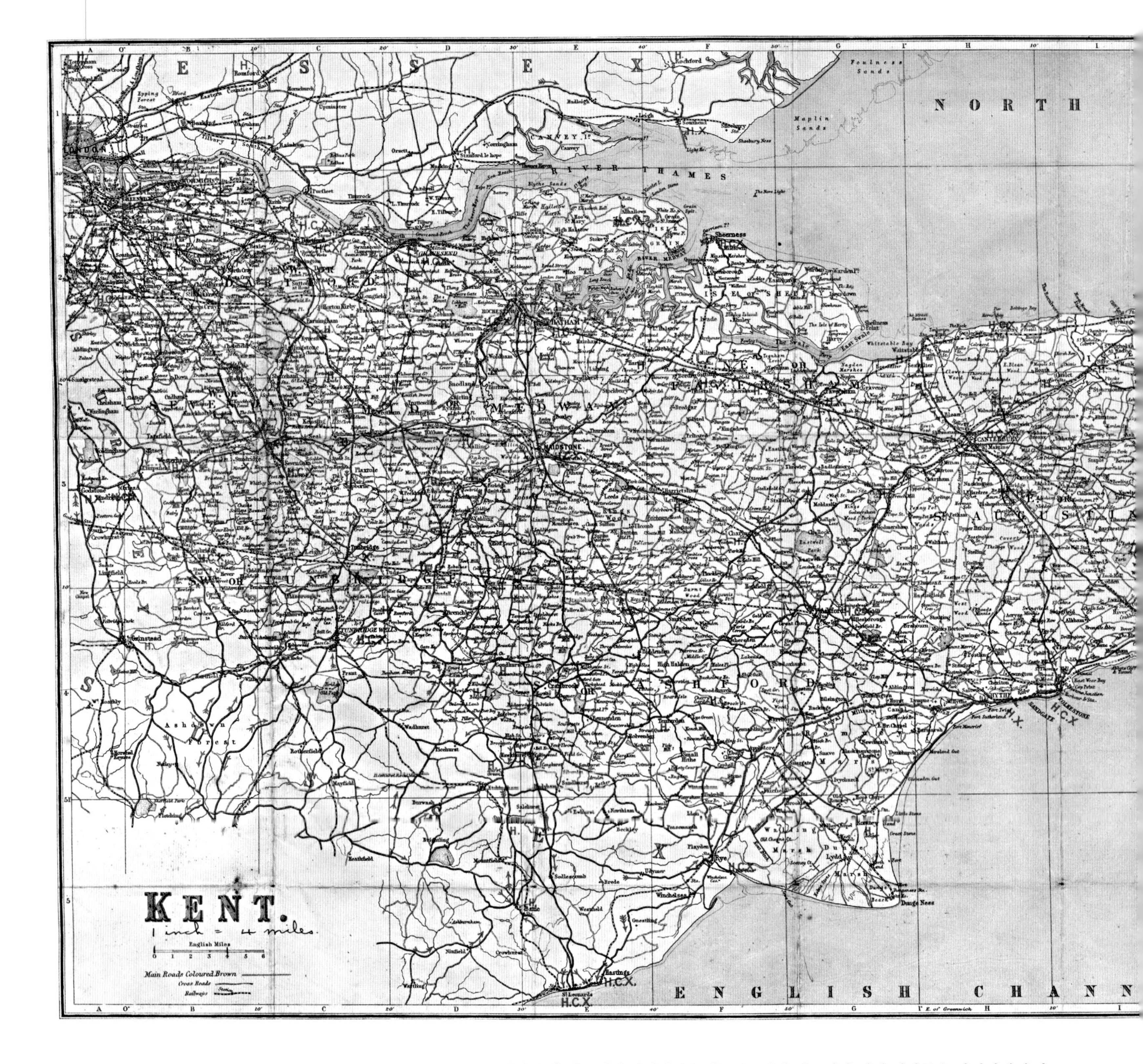

자전거 여행이 1880년대 후반 영국에서 시작되었을 때, 무료하던 빅토리아 시대 사람들은 자전거에 올라 전 지역을 돌아다녔다. 1893년경 약 50만 명의 자전거 인구는 자전거가 준 자유를 만끽하고 있었다. 그 후 10년도 안 되어 자전거 여행 애호가는 2배 이상 늘어 100만 명을 넘었다. 스코틀랜드의 지도 출판가 존 바살러뮤(John Bartholomew)와 같은 지도 제작자들은 이에 부응하는 선구적인 지도로 자전거 애호가들이 자전거여행을 만끽할 수단을 제공했다.

1834년 조지 필립(George Philip, 1800~1882년)이 리버풀에서 창립한 조지필립앤드선스의 자전거 여행 지도들 역시 영향력이 상당했다. 조지필립앤드선스는 19세기 후반~20세기 영국의 주요 지도 제작사 중 하나가 되었는데, 『필립의 자전거 여행자를 위한 방수 지도(Philip's Waterproof Maps for Cyclists)』는 광고에

82

켄트, 『잉글랜드 카운티의 사이클리스트 지도』, 조지필립앤드선스, 1905년

스코틀랜드의 라이벌 존 바살러뮤와 마찬가지로, 런던에 기반을 둔 지도 출판사 조지필립앤드선스는 19세기 말에 일어난 영국의 자전거 여행 붐을 재빠르게 이윤화하고자 했다. "잉글랜드의 정원"으로 불린 켄트의 지도는 20세기 초반 이 회사에서 발간한 시리즈 지도 중 하나이다. 육지측량국의 지도를 원도로 하여 주석을 첨가함으로써 유용성이 증대된 지도를 만들어 냈다. 지도에 표시된 "C"는 사이클리스트 여행 클럽의 지부를 나타내고, "H"는 추천 호텔을 의미하며, "X"는 사이클 수리점을 의미한다. 화살표는 언덕과 관련되어 있다.

따르면 "물에 젖지 않으며" "즉시 스펀지로 닦아낼 수 있고", 다른 유사한 책에 비해 "적은 공간을 차지하며" "더 큰 만족"을 준다고 한다.

자전거 여행 붐이 영국에 한정된 것은 아니었다. 미국 자전거여행자협회는 산하 클럽에 자전거 여행 경로에 대한 기록물을 만들도록 독려했고, 그것에 기반해 조지 블룸(George W. Blum)의 「자전거 여행자를 위한 캘리포니아 도로 지도(Map of California Roads for Cyclers)」와 같은 상세 지도가 만들어졌다. 블룸은 더 나아가 1896『캘리포니아 자전거 여행 가이드 및 도로서(Cycle's Guide and Road Book of California)』를 발간했다. 세 장의 지도(캘리포니아 전체 지도, 샌프란시스코의 골든게이트파크 지도, 시카고에서 샌디에이고에 이르는 경로 지도)와 캘리포니아 주에서 즐길 만한 자전거 여행 일정표를 제공하였다.

대서양을 가로질러 이탈리아에서는 열성적인 자전거 여행 애호가들이 1894년 이탈리아 여행 클럽(Touring Club Italiano)을 창설하고 전반적인 관광 저변을 넓히고자 1909년 처음으로 『이탈리아 관광 지도(Carta Turistica d'Italia)』를 편찬하기에 이른다. 여기에 실린 지도들은 특별히 관광객을 대상으로 만든 최초의 것들로, 이와 유사한 미래의 지도들을 위한 표준을 확립했다. 이 지도들에는 중요한 건물이나 관광 명소를 그림으로 표현했는데, 이는 르네상스 이전의 지도 표현 전통을 상기시킨다(152쪽 참조).

석유 회사 지도

사이클리스트의 뒤를 모터리스트가 빠르게 따라갔다. 특히 미국의 주요 지도 출판사들은 자동차 여행의 상업적 잠재력을 재빨리 이윤화하고자 했다. 미국 최초의 도로 지도첩은 상당히 오래되었다. 이미 1789년에 『미국 도로 조사(A Survey of the Roads of the United States of America)』가 출판된 것이다. 자동차 시대의 도래는 엄청난 양의 새로운 도로 지도를 배출했는데, 많은 지도들이 관광 협회, 자동차 클럽, 석유 회사, 전국 주유소 등에서 무료로 배포되었다.

제너럴드래프팅 사가 1912년 최초로 발간한 도로 지도는 버몬트 지역의 도로 지도였는데 당시에 설립된 AAA(American Automobile Association, 미국 자동차서비스협회)의 의뢰로 제작된 것이다. 1917년에는 랜드맥널리가 도로 지도를 생산했는데, 세계 최초의 국가 전체 도로 지도 시리즈 간행으로 이어졌다. 랜드맥널리는 이 시리즈에 『자동차 트레일 지도: 블레이즈 트레일 가이드(Auto Trail Maps: A Guide to the Blazed Trails)』라는 이름을 붙였다. 랜드맥널리의 도로 지도에 대한 열정은 1907년으로 거슬러 올라간다. 회사의 창업자 중 한 사람의 손자인 앤드루 맥널리 2세(Andrew McNally II)는 고향인 시카고에서 결혼식을 올리고, 신부와 함께 밀워키까지 자동차로 허니문 여행을 했다. 사업과 즐거움이라는 두 마리 토끼를 모두 잡고 싶었

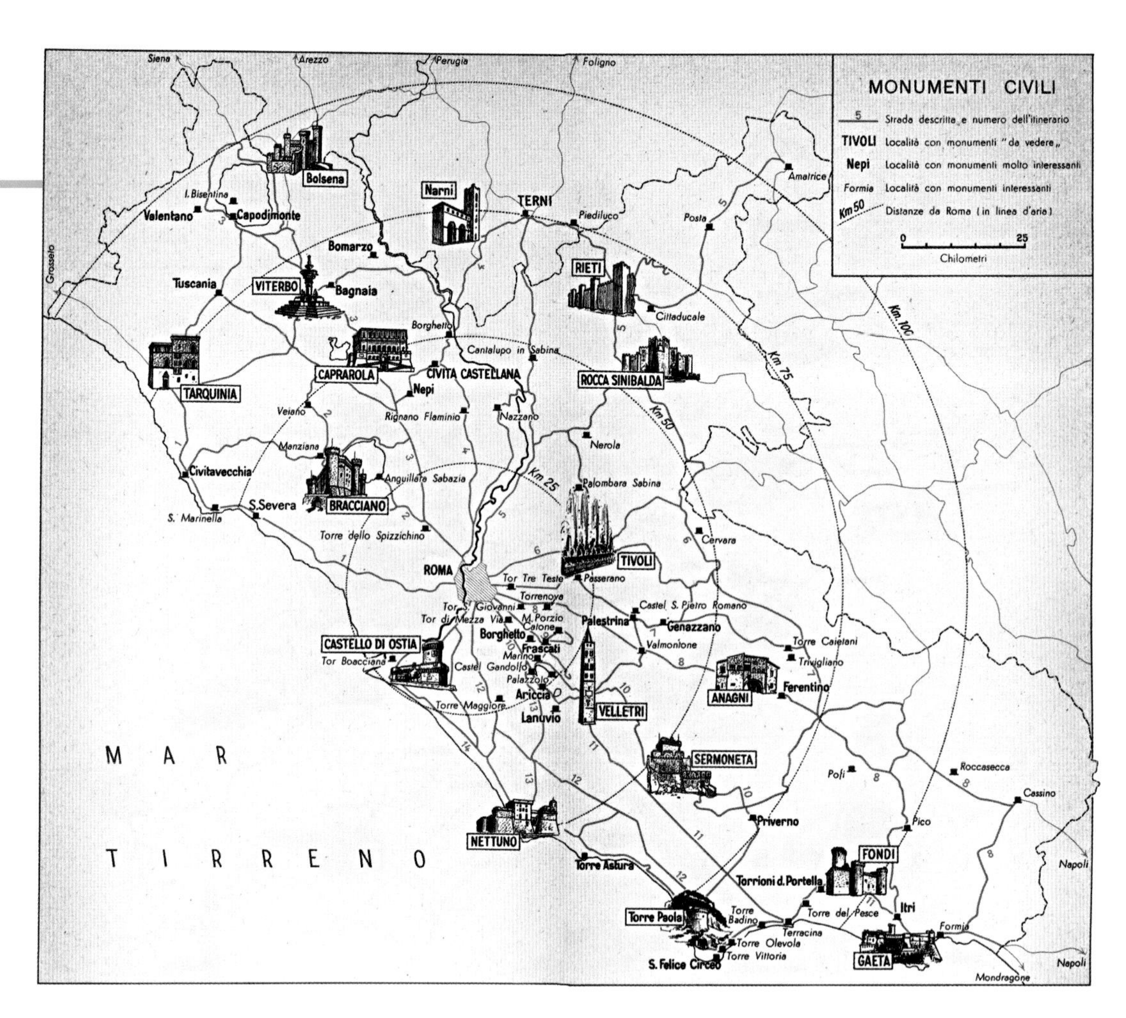

83 **라치오 여행 지도, 이탈리아 여행 클럽, 이탈리아, 1953년**

이 지도는 라치오(Lazio) 지역의 관광 명소에 대한 휴대용 여행 가이드이다. 이탈리아 여행 클럽은 이탈리아 최고의 건축, 예술, 문화유산의 위치를 소개하기 위해 1920년대 이래로 이러한 지도를 꾸준히 만들고 있다. 다른 여행 지도들처럼 주요 명소는 찾아가기 편리하도록 그림 형태로 표현되어 있다. 이탈리아 여행 클럽은 열렬한 자전거 여행 옹호자들이 1890년대에 창설했는데, 자동차 여행의 부상과 그 결과로 나타난 관광의 성장으로 클럽의 지명도와 신망이 올라갔다. 이 클럽은 1909년에 처음으로 지도를 출간했고, 1922년에는 해외 방문객을 위한 최초의 이탈리아 가이드북을 발간하였다.

넌 그는 자동차 전면부에 카메라를 묶고 교차로, 회전마다 사진을 찍었다. 시카고로 돌아와 그 사진들을 묶어 소책자를 만들었는데, 어느 도로인지를 보여주는 작은 화살표를 각 사진에 첨가했다. 맥널리는 이 소책자에 『포토-오토 가이드(Photo-Auto Guide)』라는 이름을 붙였다.

1960년대 중반에 매년 2억 부 이상의 무료 석유 회사 지도가 랜드맥널리, 에이치엠구셰이, 제너럴드래프팅 같은 지도 출판사에서 만들어졌다. 그러나 1970년대에 들어 이러한 경향은 끝이 났는데, 사상 초유의 아랍 석유 수출 금지 조치에 따른 유가 인상 때문이었다. 1920~1970년대까지 1천억 개가 넘는 무료 지도가 계속 증가하는 미국 자동차 소유자에게 배포되어 그들의 도로 여행을 도왔다.

유럽에서 도로 지도는 1930년 즈음에 등장했다. 그러나 독일을 제외하고 제2차 세계대전 전까지 도로 지도를 석유 회사가 만든 경우는 많지 않았다. 석유 회사 지도의 최절정기는 에쏘(Esso) 관광 서비스를 설립한 1952년부터 1972년에 이르는 기간이었다. 에쏘와 함께 셸(Shell)도 유럽의 도로 지도 시장을 지배했는데, 그 뒤를 비피(BP)와 아랄(Aral)이 이었다.

석유 회사가 이 영역을 독점한 것은 아니었다. 미슐랭 타이어회사(Michelin Tire Company)도 가담했고, 미국의 AAA와 영국의 AA(Automobile Association, 영국 자동차서비스협회) 등 자동차 여행 조직 역시 지도를 만들었다. 이것은 앞에서 언급한 자전거 여행자 조직인 이탈리아 여행 클럽의 경우와 비슷하다.

새로운 눈

기술의 진보는 지도 데이터 수집 방식과 생산 방식을 근본적으로 바꿔놓았다. 사진 측량(정확한 측정을 위해 사진, 특히 항공 사진을 사용)의 도래는 기본 지형도를 만들기 위해 대규모의 측량사나 지도 제작자를 현장에 파견하는 것이 더 이상 필수가 아님을 의미한다. 카메라는 지도 제작에 필요한 상세성을 보다 빠르게, 효과적으로, 값싸게, 정확하게 영구적으로 기록할 수 있다. 또한 다양한 높이와 각도에서 경관을 세심히 관찰할 수 있다. 그러나 기초적인 측지 프레임워크는 여전히 장비를 써서 지상에서 측정해야만 한다.

항공 사진

항공 사진은 1858년에 시작되었다. 당시 선구적인 프랑스 사진작가이자 열기구 파일럿이었던 펠릭스 나다르(Felix Nadar, 1820~1910년)는 열기구를 타고 높이 올라가 파리를 촬영했다. 목적은 촬영한 사진으로 토지를 측량하는 것이었다. 남북전쟁 중에는 전설적인 기병 조지 암스트롱 커스터(George Armstrong Custer, 1839~1876년)가 공중에서 스케치한 세계 최초의 지도를 만들었다. 커스터는 웨스트포인트를 갓 졸업한 젊은 장교로 북부군의 실험적인 열기구 부대에 배치되어 그러한 신기원을 이루었다. 1909년, 윌버 라이트(Wilbur Wright, 1876~1912년)는 이탈리아의 첸토첼레 상공을 나는 비행기 안에서 최초의 항공 사진을 촬영했다.

세계대전이 항공 사진의 발달에 결정적이었다. 1918년경, 프랑스 군대의 정찰 비행기가 단 하루 동안 서부 전선에서 1만 장의 항공 사진을 촬영했다. 또한 영국왕립비행단은 팔레스타인의 터키 점령 도시 지도를 만드는 데 항공 사진이 어떤 역할을 할 수 있는지 검토하고 있었다. 그러나 제2차 세계대전이 끝날 무렵에야 항공 사진이 영국의 민간 지도 제작에 사용되었다.

미국에서는 훨씬 더 진척이 빨랐다. 1921년 미국 지질조사국은 미육군항공대 소속의 한 파일럿이 찍은 항공 사진 274장을 이용해 미시간 주 캘러머주(Kalamazoo) 부근의 582.7km² 넓이의 지역에 대한 지도를 만들었다. 이를 「스쿨크래프트 쿼드랭글(Schoolcraft Quadrangle)」이라고 한다. 미국에 한정하면 항공사진만으로 만든 최초의 지도였다. 지도 제작의 혁명적인 새 시대가 활짝 열린 것이다.

뒤이어 미국은 소위 정사사진지도(正射寫眞地圖)라는 새로운 형식의 지도를 선도적으로 개발했다. 정사사진지도는 이미지 변위가 보정되고 일정한 축척에 맞게 크기가 조정된 항공 사진을 의미한다. 이 지도의 장점은 항공 사진과 달리 도상에서 정확한 측정이 이루어질 수 있으며, 그리드, 등고선, 독립 표고, 지명 등 지도 요소들을 첨가할 수 있다는 점이다.

84 **펜실베이니아 자동차 도로 지도, 걸프리파이닝 사, 미국, 1916년**
1901년에 설립된 걸프리파이닝(Gulf Refining) 사는 가장 먼저 무료 지도를 배포한 회사 중 하나이다. 1913년 이래 우편이나 주유소를 통해 지도를 나눠주었다. 펜실베이니아에 대한 이 지도에는 붉은 선이 있는데, "제일 좋은" 루트를 의미한다. 도로의 번호는 오토모빌블루북퍼블리싱(Automobile Blue Book Publishing) 사가 출판한 운전 교본과 일치시킨 것이다. 왜냐하면 최초의 노선 표시는 1917년에야 나타났고, 도로 번호도 1925년에야 실제로 적용되었기 때문이다.

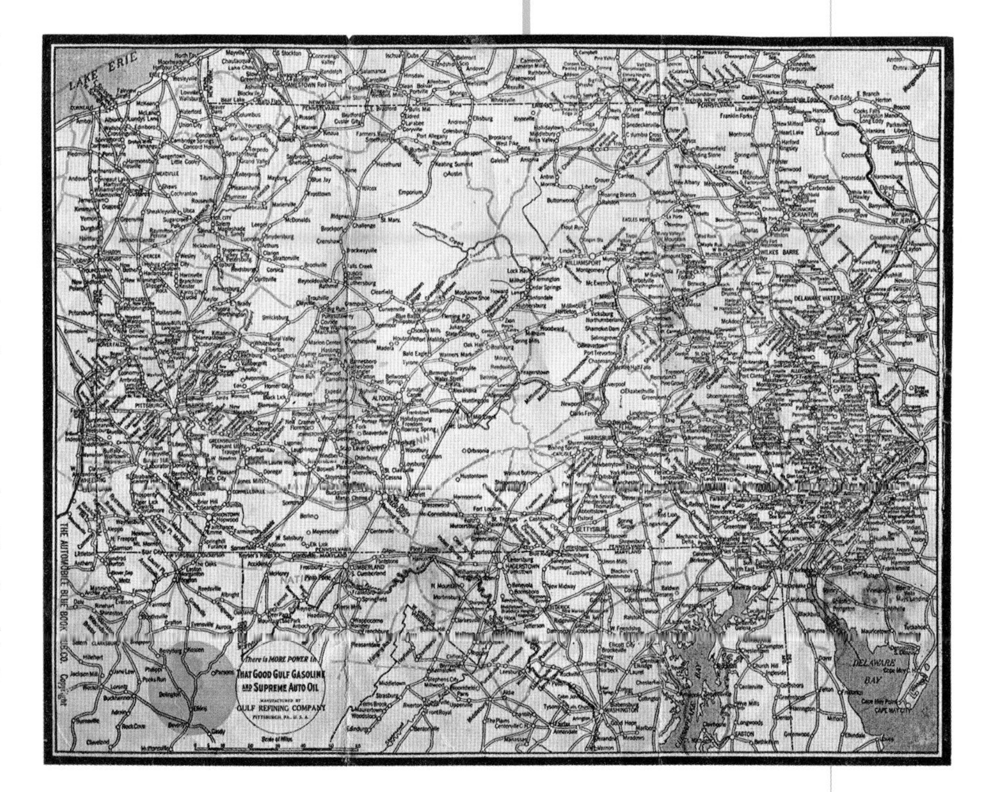

해저

많은 기술적 진보들이 제2차 세계대전과 그 여파로 촉발되었는데, 그 진보들 중 기록하는 것이 비현실적이거나 불가능하다고 생각했던 현상을 지도로 표현하게 해준 기술적 진보도 있었다. 예를 들어, 제2차 세계대전 중에 향상된 형태의 소나(sonar, 수중 음파탐지기, 수중에서의 레이더)가 없었다면, 미국의 해양학자 마리

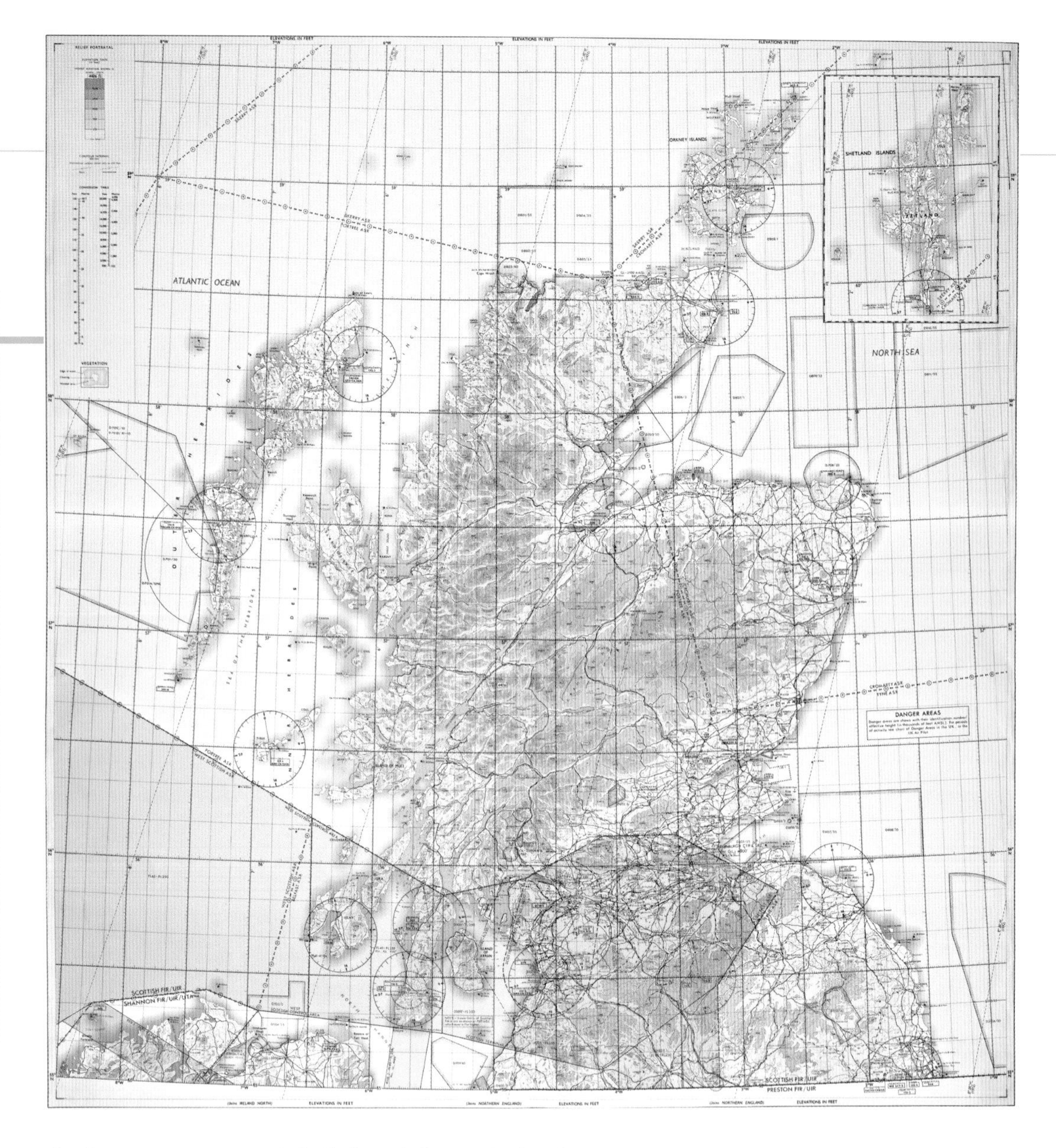

85 스코틀랜드의 항공도, 민간항공관리국, 영국, 1972년

여객기가 처음 하늘을 난 것은 1920년대였는데, 그 당시의 항공 운항은 걸음마 단계였다. 야간 비행은 아예 개념조차 없었고, 주간에 길을 찾는 경우라 하더라도 파일럿이 기체를 낮추어 육안으로 철도나 랜드마크를 확인하여 진행 방향을 점검하는 것이 일반적인 관행이었다. 제2차 세계대전 이후 민간 항공이 실질적으로 시작된 후에는 항공도 제작이 혁명적으로 변화했다. 상세한 항공도가 개발되어 항로 계획과 운항에 도움을 주었다. 항공도 제작에서의 발전은 항공 안전을 보장하는 데 핵심적인 사항이었다.

타프(Marie Tharp, 1920년 출생)와 그녀의 동료인 지구과학자 브루스 히젠(Bruce Heezen, 1924~1977년)이 지구물리적 데이터를 수집하지 못했을 것이다. 그들은 이 데이터로 1957년 「북대서양의 지문도(地文圖, Physiographic Map of the North Atlantic)」를 출간했다. 히젠이 음향측심기(音響測深機)로 만든 해저 지반의 프로파일에서 해저 데이터를 수집하면, 타프가 그것을 지도로 만들었다.

결과적으로 이 지도는 대양의 바닥을 보여주는 세계 최초의 해저 지도였다. 그들이 1977년 세상에 내보인 「세계 대양저 파노라마(World Ocean Floor Panorama)」는 지진 발생이 지구의 지질구조판과 어떤 관련이 있는지 생생하게 보여주었다. 그들의 연구와 지도를 통해 해구와 해령의 형성과 같은 현상과 환태평양조산대의 존재를 논리적으로 설명할 수 있게 되었다.

또한 새롭게 만들어진 글로벌 차원의 지진감시시스템이 없었다면 타프, 알바로 에스피노사(Alvaro Espinosa), 윌버 라인하트(Wilbur Rinehart)가 신기원을 이룬 1981년 「세계 지진도(World Earthquake)」의 토대가 된 정보 수집은 불가능했을 것이다. 이 지도는 1960년 이후 20여 년 동안 발생한 56,000번의 지진 기록을 토대로 만든 것으로, 우리의 혹성을 뱀처럼 가로지르는 거대한 지진대의 형상을 선명하게 보여준다.

이러한 지도는 쓰나미의 발생과 그 결과를 예측하는 데 큰 도움을 준다. 쓰나미는 지진, 화산 분출, 해저 산사태, 혹은 거대한 운석 충돌 등의 결과로 발생하는데, 지질구조판의 위치를 바꾸기도 한다. 쓰나미의 거대한 파도는 그 자체로 어마어마한 것이다. 2005년 12월 인도네시아와 그 주변의 동남아시아 지역을 강타한 쓰나미는 높이가 9m, 속도가 시속 800km였다고 한다. 지도가 대양저의 본모습을 더 많이 드러낼수록, 그러한 재앙을 예측하는 더 빠르고 믿을 만한 방법을 개발하는 것이 더욱 실현성 있게 될 것이다.

세계대전

지도학에서 두 번의 세계대전과 이후의 국제적 갈등은 엄청난 격변이었다. 신문, 잡지, 이후 텔레비전은 전쟁 뉴스 제작에 지도를 적극적으로 사용했다. 지도는 전장의 다양한 장면을 상세하고 생생하게 보여주었다. 이런 지도는 후방의 국민들이 아군의 진격 루트를 따라갈 수 있게 해주었고, 생생한 선전 효과를 발휘했다.

20세기가 진전되면서 군사령관들은 점점 더 지도의 중요성을 깨달아 갔다. 병사들은 정확한 지도를 공급받았고 사용 방법을 훈련받았다. 프랑스인들은 이러한 교훈을 1870~1871년 프로이센-프랑스 전쟁 때 이미 깨달았다. 나폴레옹 3세가 매우 낙관적으로 이름 붙인 그의 라인군(Army of Rhein)은 독일에 대한 상세한 지도를 가지고 있었다. 그런데 전세가 결정적으로 판가름 난 프랑스 접경 지대의 지도는 거의 없었고, 그것이 프랑스 패배의 빌미가 되었다.

제1차 세계대전 중 참호전 출현은 지도 제작자가 상세한 대축척 지도를 수없이 만들어내야만 했다는 것을 의미한다. 만일 대축척 지도가 없었다면 효과적인 방어 구축이나 공격 계획은 세울 수 없었을 것이기 때문이다. 사령관과 참모는 물론 보병, 포병 할 것 없이 모든 병사들이 지도를 알았고, 의존했다. 1914년 프랑스에 주둔하던 BEF(British Expeditionary Force, 영국 해외 파견군)가 처음 지도 참모직을 만들었는데, 장교 1명과 보조 병사 1명으로 이루어졌다. 불과 수년 뒤인 1918년경 BEF는 5,000명 규모의 측량단을 보유했고, 서부 전선을 담당하던 지국에서만 3500만 장의 지도를 생산했다.

이 숫자가 놀랍겠지만, 제2차 세계대전 당시에 비하면 왜소해 보일 것이다. 1939~1945년 연합군 쪽만 해도 10억 장 이상의 지도가 만들어졌다. 미육군지도창(American Army Map Service)이 그중 5억 장, 영국의 육지측량국이 3억 장을 찍어냈다. 이러한 무자비한 지도 생산의 주된 요인은 공군력이 가장 강력한 병력으로 등장했다는 사실에 있다. 영국 수상 스탠리 볼드윈(Stanley Baldwin)은 1935년 "폭격기는 늘 그냥 지나친다."라는 비관적이지만 일리가 있는 말을 한 바 있다. 하지만 공중전의 실상(특히 장거리 야간 비행이 요구되는 경우)을 고려할 때, 폭격기가 목표물을 성공적으로 확인하고 타격하려면 특별히 제작된 상세 지도가 필수 요소였다는 점은 분명하다.

항공도

독일의 루프트바페(Luftwaffe, 공군)가 항공도 제작에 한 획을 그었다. 역사상 최초의 항공 운항 지도를 프러시아의 포병 장교이자 열기구 파견대 사령관 헤르만 뫼데벡(Hermann Moedebeck, 1859~1910년) 중령이 고안했다는 점을 상기해 보면 전혀 놀라운 일은 아니다. 1909년 뫼데벡 중령은 폰 체펠린 백작(Count von Zeppelin) 소유의 비행선 회사에 지도들을 제작해 주었다. 루프트바페는 1940년 가을과 겨울, 1941년 봄에 있었던 영국 대공습(Blitz) 때 폭격병들이 사용할 초보적인 형태의 전자 유도장치를 개발하고 육지측량국 지도에서 정보를 추출해 재제작한 지도를 폭격병들에게 제공함으로써 목표 지점을 보다 쉽게 확인하도록 만들었다. 지도들은 플라스틱 코팅된 천에 인쇄되어 접고 펴기 용이하고, 폭격기 내부에서 사용하기 적합했다.

루프트바페의 목표가 된 도시와 촌락은 진노랑으로 표시되어 있고 그 경계는 붉은색으로 그어져 있어, 짙은 어둠 속에서도 목표물을 선명하게 볼 수 있었다. 또한 항공 사진 촬영 정찰을 통해 획득된 정보로 기존의 지도를 향상시키려는 노력도 진행되었다. 영국 폭격기부대(RAF)와 미육군항공대는 재빨리 독일의 선례를 뒤좇고 또 향상시켜 자신들의 폭격 작전에 사용하였다.

노르망디에 상륙하고 있는 미군 병사들, 디데이, 1944년 6월 9일

상륙정에 있는 미군 병사들이 5.6km 길이의 오마하 해변에 오르고 있다. 상륙 후 몇 시간도 지나지 않아 오마하 해변에는 2,400명이 넘는 사상자가 나오게 된다.

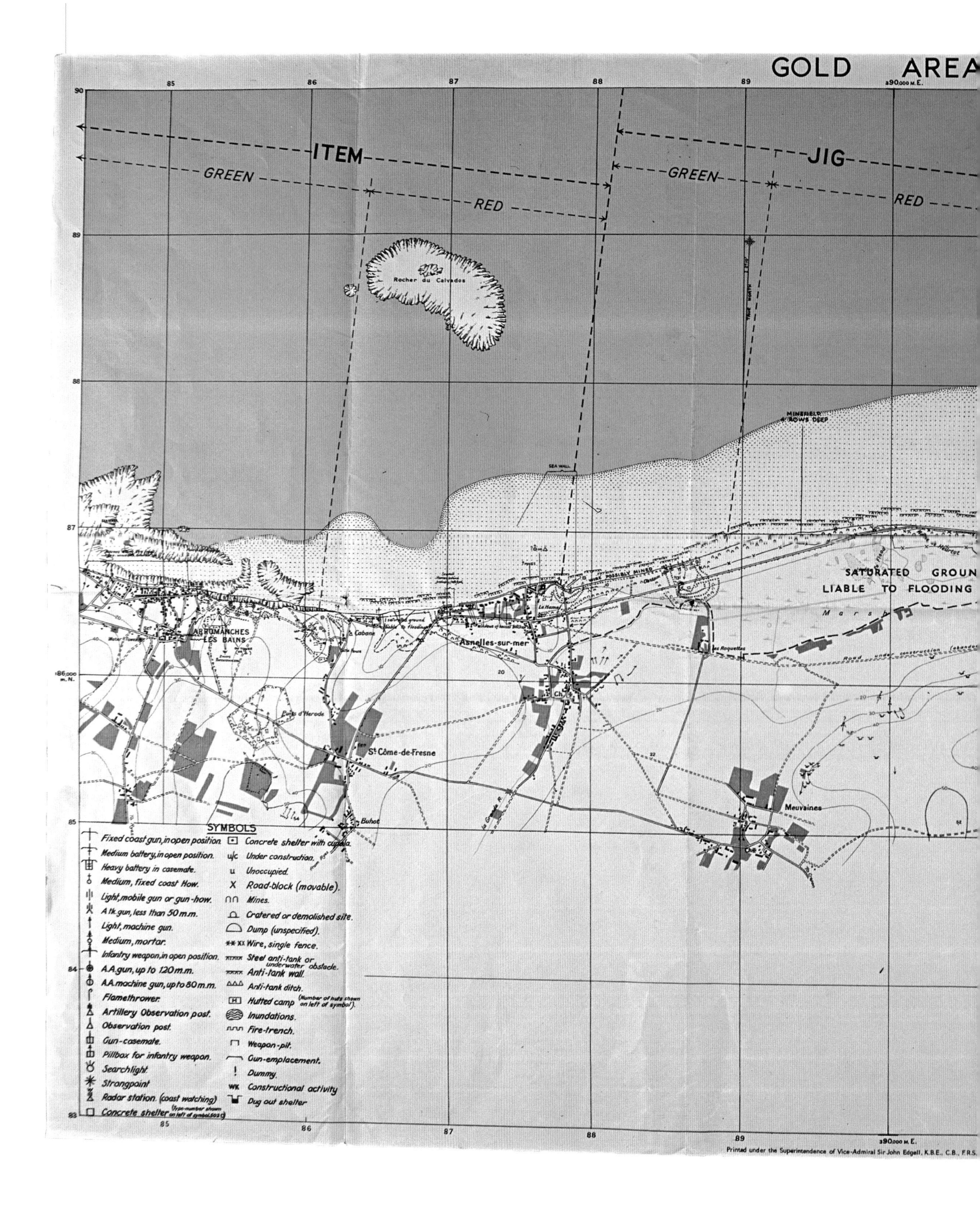
GOLD AREA
ITEM
JIG
GREEN
RED
GREEN
RED
Rocher du Calvados
MINEFIELD 4 ROWS DEEP
SEA WALL
SATURATED GROUN
LIABLE TO FLOODING
ARROMANCHES LES BAINS
Asnelles-sur-mer
La Cabane
St. Côme-de-Fresne
Buhot
Meuvaines
Les Roquettes
SYMBOLS
Fixed coast gun, in open position.
Medium battery, in open position.
Heavy battery in casemate.
Medium, fixed coast How.
Light, mobile gun or gun-how.
A tk. gun, less than 50 m.m.
Light, machine gun.
Medium, mortar.
Infantry weapon, in open position.
A.A. gun, up to 120 m.m.
A.A. machine gun, up to 80 m.m.
Flamethrower.
Artillery Observation post.
Observation post.
Gun-casemate.
Pillbox for infantry weapon.
Searchlight.
Strongpoint
Radar station. (coast watching)
Concrete shelter (type-number shown on left of symbol. 503)
Concrete shelter with cupola.
Under construction.
Unoccupied.
Road-block (movable).
Mines.
Cratered or demolished site.
Dump (unspecified).
Wire, single fence.
Steel anti-tank or underwater obstacle.
Anti-tank wall.
Anti-tank ditch.
Hutted camp (Number of huts shown on left of symbol).
Inundations.
Fire-trench.
Weapon-pit.
Gun-emplacement.
Dummy.
Constructional activity
Dug out shelter
Printed under the Superintendence of Vice-Admiral Sir John Edgell, K.B.E., C.B., F.R.S.

86

골드비치,
노르망디, 영국
해군 수로측량부,
영국, 1944년

이 지도는 1944년 6월 디데이, 노르망디 상륙 작전이 벌어진 5개 해안 중의 하나였던 골드비치를 보여주고 있다. 이 지도는 존 에드길(John Edghill)의 휘하에 있던 영국 해군의 수로측량병이 그린 것이다. 이 해안의 폭은 8km가 넘었고, 서쪽 끝에는 아로망슈 항구가 있었다. 거기에 조립식의 멀베리 항구를 구축할 계획이 세워져 있었다. 이 지도의 제작에서 관건은 해안의 경사도를 어떻게 표시할 것인가와 독일 방어 시설의 성격에 대해 얼마나 확신할 수 있는가였다. 지도에서 보면 독일의 방어 시설은 어마어마해 보인다. 그러나 해군의 엄청난 포격 이후에 독일 보병이 보여준 저항은 예상보다 완강하지 않았다. 또한 근처 바이외에 있던 독일의 기갑부대는 연합군의 상륙 거점에 도달하지도 못했다. 상륙은 6월 6일 오전 7시 25분에 시작되었다. 저녁이 되었을 때 25,000명의 영국군이 상륙에 성공했고, 내륙으로 10km 이동하여 왼편의 주노 해안으로부터 진군해 오던 캐나다군과 합류하였다.

디데이의 지도화

각 군은 나름의 특수한 지도 제작상의 필수 요건들을 가지고 있다. 삼군이 함께 모여 합동 작전을 벌이면 상황은 훨씬 더 부담되고 복잡해지는데, 적절한 예를 디데이(D-Day), 즉 1944년 6월 연합군의 프랑스 침공에서 찾을 수 있다.

거대한 군함에서 작은 상륙정에 이르는 총 6,000척의 배가 어둠을 뚫고 파도가 일렁이는 영국 해협을 건너 15만 명의 병사들을 실어 나르고 있었다. 그들은 호기 좋게 서 있는 대서양 방벽 뒤에 집결해 있는 독일 베어마흐트(Wehrmacht, 국방군)의 최정예 병사들과 맞닥뜨려야 했다. 윈스턴 처칠은 그날의 작전을 역사상 "의심의 여지가 없는 가장 복잡하고도 어려운" 군사 기동이라고 묘사한 바 있는데, 이것에는 일말의 과장도 없다. 지도는 이 작전의 계획 과정에서 결정적인 역할을 담당했다. 사실상 그 침공 전에 이루어진 은밀한 수로 측량이 없었더라면 노르망디 상륙은 애당초 불가능했을지 모른다.

정확하면서 최신성이 있는 첩보야말로 공격 작전의 성패를 좌우한다. 이는 상륙 해안에 대한 최신 지도 제작이 필수적이라는 것을 의미하는데, 상륙 해안을 지키는 독일군도 알지 못하게 지도 제작을 위한 측량이 매우 은밀하게 이루어져야만 했다. 사진 정찰기가 지도 제작을 돕기는 하지만, 대부분 영국 해군성이 침투시킨 수로측량부의 몫이었다. 어둠 속에서 재빠르게 노르망디를 정찰 측량해야만 했다. 측량이 이루어진 해안의 코드명은 골드, 주노, 스워드, 오마하, 유타였다.

작전 계획은 앞의 세 해안에 영국군과 캐나다군이, 오마하와 유타 해안에는 미국군이 상륙하는 것이었다. 미해군 중위 윌리엄 보스틱(William A. Bostick, 1913년 사망)은 후자의 지도 제작을 맡았다. 그의 팀은 1년 전 시칠리아 공습 때에도 상륙 지도를 제작한 경험이 있었다. 디데이 지도를 제작하는 데 다양한 정보가 이용되었다. 미해군 잠수부들의 측심 기록과 스케치, 저공 비행 정찰기가 촬영한 파노라마 항공 사진, 해도 한 상이 포함되었다. 해도는 놀라운 것인데, 보스틱의 회고에 따르면 "나폴레옹 시대에 만들어진" 것이었다.

판매 중인 영국 폭격기부대의 탈출용 지도, 런던, 1945년 겨울
런던의 한 백화점에서 판매 중인 RAF 탈출용 지도를 고객들이 전통적인 스카프의 대용품으로 살펴보고 있다. 전쟁이 끝날 무렵까지 약 130만 개의 탈출용 지도가 제작되었다.

넵튠 작전

코드명 넵튠 작전(Operation Neptune)의 핵심은 영국군과 캐나다군이 상륙할 해안의 지도화였다. 이는 1943년 8월에 시작되었다. 당시 아일오브와이트(Isle of Wight)의 카우스에 거점을 둔 영국 해군의 수로측량병들은 흘수(吃水)가 얕은 두 대의 상륙정을 타고 셰르부르 동쪽의 노르망디 해안을 측량했다. 흘수가 얕은 상륙정은 독일 레이더에 잘 탐지되지 않았고, 카누를 이용해 해변에 상륙했다. 측량은 만조의 달이 없는 밤에만 진행될 수 있었다. 모든 조건이 만족되는 밤, 포함(砲艦)이 상륙정을 영국 해협의 중간까지 끌고 가면 거기서부터는 상륙정 자체의 동력만으로 해안에 닿아야 했다. 측량병들은 자정 직전부터 일을 시작할 수 있었는데, 안전한 귀환을 위해 새벽 4시경에는 반드시 프랑스 해안을 벗어나 포함과 재회해야 했다.

측량병들이 그렇게 힘들게 수집한 정보는 침공 지역 자체와 침공 지역으로의 접근로에 대한 상세한 해도와 지도에 첨가되었다. 이 지도들은 배스에 있던 영국 해군의 수로측량부에서 만들어졌다. 제도병들은 각 해안의 경사도와 돌출적인 변이의 존재 여부, 모래 성질의 일관성 혹은 암석의 발현 정도, 해안과 내륙에 배치된 독일 방어물의 위치와 성격 등을 작성했다. 제도병들은 기존의 지도와 해도 및 비밀 측량을 바탕으로 일을 진행했지만, 그들이 해산될 즈음에는 또 다른 정보 원천을 갖게 된다. 1943년 여름 BBC는 전쟁 전 프랑스 해안에서 휴가 보낼 때의 우편엽서와 사진을 보내 달라고 호소하는 방송을 했다. 반응은 엄청났다. 700만 장이 넘는 사진과 우편엽서가 도착했고, 그중 유관한 것들은 디데이 기획관과 지도병들에게 보내졌다.

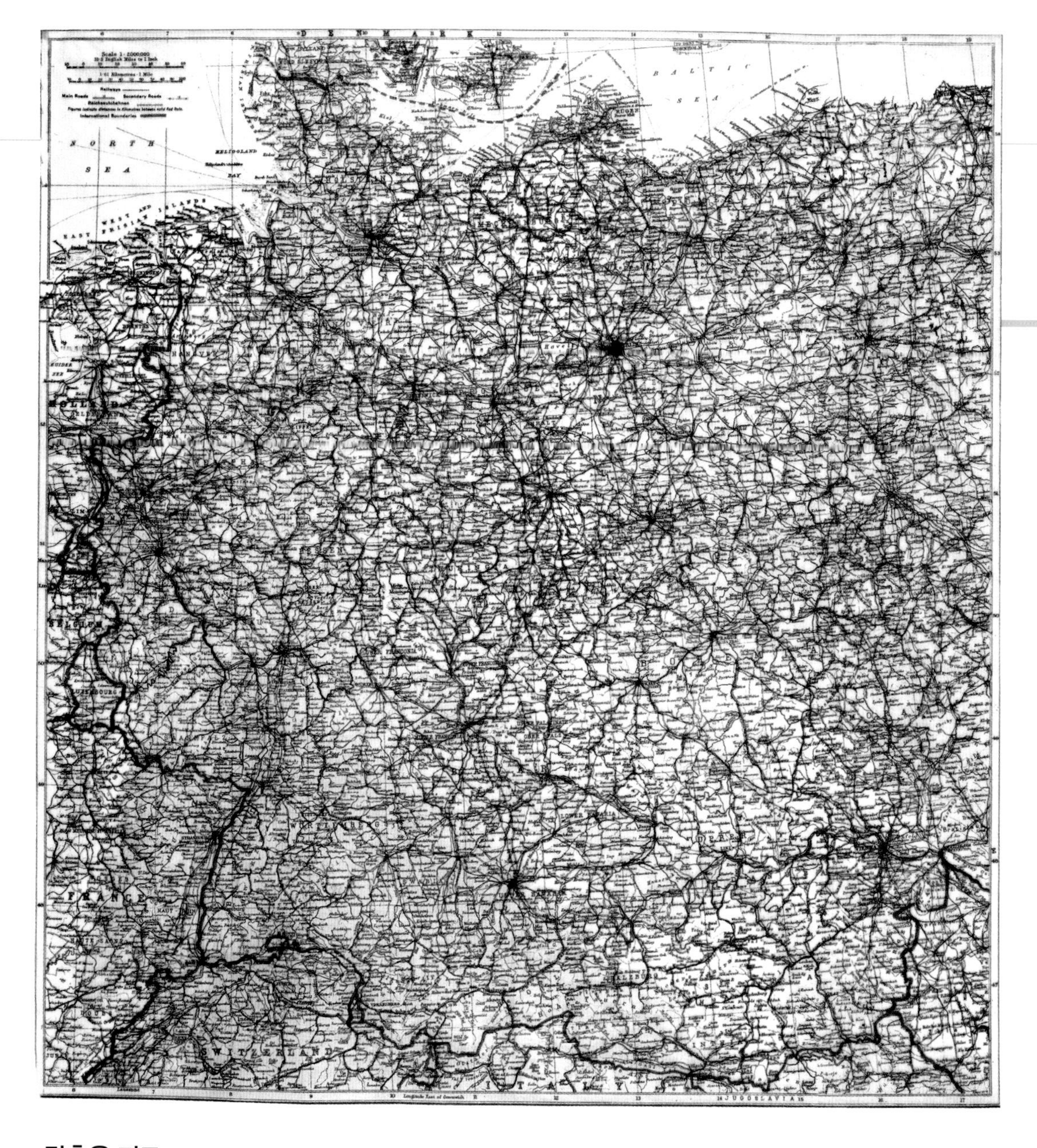

87 독일이 나타나 있는 실크 재질의 탈출용 지도, MI9, 영국, 1939년

영국의 첩보 기관이 지도 출판가 바살러뮤와 게임 제작자 와딩턴과 손잡고 만든 이 실크 재질의 탈출용 지도는 1939년 10월 영국 폭격기부대의 비행기 탑승병들에게 처음으로 지급되었다. 주로 소축척으로 넓은 지역을 포괄하도록 제작되었는데, 기본도는 바살러뮤가 전시라는 점을 감안하여 사용료를 받지 않고 무료로 제공한 것이었다. 전쟁이 계속되면서 점점 더 많은 연합군 비행기가 격추되는 상황이 되자, POW(전쟁포로)는 자신의 수용소에서 탈출용 지도를 만들기 시작했다. 브라운슈바이크 근처의 적어도 한 POW 수용소에서는 심지어 자체적인 인쇄기를 설치하여 독일 경비원의 코앞에서 지도를 찍어내기도 했다고 한다.

탈출용 지도

제2차 세계대전의 발발이 가져온 혁신들 중 하나는 지도를 천 위에 프린트해 탈출용 지도로 사용한 것이다. 예를 들어 전쟁 초반부터 영국 폭격기 부대의 병사들은 생존 장비를 지급받았는데, 적군 상공에서 격추되었을 때 체포를 피하거나 감옥에서의 탈출을 돕도록 디자인되어 있었다. 이 장비에는 보통 작은 톱날, 바늘과 실, 연금, 문장 카드, 손톱 크기의 소형 나침반, 그리고 가장 중요한 실크 재질의 탈출용 지도가 들어 있었다.

실크를 지도 제작 매체로 선택한 데는 몇 가지 이유가 있었다. 실크는 내구성이 매우 좋아, 물에 분해되지도 않고 접기와 펴기를 반복해도 손상되지 않는다. 가장 중요한 것은 실크에 그려진 지도를 감추기가 쉽다는 점이다. 재킷의 안감에 바느질해 넣을 수도 있고, 담배통이나 파낸 구두 뒷굽에 숨길 수도 있었다. 따라서 그러한 지도는 적어도 대충 하는 초기 수색에서는 잘 발각되지 않았다. 영국에서 이러한 탈출용 지도를 제작하는 과업은 첩보 부대의 탈출 및 탈주 분원인 MI9의 소관이었다. 지도는 위대한 지도첩 제작자인 바살러뮤가 만들었고, 제작은 평화 시 모노폴리(Monopoly)와 같은 게임 생산자로 유명한 와딩턴(Waddington)이 담당했다. 지도는 주로 양면에 프린트되어 있었다. 지도에는 매우 자세한 사항이 담겨 있었는데, 도시, 촌락, 마을, 호수, 강, 도로, 철도, 산, 고개 등이 포함되었다. 때때로 해류나 항해용 별자리표가 들어가기도 했다.

미국에서는 MI9에 비견될 만한 MIS-X라는 기관이 동일한 아이디어를 재빠르게 채택했다. 1942년 이래로 탈출용 지도는 모든 전장의 항공 임무를 수행하는 병사들의 표준 지급품이 되었다. 얼마 지나지 않아 낙하산 부대원들과 항공기 탑승병들에게도 지급되었다. 많은 지도들이 적십자의 구호 물품에 숨겨져

POW(prisoner of war, 전쟁포로) 속으로 퍼져 나가기도 했다.

약 130만 개의 탈출용 지도가 제2차 세계대전이 끝날 무렵까지 생산되었다. 적진에서 탈출한 35,000명의 연합군 병사들 중 절반 이상이 탈출을 도와준 은밀한 지도를 사용했다고 한다.

정치 선전물로서의 지도

제1차 세계대전과 그 이후까지 독일의 선전원들은 지도의 잠재력을 최대한 활용했다. 특히 진실을 적절히 왜곡해 재현하는 수단으로 삼았다. 1933년 이래로 나치는 이렇게 얻은 능력을 그 극단까지 사용했다. 독일인들은 두 개의 악명 높은 용어도 개발했는데, 레벤스라움(Lebensraum)과 게오폴리티크(Geopolitik)이다.

1871년에 이미 레벤스라움이라는 용어는 통일 독일을 세우는 데 대중적인 정치적 슬로건이었다. 당시에 레벤스라움이라는 용어는 부가적인 "생활 공간"을 찾는 것을 의미했는데, 그 수단은 영국과 프랑스 제국이 보여준 것처럼 식민지 증식이었다. 히틀러는 이 레벤스라움의 개념을 바꾸어 놓았다. 독일을 크게 만들기 위해 식민지 개척에 몰두하는 대신, 유럽 내에서 독일을 크게 만들고자 했다. 게오폴리티크라는 용어는 1905년에 스웨덴의 정치학자 루돌프 켈렌(Rudolf Kjellen)이 만들었다. 정치지리학의 하위 분야로서 지정학은 국가의 공간적 발전과 필요성에 초점을 맞추는 학문이다. 1920년대 독일 지리학자 카를 하우스호퍼(Karl Haushofer)는 게오폴리티크를 독일의 팽창을 지지하기 위해 사용했다. 하우스호퍼는 독일처럼 인구가 조밀한 국가들은 당연히 팽창을 통해 인구가 덜 조밀한 영토를 획득해야 한다고 주장했다.

독일에서의 지도학은 점점 더 나치 정부에 봉사하도록 통제받았다. 1934년 7월~1944년 6월 독일 정부는 60건이나 되는 지도 관련 규제 법령을 발표했다. 지도 상에 무엇을 그릴 수 있고 무엇을 그릴 수 없는지, 그것을 보여주는 최신의 방법은 무엇인지 등을 강제하는 것이었다. 1937년 지도학적 통제는 훨씬 더 강화되었다. 모든 민간 지도 회사에 대한 통제권을 내무부에 부여하는 법령이 시행된 것이다. 지명과 지도에 사용할 색상까지 정부의 규정에 따라야만 했다.

그 후 독일의 모든 지도는 같은 곡조의 노래를 불렀다. 1919년 베르사유조약으로 독일에 할양되었다가 프랑스가 회복한 알자스와 로렌 지방에 대해, "독일 지명은 굵은 서체로 쓰고, 다른 것(지방 명칭)은 작은 서체로 괄호 속에 쓴다."라고 규정되어 있었다. 1934년에 발간된 『자르 지도첩(Saar-Atlas)』에 자르 지방이 독일로 재통합된 것에 대한 독일의 입장이 잘 나타나 있다. 첫 장의 언어 지도를 보면 자르와 알자스 모두 독일어를 쓰는 것으로 되어 있다. 세계 정치 지도에 붉은 글씨로 쓰인 것은 대영제국이 아니라 대독일이었다.

1938년의 오스트리아 안슐루스(Anschluss, 합병)와 같은 나치의 승리를 기리는 데도 지도는 빠지지 않

오스트리아의 안슐루스, 독일, 1938년
대중들이 손쉽게 접근할 수 있도록 카드의 형태로 만든 이 지도는 1938년의 안슐루스를 기념하고 있다. 합병의 결과 오스트리아는 제3제국의 일원이 되었다. 지도에서는 합병의 설계자였던 히틀러가 압도적으로 돋보인다. 히틀러의 메시지는 간명하다. 즉 "하나의 민족, 하나의 제국, 하나의 지도자"이다. 지도를 보면 나치의 그 다음 목표가 분명하게 드러나 있다. 그것은 제국 쪽으로 돌출되어 있는 체코슬로바키아의 일부 지역과 원 독일과 동프로이센을 갈라놓고 있는 소위 폴란드회랑이다. 폴란드회랑은 베르사유조약에 의해 생성된 것으로, 신생 독립국 폴란드에 발트 해로 가는 길을 터주기 위해 만들어졌고, 항상 분쟁의 화약고 같은 곳이었다.

13·MÄRZ 1938
EIN VOLK EIN REICH
EIN FÜHRER

یہ سپاہی ہندوستان کی حفاظت کر رہا ہے۔ وہ اپنے گھر اور گھر والون کی حفاظت کر رہا ہے ٭

اپنے گھر والون کی مدد کرنے کا سب سے اچھا طریقہ یہ ہے کہ فوج مین بھرتی ہو جاؤ ٭

84

THE TIMES PRESS. BOMBAY.

89

인도 육군 모병 포스터, 인도, 1914년

제1차 세계대전이 발발한 시점에, 착검된 소총을 들고 전투 준비를 완료한 인도 병사가 외부 위협에 대항하여 모국을 방어하는 자세를 취하고 서 있다. 그 당시 인도에서 출판된 다른 모병 포스터와 마찬가지로, 대영제국에 대항하라는 것이 아니라 모국을 방어하기 위해 나서 줄 것을 독려하는 것이 기본 아이디어였다. 모든 곳에서 이 캠페인이 먹혀든 것은 아니었다. 물론 인도 육군의 병사 수는 세계대전 이전의 15만 5,000명에서 1918년 휴전협정이 이루어졌을 때 57만 3,000명으로 늘어났다. 그러나 장교는 여전히 대부분 영국인이었고, 인도인은 주로 일반 사병이었다. 제1차 세계대전 당시 인도 군인들이 메소포타미아와 서부 전선에서 전투에 임하고 있던 바로 그때, 인도 자치에 대한 최초의 요구가 인도국민회의의 주창자들에 의해 제기되고 있었다.

았다. 합병 직후 발간된 지도에 두 국가가 하나로 합쳐져 있고, 그 중앙에 지도자의 머리가 굳건히 위치해 있다. 이 지도의 이면에는 단일한 게르만 민족이 마침내 서구 문명을 지배할 천년 라이히(Reich, 제국) 건설을 위해 작금의 역사적 운명을 완수한다는 개념이 있다. 또한 나치의 권력 찬탈 직후 실시된 국민투표에서 안슐루스에 대한 지지가 더 많이 나오게 하려는 의도도 있었다.

인구 지도의 경우 나치는 동유럽, 특히 체코슬로바키아, 폴란드, 우크라이나의 광대한 영토에 대한 권리 주장을 정당화하기 위해 아예 통계를 왜곡한다. 그들의 지도 속에는 이 지역의 "게르만적 성격"을 부각하려는 의도가 깔려 있다. 궁극적으로 인구 정보는 라이히에 살기에 "부적당한" 사람들이 누구이며 어디에 살고 있는지를 확인하는 데 사용됨으로써 나치의 집단 학살을 효율적으로 도왔다.

지도를 왜곡하기

현대 지도의 힘과 그 이용 및 조작 가능성을 알아차린 사람들은 독일인만이 아니었다. 1919년 체코인들은 중부 유럽의 언어 지도를 출판하면서 체코어 사용자의 분포를 강조하기 위해 옅은 주홍색으로 표시했다. 헝가리인들도 1923년 비슷한 지도를 만들어 3년 전 트리아농조약으로 상실한 영토의 반환을 주장하는 메시지를 담았다. 1937년에는 폴란드에 망명 중이던 우크라이나 민족주의자들이 고국과 그 주변 지역에 대한 지도첩을 제작했는데, 소비에트의 억압 속에서도 민족적 정체성을 고양하려는 의도가 분명히 드러나 있다.

지도의 색상과 투영법을 바꿈으로써 한 국가의 물리적 외견만 바꾸는 것이아니라 한 국가를 취약하거나 안전하게, 위험하거나 허약하게 보이게 할 수도 있다. 예를 들어 1939년 가을과 겨울, 소위 "가짜 전쟁(phoney war)"이라고 불린 시기에 프랑스 정부는 의도적으로 영국과 프랑스 제국의 크기를 제3제국에 의해 통치되고 있는 영역의 크기에 비해 부풀린 지도의 출판을 승인했다. 지도에는 "우리가 더 강하기 때문에, 우리는 이긴다."라는 슬로건이 붙어 있었다. 지도 제작자의 의도에도 불구하고 당시 프랑스 사람들의 사기를 높이는 데 별로 도움이 되지 못했고, 1940년 5월 서쪽에서 히틀러의 군대가 침공한 이후 금방 잊혀졌다.

제1차 세계대전 중에 영국령 라지(British Raj, 영국 지배하의 인도)의 배후에서 인도를 집결시키려는 의도로 만들어진 선전 지도 역시 별로 효과가 없었다. 모국을 방어하는 충직한 인도 육군 보병을 보여주면 영국을 향한 잠재적 충성심이 일어나지 않을까 하는 것이 기본적인 아이디어였다. 그러나 이 지도는 당시 흥기하던 인도 민족주의자들의 주장을 지지하는 것으로도 비쳐졌다. 인도 자치 캠페인을 개시한 인도 민족주의자들은 전통적인 형태의 영국 통치가 지속되는 데 반대하는 입장이었다.

지도를 다시 그리기

때때로 국가 전체가 지도에서 사라질 수도 있다. 18세기가 끝날 무렵 러시아, 프로이센, 오스트리아 간의 세 번째이자 마지막 분할 이후 폴란드가 사라진 것이 그 고전적인 예이다. 제1차 세계대전이 끝나고 베르사유조약에 의해 폴란드가 독립 국가로 재탄생될 때까지 유럽 지도에서 폴란드는 존재하지 않았다.

그러나 세상의 모든 국가 중 이스라엘만큼 자주, 큰 변화와 함께 다시 그려진 국가는 없다. 현대적 의미의 이스라엘 국가 탄생으로 정점에 다다른 그 지난한 과정의 뿌리는 1917년으로 거슬러 올라간다. 당시 영국 정부는 밸푸어 선언에서 팔레스타인에 "유대 민족을 위한 국가"를 세우는 데 대한 찬성 입장을 분명히했다.

팔레스타인은 제1차 세계대전이 끝난 후 영국의 보호국이었다. 1935년, 영국 정부는 이에 대한 정책 수립을 위해 필 위원회를 구성했는데, 위원회가 팔레스타인 분할을 권고했다. 즉, 그 지역을 텔아비브 주변의 작은 유대 국가와 더 넓은 면적의 아랍 국가로 나누라고 한 것이다. 이 방안은 유대인들이 아니라 아랍인들이거부했다. 1947년 영국 수비대와 유대인 지하 저항 세력 간의 게릴라 전쟁 발발 이후, 이 문제가 유엔으로 넘어갔다. 또 다른 계획이 제안되었는데 팔레스타인을 두 개의 독립 국가(팔레스타인 아랍인의 국가와 유대인의 국가)로 분할하고, 예루살렘은 국제적인 관리하에 둔다는 것이었다. 그 어느 쪽도 이 해결안을 받아들이지 않았다. 영국이 물러난 직후 이스라엘은 독립을 선언했고, 아랍인들은 공격을 감행해 유대인들을 몰아내기로 했다. 전쟁의 결과, 역설적이게도 유엔이 아랍인들에게 할당하려던 영토의 상당 부분을 이스라엘이 차지했다. 500만 명 이상의 팔레스타인 사람들이 살던 곳을 떠나야 했다.

물론 지도학자들은 이 문제와 문제 해결을 위한 다양한 안들을 지도에 담았다. 이스라엘과 아랍인들 간 휴전 협정의 결과인 1949년 영토 해결안을 시작으로(1944년 「영국의 팔레스타인 측량(British Survey of Palestine)」이 그 기초 지도였다) 지속적인 영토 분쟁에 휘말리면서, 이스라엘 영토의 경계는 수없이 변하게 된다.

지시에 따르기

지도는 그 속에 무엇이 있는가에 따라 다양하다. 이는 기본적으로 지도를 만든 사람의 관점과 의도에 의해 결정된다. 그러나 지도 제작자에게 지시를 할 수 있는 정치적 실권자의 관점과 의도가 반영되기도 한다. 예를 들어, 20세기에 접어든 지 한참 지나 아프리카는 역사가 없는 대륙으로 인식되었고, 그들의 것이 토착민이 이뤄낸 것이 아니라 유럽 식민화의 결과로 생각되었다. 모든 식민 열강들은 지도 제작자들을 아프리카 대륙에서 자신들의 영토 소유 주장을 과장할 선전원으로 이용했다. 지도학의 역사에 유사한 사례가 많다. 오늘날 인도 지도는 분쟁 지역인 카슈미르를 인도 국경 안쪽으로 표현한 반면, 파키스탄은 파키스탄의 내부로 표현한다. 또한 1982년 포클랜드전쟁 전, 아르헨티나 지도에는 포클랜드 제도(그들의 용어로는 말비나스 제도)가 국제적으로는 영국령으로 인정됨에도 아르헨티나의 분명한 영토로 표현되어 있다.

90 **팔레스타인, 영국의 팔레스타인 측량, 1949년**

이 지도는 원래 영국의 팔레스타인 측량으로 1944년 만들어진 것인데, 이스라엘 국경 문제 해결에 나섰던 협상가들에 의해 사용되었다. 많은 촌락과 마을의 이름까지 확인할 수 있을 만큼 상세하다. 이스라엘의 촌락과 마을들은 1948년에 선언한 독립을 지키기 위해 아랍인들에 맞서 싸운 전장이 되었고, 팔레스타인의 촌락과 마을들은 1949년 휴전 협정의 결과 사라지거나 유대인 촌으로 전환되었다. 이러한 의미에서 요르단강 서안 지구와 가자 지구는 뚜렷한 지리적 실체로 떠올랐다. 하지만 1967년 6일전쟁의 결과 이 두 지역 모두 이스라엘의 통제하에 들어가게 된다.

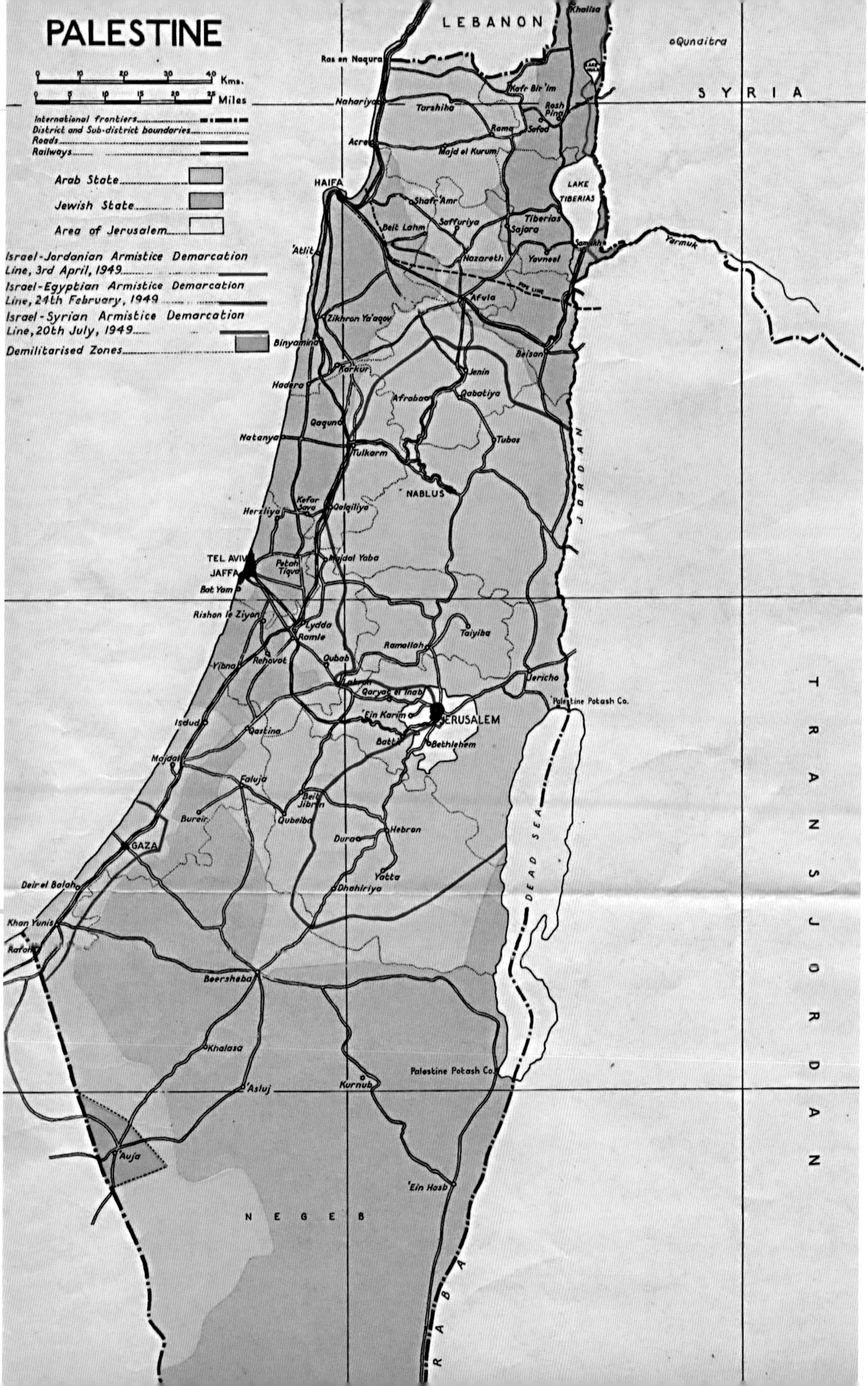

PALESTINE

0 10 20 30 40 Kms.
0 5 10 15 20 25 Miles

International frontiers
District and Sub-district boundaries
Roads
Railways

Arab State
Jewish State
Area of Jerusalem

Israel-Jordanian Armistice Demarcation Line, 3rd April, 1949
Israel-Egyptian Armistice Demarcation Line, 24th February, 1949
Israel-Syrian Armistice Demarcation Line, 20th July, 1949
Demilitarised Zones

LEBANON
SYRIA
TRANSJORDAN
Qunaitra
Khalisa
Ras en Naqura
Kafr Bir'im
Nahariya
Tarshiha
Rosh Pina
Rama
Safad
Acre
Majd el Kurum
HAIFA
LAKE TIBERIAS
Shafr 'Amr
Saffuriya
Tiberias
Sajara
Beit Lahm
'Atlit
Nazareth
Yavneel
Samakh
Yarmuk
Afula
Zikhron Ya'aqov
Binyamina
Beisan
Karkur
Jenin
Hadera
Afraba
Qabatiya
Qaqun
Tubas
Natanya
Tulkarm
NABLUS
JORDAN
Kefar Sava
Qalqiliya
Herzliya
TEL AVIV
JAFFA
Petah Tiqva
Majdal Yaba
Bat Yam
Rishon le Ziyon
Lydda
Ramle
Taiyiba
Ramallah
Yibna
Rehovot
Qubab
Latrun
Qaryat el Inab
Jericho
Palestine Potash Co.
'Ein Karim
JERUSALEM
Isdud
Qastina
Batt
Bethlehem
Majdal
Faluja
Beit Jibrin
Bureir
Qubeiba
Hebron
DEAD SEA
GAZA
Dura
Yatta
Deir el Balah
Dhahiriya
Khan Yunis
Rafah
Beersheba
Khalasa
Palestine Potash Co.
'Asluj
Kurnub
'Auja
'Ein Hasb
NEGEB
ARABA

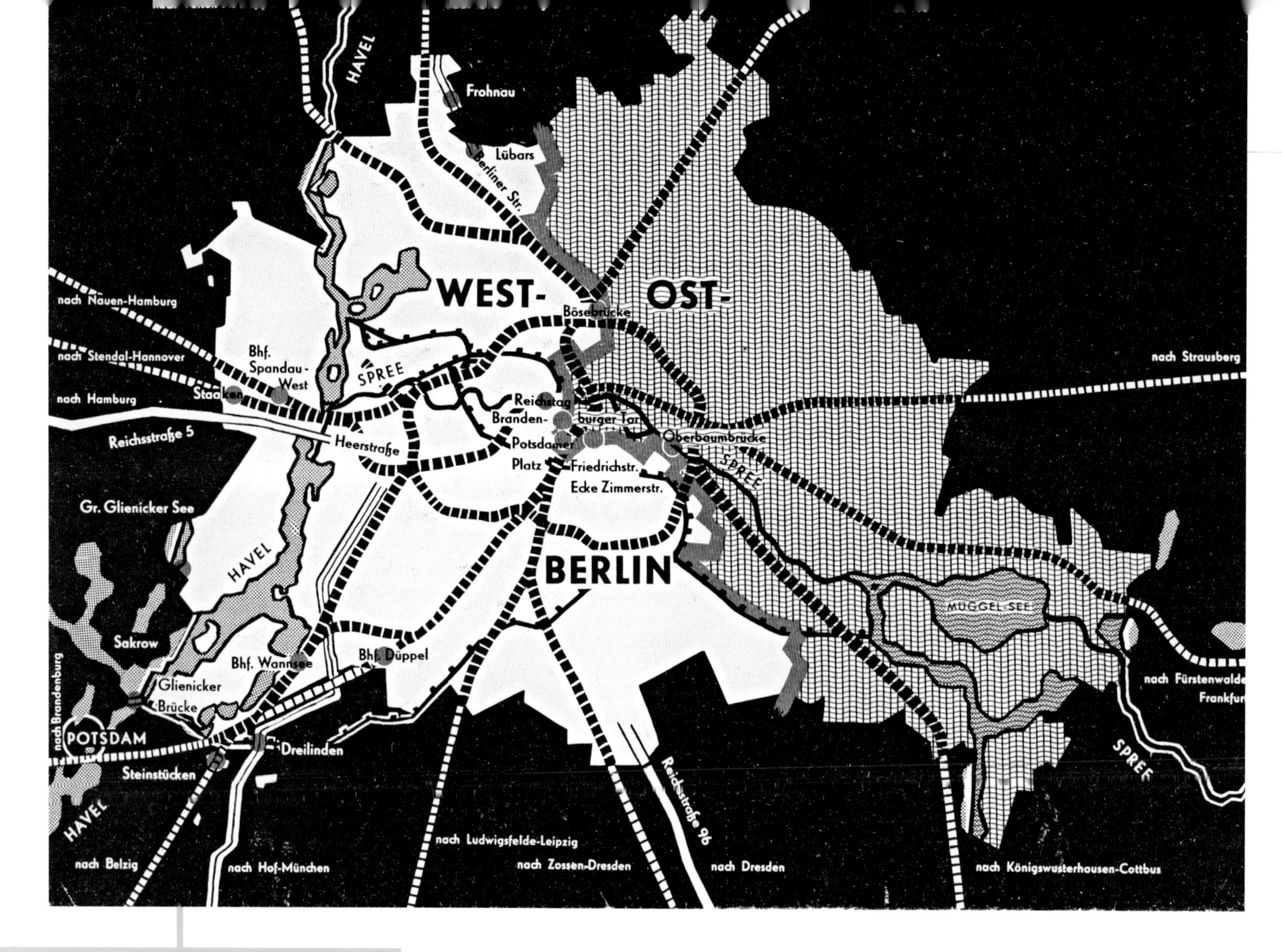

91 동베를린과 서베를린, 서독, 1959년

독일 제국의 옛 수도이고, 1945년 이래로 분할된 도시로 유지되어 왔던 베를린이 1961년 물리적으로도 쪼개지게 되었다. 이에 놀란 수많은 베를린 시민들이 서쪽으로 이동을 했고, 동독의 공산주의 정권은 베를린 장벽을 세움으로써 두 지역 간의 국경을 봉쇄했다. 이 지도는 1959년 서독 정부의 팸플릿에 그려져 있던 것인데, 「철조망 사이의 자유 도시(Free City between Barbed Wire)」라는 감성적인 제목이 달려 있었다. 이러한 지도는 장벽의 건설 이전에조차도 대중의 머릿속에 분할의 이미지를 각인 시키는 역할을 한다. 거의 30년이 지나 1989년에 제거되기 전까지, 베를린 장벽은 냉전의 상징이었다. 냉전은 공산주의의 붕괴, 베를린 장벽의 제거, 1년 후의 독일 통일이 이루어지고 나서야 그 종말을 고했다.

냉전

소비에트 연방(USSR)이 세워진 직후, 지도는 공산주의의 승리를 홍보하고 소비에트 조직의 미래를 고취시키는 강력한 노구로 인정받게 된다. 예루 1928년 붉은 프롤레타리아 국기 출판원의 군사문헌 분원은 매우 흥미로운 10장의 시리즈 지도를 출판했다. 1917년 10월의 볼셰비키 혁명부터 화이트러시안(White Russians)을 지원한 연합군의 개입과 뒤이은 내전을 거쳐, 붉은 군대가 종결한 반혁명군의 패퇴에 이르는 일련의 사건들을 순차적으로 담고 있다. 대담한 색상과 두드러진 심벌 사용이 특징인 이 지도들은 공산주의와 자본주의 간 갈등을 생동감 있게 표현했다. 당시 소비에트 연방의 문맹률은 매우 높아 지도는 소비에트 선전 메시지를 가능한 많은 대중에게 살포할 좋은 수단이 되었다.

제2차 세계대전이 끝난 후, 소비에트 연방의 독재자 스탈린(1879~1953년)은 국가 수준의 지도 제작 프로그램을 추진했고, 새로 추가된 영토를 포함한 전 소비에트 연방의 상세한 재측량을 지시했다. 이는 스탈린이 사망한 이듬해 1954년에 완성되었다. 이후 소비에트 지도 제작자들은 미국을 포함한 냉전의 잠재적인 적대국에 관심을 돌렸다. 한편 소비에트 연방과 위성 국가들의 지도는 기밀로 취급되었는데, 축척이 매우 작거나, 매우 단순화되었거나, 민감한 정보가 제거된 경우는 예외였다. 미국도 선전 수단으로서 지도의 잠재력을 잘 알고 있었다. 미국 정부는 소비에트 연방을 실제보다 더 커 보이게 하는 투영법을 사용하여 "자유 세계"에 대한 위협을 강조하였다. 소비에트 지도 제작자들은 서방 진영의 공격적인 물질주의에 포위된 소비에트 연방의 모습을 자주 그렸다.

냉전이 최고조에 달했을 때, 그 "공산주의의 위협"에 대응하는 미국의 관점에 지대한 영향을 끼친 것은 저널리스트 지도학이라는 이름으로 가장 잘 묘사된다. 타임지, 라이프지, 새터데이이브닝포스트지와 같은 당시의 거대 잡지들은 냉전의 이슈를 다루는 주요 기사의 삽화로 항상 지도를 사용했다. 이 지도들은 독자의 눈을 사로잡는 디자인으로 거의 항상 왜곡되어 있었다.

1946년 4월 윈스턴 처칠이 유럽 전역에 있던 "철의 장막"의 제거를 경고한 지 한 달도 되지 않아, 타임지는 「공산주의 전염(Communist Contagion)」이라는 이름의 지도를 게재했다. 그 지도에는 붉은색이 질해진 소비에트 연방이 공산주의를 전염시키고 있었다. 소비에트 연방의 이웃 국가들과 다른 국가들은 처한 위험의 정도에 따라 분류되었는데, 노출, 격리, 감염 중 하나의 범주를 할당받았다. 「모스크바로부터의 유럽(Europe from Moscow)」이라는 이름의 지도는 1952년 타임지에 등장했는데, 공산주의의 핏빛 물결이 소비에트 본국으로부터 유럽 대륙 전체를 휩쓸어 버릴 태세를 한 모습이 그려져 있다. 많은 광고들, 특히 1953년 1월 5일자 라이프지에 실린 그러먼에어크래프트 사의 광고는 공산주의 확장의 위협을 부각시키는 시각적 수단으로 지도를 사용했다.

그러한 이미지는 너무나 강력해서 20세기 마지막 10년 동안 변화된 정치 분위기에도 미국 국민들의 뇌리에 여전히 머물고 있다. 1986년 미국의 예술가 앤디 워홀(Andy Warhol, 1928~1987년)은 생전에 완성한 마지막 작품인 소비에트 미사일 기지 지도를 그렸다. 워홀의 가장 이른 시점의 작품들과 놀라울 정도로 비슷한데, 손으로 그린 후 실크스크린 기법으로 완성했다. 이 흑백 이미지는 어떤 신문에 실린 지도의 완전한 복제품으로 밝혀졌다. 그런데 워홀이 왜 이 지도를 그렸는지에 대해서는 아직 명확한 해답을 찾지 못했다.

워홀은 지도로 전복의 행위를 보여주고 싶었는지도 모른다. 스케치 형식으로 그렸고 불완전한 정보에 기반했다는 측면에서 실용적 목적을 위해 이 지도를 만든 것은 전혀 아닌 것 같다. 그보다는 정보의 단명성이라고 믿는 것을 강하게 전달하고 싶었고, 현대 소비문화에 대한 식상함을 표현하고자 한 것 같다. 그러므로 그가 당시의 신문이나 시사 잡지가 선호하던 즉각적인 그래픽과 그 허구적 인상을 작품의 대상으로 삼은 것은 그의 입장에서는 당연한 것인지도 모른다. 예를 들어, 1979년 소비에트 연방의 아프가니스탄 침공 때의 많은 지도가 독일 신문에 게재되었는데, 그 지도들을 분석한 결과 그 중 60%의 지도에는 축척이 없었고, 단지 22%의 지도만이 자료의 출처를 밝히고 있었다고 한다.

92 **동부 소비에트 연방의 미사일 기지, 앤디 워홀, 뉴욕, 1985~1986년**

팝아티스트 앤디 워홀은 냉전이 끝나가던 시점의 (그렇다고 알려져 있는) 소비에트 미사일 기지 위치도를 그렸다. 워홀이 뭔가를 의도했다면, 이 지도를 그린 정치적 혹은 사회적 이유에 대해서 다양하게 해석해 볼 수 있다. 그런데 이 지도는 현대 지도의 지리적 정확성에 대해 보통 사람들이 일반적으로 갖고 있는 믿음에 매우 흥미로운 방식으로 문제제기를 하고 있다. 이 지도는 미사일의 위치와 유형을 대충대충 스케치 형식으로 그린 것으로, 명백히 당시의 어떤 신문에 실린 지도를 베낀 것이다. 미사일의 위치를 파악할 수 있게 도와주는 라벨은 거의 붙어 있지 않고, 붙어 있는 것도 많은 미사일이 이동식이라는 점을 고려하면 적절하지도 않다. 또한 미사일 범주에 대한 워홀의 범례는 전혀 도움이 되지 않는다.

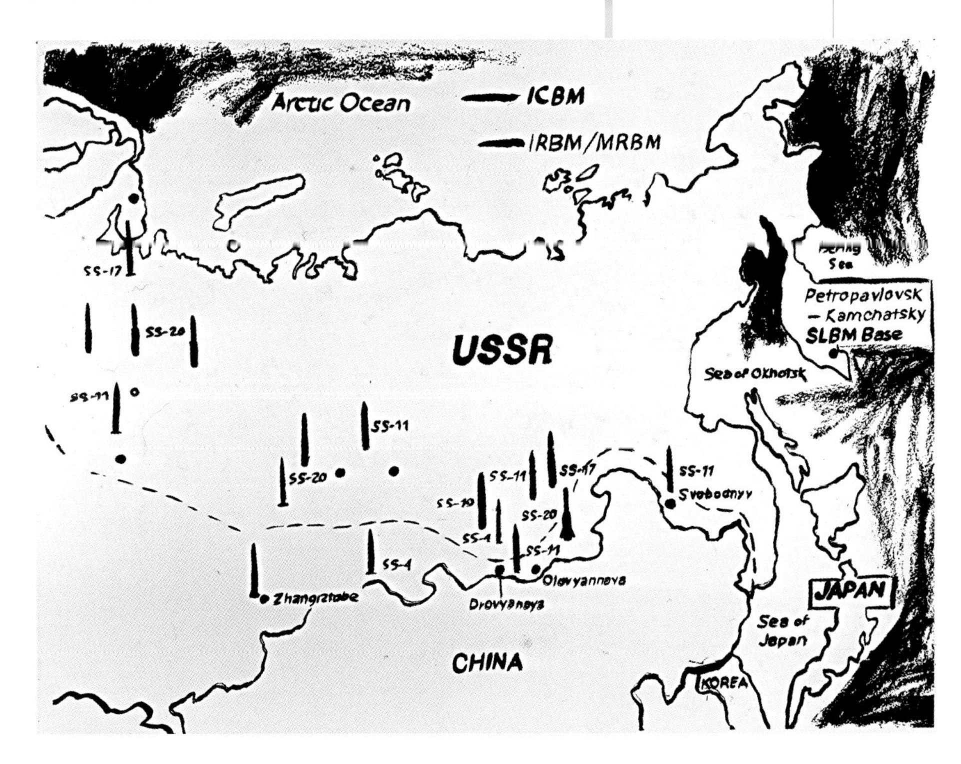

도시 생활

20세기 들어 대중들이 일상생활에서 업무나 레저를 위해 지도를 참조하는 등 지도 사용은 계속 증가했다. 새로운 종류의 지도가 나왔는데, 제도사 해리 벡(Harry Beck, 1903~1974년)이 만든 1931~1933년의 런던 지하철 지도가 그 좋은 예이다. 주된 목적은 점증하는 대중적 요구를 만족시키는 것이었다.

벡이 이러한 새로운 지도를 만들게 된 이유는 간단하다. 1930년대 즈음, 런던의 지하철 네트워크는 모든 새로운 역과 노선을 전통적인 지도 포맷으로는 시각화하기 어려울 정도로 팽창해 있었다. 승객들은 기존의 지도에 대해 불만을 표시하기 시작했다. 기존의 지도는 지하철 네트워크상에서의 손쉬운 이동과 지상에 있는 지하철역의 정확한 지리적 위치를 찾아볼 수 있게 하는 것, 이 두 마리 토끼를 동시에 잡으려고 했다. 따라서 지도는 복잡했고, 헷갈렸고, 쉽게 말해 읽기 어려웠다.

전기 회로에서 아이디어를 얻은 벡의 대답은 축척의 개념을 포기하는 대신 수직선, 수평선, 대각선으로 지하철 노선을 표현하는 것이었다. 중앙부는 눈에 잘 띄도록 크게 그렸고, 지하철역이 많지 않은 외곽의 교외 지역은 작게 그렸다. 그때는 런던이 엄청난 속도로 팽창하면서 새로운 건물이 건축되던 시기였기 때문에, 벡의 지도는 교외 지역이 실제보다 도심과 더 가까워 보이는 또 다른 장점도 있었다. 수많은 노선과 지상 철도 서비스 간의 교차점은 다이아몬드 심벌로 눈에 잘 띄게 표시되어 있었다.

벡은 1959년 은퇴할 때까지 기본 골격은 유지한 채 지도를 향상시키기 위해 노력했다. 벡의 지도는 전통적인 의미의 지도라기보다는 다이어그램에 가깝다. 그러나 20세기의 가장 두드러진 문제들 중 하나에 대한 공리주의적 대응인 것만은 분명하다. 벡의 지도는 현재 전 세계적으로 20세기 그래픽 디자인의 아이콘으로 간주된다. 그 탄생 이후부터 이 지도는 전 세계(뉴욕, 상트페테르부르크, 시드니 등)의 지하철 시스템 지도에 커다란 영향력을 행사했다.

하지만 벡의 접근법에 모든 사람이 동의한 것은 아니었다. 그의 대담한 아이디어를 런던 교통국의 보수적인 간부들에게 설득하는 것은 쉽지 않은 일이었다. 그들은 즉각적으로 거부했는데, 벡의 지도가 전통적으로 지하철 네트워크를 표현해 온 순수한 지도와 너무나 다르다는 이유에서였다. 1930년대 후반, 벡은 파리 메트로(Paris Métro)를 위한 새로운 지도의 제작을 의뢰받는다. 1951년까지 이 일에 매달렸지만, 프랑스 교통 당국은 프랑스 지하철망에는 적절하지 않다는 이유로 그의 지도를 채택하지 않았다.

93 **웨스트민스터, 『A-Z 도로 지도첩』, 필리스 피어솔, 영국, 1963년**

20세기의 가장 영향력 있는 시가지 안내책자 중의 하나가 거의 우연한 기회에 만들어졌다. 이것을 만든 필리스 피어솔은 전문적인 지도 제작자가 아니었다. 그녀가 이 혁명적인 지도첩을 만들게 된 계기는, 벨그레이비어에 있는 한 도로의 위치를 알고 싶었지만 육지측량국이 만든 지도에서는 그것을 확인할 수 없었기 때문이다. 이 일로 미로 같은 도시의 가로망 속에서 사람들이 길을 찾아가는 데 도움이 되는 보다 효율적인 방법을 고안해야겠다고 생각했다. 방법론적으로 그녀는 도시를 여러 개의 섹션으로 구분한 후, 혼자서 도로 하나하나를 차례대로 걸어 다녔다. 각 섹션은 꼼꼼하게 만들어진 도로 색인과 연결되어 있었고, 이것은 이 지도가 1936년 처음 출간되었을 때 성공을 거둘 수 있었던 이유가 되었다. 이 지도는 1963년도 판이다.

런던의 A에서 Z까지

벡의 지도가 런던 사람들과 런던을 방문한 사람들이 지하에서 길을 찾도록 도와주던 즈음, 필리스 피어솔(Phyllis Pearsall, 1906~1996년)은 지상의 여행객을 위한 유사한 서비스를 제공하고 있었다. 그녀가 아이디어를 내고, 편찬하고, 디자인한 런던의 『A-Z 도로 지도첩』은 20세기 전반에 만들어진 정보 디자인물 중 가장 기발하고 널리 알려진 것 중 하나이다. 피어솔은 전문적인 지도학자가 아니라 작가이자 미술가였다. 1935년 그녀가 이 지도첩을 만들게 된 사건이 발생한다. 파티에 참석해야 했던 그녀는 당시 최신의 런던 도로망도를 통해 파티 장소를 확인하고자 했다. 그러나 파티 장소가 있는 거리를 찾지 못했다. 하루에 18시간씩

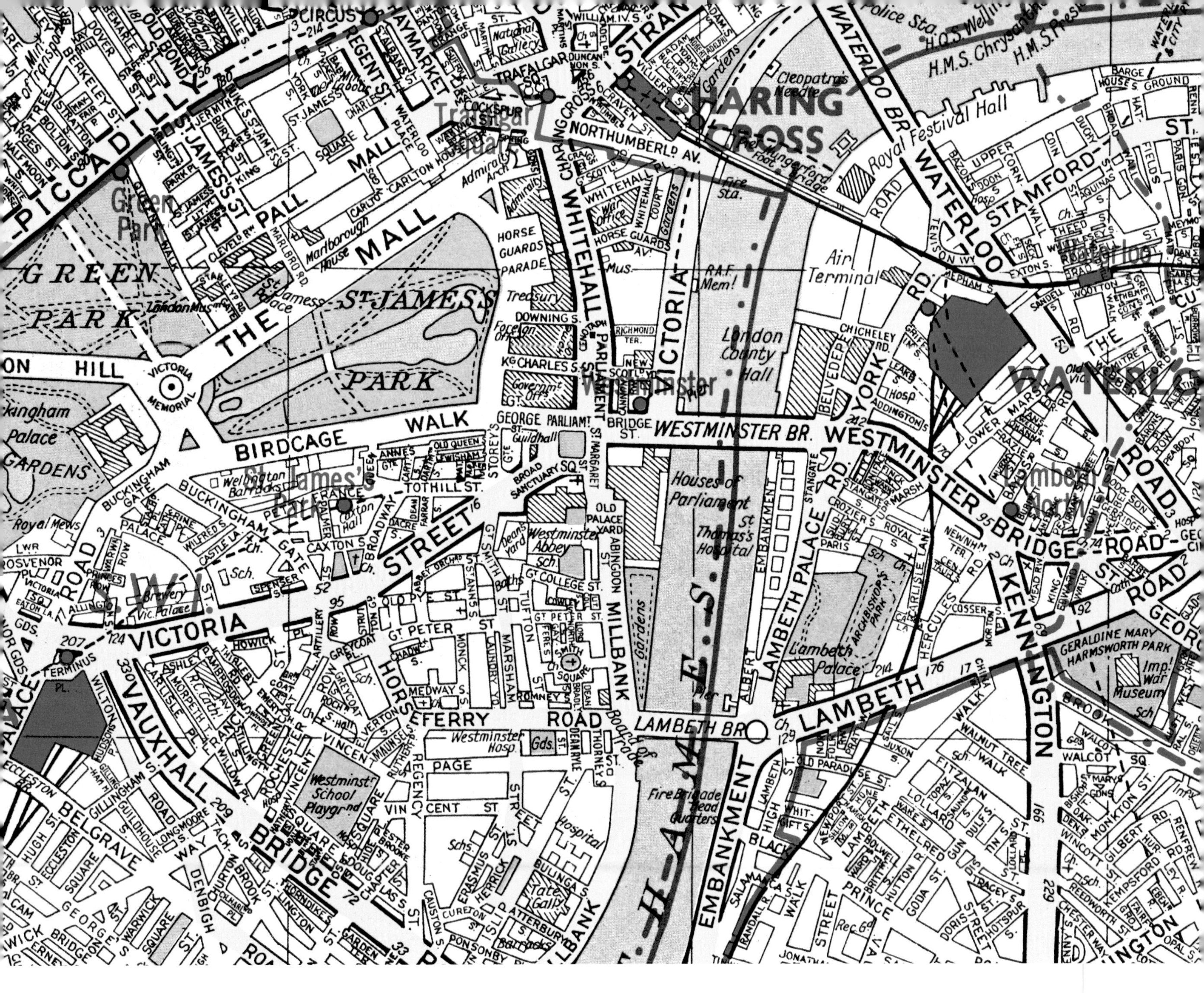

4,800km를 걸어 다닌 끝에 런던에 있는 총 23,000개 도로에 대한 지도를 완성했다. 그녀는 "나는 모든 정보를 걸어서 획득해야 했다. 처음에는 한 길을 따라가지만 곧 새 길과 길을 만나게 되고, 그러면 내가 어디에 있었는지 분간할 수 없게 된다."라고 회상한 적이 있다. 아마도 편집 과정 중에 많은 오류가 발견되었을 것이다. 인쇄 직전 마지막으로 오류를 확인하는 시점에서야 피어솔은 자신이 트라팔가 광장을 빠뜨렸다는 것을 알아차렸다.

피어솔은 런던의 크기를 고려해 도시 전체를 한 장의 지도에 담는 것을 포기했다. 만약 한 장이었다면 디자인의 성격상 사용하기 힘들었을 것이다. 또한 엄청나게 작은 축척을 사용해야 하는데, 그렇게 되면 읽기가 굉장히 어려웠을 것이다. 그 대신 그녀는 지도를 여러 개의 섹션으로 나누었고, 꼼꼼한 도로 색인을 통해 각 섹션을 쉽게 찾을 수 있게 만들었다.

피어솔은 지도첩의 이름을 이 색인에서 가져왔다. 피어솔의 지도첩은 1936년에 세상에 나왔는데, 기존의 회사들이 전부 출간을 거부하여 그녀가 직접 설립한 회사를 통해 출판할 수밖에 없었다. 이 지도첩의 출간은 진정으로 엄청난 노력의 산물이었다. 그 회사의 직원은 두 명이었고, 그녀는 회사의 유일한 제도사였다.

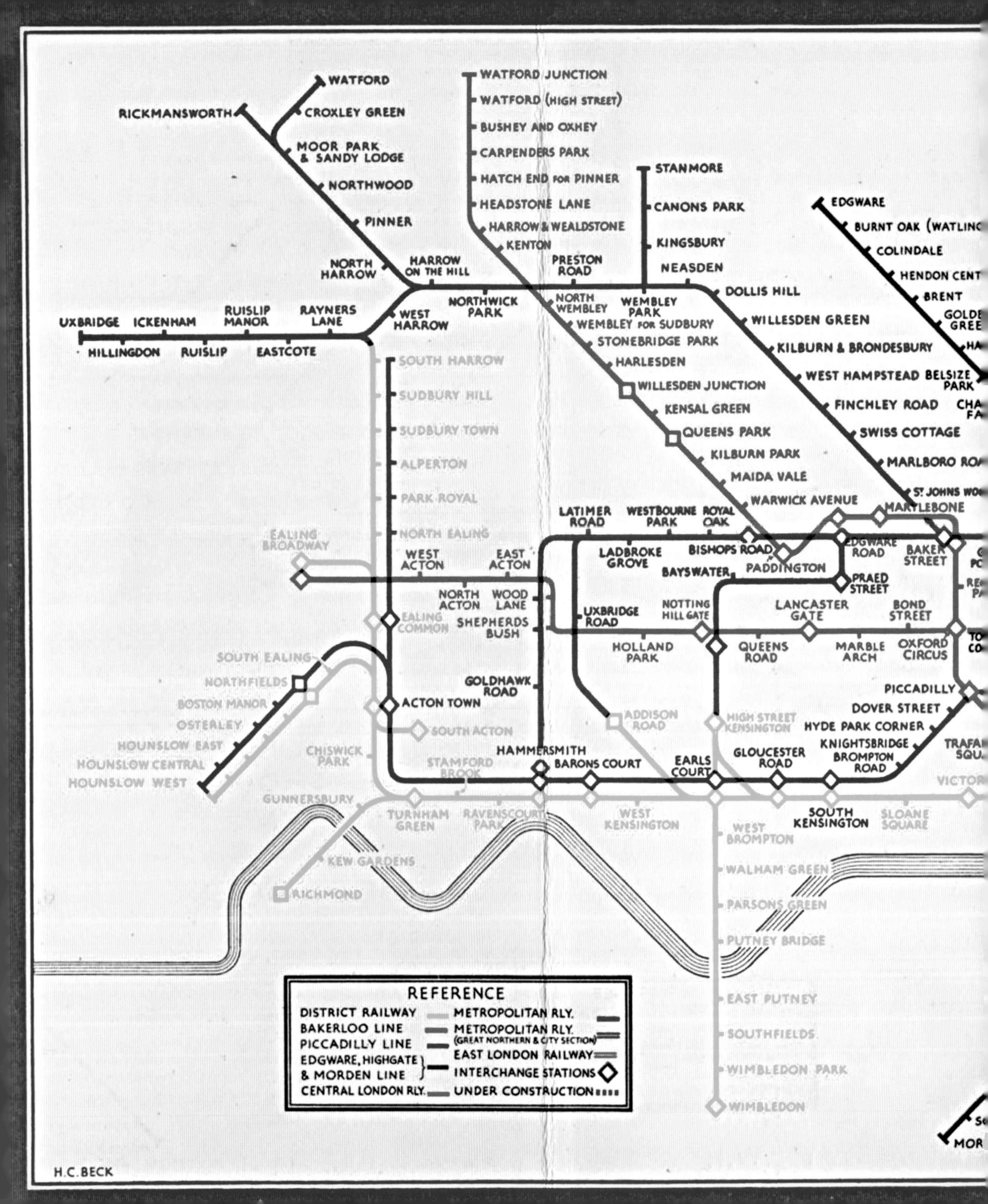
WATFORD
RICKMANSWORTH
CROXLEY GREEN
MOOR PARK & SANDY LODGE
NORTHWOOD
PINNER
NORTH HARROW
HARROW ON THE HILL
WATFORD JUNCTION
WATFORD (HIGH STREET)
BUSHEY AND OXHEY
CARPENDERS PARK
HATCH END FOR PINNER
HEADSTONE LANE
HARROW & WEALDSTONE
KENTON
PRESTON ROAD
STANMORE
CANONS PARK
KINGSBURY
NEASDEN
DOLLIS HILL
EDGWARE
BURNT OAK (WATLING
COLINDALE
HENDON CENT
BRENT
UXBRIDGE
ICKENHAM
RUISLIP MANOR
RAYNERS LANE
WEST HARROW
NORTHWICK PARK
NORTH WEMBLEY
WEMBLEY PARK
WEMBLEY FOR SUDBURY
STONEBRIDGE PARK
HARLESDEN
WILLESDEN JUNCTION
KENSAL GREEN
QUEENS PARK
KILBURN PARK
MAIDA VALE
WARWICK AVENUE
WILLESDEN GREEN
KILBURN & BRONDESBURY
WEST HAMPSTEAD
BELSIZE PARK
FINCHLEY ROAD
SWISS COTTAGE
MARLBORO RO
ST JOHNS WO
MARYLEBONE
HILLINGDON
RUISLIP
EASTCOTE
SOUTH HARROW
SUDBURY HILL
SUDBURY TOWN
ALPERTON
PARK ROYAL
NORTH EALING
EALING BROADWAY
WEST ACTON
EAST ACTON
NORTH ACTON
WOOD LANE
SHEPHERDS BUSH
EALING COMMON
LATIMER ROAD
WESTBOURNE PARK
ROYAL OAK
LADBROKE GROVE
BISHOPS ROAD
PADDINGTON
BAYSWATER
EDGWARE ROAD
BAKER STREET
PRAED STREET
UXBRIDGE ROAD
NOTTING HILL GATE
LANCASTER GATE
BOND STREET
HOLLAND PARK
QUEENS ROAD
MARBLE ARCH
OXFORD CIRCUS
SOUTH EALING
NORTHFIELDS
BOSTON MANOR
OSTERLEY
HOUNSLOW EAST
HOUNSLOW CENTRAL
HOUNSLOW WEST
GOLDHAWK ROAD
ACTON TOWN
SOUTH ACTON
CHISWICK PARK
STAMFORD BROOK
HAMMERSMITH
BARONS COURT
ADDISON ROAD
HIGH STREET KENSINGTON
EARLS COURT
GLOUCESTER ROAD
PICCADILLY
DOVER STREET
HYDE PARK CORNER
KNIGHTSBRIDGE
BROMPTON ROAD
GUNNERSBURY
TURNHAM GREEN
RAVENSCOURT PARK
WEST KENSINGTON
SOUTH KENSINGTON
SLOANE SQUARE
WEST BROMPTON
KEW GARDENS
RICHMOND
WALHAM GREEN
PARSONS GREEN
PUTNEY BRIDGE
EAST PUTNEY
SOUTHFIELDS
WIMBLEDON PARK
WIMBLEDON
REFERENCE
DISTRICT RAILWAY
BAKERLOO LINE
PICCADILLY LINE
EDGWARE, HIGHGATE & MORDEN LINE
CENTRAL LONDON RLY.
METROPOLITAN RLY.
METROPOLITAN RLY. (GREAT NORTHERN & CITY SECTION)
EAST LONDON RAILWAY
INTERCHANGE STATIONS
UNDER CONSTRUCTION
H.C. BECK

94

런던 지하철, 해리 벡, 영국, 1935년

전기공학도에서 제도사가 된 해리 벡은 지리학적으로 정확한 지도라는 개념을 던져버렸다. 그는 런던 교통국이 창설된 해인 1933년, 급성장하던 런던의 지하철 시스템에 대한 놀라운 도면을 그렸다. 벡은 자신이 도면을 구상할 때 전기 회로에서 영감을 얻었다고 농담 삼아 말한 적이 있는데, 결과적으로 드러난 도면은 분명히 회로도였다. 다양한 색상을 사용해 노선을 구분했고, 단 하나의 지상의 지형물(템스 강)만이 나타나게 함으로써 복잡하지 않고 이해하기 쉽게 만들었다. 이 지도가 추구한 단순성과 명확성은 이후에 만들어진 전 세계 모든 지하철 노선도의 표준이 되었다. 여기 보이는 것은 1935년에 만들어져서 대중에게 배포된 접이식 카드 버전이다.

또 다른 차원

전통적으로 20세기의 도시 지도는 지표 수준에서 삶의 모습을 담는 것에 한정되어 있었다. 도시 지도는 가로망을 골격으로 그 사이를 메우는 건물들의 블록(과 녹색 공간)으로 조직되어 있다. 그런데 20세기 후반에 들어 컴퓨터 기술로 말미암아 3차원의 엑소노메트릭맵(axonometric map)을 고안할 수 있게 되었다. 이것은 우리가 도시를 바라보는 방식과 도시에 대해 갖고 있는 지도학적 형상을 완전히 바꾸어 놓았다.

그러한 지도를 제작하기 위해서는 광범위한 데이터가 요구된다. 건물의 건축 도면, 항공 및 지상 사진, 인공위성 및 스테레오그래픽 이미지, 레이저 스캔물, 수치표고모델(Digital Elevation Models, DEM) 등의 데이터가 필요한 것이다. 이 데이터들은 디지털화되고, 서로 결합되고, 전자적으로 조작되어 도시에 대한 혹은 그러한 데이터가 재현한 도시 지역의 투시적 형상을 만들어낸다. 지도학자들은 건물이나 전력선에서 도로 상의 자동차에 이르는 다양한 정보들을 자신의 방식으로 조합해 다양한 지도를 생성할 수 있다.

입체감을 없애면 모든 건물의 크기는 서로 비례에 맞게 표시된다. 그러나 3차원 지도가 포착하고 있는 사실감 넘치는 상세성은 시각적으로 놀랄 만하다. 이러한 지도는 두 가지 목적을 갖는다. 주로 정보 전달이 목적(많은 것은 상업적, 산업적 목적으로 제작된다)이겠지만, 그 자체로 훌륭한 예술 작품일 수 있다. 역사적으로 이러한 지도의 기원은 1500년대부터 나타난 주요 유럽 도시들에 대한 조감도 형식의 재현에까지 거슬러 올라갈 수 있으며, 19세기 미국에서 유행했던 파노라마 지도와도 맥을 같이하고 있다.

새로운 투영법

20세기 후반의 새로운 정치적, 사회적 기류는 지도학의 길에 큰 영향을 주었다. 표준처럼 사용되어 온 메르카토르 도법과 다른 전통적인 투영법을 보다 재현성이 좋은 투영법으로 대체하려는 시도가 20세기의 마지막 수십 년 동안 이루어졌다. 전통적인 투영법의 한 예로 반 데어 그린텐 I(Van der Grinten I) 도법은 1898년 만들어진 이후 1922~1988년까지 내셔널지오그래픽소사이어티의 공식 투영법이었다. 새로 등장한 투영법 중 가장 논란이된 것은 바로 페테스 도법이다. 이 도법은 독일의 역사가이자 지도학자인 아르노 페테스(Dr. Arno Peters, 1916~2002년)가 1970년대 초반에 고안한 것이다.

페테스 도법

페테스는 마르크스주의자였다. 1973년 처음으로 공식화한 그의 주장은 자신이 고안한 투영법이 메르카토르 도법에 비해 세상을 훨씬 더 사실적으로 재현한다는 것이었다. 그러나 많은 지도학자들은 페테스의 도법이 1세기도 더 전에 스코틀랜드 학자 제임스 골(James Gall, 1808~1895년)이 개발한 투영법에 근거하고 있다고 비판한다. 어쨌든 페테스는 유럽 제국주의의 종말과 현대 선진 기술의 발흥에 발맞추어 지도학도 변화를 모색해야 한다고 믿었다. 지도 제작은 명백해야 하고, 즉각적인 이해가 가능해야 하고, 무엇보다도 전통적인 유럽식 통제와 선입견으로부터 자유로워야 할 필요가 있었다.

따라서 페테스는 지도학자들이 "정적 도법"이라고 하는 것에 속하는 도법을 만들었다. 메르카토르 도법과 달리 정적 도법은 적도로부터 떨어질수록 면적이 확대되지 않는다. 페테스의 주장에 따르면, 페테스 도법은 모든 국가의 면적을 정확하게 재현하기 때문에 개발도상국에 속하는 국가들에게는 정의로운 것이다.

개발도상국의 면적이 더 커지게 된 것은 페테스 도법의 주된 성공 이유 중 하나였다. 페테스 도법이 발표

되자 세상을 재현하는 전통적이고, 한물간 방식에 종말을 고한 시기적절한 획기적인 성과라는 찬사가 쏟아졌다. 그러나 페터스 도법 역시 왜곡으로부터 자유로울 수 없다. 남아메리카와 아프리카의 길이가 과장되어 두 대륙의 형태가 심하게 왜곡되어 있다. 또한 캐나다와 러시아의 해안선은 너무 길게 표현되어 있다.

세계 지도를 위한 투영법

정말로 "사실적인" 투영법이 하나 있긴 하다. 그것은 정사 도법인데, 마치 지구를 멀리서 바라보는 것 같은 반구 형태를 보여준다. 지구 전체를 보여주기 위해서는 2개의 원이 필요하다. 모든 투영법에는 특정한 속성의 희생이 따른다. 물론 지도학자들은 모든 종류의 왜곡을 최소화하려고 한다. 1923년 시카고대학의 폴 구드(J. Paul Goode, 1862~1932년)는 기존의 투영법 2개를 결합(하나는 고위도를, 다른 하나는 저위도를 맡도록 했다)해 정적 도법을 개발했는데, 뒤에 만들어진 페터스 도법에 비해 훨씬 너 사실성에 부합한다.

로빈슨 도법은 1988년 내셔널지오그래픽소사이어티가 반 데어 그린텐 I 도법을 대체해 새로 선정한 투영법인데, 페터스-기반의 투영법들보다 훨씬 더 정확한 형상을 제공할 뿐만 아니라 그 이전에 제안된 다른 투영법들보다 훨씬 더 향상된 것이다. 이 투영법은 1963년 위스콘신대학의 아서 로빈슨(Arthur A. Robinson, 1915~2004년)이 지도첩 출판사 랜드맥널리의 의뢰로 개발한 것이다. 로빈슨은 그냥 "올바르게 보이는(orthophonic)" 투영법을 요청받았는데, 그 단어를 투영법의 이름으로 쓰지는 못했다. 로빈슨 도법은 세상을 더 평평하고 땅딸막하게 보이게 한다. 이 도법이 지리적 왜곡을 완전히 제거한 것은 아니지만, 세상 대부분에서 왜곡은 낮은 수준으로 유지된다. 따라서 로빈슨 도법을 사용한 지도는 그 이전의 도법에 비해 지형적 정확

95 **맨해튼 미드타운의 엑소노메트릭맵, 러딩턴사, 미국, 2000년**
이 3차원 지도는 지상 및 항공 사진과 개별 건물의 청사진을 핵심 데이터로 하여 제작된 것이다. 미국 주요 도시의 중심부에 대해 시리즈물로 제작된 혁명적인 형상들 중 하나이다. 뉴욕의 심장부에 대한 환상적인 랜더링(rendering)으로 볼 수 있는 이 지도에는 엠파이어스테이트빌딩, 크라이슬러빌딩, 유엔 본부, 링컨센터, 센트럴파크가 모두 선명하게 나타나 있다. 이것은 정보를 전달해 주는 지도이지만 동시에 뛰어난 예술 작품이기도 하다.

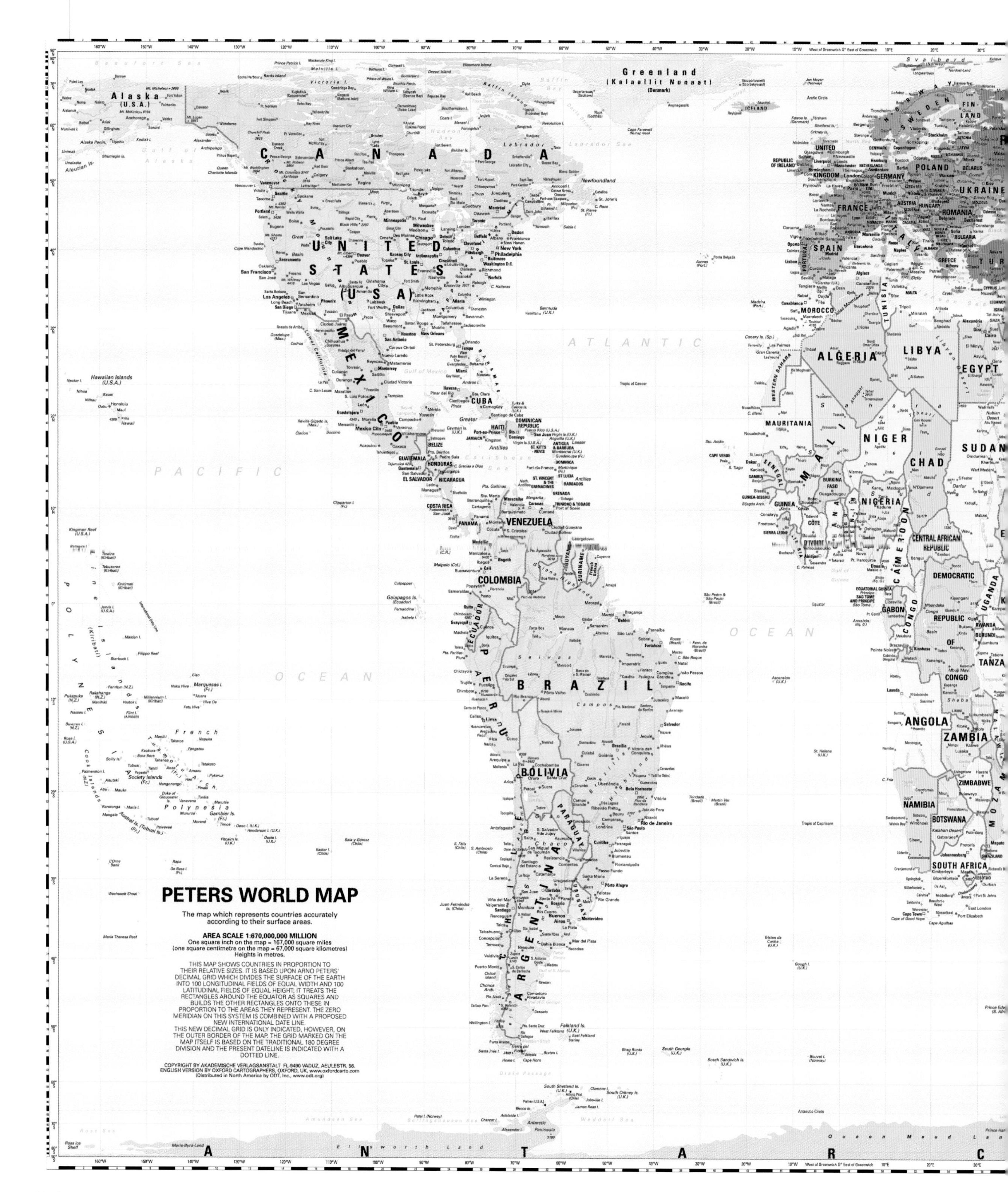
PETERS WORLD MAP
The map which represents countries accurately according to their surface areas.
AREA SCALE 1:670,000,000 MILLION
One square inch on the map = 167,000 square miles
(one square centimetre on the map = 67,000 square kilometres)
Heights in metres.
THIS MAP SHOWS COUNTRIES IN PROPORTION TO THEIR RELATIVE SIZES. IT IS BASED UPON ARNO PETERS' DECIMAL GRID WHICH DIVIDES THE SURFACE OF THE EARTH INTO 100 LONGITUDINAL FIELDS OF EQUAL WIDTH AND 100 LATITUDINAL FIELDS OF EQUAL HEIGHT; IT TREATS THE RECTANGLES AROUND THE EQUATOR AS SQUARES AND BUILDS THE OTHER RECTANGLES ONTO THESE IN PROPORTION TO THE AREAS THEY REPRESENT. THE ZERO MERIDIAN ON THIS SYSTEM IS COMBINED WITH A PROPOSED NEW INTERNATIONAL DATE LINE.
THIS NEW DECIMAL GRID IS ONLY INDICATED, HOWEVER, ON THE OUTER BORDER OF THE MAP. THE GRID MARKED ON THE MAP ITSELF IS BASED ON THE TRADITIONAL 180 DEGREE DIVISION AND THE PRESENT DATELINE IS INDICATED WITH A DOTTED LINE.
COPYRIGHT BY AKADEMISCHE VERLAGSANSTALT FL-9490 VADUZ, AEULESTR. 56.
ENGLISH VERSION BY OXFORD CARTOGRAPHERS, OXFORD, UK, www.oxfordcarto.com
(Distributed in North America by ODT, Inc., www.odt.org)
Greenland
(Kalaallit Nunaat)
(Denmark)
Alaska
(U.S.A.)
CANADA
UNITED STATES (U.S.A.)
MEXICO
CUBA
HAITI
DOMINICAN REPUBLIC
BELIZE
GUATEMALA
HONDURAS
EL SALVADOR
NICARAGUA
COSTA RICA
PANAMA
VENEZUELA
GUYANA
SURINAME
COLOMBIA
ECUADOR
PERU
BRAZIL
BOLIVIA
PARAGUAY
CHILE
ARGENTINA
URUGUAY
ICELAND
UNITED KINGDOM
REPUBLIC OF IRELAND
FRANCE
SPAIN
PORTUGAL
GERMANY
POLAND
UKRAINE
ROMANIA
ITALY
GREECE
SWEDEN
NORWAY
FINLAND
MOROCCO
ALGERIA
TUNISIA
LIBYA
EGYPT
WESTERN SAHARA
MAURITANIA
MALI
NIGER
CHAD
SUDAN
NIGERIA
SENEGAL
BURKINA FASO
CÔTE D'IVOIRE
CAMEROON
CENTRAL AFRICAN REPUBLIC
GABON
CONGO
DEMOCRATIC REPUBLIC OF CONGO
ANGOLA
ZAMBIA
ZIMBABWE
NAMIBIA
BOTSWANA
SOUTH AFRICA
TANZANIA
ATLANTIC OCEAN
PACIFIC OCEAN
Hawaiian Islands
(U.S.A.)
French Polynesia
Galapagos Is.
(Ecuador)
Falkland Is.
(U.K.)
Labrador Sea
Gulf of Mexico
Caribbean Sea
Amundsen Sea
Weddell Sea
Drake Passage
ANTARCTICA

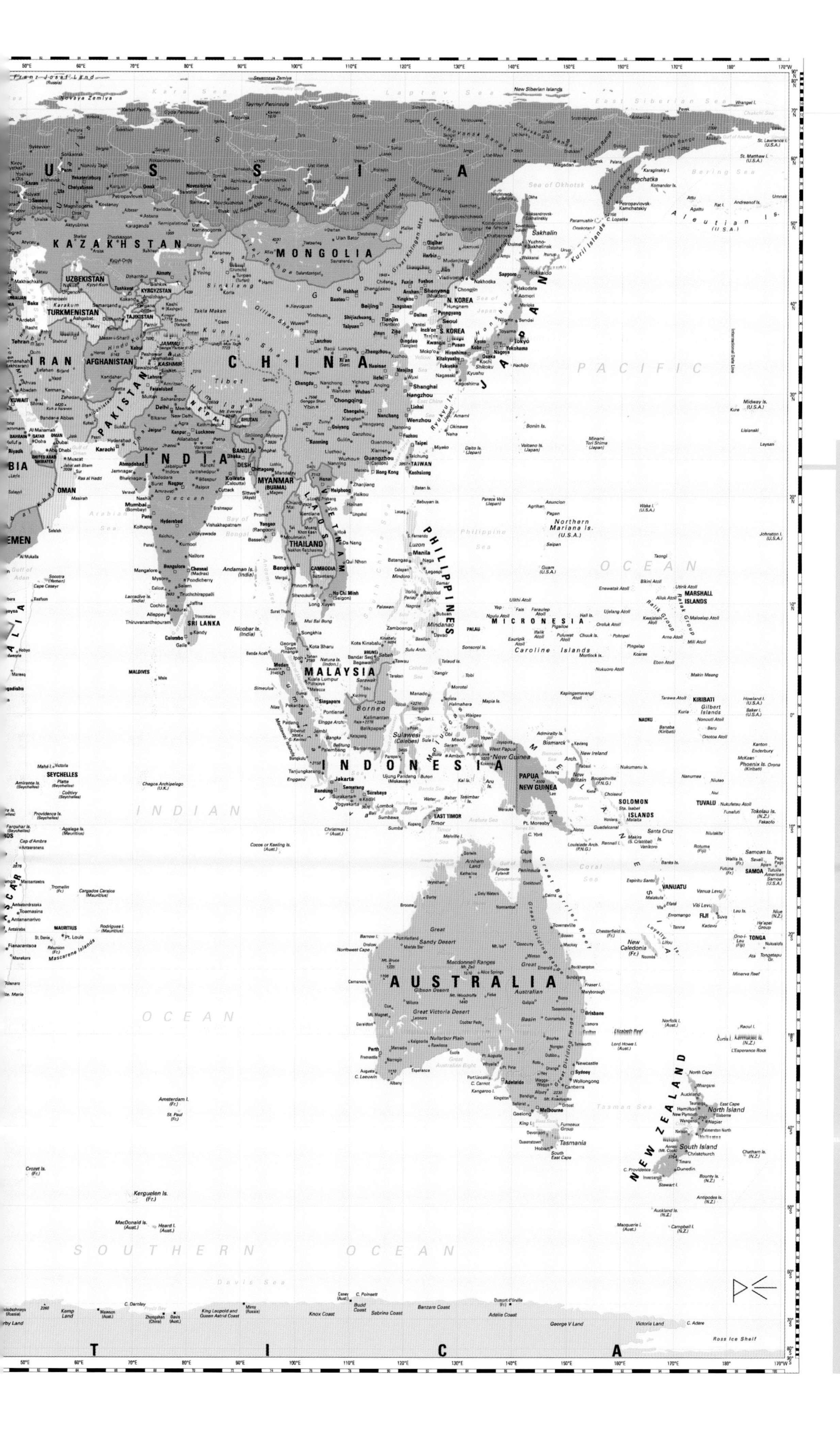

96 페터스 도법의 세계 지도, 아르노 페터스, 독일, 1974년

이 도법은 독일의 역사가이자 지도학자인 아르노 페터스가 1973년에 고안한 것이다. 페터스 세계 지도는 여전히 논쟁의 대상이 되고 있다. 비록 많은 열정적인 옹호자를 가졌지만, 그의 지도를 지도학적인 재현이라기보다는 하나의 정치적인 표현물로 보는 수많은 전통적인 지도학자들에게 엄청난 공격을 받았다. 그들은 페터스의 당시 주장에 전혀 동의하지 않았다. 그들에 따르면 페터스의 도법은 결코 독창적인 것이 아니며, 면적은 정확하지만 형태는 엄청나게 왜곡되어 있다. 즉 극 부근에서는 찌그러뜨려져 있고, 적도 부근에서는 늘어뜨려져 있다. 페터스는 기존의 모든 세계 지도를 부정했다. 이유는 그 지도들이 "백인이 세상을 지배했던 시대"를 표현하기 때문이다. 개발도상국을 기존의 지도에서보다 더 크게 표현하고자 한 것은 세계 불평등에 대한 관심이 지속적으로 증가하던 그 당시 사람들의 인식이 반영된 것이었다. 이 투영법은 몇몇 유엔 기관에서 채택되었고, 전통적인 메르카토르 도법이 선진국을 과장한다고 느끼는 개발도상국에서 많은 환영을 받았다.

성이 돋보인다. 로빈슨 도법으로 만든 지도에서는 소비에트 연방이 18% 정도 확대되어 나타나는데, 반 데어 그린텐 I 도법에서 223% 확대된 것에 비하면 훨씬 더 정확해진 것이다. 미국은 3% 정도 작게 표현된다.

보다 최근인 2002년에 영국의 지도학자 믹 다이어(Mick Dyer)는 1910년에 만들어진 베르만(Behrmann) 도법을 수정해 호보-다이어 도법(Hobo-Dyer projection)을 만들었는데 잠재적 영향력이 엄청난 투영법이다. 페터스 도법처럼 면적을 정확하게 나타내며 형태는 페터스 도법보다 훨씬 더 정확하게 나타낸다. 이 투영법은 두 면으로 되어 있는데, 각 면은 독자적인 세상의 모습을 보여준다. 한 면은 맨 꼭대기에 북극이 있는 아프리카 중심의 세계상을 보여주고, 또 다른 면은 맨 꼭대기에 남극이 있는 태평양 중심의 세계상을 보여준다.

지도학의 혁명

엑소노메트릭맵은 1980년 초반에 시작된 지도학적 혁명의 결과 나타난 새로운 지도화 유형 중 하나에 불과하다. 이 혁명은 지도의 본질(무엇을 보여주기 위해 사용되는가), 지도 편찬을 위한 데이터 수집, 가공, 조작 방식, 지도의 생산 및 보급 방식을 궁극적으로 바꿔 놓았다. 이러한 급진적인 변혁의 토대가 된 기술적 추동력은 개인 컴퓨터와 인터넷의 출현, 데이터 수집을 위한 인공위성의 사용, GPS(Global Positioning Systems, 범지구측위시스템)와 GIS(Geographical Information Systems, 지리정보시스템)의 개발 등이었다.

GPS

현대의 인공위성 기술이 없었다면 GPS도 없었다. 쉽게 말해 GPS는 우주에서 지구를 측정하고 지표 상의 장소와 지형지물의 위치를 기록하는 특정한 방식에 대한 포괄적 용어이다. 1987년경부터 GPS는 전통적인 측량 수단을 대체했으며, 위도, 경도, 고도가 결정되는 방식을 바꿔 놓았다.

변화는 1972년에 시작되었다. 당시 NASA(미국항공우주국)는 최초의 원격탐사용 인공위성을 궤도에 올렸고, 인공위성 지도 제작의 시대를 열었다. 이것은 뒤이은 수많은 인공위성의 시초였다. 오늘날 24개의 궤도 위성으로 이루어진 범지구적 네트워크가 그 위성으로부터의 시그널을 위치 정보로 전환하는 기지국의 중재를 통해 지형지물의 지리적 좌표와 실시간 컴퓨터 지형 이미지를 측량사와 지도 제작자에게 제공하고 있다. 1991~1992년 걸프전쟁 동안, 이전에는 군사적으로만 사용된 이 시스템이 모든 사람들에게 제공되었다. 현재는 GPS 수신기를 가진 사람이라면 누구든지 이 시스템을 이용할 수 있다. 이와 비슷한 러시아의 시스템은 GLONAS이고, 2008년 실용화를 계획했던 유럽연합의 시스템은 갈릴레오(Galileo)이다. 이러한 시스템이 생산하는 데이터는 모든 종류의 지도 제작에 사용될 수 있는데, 환경 변화, 농업을 포함한 다양한 형태의 토지 이용, 인구의 성장·밀도·분포 등 많은 영역에서의 지도 제작에 활용된다.

초기 GPS 장비, 프라클라-세이스모스, 1978년
GPS는 지구 궤도를 공전하고 있는 인공위성 시스템이다. 이 시스템이 보낸 시그널을 지상의 장비가 수신해 위치와 고도를 계산한다. 최신의 GPS 수신기는 손안에 휴대할 수 있을 만큼 작다.

랜드샛 지도 제작

GPS와 마찬가지로, 미국의 랜드샛(Landsat) 프로그램도 1972년에 시작되었다. 최초의 원격탐사용 인공위성인 랜드샛을 케이프케네디, 현재의 케이프커내버럴에서 쏘아 올렸다. 랜드샛에 장착된 다중 분광 스캐너는 지도화 가능한 데이터를 기록할 수 있게 설계되었다. 즉, 지표면에 의해 방사되거나 지표면으로부터 반사된 빛과 열에너지의 파장을 측정하여 디지털 이미지를 구축할 수 있다. 이렇게 얻은 디지털 이미지는 지상에 있는 수신국으로 전송된다. 이러한 기술을 원격탐사라고 한다.

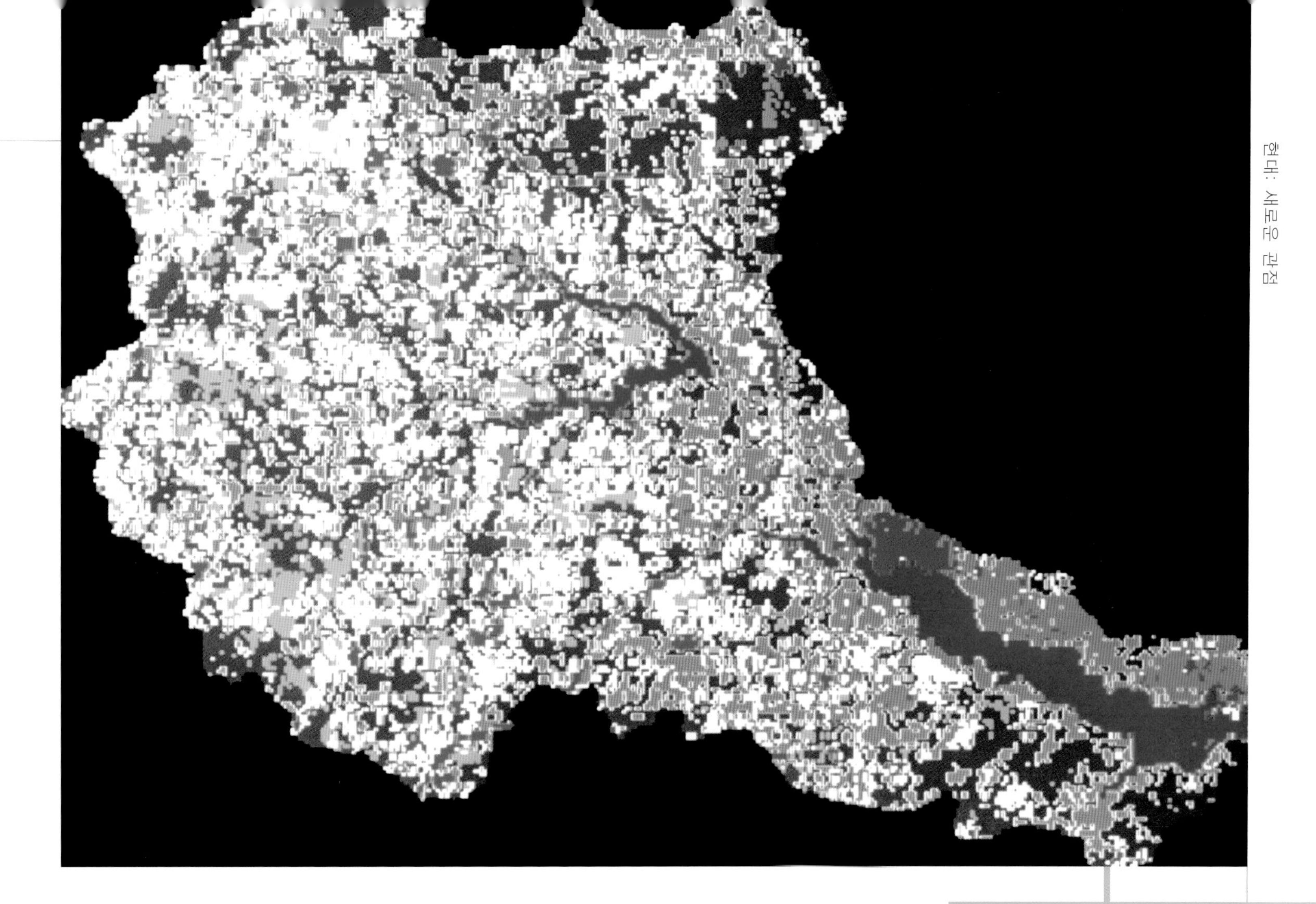

다양한 적외선 파장 측정으로 지표면의 다양한 측면을 조사할 수 있게 되었다. 인공위성 기술이 진보하면서 상업적 이용 가능성도 자연스럽게 확대되었다. 예를 들어, 최초의 랜드샛 위성은 그것이 장착하고 있던 다중 분광 스캐너에 4개의 채널만을 가지고 있었다. 10년 후 랜드샛 4호가 발사되었을 때는(1984년에 랜드샛 5호가 발사되었다), 새로이 개발된 ETM(Enhanced Thematic Mappers)이 장착되었는데 채널이 7개로 늘어났다. 이를 통해 적외선 파장 속으로 더 깊이 들어가 맨눈으로는 볼 수 없는 색상을 포착하는 것이 가능해졌다. 1999년에 발사된 랜드샛 7호는 훨씬 더 발전된 것이다. 랜드샛 7호와 랜드샛 5호는 아직도 가동되고 있다. 두 인공위성은 703km 상공의 궤도에서 지구의 182km 밴드를 스캔하고 있는데, 16일마다 한 번씩 지구 전체에 대한 한 세트의 영상을 만들어 낸다.

이 프로그램은 지구의 지리, 특히 토지 이용의 변화에 대한 우리의 이해를 매우 고양시켰다. 랜드샛 위성은 전 세계에서 일어나는 삼림 파괴, 사막화, 도시 성장과 같은 변화 양상에 대한 보다 정확한 정보를 제공해 주고 있다. 초기에는 낮은 해상도의 덜 정교한 결과물이 산출되었지만 기상 정보 획득용으로는 그것도 충분한 수준이었다. 해상도는 지속적으로 향상되고 있으며 그것을 이용해 훨씬 더 정확한 지도 제작이 이루어지고 있다. 프랑스와 러시아의 인공위성도 이와 궤를 같이하면서 발전하고 있다.

시샛과 지오샛

랜드샛 위성이 우주에서 지구를 지도화하는 유일한 위성은 아니다. 다른 인공위성들 역시 지구의 날씨 패턴 및 여타 기상 현상, 대양과 바다 관측을 위해 활용되어 왔다. 1978년에 발사된 시샛(Seasat, 178쪽 참조)은 단명했지만, 1985년에 미국 해군이 발사한 지오샛(Geosat)은 꽤 오랫동안 작동했다. 이 인공위성은 역사상 가장 넓은 범위의 지역에 대한 중력 측정값을 산출했다. 1995년 이 데이터에 대한 비밀이 해제되자, 미국의

97 인공위성을 통해 만들어진 토지이용도, 랜드샛 5호, NASA, 미국, 1987년

이 지도는 뉴저지의 북동부에 있는 네이브싱크 강 유역을 보여주고 있다. 랜드샛 인공위성에 의해 제공된 데이터가 다양한 종류의 지도 제작에서 어떻게 사용되는지 잘 보여준다. 여기서는 농업과 도시 발달이 이 지역의 수질 오염에 어떠한 영향을 주는지를 보여주는 지도 제작의 예가 나타나 있는데, 이러한 지도는 토지 이용 계획을 수립하는 데 사용될 수 있다. 빨간색은 고밀도의 도시 지역을 나타내고, 보라색은 중밀도와 저밀도 지역을 나타낸다. 푸른색과 청록색은 각각 수체(강이나 호수)와 습지를 나타내고, 노란색은 경작지, 녹색은 삼림, 흰색은 목초지나 공지 혹은 황무지를 의미한다.

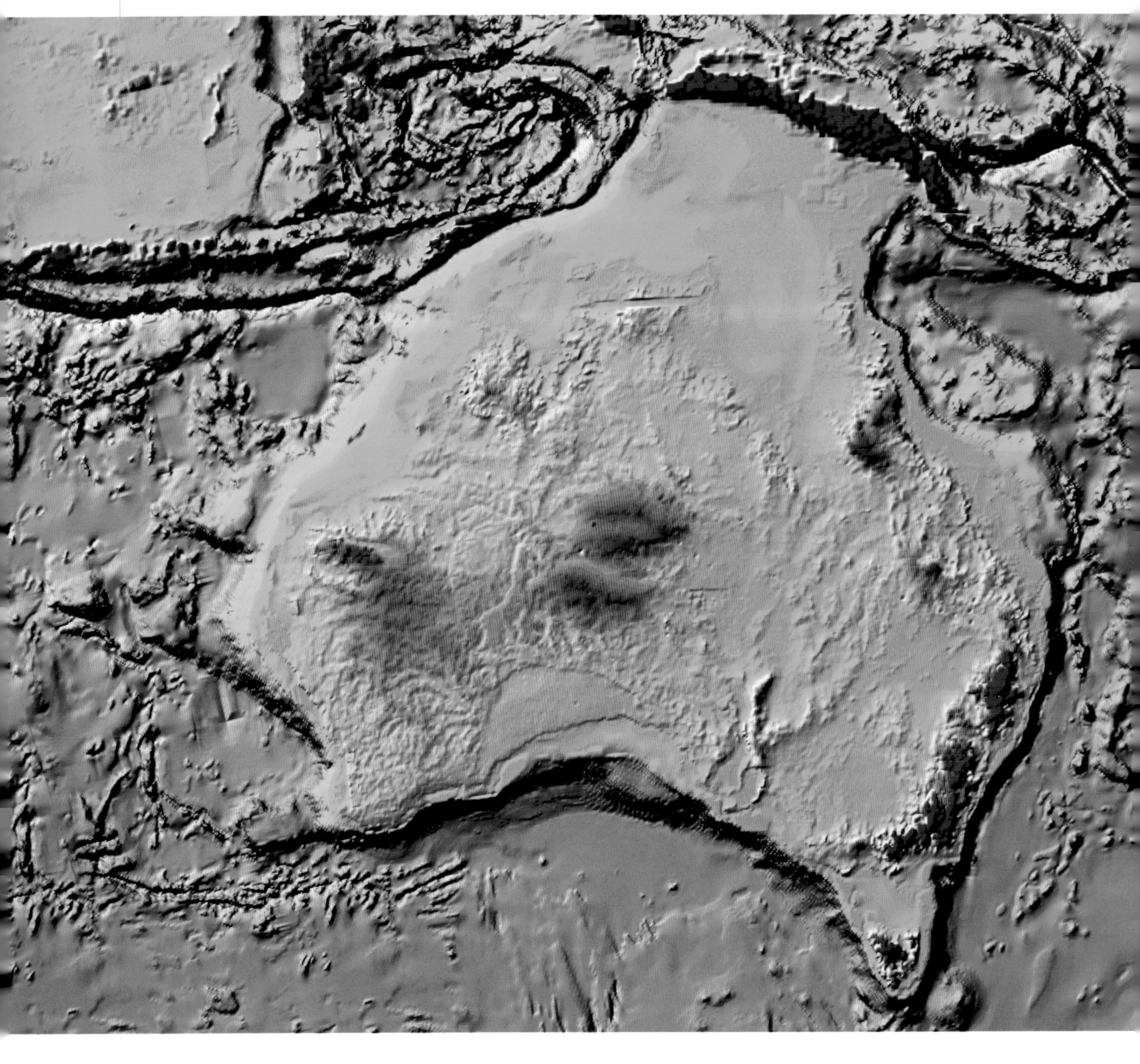

해양 지구물리학자 데이비드 샌드웰(David Sandwell)과 월터 스미스(Walter Smith)는 곧바로 중력 지도를 만들었다. 바닷물이 다 빠져나간 해양의 모습에 대해 현재까지 만들어진 것 중 최고의 형상이다.

환경의 지도화

1999년, 미국은 테라(Terra)를 발사했다. 이것은 작은 통학 버스만 한 크기의 인공위성으로 5개의 최신 스캐너를 장착하고 3개월마다 20테라바이트 용량의 데이터를 수집했다. 테라는 NASA가 EOS(Earth Observing

98 **오스트레일리아의 바다와 육지의 지형, 시샛, NASA, 미국, 1978년**
이 시도는 해양 연구 민을 위한 최초의 인공위성이었던 시샛 위성으로부터 전송된 레이더 데이터로 만든 것이다. 색상은 고도를 표현하고 있는데, 회색(심해)으로부터 파란색, 초록색, 노란색을 거쳐 가장 높은 고도를 의미하는 빨간색까지 이어진다. 육지와 바다 간의 경계는 중간의 초록색으로 표현되어 있고, 기복이 심한 곳에는 음영 처리가 되어 있다. 시샛은 1978년 발사된 뒤 불과 4개월도 안 되어 작동을 멈추었는데, 전기 시스템에서 발생한 대규모의 합선 문제 때문이었다.

System, 지구관측시스템)의 일환으로 궤도에 쏘아 올린 일련의 인공위성 센서 중 하나이다.

두 극을 따라 움직이는 테라는 지구의 대기, 육지, 대양, 복사열 데이터를 수집한다. ASTER(Advanced Spaceborne Thermal Emission and Reflection Radiometer)가 전송하는 고해상도 이미지로 지표면의 지형을 정교한 3차원 지도로 만들 수 있다. CERES(Clouds and Earth's Radiant Energy System)는 복사열 패턴을 지도화하고, MISR(Multi-angle imaging Spectro-Radiometer)은 기후 변화를 감시한다. MODIS(Moderate-resolution Imaging Spectro-Radiometer)는 구름 피복, 얼음과 눈의 크기, 극히 작은 해양 식물인 식물성 플랑크톤의 분포 등을 지도화한다. MOPIT(Measurement of Pollution in the Troposphere)는 도시 및 산업 지역의 이산화탄소와 메탄가스 방출을 추적하고 감독한다.

20세기 후반, 환경에 대한 관심이 높아지면서 수많은 환경 지도가 생산되었다. 통제되지 않은 인간의 활동이 자연 환경에 잠재적으로 복구 불가능한 손상을 입히는 우려에 따라, 지도 제작자들은 오염, 생물다양성의 상실, 다른 형태의 환경적 저하(오존층의 파괴와 지구온난화의 악영향)를 표현하는 지도를 만들어 그것에 반응했다. 대체로 지도 제작자들은 과학자들과 환경운동가들의 연구를 지도로 옮기는 작업만 한다. 즉, 지도 제작자들은 벌어지고 있다는 확신이 드는 상황만을 표현하고자 한다. 수년에 걸쳐 수집된 인공위성 이미지는 아마존이나 인도네시아의 열대 우림에서 실질적으로 발생한 변화를 지도화할 수 있게 했다.

ESA(European Space Agency, 유럽우주국)의 엔비샛(Envisat) 환경 위성은 현재 역사상 가장 자세한, 지표면의 형상에 대한 지도학적 표현물을 생산하는 일의 중심에 있다. 글럽커버(Globcover) 프로젝트의 목적은 지표면의 특별한 경관 획득이다. 지표면을 20개 이상의 다른 토지 이용 계급이나 범주로 분할하고자 한다. 최종적인 글럽커버 지도 생산에 20테라바이트 크기의 이미지가 필요한데, 이 용량은 책 2천만 권에 담긴 정보의 양과 맞먹는다. 완성된 지도는 지구의 건강과 변화하는 환경의 감독을 위한 필수적인 도구가 될 것이다.

외계의 지도화

외계의 지도화는 미국의 달 지도 제작 프로그램에서 시작되었다. 소비에트 연방이 그 뒤를 이었고, 이후 미국에 의한 화성, 금성, 목성의 행성들, 토성의 지도화로 이어지고 있다. 외계의 지도화는 지도학을 지구 너머 먼 외계까지 확장시키고 있는 것이다.

1960년대, 소비에트 연방은 월면에 대한 최초의 지도를 만들었다. 그 이후, 미국은 루너오비터(Lunar Orbiter)와 아폴로(Apollo) 계획을 통해 달의 사진을 찍었는데, 이를 바탕으로 지도학자들이 월면 지형도를 생산할 수 있게 되었다. 1990~1995년 동안, 마젤란 우주탐사선은 영상 레이더를 이용하여 금성의 대부분을 지도화했다. 1997년 마스글로벌서베이어(Mars Global Surveyor) 우주탐사선에서 전송된 데이터를 통해 그

붉은 행성의 3차원 지도가 최초로 만들어졌다.

외계 지도학은 20세기 후반의 세계관을 바꿔놓았다. 우리들 "세계"의 경계에 대한 기존 개념을 변화시켰다. 우리의 세계는 이제 지구와 달로 구성된다. 스카이랩(Skylab)의 사진들과 달에서 바라본 지구의 모습은 우리의 변화된 세계관을 잘 보여준다.

새로운 정보를 위한 새로운 지도

GIS는 컴퓨터, 지도 제작 소프트웨어, 디지털화된 지오레퍼런스 데이터를 통해 지도를 전자적으로 만들어 내는 기술을 포괄적으로 묘사하는 용어이다. 주제도 제작은 19세기에 시작되었는데, 지도의 분석 및 계획 도구로서의 유용성이 인식되던 시점이었다. 공간 통계 분석과 지도 제작 소프트웨어의 결합을 통해 이러한 주제도의 제작은 손쉽게 이루어지고 있다.

인구학

인구 현상을 지도화하는 것이 전형적인 예이다. 인구 지도가 반드시 GIS에 의존하는 것은 아니지만(초기 지도는 컴퓨터 없이 만들어졌다), 컴퓨터의 도움을 받으면 훨씬 쉬워진다. 이전의 지도는 인구 현상의 완전한 실체를 드러내지 못했다. 다른 모든 지도처럼, 인구 지도의 질은 기본적으로 토대가 된 정보의 질에 의존한다. 이에 대한 예로 1870년 프랜시스 아마사 워커(Francis Amasa Walker, 1840~1897년)의 획기적인 업적 『미국통계지도첩(Statistical Atlas of the United States)』을 들 수 있다. 이 지도첩의 54개 지도는 미국의 자연, 경제, 사회의 지리를 망라했다. 워커는 인종과 민족 집단의 위치를 지도화하고 그들 간의 사회적 차이를 차트로 만들었다. 센서스 정보를 처음 사용했다는 면에서 독보적인 가치가 있지만 이 지도첩에서 사회적 데이터로 그려진 지도들 대부분이 동경 99° 선의 동쪽 지역에 한정되었다. 반면 태평양 지역에 대한 것은 빈약하고 불완전했다. 인구통계학이 하나의 과학으로 성립된 것은 20세기 들어서인데, 그것이 다량의 데이터, 특히 센서스 데이터의 이용 가능성에 몹시 의존하기 때문이다. 최근에도 개발도상국의 경우 센서스 데이터를 획득하기 어렵다. 많은 사람들이 센서스를 세금 부과와 동일시하여 센서스를 하려고 하면 사람들이 그 지역을 떠나 버린다.

현재 인구학적 전망은, 예상과 달리 실질적으로 세계 인구 성장 속도가 떨어져 결국은 정지할 것으로 보고 있다. 세계 인구는 2070년에 90억으로 정점에 도달할 것으로 예상된다. 이것은 이전에 확립된 인구론과 모

99

인구 지도, 오디티 사, 미국, 2005년

이 인구 카토그램(cartogram)은 전 지구적 차원에서의 인구 현상을 표현하고 있다. 이 지도는 국가의 크기와 인구 규모를 연결 짓고자 한다. 그리드의 각 정사각형은 100만 명을 표현한다. 이 지도에서 보면, 인구가 가장 많은 중국이 러시아보다 더 크게 나타나 있고, 인도가 그 다음의 크기로 나타나 있다. 이와는 대조적으로, 미국은 엄청나게 축소되어 인도네시아보다 작게 나타난다. 이는 미국의 인구가 세계 전체 인구의 단지 4.5퍼센트에 불과하기 때문이다. 인구가 100만 명이 되지 않는 나라는 아예 이 지도에 나타나지도 않는다. 오디티 사(ODT)의 설립자인 밥 아브람스(Bob Abramms)가 아이디어를 내고, 지도학자 폴 브리딩(Paul Breeding)이 제작을 담당했다. 브리딩은 각 국가의 지리적 형태는 최대한 유지하면서 인구 통계를 정확하게 표현하는 수단을 고안하였다. 삽입도는 아브람스와 그의 동료 하워드 브론스테인(Howard Bronstein)이 2002년 영국의 지도학자 믹 다이어(Mick Dyer)에게 의뢰해 만든 정적 호보-다이어 세계 지도이다.

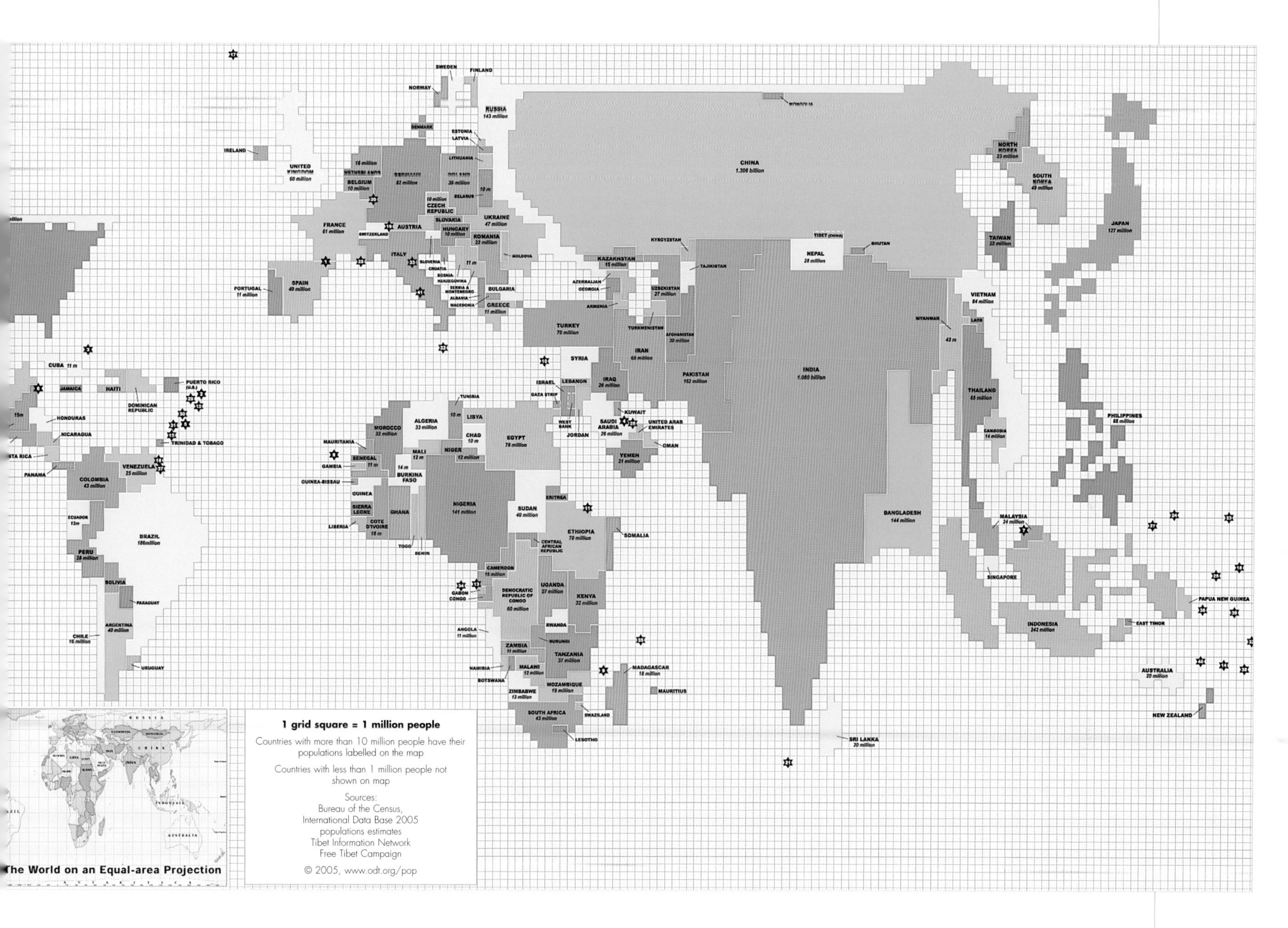

순된다. 특히 토머스 맬서스(1766~1834년)는 영국의 경제학자로 지구적 안정성의 주된 위협은 무기의 증식이 아닌 통제되지 않은 인구 성장과 그로 인한 지구 자원의 한계 초과라고 주장한 바 있다.

빈곤의 측정

20세기에 들어서, 지도학은 점점 더 인간 재앙의 실상 혹은 그 가능성을 대중들에게 경고하는 데 사용되었다. 기근의 발생이나, 사하라 이남 아프리카 지역의 HIV 창궐을 보여주기 위해 CIA(Central Intelligence Agency, 중앙정보국)가 2000년에 제작한 지도가 그 예가 된다. 인간개발지수는 원래 세계은행 전 총재 마흐붑 울하크(Mahbub ul-Hag, 1934~1988년)가 구상한 것이다. 이것을 1993년 유엔이 채택했는데, 전 세계 국가들의 상대적인 삶의 질을 지도화하고 평가하는 가장 정확한 시스템으로 인정받고 있다. 이 인덱스는 보건, 부, 교육과 관련된 통계치의 조합에 근거하는데, 출생 시 기대 수명, 식자율, 취학률 등이 포함된다. 각 국가

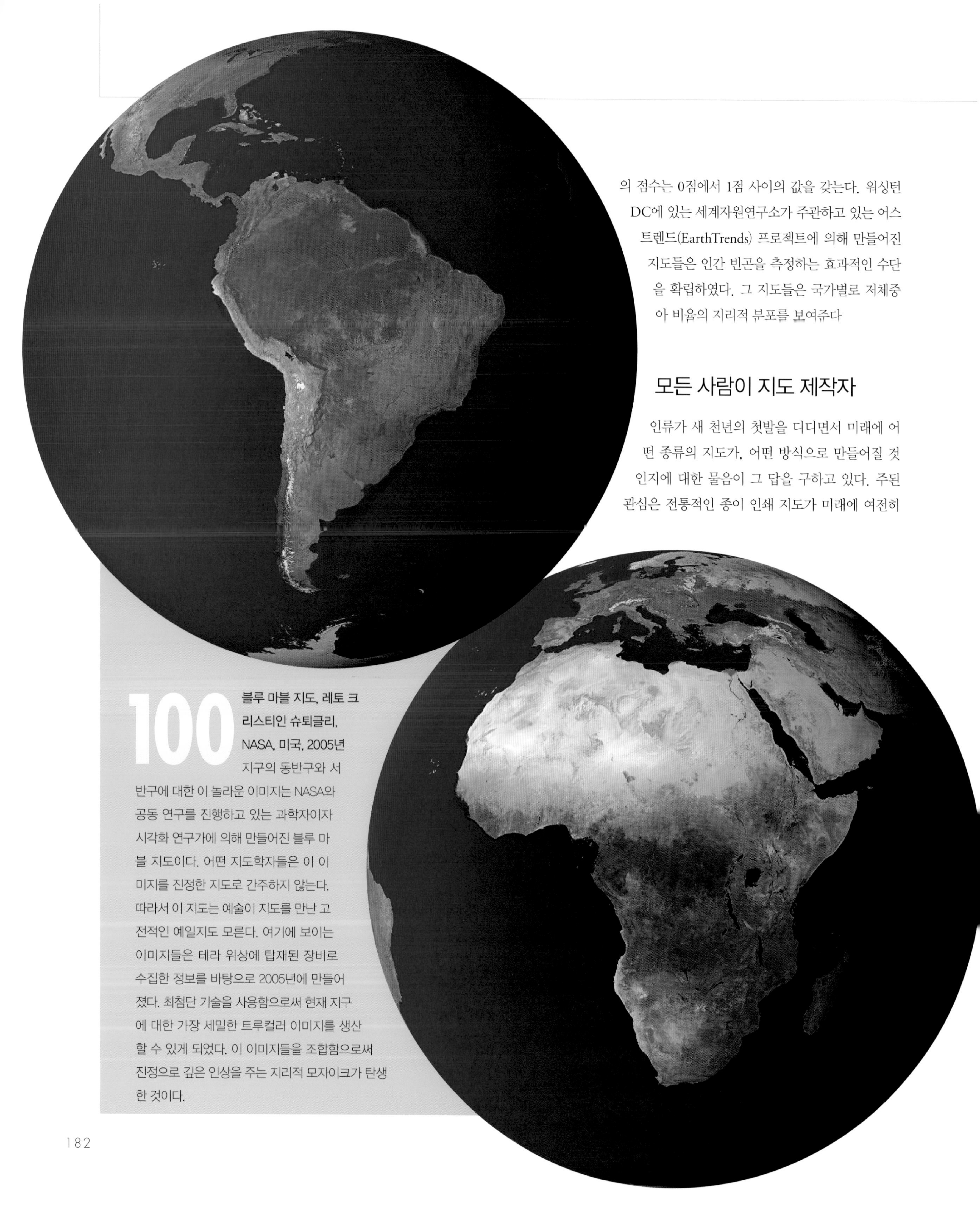

의 점수는 0점에서 1점 사이의 값을 갖는다. 워싱턴 DC에 있는 세계자원연구소가 주관하고 있는 어스트렌드(EarthTrends) 프로젝트에 의해 만들어진 지도들은 인간 빈곤을 측정하는 효과적인 수단을 확립하였다. 그 지도들은 국가별로 저체중아 비율의 지리적 분포를 보여준다

모든 사람이 지도 제작자

인류가 새 천년의 첫발을 디디면서 미래에 어떤 종류의 지도가, 어떤 방식으로 만들어질 것인지에 대한 물음이 그 답을 구하고 있다. 주된 관심은 전통적인 종이 인쇄 지도가 미래에 여전히

100 **블루 마블 지도, 레토 크리스티인 슈퇴글리, NASA, 미국, 2005년** 지구의 동반구와 서반구에 대한 이 놀라운 이미지는 NASA와 공동 연구를 진행하고 있는 과학자이자 시각화 연구가에 의해 만들어진 블루 마블 지도이다. 어떤 지도학자들은 이 이미지를 진정한 지도로 간주하지 않는다. 따라서 이 지도는 예술이 지도를 만난 고전적인 예일지도 모른다. 여기에 보이는 이미지들은 테라 위상에 탑재된 장비로 수집한 정보를 바탕으로 2005년에 만들어졌다. 최첨단 기술을 사용함으로써 현재 지구에 대한 가장 세밀한 트루컬러 이미지를 생산할 수 있게 되었다. 이 이미지들을 조합함으로써 진정으로 깊은 인상을 주는 지리적 모자이크가 탄생한 것이다.

어떤 역할을 할지, 혹은 어떤 사람들의 주장처럼 시간이 지남에 따라 컴퓨터와 디지털 기술의 전자적 산출물들로 대체될지의 여부이다.

인터넷상에서 혹은 소프트웨어 패키지에서 얻을 수 있는 가상 지도(virtual map)는 21세기 초반의 주된 지도 형태가 되었다. 2002년 미국의 인터넷 사용자 중 거의 절반인 8700만 명이 한 달에 적어도 한 번은 가상 지도를 찾아본다고 한다. 1996년까지 거슬러 올라가면, 캘리포니아의 웹사이트 한 곳이 하루에 9만 건 넘는 지도 검색 요구를 처리했다. 정적인 서비스이건 동적인 서비스이건 간에 가상 지도 서비스를 제공하는 사이트들이 수만 개에 달한다. 기상 패턴이나 교통 상황을 보여주는 지도들은 하루에도 여러 번 업데이트된다.

가상 지도의 주된 장점들 중 하나는 이론적으로 말해서 완전히 상호작용적으로 만들어질 수 있다는 것이다. 소프트웨어에 따라 달라지겠지만(소프트웨어의 이용 가능성은 여전히 제한적이다), 지도의 각 요소들은 확대될 수도 있고 축소될 수도 있으며, 지도 전체의 축척이 컴퓨터 조작에 따라 달라질 수도 있다. 색상, 서체, 심벌은 손쉽게 수정될 수 있다. 정보의 레이어를 선택함으로써 개별 정보가 나타나게 할 수도 있고, 여러 정보가 한꺼번에 나타나게 할 수도 있다. 지도를 다른 지도와 전자적으로 연결한다는 것은 평가될 수 있는 정보의 양이 거의 무제한적이라는 것을 의미한다. 다운로드가 가능한 지도 데이터 이용 가능성 역시 오늘날 지도 제작자들의 선택의 폭을 너무나 넓혀 놓는다. 아주 간단하게 표현하면, 만일 필요한 소프트웨어와 그것을 다룰 기술만 보유한다면, 원하는 사람은 누구든지 지도 제작자가 될 수 있다.

그러나 인쇄 지도는 다가올 많은 시간 동안 우리와 함께할 것으로 보인다. 가상 지도는 가상적이다. 가상 지도는 저장되거나 인쇄되지 않는다면, 컴퓨터가 꺼지자마자 화면에서 사라진다. 일반적으로, 대부분의 컴퓨터 화면은 인쇄된 지도의 해상도, 색상의 질, 크기를 따라갈 수 없다. 가상 세계로 들어가고 나오는 지도들의 주된 약점 중 하나는 그 기원이다(그리고 가상 지도가 기반한 정보의 출처). 가상 지도의 기원을 신뢰할 수 없다면, 그것이 아무리 매력적으로 보이더라도, 지도로서의 가치는 의심된다. 물론 동일한 문제가 종이 지도에도 적용된다. 그러나 오늘날 대부분의 종이 지도는 출판 전에 인증을 받는다.

다음 세대의 지도화

지도를 사용하는 대중과 지도 제작 기술 모두가 점점 더 정교해짐에 따라, 가까운 미래에 전통적 지도학과 디지털 지도학 간의 창조적 결합이 나타날 것 같다. 이 창조적 결합은 아마도 새롭고, 시각적으로 놀랍고, 엄청나게 유익한 지도를 탄생시킬지도 모른다. 스위스에서 활동하는 과학자이자 NASA의 과학적 시각화 연구원인 레토 크리스티안 슈퇴클리(Reto Christian Stöckli)와 그의 동료들이 만든 「블루 마블(Blue Marble)」 지도는 어쩌면 새로운 세대의 지도로서 자격을 갖추었는지도 모른다. 물론 어떤 지도 제작자들은 이 지도는 매우 정교한 사진일 뿐 진정한 의미의 지도는 아니라고 주장하기도 한다. 지도가 되기 위해서는 적어도 적도가 표시되어야 하고, 지도 상의 지형지물에 대한 라벨이 있어야 하고, 사용된 색상에 대한 설명이 주어져야 한다고 주장한다. 그러나 32,000km 떨어진 곳에서 바라본 지구의 모습과 색상을 그대로 표현한 이 블루 마블 지도가 매우 아름답다는 사실만은 부정할 수 없을 것 같다.

이 지도의 다음 세대를 위한 계획도 이미 수립되었다. 슈퇴클리에 따르면 다음 계획은 지구의 기후 사이클 표현을 위해 매달 한 번씩 이러한 지도를 만드는 것이라고 한다. 그 이후의 단계가 무엇일지는 아무도 모른다. 그런데 지도학 전체의 미래에 대해서도 우리는 같은 이야기를 해야 할 것 같다. 그다음의 지도학 모습이 어떨지는 아무도 모른다.

연대기

기원전 13000년경 윤타 암각화가 오스트레일리아에서 만들어지다.

기원전 10000년경 북아메리카의 가장 오래된 지도암이 아이다호에서 만들어지다.

기원전 6200년경 터키 차탈휘위크의 지도 제작자들이 세계에서 가장 오래된 현존하는 시가도를 만들다.

기원전 2300년경 메소포타미아인들이 라가시의 도시 지도를 만들다.

기원전 2200년경 바빌론 사람들이 현존하는 최초의 지적도를 점토판에 조각하다.

기원전 1500년경 바빌론 바로 남쪽에 있는 수메르의 수도 니푸르의 시가도가 만들어지다.

기원전 1300년경 고대 이집트인이 만든 현존하는 세계 최초의 지형도 토리노 파피루스가 만들어지다.

기원전 1200년경 북부 이탈리아의 브레시아 근처 발카모니카에서 암각화가 그려지고, 기원전 800년경에 그 위에 또 다시 그려지다.

기원전 600년경 바빌론 세계 지도가 만들어지다.

기원전 600년경 탈레스가 세계 지도를 만들다. 전해지지는 않는다.

기원전 200년경 중국 지리학자들이 동남아시아의 지도 측량을 실시하다.

기원전 134년경 히파르코스가 현존하는 세계 최초의 성도를 만들다.

기원전 7년경 마르쿠스 비프사니우스 아그리파의 『세상의 측량』이 완성되다.

150년경 클라우디우스 프톨레마이오스가 『지리학』을 저작하다.

203~208년경 로마인들이 로마의 판각 시가도인 포르마 우르비스 로마이를 만들다.

276년 중국의 학자이자 지리학자인 페이슈가 『제도 육체』를 저술하다.

4세기 로마 제국의 도로 지도인 포이팅거 지도가 편찬되다. 13세기 필사본이 현재 남아 있다.

350년경 가장 중요한 로마 시대의 토지 측량집인 『코퍼스 아그리멘사룸』이 편찬되다.

400년경 로마의 사상가 암브로시우스 아우렐리우스 테오도시우스 마크로비우스가 세상이 기후에 따른 지대로 나뉘어 있다는 개념을 주장하다.

550년경 비잔틴 시대의 지도 중 현존하는 가장 크고, 가장 상세한 지도인 마다바 모자이크 지도가 팔레스타인에서 만들어지다.

776년경 스페인의 수도승 리에바나의 베아투스가 세계 지도를 만들다.

10세기 혹은 11세기 초반 앵글로색슨 세계 지도가 만들어지다. 로마 시대 원본의 조악한 필사본으로 판단된다.

1154년 이슬람 학자 알 이드리시가 세계 지리 연구를 담은 『로제르의 서』를 출간하다.

1155년 세계 최초의 인쇄 지도로 생각되는 서부 중국 지도가 중국 지리학자들에 의해 만들어지다.

1250년경 학자이자 수도승인 매튜 패리스가 영국 지도를 만들다.

1290년경 현존하는 가장 오래된 포르톨라노 해도인 피사 해도가 이탈리아에서 출간되다.

1290~1300년경 헤리퍼드 마파 문디가 생산되다.

1300년경 엡스토르프 마파 문디가 독일에서 만들어지다.

1360년경 영국에 대한 최초의 상세한 도로 지도인 고프 지도가 만들어지다.

1375년 아브람 크레스케스가 카탈루냐 지도첩을 제시하다.

1472년 서구 최초의 인쇄 지도가 독일에서 처음으로 생산되다.

1475년 1406년에 비잔티움에서 라틴어로 번역된 후, 프톨레마이오스의 『지리학』이 이탈리아에서 출판되다.

1480년경 독일 지도 제작자 한스 뤼스트가 라틴어가 아닌 언어로 인쇄된 최초의 세계 지도를 출간하다.

1492년경 마르틴 베하임이 지구본을 완성하였다. 이는 현존하는 가장 오래된 것이다.

1500년경 에르하르트 에츨라우프가 최초로 인쇄된 도로 지도인 『로마 가는 길』을 편찬하다.

1502년 칸티노 세계 지도가 신세계에서의 포르투갈과 스페인의 발견을 표시하다.

1502년경 레오나르도 다빈치가 이탈리아 이몰라의 도시 지도를 만들다. 르네상스의 기하학적 도시 지도들 중 초기에 만들어진 지도들 중 하나이다.

1507년 마르틴 발트제뮐러가 "아메리카"라는 명칭이 처음으로 들어간 세계 지도를 만들다.

1513년 오스만 제국의 항해사이자 지리학자인 피리 레이스가 콘럼버스가 신대륙을 발견했다는 사실이 아랍 세계에 파급되었다는 것을 보여주는 세계 지도를 만들다.

1533년 네덜란드의 지도 제작자 게마 프리지우스가 삼각측량을 통해 지도 위치를 결정하는 방법을 논증하다.

1537년 위대한 플랑드르 출신 지도 제작자 헤르하르드뒤스 메르카토르가 자신의 첫 번째 지도를 편찬하다.

1542년 장 로츠가 『로츠의 지도첩』을 영국의 헨리 8세에게 바치다.

1569년 메르카토르가 자신이 새로 고안한 투영법으로 세계 지도를 만들다.

1570년 아브라함 오르텔리우스가 진정한 의미의 최초 지도첩 『세계의 무대』를 출판하다.

1572년 게오르크 브라운과 프란츠 호헨베르크가 도시 지도의 전집류 출판의 효시가 된 『세상의 도시들』의 첫 권을 출판하다.

1578년 크리스토퍼 색스턴이 잉글랜드와 웨일스에 대한 선구적인 측량을 완수하다.

1584년 루카스 얀스존 바게나르가 인쇄된 최초의 해양 지도첩인 『바다의 거울』을 출간하다.

1585년 "아틀라스"라는 단어를 처음으로 만든 메르카토르가 자신의 「세계 아틀라스」 첫 판을 출간하다.

1587년경 영국인 존 화이트가 버지니아 해안을 측량하다.

1609년 프랑스인 사뮈엘 드 샹플랭이 코드 곶에서 세이블 곶에 이르는 북아메리카 동부 해안의 지도를 만들다.

1656년 프랑스인 니콜라 상송이 캐나다 지도를 그리다.

1662년 요안 블라외가 네덜란드에서 『대지도첩』을 출간하다.

1669년 진 피카르가 파리가 위치한 경선 상에서 위도를 측정하다.

1675년 존 오글비가 최초의 영국 도로 지도첩을 완성하다.

1701년 에드먼드 핼리가 최초의 등치선도를 그리다.

1718년 프랑스인 기욤 드릴이 루이지애나와 미시시피 강 지도를 그리다.

1733년 헨리 포플이 북아메리카의 식민지 지도인 『아메리카 셉테트리오날리스』를 출간하다.

1744년 자크 카시니가 프랑스 지도를 완성하다. 과학적 삼각측량에 근거하여 국가 전체를 측량한 최초의 지도이다.

1755년 존 미첼이 북아메리카의 영국과 프랑스 소유의 토지에 대한 지도를 출판하다.

1761년 존 해리슨이 "해양 시간기록계"를 고안하다. 이것의 정확성 덕분에 마침내 경도 값을 정확하게 계산할 수 있게 되었다.

1768년 찰스 메이슨과 제레마이어 딕슨이 펜실베이니아와 메릴랜드 간의 경계를 측량하다. 소위 메이슨-딕슨 라인은 북부의 비노예 주와 남부의 노예 주를 구분하는 상징이 되었다.

1769년 제임스 쿡이 뉴질랜드 해안과 오스트레일리아의 일부에 대한 지도를 만들다.

1782년 벵골 최초의 측량 감독관이었던 제임스 리넬이 동인도 회사를 위한 "힌두스탄" 지도를 만들다. 이것은 1788년에 출판된다.

1785년 미국에서 대륙 회의가 새로운 국가를 타운십과 레인지로 나누는 공유지 불하 조례를 제정하다.

1791년 영국의 삼각법 측량이 시작되다. 나중에 육지측량국으로 이름이 바뀐다.

1798년 미국에서 발렌타인 시맨이 발병 지점을 표시한 최초의 지도를 만들다.

1802년 인도의 대삼각측량이 시작되다.

1804~1806년 메리웨더 루이스와 윌리엄 클라크가 미시시피 강 서쪽의 아메리카를 탐험하고 지도를 만들다.

1811년 박물학자이자 탐험가인 알렉산더 폰 훔볼트가 『자연지리 지도첩』을 출간하다.

1815년 윌리엄 스미스가 잉글랜드와 웨일스의 지질 측량을 출판하다.

1826년 피에르 뒤팽이 프랑스의 문맹률 분포를 보여주는 카토그램을 그리다.

1838년 미국의 지형 공병대가 창설되다.

1842년 존 찰스 프리몬트가 록키 산맥, 오리건, 캘리포니아, 어퍼 캘리포니아에 대한 세 번의 주요 측량 원정 중 첫 번째를 이끌다.

1845년 독일의 지리학자 하인리히 베르크하우스가 세계 최초로 편찬된 주제도 지도첩들 중 하나인 『자연 지도첩』을 만들다.

1861년 프랜시스 골턴이 최초의 현대적인 날씨 지도를 제작하다.

1867~1879년 네 번에 걸쳐 미국 서부 대측량이 클래런스 킹, 퍼디낸드 헤이든, 존 웨슬리 파월, 조지 휠러에 의해 이루어지다.

1870년 프랜시스 아마사 워커가 『미국의 통계 아틀라스』를 발간하다.

1879년 미국의 지질조사국이 창설되다.

1889년 찰스 부스가 런던의 빈곤 상황을 묘사한 지도를 제작하다.

1921년 미국에서 스쿨크래프트 쿼드랭글이 항공 사진으로 측량되다.

1933년 해리 벡의 런던 지하철의 도식 지도(유명한 디자인의 고전이기도 함)가 출판되다.

1936년 필리스 피어솔의 런던 A-Z 도로망 지도첩이 제작되다.

1950년 수정된 항공 사진을 이용하는 정사사진지도가 개발되다.

1957년 마리 타프와 브루스 히젠이 획기적인 해저 지도인 북대서양의 지문도를 출판하다.

1960년 최초 기상 위성이 발사되다.

1960년 소비에트 연방이 최초의 월면 지도를 제작하다.

1968년 아폴로 8호가 우주로부터 최초의 지구 사진을 찍다.

1972년 랜드샛 위성이 처음으로 발사되다. 이로 인해 토지이용도의 제작이 가능해졌다.

1973년 독일 역사가이자 지도학자인 아르노 페터스가 세계 지도를 위한 혁명적인 정적 도법을 개발하다.

1978년 시샛 위성이 발사되다. 1985년에는 시오샛 위성이 발사된다.

1981년 마리 타프, 알바로 에스피노사, 월버 라인하트가 세계 지지도를 편찬하다.

1987년 GPS가 전통적인 측량 방법을 대체하기 시작하다.

1989년 최초의 시디롬 지도가 생산되다.

1993년 최초의 상호작용식 지도가 인터넷에 등장하다.

1993년 유엔이 세계 국가들의 상대적인 삶의 질을 지도화하기 위해 인간개발지수를 채택하다.

1999년 테라 위성이 지구의 환경 상황을 보다 철저하게 지도화하기 위해 발사되다.

2000년 우주왕복선 엔데버호가 우주에서 지구의 1억 2300만㎢를 지도화하다.

추천 문헌

서적

Bagrow, Leo, *History of Cartography*, ed. R.A. Skelton, 2nd revised edition, Precedent, 1985.

Barber, Peter (ed.), *The Map Book*, Weidenfeld Nicoson Illustrated, 2005.

Barber, Peter and Board, Christopher (eds.), *Tales from the Map Room*, BBC Books, 1993.

Bendall, Sarah (ed.), *Dictionary of Land Surveyors and Mapmakers of Great Britain and Ireland 1530-1850*, British Library, 1997.

Bendall, Sarah, *Maps, Land, and Society: A History*, Cambridge University Press, 1992.

Black, Jeremy, *Maps and History*, Yale University Press, 1997.

Blake, John, *The Sea Chart*, Conway Maritime, 2004.

Brotton, Jerry, *Trading Territories: Mapping the Early Modern World*, Reaktion Books Ltd., 1997.

Brown, Lloyd A., *The Story of Maps*, Dover Publications, 1980.

Buisseret, David, *The Mapmakers' Quest*, Oxford University Press, 2003.

Buisseret, David (ed.), *Monarchs, Maps and Ministers*, University of Chicago Press, 1992.

Buisseret, David (ed.), *Rural Images: Estate Maps in the Old and New Worlds*, University of Chicago Press, 1996.

Cambell, Tony, *Early Maps*, Abbeville, 1981.

Cambell, Tony, *The Earliest Printed Maps 1472-1500*, British Library and University of California Press, 1987.

Crone, Gerald R, *Maps and Their Makers*, 5th edition, Dawson UK, 1978.

Delabo-Smith, Catherine and Kain, Roger J.P., *English Maps: A History*, British Library, 1999.

Dilke, O.A.W., *Greek and Roman Maps*, Thames & Hudson, 1985.

Edney, Matthew H., *Mapping an Empire: The Geographical Construction of British India 1765-1843*, University of Chicago Press, 1990.

Ehrenberg, Ralph E., *Mapping the World*, National Geographic Books, 2005.

Goss, John, *The Mapmaker's Art: A History of Cartography*, Studio Editions, 1993.

Harley, J.B. and Woodward, D., *The History of Cartography*, University of Chicago Press. Vol. 1., *Cartography in Prehistoric, Ancient and Medieval Europe and the Mediterranean*, 1987, Vol. 2 Book 1, *Cartography in the Traditional Islamic and South Asian Societies*, 1992, Vol. 2 Book 2, *Cartography in the Traditional East and Southeast Asian Societies*, 1994, Vol. 2 Book 3, *Cartography in the Traditional African, American, Arctic, Australian and Pacific Societies*, 1998, Vol. 3, *Cartography in the European Renaissance*, in press, Vols. 4-6 in preparation.

Harris, Nathaniel, *Mapping the World: Maps and their History*, Brown Partwork and Thunder Bay Press, 2002.

Harvey, P.D.A., *The History of Topographical Maps*, Thames & Hudson, 1980.

Harvey, P.D.A., *Medieval Maps*, British Library, 1991.

Harvey, P.D.A., *Maps in Tudor England*, The British Library/Public Record Office, 1993.

Harvey, P.D.A., *Mappa Mundi: The Hereford World Map*, British Library, 1996.

Hodgkiss, Alan G., *Discovering Antique Maps*, Shire Publications, 1996.

Kain, Roger J.P., Chapman, John and Oliver, Richard R., *The Enclosure Maps of England and Wales*, Cambridge University Press, 2004.

Keay, John, *The Great Arc: The Dramatic Tale of How India was Mapped and Everest was Named*, HarperCollins, 2000.

Konvitz, Josef W., *Cartography in France 1660-1848*, University of Chicago Press, 1987.

Kretschmer, Ingrid, Dörflinger, Johannes and Wawrik, Franz (eds.), *Lexikon zur Geschichte der Kartographie*, 2 Vols., Deuticke, 1986.

Lynam, Edward, *The Mapmaker's Art*, Batchworth, 1953.

Monmonier, Mark, *How to Lie with Maps*, University of Chicago Press, 1991.

Monmonier, Mark, *Rhumb Lines and Map Wars*, University of Chicago Press, 2004.

Nebenzahl, Kenneth, *Maps from the Age of Discovery*, Random House, 1990.

Norwich, Oscar I., *Maps of Africa*, Ad. Donker, 1983.

Robinson, Arthur H., *Early Thematic Mapping in the History of Cartography*, University of Chicago Press, 1982.

Schilder, Günter, *Monumenta Cartographica Neerlandica*, 7 Vols., Uitgeverij Canaletto/Repro Hooland BV, 1986-2003, Vold. 8-9 in preparation.

Shirley, Rodney W., *The Mapping of the World: Early Printed World Maps 1472-1700*, 4th edition, Early World Press, 2001.

Short, John Rennie, *Representing the Republic*, Reaktion Books, 2001.

Skelton, R.A., *Decorative Printed Maps of the 15th to 18th Centuries*, Spring Books, 1952.

Snyder, John P., *Flattening the Earth: Two Thousand Years of Map Projections*, University of Chicago Press, 1993.

Suarez, Thomas, *Early Mapping of the Pacific*, Periplus Editions, 2004.

Tooley, Ronald V., Bricker, Charles and Crone, Gerald R., *Landmarks of Mapmaking: An Illustrated Survey of Maps and Mapmakers*, Phaidon, 1976.

Wallis, Helen M. and Robinson, Arthur H. (eds.), *Cartographical Innovations: An International Handbook of Mapping Terms to 1900*, Map Collector Publications in association with the International Cartographic Association, 1987.

Whitfield, Peter, *The Image of the World*, British Library, 1994.

Whitfield, Peter, *The Charting of the Oceans*, Pomegranate Communications, 1996.

Whitfield, Peter, *New Found Lands*, British Library, 1998.

Wilford, John Noble, *The Mapmakers*, Knopf, 2000.

Wolter, John Amadeus and Grim, Ronald E. (eds.), *Images of the World: The Atlas Through History*, McGraw-Hall, 1997.

Wood, Denis, *The Power of Maps*, The Guilford Press, 1992.

Woodward, David (ed.), *Five Centuries of Map Printing*, University of Chicago Press, 1975.

저널

Imago Mundi: The International Journal for the History of Cartography
지도학사에 특화된 학술 정기간행물.
www.maphistory.info/imago.html (저널 내용)
www.tandf.co.uk/journals/titles/03085694.asp (저널 구독 및 판매)

Journal of Cartography and Geographic Information Science
국제지도학회(International Cartographic Association, ICA)의 공식 학술 저널.
www.cartogis.org/publications/journal.php

Cartographica
지리 정보 및 지오비주얼라이제이션의 국제 학술 저널로 지도학사와 관련된 논문도 게재됨.
www.utpjournals.com/cartographica

MapForum
전문 고지도 매거진.
www.mapforum.com

웹사이트

oddens.geog.uu.nl/index.php
오덴스(Oddens)의 북마크로 지도 관련 링크의 목록이 제공되어 있다.

http://www.bl.uk/reshelp/findhelprestype/maps/
영국국립도서관(British Library)의 지도실(map room)은 미국의회도서관에 이어 세계에서 두 번째로 큰 지도 컬렉션을 보유하고 있다.

www.lib.utexas.edu/maps
텍사스대학교 웹사이트는 CIA가 소장하고 있었던 지도를 포함한, 광범위한 역사 지도 컬렉션을 보유하고 있다.

www.lib.virginia.edu/exhibits/lweis_clark
버지니아대학교 웹사이트는 주로 루이스와 클라크의 원정에 특별한 초점을 두면서 주로 탐험에 관련된 자료를 소장하고 있다.

www.loc.gov/rr/geogmap
미국의회도서관(Library of Congress)은 세계에서 가장 크고 가장 광범위한 지도 컬렉션을 보유하고 있다. 지도는 500만 장 이상이고 지도첩은 7만 2,000권이 넘는다.

www.maphistory.info/mapsindex.html
지도학사의 어떠한 측면에 대한 연구라도, 그것으로 들어가는 관문 역할을 하며 최고의 시작점을 제공한다. 훌륭한 인덱스와 광범위한 링크가 제시되어 있다.

maps.nationalgeographic.com/maps
최신의 상호작용 지도에 대한 매혹적인 예들이 제공된다.

www.newberry.org/hermon-dunlap-smith-center-history-cartography
시카고 뉴베리 도서관(Newberry Library)의 허먼 던랩 지도학사 센터(Hermon Dunlap Center for the History of Cartography)에 의해 운영되고 있는 웹사이트이다. 훌륭한 지도 컬렉션을 보유하고 있으며, 흥미로운 소론과 해제도 함께 제공되고 있다.

색인

* 이탤릭체로 표시된 쪽수는 그림 캡션 속의 내용을 의미함.

사사

Sources: AA= The Art Archive, AI = akg-images, BAL = The Bridgeman Art Library, BL = The British Library, LPC = The Lordprice Collection

Pages: 1 LPC/Private Collection; 2-3 AI; 6 AI; 7 BL, London; 8 Science & Society Picture Library; 9 Werner Forman Archives; 10-11 The British Museum; 12 Corbis; 13 Cambridge University/James Mellaart; 14 Wayne T. Crans/www.idahorockart.com; 17 AA/Dagli Orti; 18 AA/Egyptian Museum, Turin/Dagli Orti; 19 Corbis; 20-21 BAL/Musee de la Poste, Paris; 22 BL, London Harley 3686 f.36v; 23 Marshall Editions, London; 24-25 AA/Dagli Orti; 26 Stanford's Digital Forma Urbis Romae Project/Stanford University; 28 AA/Dagli Orti; 29 The Library of Congress; 30-31 Corbis/courtesy of Museum of Maritimo, Barcelona/Ramon Manent; 32 BAL/Municipal Library, Porto, Portugal; 33 BL, London/Add. 22797 f.99v; 34-35 BAL/Private Collection; 36 BAL/BL, London/Cott Tib B V Part 1 f.56v; 38 AI; 41 BAL/The British Museum; 42 BAL; 43 BL, London/Ms Harl 2772.fik.70v, 44 University Library Leiden/Collection Bodel Nijenhuis/MS Or3101 fols. 4-5; 45 AI/Jean-Louis Nou; 46 AA/Bodleian Library Oxford, Pococke 375 folio; 48 Bibliotheque Nationale, Paris; 49 BAL/The National Maritime Museum; 50 AI/BL, London; 51 AI/BL, London; 52 Bodleian Library, Oxford; 53 The National Archives/Public Records Office, Kew; 54 Corbis/Gianni Dagli Orti; 55 BL, London; 57 Scala, Florence/Marciana Library, Venice, Italy; 58 LPC/Private Collection; 60 AI/Visioars; 61 Royal Library, Copenhagen; 62 Scala, Florence/Biblioteca Estense, Modena; 65 AI; 66 The Library of Congress; 67 AI; 69 www.prep.mcneese.edu/courtesy of Dr. Joseph Richardson; 70 AA/Museo Ciudad Mexico/Dagli Orti; 71 BAL; 72 Bibliotheque Nationale, Paris; 73 Corbis/Gianni Dagli Orti; 74 AA; 77 BL, London; 78 The Library of Congress; 79 AA/BL, London; 80 Corbis/The Bettmann Archive; 82-83 BAL/BL, London; 84-85 BL, London; 86 BAL; 87 BL, London; 88-89 LPC/Private Collection; 90-91 LPC/Private Collection; 93 Scala, Florence/Maps Gallery, Vatican; 95 BAL/Institut Tessin, Hotel de Marle, Paris; 96 LPC/Private Collection; 99 LPC/Private Collection; 100 Scala, Florence/Museo Correr, Venice; 101 Scala, Florence/Museo Vinciano, Vinci; 102 BAL/Private Collection; 103 LPC/Private Collection; 104 The National Maritime Museum; 106 Corbis; 108 AI/Musee de l'Armee, Paris; 109 BL, London/Add or Sloane ms4723; 110 BL, London; 112 Scala, Florence/New York Public Library; 113 Corbis/The Bettmann Archive; 114 LPC; 115 The National Archives/Public Records Office, Kew; 116 BAL; 117 Scala, Florence/HIP/The British Museum; 118 AI; 119 The National Maritime Museum; 120 Art Gallery @ New South Wales © Dr. David Malangi/DACs; 122 BAL; 123 The National Maritime Museum; 124 The Royal Geographical Society; 125 Cambridge University Library; 126-127 AA/Private Collection/Laurie Platt Winfrey; 128 BAL/Private Collection; 130-131 AA/Bodleian Library, Oxford/by Capt J.C.R. Colomb. N.12288b after p 88; 132 LPC; 133 The National Archives/Public Records Office, Kew; 135 BL, London; 136-137 The Library of Congress/Geography & Map Division, Washington DC; 138 Corbis/The Bettman Archive; 139 National Library of Scotland, NLS shelfmark: EMS.s.156 reproduced by permission of the Trustees of the National Library of Scotland; 140 BAL; 141 Virginia Historical Society, Robert Snedden Mss5:1 v.3; 142 LPC; 145 LPC; 146-147 LPC; 148 BAL/Collection Kharbine-Tapabor, Paris, France; 149 Corbis/The Bettmann Archive; 150 LPC; 152 LPC; 153 mapsofpa.com; 154 BL, London; 155 Getty Images/Hulton Archive; 156-157 BAL/Courtesy of the Council, National Army Museum; 158 Getty Images/Hulton Archives; 159 Scala, Florence/HIP/Public Records Office; 161 AA; 162 Imperial War Museum/Department of Art; 165 The Royal Geographical Society; 166 AI; 167 Scala, Florence/© The Andy Warhol Foundation for the Visual Arts/ARS/DACs; 169 Reproduced by permission of Geographers; 170-171 London's Transport Museum © Transport For London; 173 Map Poster.Com; 174-175 Courtesy of Oxford Cartographers/Peters World map supplied by Oxford Cartographers © Akademische Verlagsanstalt; 176 Science Photo Library/Volker Steger; 177 Science Photo Library/NASA; 178 Science Photo Library; 181 Courtesy of Oxford Cartographers/World Population diagram © ODT INC; 182 NASA/ http://earthobservatory.nasa.gov/Newsroom/BlueMarble.